ECKART EHLERS

DIE AGRAREN SIEDLUNGSGRENZEN DER ERDE

ERDKUNDLICHES WISSEN

SCHRIFTENREIHE FÜR FORSCHUNG UND PRAXIS
HERAUSGEGEBEN VON ADOLF LEIDLMAIR,
EMIL MEYNEN UND ERNST PLEWE

HEFT 69

GEOGRAPHISCHE ZEITSCHRIFT · BEIHEFTE

FRANZ STEINER VERLAG WIESBADEN GMBH
1984

ECKART EHLERS

DIE AGRAREN SIEDLUNGSGRENZEN DER ERDE

GEDANKEN ZU IHRER GENESE UND TYPOLOGIE
AM BEISPIEL DES KANADISCHEN WALDLANDES

MIT 15 ABBILDUNGEN

FRANZ STEINER VERLAG WIESBADEN GMBH
1984

Zuschriften, die die Schriftenreihe „Erdkundliches Wissen" betreffen, erbeten an:
Prof. Dr. E. Meynen, Langenbergweg 82, D-5300 Bonn 2
oder
Prof. Dr. E. Plewe, Roonstr. 16, D-6900 Heidelberg
oder
Prof. Dr. A. Leidlmair, Kaponsweg 17, A-6065 Thaur/Tirol

CIP-Kurztitelaufnahme der Deutschen Bibliothek
Ehlers, Eckart:
Die agraren Siedlungsgrenzen der Erde : Gedanken zu ihrer Genese u. Typologie am Beispiel d. kanad. Wldlandes / Eckart Ehlers. – Wiesbaden : Steiner, 1984.
   (Erdkundliches Wissen ; H. 69)
   ISBN 3-515-04211-3
NE: GT

Alle Rechte vorbehalten
Ohne ausdrückliche Genehmigung des Verlages ist es auch nicht gestattet, das Werk oder einzelne Teile daraus nachzudrucken oder auf photomechanischem Wege (Photokopie, Mikrokopie usw.) zu vervielfältigen. © 1984 by Franz Steiner Verlag Wiesbaden GmbH.
Printed in Germany

GLIEDERUNG

1. Einleitung und Problemstellung: Die agraren Siedlungsgrenzen der Erde und ihre Dynamik 7
2. Junge Wandlungen an den Siedlungsgrenzen im nordkanadischen Waldland 12
   - 2.1 Der Great Clay Belt in Ontario und Québec 14
     - 2.1.1 Die Entwicklung der landwirtschaftlichen Betriebs- und Nutzflächen 1961–1981 14
     - 2.1.2 Der Wandel der Landnutzung 22
     - 2.1.3 Veränderungen des Siedlungsbildes und der Bevölkerungsverteilung 22
     - 2.1.4 Zusammenfassung 27
   - 2.2 Das nördliche Peace River Country in Alberta 29
     - 2.2.1 Die Entwicklung der landwirtschaftlichen Betriebs- und Nutzflächen 1961–1981 29
     - 2.2.2 Wandel der Landnutzung 37
     - 2.2.3 Veränderungen des Siedlungsbildes und der Bevölkerungsverteilung 41
     - 2.2.4 Der Wandel der sozioökonomischen Struktur der Bevölkerung 48
   - 2.3 Die Pioniergrenzräume des Clay Belt und des Peace River Country in zeitlichem, räumlichem und typologischem Vergleich 50
     - 2.3.1 Der zeitliche Aspekt 50
     - 2.3.2 Der räumliche Aspekt 54
     - 2.3.3 Der typologische Aspekt 55
3. Die agraren Siedlungsgrenzen der Erde – Versuch eines genetischen und typologischen Entwicklungsschemas 58
   - 3.1 Phasen der Siedlungsgrenzentwicklung 58
   - 3.2 Zur Variationsbreite von Siedlungsgrenzen in Raum und Zeit 70
4. Schlußbemerkung 73

ABBILDUNGEN

Abb. 1:	Bevölkerungswachstum, Nahrungsspielraum und Siedlungsgrenzen: Schematische Darstellung.	11
Abb. 2:	Regionale Veränderungen landwirtschaftlicher Betriebsflächen in Kanada, 1961–1976 (nach McCuaig-Manning).	13
Abb. 3:	Die Lage des Clay Belt sowie Siedlungsveränderungen, 1931–1957 (nach: McDermott).	15
Abb. 4a:	Landnutzung im Glackmeyer County, Clay Belt von Ontario 1966 (nach Hottenroth).	20
Abb. 4b:	Landnutzung im Glackmeyer County, Clay Belt von Ontario 1982.	21
Abb. 5:	Landnutzung im Glackmeyer County, Concession 6 u. 7, 1966 (nach Hottenroth) und 1982.	23
Abb. 6a:	Landnutzung im Bezirk St. Laurent-de-Gallichan, Clay Belt von Québec, 1966 (nach Hottenroth).	24
Abb. 6b:	Landnutzung im Bezirk St. Laurent-de-Gallichan, Clay Belt von Québec, 1982.	25
Abb. 7:	Nordalberta. Verwaltungsgliederung (nach Unterlagen des NADC).	31
Abb. 8:	Agrarkolonisation im Peace River Country Nordalbertas: Township 85 – Range 9 – westl. 6. Meridian, 1963 und 1982 im Vergleich.	32
Abb. 9a:	Agrarkolonisation im Peace River Country Nordalbertas: Township 106 – Range 15 – westl. 5. Meridian, 1963.	34
Abb. 9b:	Agrarkolonisatorischer Wandel im Peace River Country Nordalbertas: Township 106 – Range 15 – westl. 5. Meridian, 1982.	35
Abb. 10:	Junge agrarkolonisatorische Wandlungen im nördlichen Peace River Country bei Ft. Vermilion – La Crete.	36/37
Abb. 11a:	Landnutzung im Peace River Country: Township 81 – Range 3 – westl. 6. Meridian, 1963.	38
Abb. 11b:	Landnutzung im Peace River Country: Township 81 – Range 3 – westl. 6. Meridian, 1982.	39
Abb. 12:	Siedlungserweiterung und funktionaler Wandel von Berwyn, 1963–1982.	43
Abb. 13a:	Manning: Funktionale Gliederung 1963.	46
Abb. 13b:	Manning. Funktionale Gliederung 1982.	47
Abb. 14:	Veränderung des Einzelhandelsbesatzes in Siedlungen Nordalbertas, 1971–1977 (nach Unterlagen des MADC).	51
Abb. 15:	Die Siedlungsgrenzen der Erde: Versuch eines genetischen und typologischen Überblicks.	58/59

1. EINLEITUNG UND PROBLEMSTELLUNG: DIE AGRAREN SIEDLUNGSGRENZEN DER ERDE UND IHRE DYNAMIK

Die agraren Siedlungsgrenzen der Ökumene sind ausgesprochen dynamische Räume, die einem steten kulturlandschaftlichen Wandel unterliegen. Prinzipiell lassen sich drei Typen unterscheiden:

- *expandierende Siedlungsgrenzen,* die durch Ausdehnung des Kulturlandes zu Ungunsten der Anökumene gekennzeichnet sind;
- *stagnierende Siedlungsgrenzen,* die durch Beharrung bzw. Ruhe charakterisiert sind: die Grenze zwischen Natur- und Kulturland ist stabil;
- *kontrahierende Siedlungsgrenzen,* wo einstmals vom Menschen genutztes und/ oder bewohntes Land von diesem aufgelassen und der Regeneration durch die verschiedensten Naturfaktoren überlassen wird.

Wie auch immer die nicht nur an agrarische Aktivitäten gebundene Entwicklung aussehen mag: stets sind Siedlungsgrenzen und ihre Wandlungen Ausdruck ganz bestimmter sozialer oder wirtschaftlicher Gegebenheiten eines Landes und der Bevölkerung, die in diesen Grenzräumen der Ökumene lebt und die sie – privaten, gesellschaftlichen oder staatlich-politischen Rahmenbedingungen folgend – verändert. Dabei ist es prinzipiell unerheblich, ob Vegetation, Klima, Relief oder andere Faktoren den Grenzcharakter bestimmen. Waldgrenzen z.B. bestimmen in Ländern kapitalistischer wie sozialistischer Wirtschaftsordnung, in industrialisierten wie unterentwickelten Gesellschaften die Grenzen des menschlichen Lebensraumes. Wenn solche Voraussetzungen akzeptiert werden, dann ist es nur ein kleiner Schritt zu der Feststellung, daß *Siedlungsgrenzen und ihrer Dynamik eine Art Indikatorfunktion für die sozioökonomische Gesamtsituation einer Region,* eines Staates oder eines nach natürlichen Kriterien definierten Großraumes zukommt. Siedlungsgrenzen unterliegen somit in ihren Wandlungen gewissen Regelhaftigkeiten, die beschrieben, geordnet, systematisiert und sodann erklärt werden können.

Überblickt man das diesbezügliche Schrifttum zurück bis zu den Anfängen einer systematischen Erforschung der Siedlungsgrenzen der Erde (vgl. dazu u.a. J. Bowman 1931, 1937) so wird sehr schnell nachdrücklich deutlich, daß – von wenigen Ausnahmen abgesehen (z.B. Bowman, op. cit., Czajka 1953 und besonders K. H. Stone 1962 f.) – die Zahl regionsspezifischer Einzelstudien zwar fast unübersehbar geworden ist, daß Versuche zu einer Systematisierung und besonders zu einer allgemeingültigen Erklärung des Phänomens jedoch bislang fehlen.

Vor diesem Hintergrund kommt der Analyse des weltweiten Bevölkerungswachstums und seiner Auswirkungen auf die Veränderung des menschlichen Lebensraumes durch Mackenroth (1953) besondere Bedeutung zu. Unter besonderer Berücksichtigung des Gegensatzes von agraren und nicht-agraren bzw. industrialisierten und nicht-industrialisierten Gesellschaften formuliert Mackenroth die

Auffassung, daß beide Populationen durch unterschiedliche generative Verhaltensmuster (*Bevölkerungsweisen*) geprägt und diese durch die Verfügbarkeit von Nahrungsmittelressourcen bzw. wirtschaftliche Existenzmöglichkeiten ganz allgemein geprägt seien. Seine Schlußfolgerung (op. cit., S. 120) lautet:

> „Die Bevölkerungsweise ist also eine solche latenter Spannung des generativen Verhaltens gegen den ökonomischen Nahrungsspielraum, Raum nicht als Fläche genommen, sondern als das mit den in der Zeit vorfindlichen Kulturelementen auszubauende ökonomische Potential".

Mit anderen Worten: in einer überwiegend agrarisch strukturierten und von der Landwirtschaft abhängigen Gesellschaft vollzieht sich demographisches und ökonomisches Wachstum primär über eine Steigerung der landwirtschaftlichen Produktion bzw. *Bevölkerungswachstum führt zur Intensivierung der Landnutzung auf den bestehenden Arealen und/oder zur flächenhaften Ausweitung der landwirtschaftlichen Nutzflächen.* Sowohl im präindustriellen Europa als auch in vielen Ländern der Dritten Welt heute vollzieht sich Bevölkerungswachstum somit über die Ausweitung des ackerfähigen Landes in bisher nicht genutzte Areale.

Dieser Zusammenhang von Bevölkerungswachstum, Nahrungsspielraum und Siedlungsgrenzen der Erde (vgl. Ehlers 1982) ist jedoch keineswegs auf die Länder der Dritten Welt oder auf die hochmechanisierten Agrarländer der westlichen Welt beschränkt. Auch in Industrieländern ist dieser Zusammenhang nachweisbar. Dabei bedarf es – nach dem zuvor Gesagten – nicht einmal einer expandierenden Siedlungsgrenze. Auch stagnierende oder retardierende Siedlungsgrenzen können selbstverständlich den Zusammenhang von Bevölkerungswachstum und Nahrungsspielraum belegen. Dies gilt z.B., wenn in Industrieländern die Ausweitung des „ökonomischen Nahrungsspielraumes" immer mehr Menschen aus der Landwirtschaft in Industrie und Dienstleistungen abzieht und auf immer kleiner werdenden landwirtschaftlichen Nutzflächen (LNF) immer mehr produziert wird. Ein geradezu klassisches Beispiel für diese Aussage ist Kanada. Agrarkolonisation spielt noch heute in diesem Land, dessen Lebensstandard zu den höchsten der Erde und das wirtschaftlich zu den großen Industrienationen der westlichen Welt zählt, eine besondere Rolle. Sie ergibt sich aus der Tatsache, daß diese in Kanada bis in die jüngste Vergangenheit von der Regierung explizit als eine Art „safety valve" betrachtet wurde, d.h. als ein Ventil, das im Falle ökonomischer Krisen geöffnet und z.B. zur Ansiedlung Arbeitsloser verfügbar wird. So erfüllte gerade die Siedlungspolitik vieler kanadischer Provinzregierungen bis vor kurzem in fast idealtypischer Weise jenes Postulat vom „ökonomischen Nahrungsspielraum" als ein „mit den in der Zeit vorfindlichen Kulturelementen auszubauendes ökonomisches Potential".

Sowohl der Große Clay Belt im Grenzgebiet der kanadischen Provinzen Ontario und Québec als auch das Peace River Country im Norden der Provinz Alberta bzw. im Nordosten Britisch-Kolumbiens gelten nach wie vor als beste Beispiele der gegenwärtigen Ackerbaufrontier Nordamerikas. Gelegentlich – und dies gilt besonders für den nördlichen Randbereich der kanadischen Prärien – als letzte Ausläufer der klassischen Pionierfront im Sinne von Turner verstanden und interpretiert, haben der Clay Belt wie das Peace River Gebiet wissenschaftlich immer wieder besondere Beachtung gefunden. Dabei waren, neben Wirtschaftswissenschaftlern verschiedenster Provenienz und Historikern, vor allem Geographen an den Untersuchungen über Genese und soziale wie wirtschaftliche Struktur dieser Grenzsäume der Ökumene beteiligt. Mit den Arbeiten von Ehlers (1965) und Hottenroth (1968) liegen allein in deutscher Sprache zwei größere Abhandlungen dazu vor. Eine Reihe von Gründen lassen es geraten und sinnvoll erscheinen, die jüngere agrare Entwicklung sowohl des Clay Belt als auch des Peace River Country bis in die Gegenwart hinein weiterzuverfolgen. Zum einen ist ein ungebrochenes, vielleicht sogar verstärktes Interesse an dem Komplex „Siedlungsgrenzen der Erde" zu konstatieren (vgl. Nitz 1976, 1982). Dabei spielt ganz sicherlich die immer drängender werdende und in weltweitem Kontext diskutierte Frage nach dem Zusammenhang von Bevölkerungswachstum und Nahrungsspielraum (vgl. Ehlers 1982) eine entscheidende Rolle. Gerade auch im Rahmen solcher Überlegungen nehmen verschiedene Aspekte der kanadischen Frontier im deutschsprachigen Schrifttum der letzten Jahre einen besonderen Platz ein (vgl. Becker, Hg. 1982; Eberle 1982; Müller-Wille – Schröder-Lanz, Hg., 1979; Pletsch – Schott, Hg., 1979; Vanderhill 1982; Vogelsang 1980; Wieger 1982 u.a.). Zum zweiten bieten die genannten Arbeiten von Ehlers und Hottenroth aufgrund von z.T. sehr kleinräumigen Fallstudien und einer Reihe exakter Kartierungen zu Landnutzung und Siedlungsstruktur Gelegenheit, die Entwicklung eben dieser Ackerbaufrontier im Detail und über die letzten zwanzig Jahre hinweg nachzuvollziehen. Hinzukommt, daß die Fallbeispiele vor dem Hintergrund der vorliegenden amtlichen Statistiken zu interpretieren, zu ergänzen sowie in einen größeren Zusammenhang zu stellen sind. Drittens schließlich scheint es an der Zeit, den Versuch zu unternehmen, die vielfältigen Aspekte der bislang nur im regionalen Kontext untersuchten kanadischen Siedlungsgrenzentwicklung in einen größeren Sinnzusammenhang zu stellen. Dabei soll versucht werden, nicht nur die unterschiedlichen Typen und Erscheinungsformen der kanadischen Frontier in einem umfassend-einheitlichen Erklärungsschema zu erfassen, sondern darüber hinaus das Beispiel der kanadischen Waldland-Frontier als Ausgangspunkt einer *allgemeingültigen Entwicklungssequenz von agraren Siedlungsgrenzen* zu interpretieren. Auf diesem Aspekt beruht das Hauptanliegen dieser Arbeit.

Diese Tatsache, im Zusammenspiel mit guten archivalisch-historischen Rekonstruktions- und statistischen Beweismöglichkeiten, lassen die kanadische Siedlungsgrenze und ihre Entwicklung zu einem Musterbeispiel der agraren Siedlungsgrenzentwicklung schlechthin werden. Daraus folgt im Rahmen dieser Studie als

Hypothese 1: Den aus der Analyse der kanadischen Pioniergrenze abgeleiteten Schlußfolgerungen wird eine auf andere Räume und Zeiten übertragbare Allgemeingültigkeit zugebilligt.

Wenn wir eine solche Allgemeingültigkeit postulieren, dann ergeben sich daraus für die folgenden Ausführungen weitere Konsequenzen, die sich wie folgt umschreiben lassen: Nicht die Analyse eines Einzelaspekts – z.B. die Entwicklung der landwirtschaftlichen Nutzflächen oder der Landnutzung oder der Farmzahl oder der

Bevölkerung usw. — sondern die Erfassung einer möglichst großen Zahl indikatorischer Faktoren kann nur als Basis für eine Verallgemeinerung der Ergebnisse dienen. Daraus folgt, daß im folgenden sowohl für die Clay Belts in Ontario und Québec als auch für das Peace River Country in Alberta die folgenden Aspekte einer näheren und historisch vergleichenden Darstellung unterzogen werden sollen:

— die Entwicklung der Zahl und Fläche landwirtschaftlicher Betriebe;
— die Wandlungen der Landnutzung;
— die Veränderungen des Siedlungsbildes und des Verkehrsnetzes;
— der Wandel der sozioökonomischen Struktur der Bevölkerung.

Diese Einzelaspekte der Siedlungsgrenzveränderungen, die zu einem guten Teil weniger durch beschreibenden Text als vielmehr durch kartographischen und statistischen Vergleich erfaßt und belegt werden sollen, konzentrieren sich dabei auf die Entwicklung der letzten 20 Jahre. Legitimiert wird eine solche Vorgehensweise vor allem deshalb, weil die älteren amtlichen Statistiken — kanadaweit wie regionsspezifisch — in einem Großteil der genannten Literatur aufgearbeitet und diskutiert sind.

Vor diesem Hintergrund ergeben sich im Rahmen der folgenden Studie weitere Arbeitshypothesen, deren Formulierung das oben genannte Postulat nach Allgemeingültigkeit der zu diskutierenden Fallbeispiele widerspiegelt:

Hypothese 2: Jeder Pioniergrenzraum durchläuft Entwicklungsstadien, die sich als regelhaft bezeichnen lassen. Endstadium des Kolonisationsprozesses ist eine „reife" Kulturlandschaft, die formal und funktional alle Elemente des „Altsiedellandes" aufweist.

Hypothese 3: Bevölkerungsdruck ist nach wie vor der entscheidende Faktor für Ausweitung, Stagnation oder Rückverlegung der Siedlungsgrenze; Bevölkerungsdruck ist dabei ein relativer Begriff und weniger demographisch als vielmehr ökonomisch zu fassen.

Ziel der folgenden Ausführungen soll es sein, am konkreten Objekt — d.h. am Beispiel des kanadischen Waldlandes unter besonderer Berücksichtigung des Great Clay Belt im Osten und des Peace River Country im Westen — die historische Genese (besonders durch Hinweise auf die entsprechende Literatur!), die gegenwärtigen Entwicklungstendenzen sowie die typologischen Differenzierungen agrarer Siedlungsgrenzen zu erfassen und zu deuten. Dabei wird davon ausgegangen, daß Kanada tatsächlich nur als Fallbeispiel fungiert, die Ergebnisse indes auf andere agrare Siedlungsgrenzräume übertragbar sind.

Bereits an anderer Stelle (Ehlers 1982) wurde der Versuch unternommen, den in den vorangegangenen Hypothesen formulierten Zusammenhang von Bevölkerungswachstum und Nahrungsspielraum theoretisch sowie auf der Grundlage einer Auswertung der zugänglichen Literatur schematisierend zusammenzufassen (Abb. 1). Dieser Versuch liegt auch den folgenden konkreten Fallstudien zugrunde, wobei im kanadischen Kontext besonders den Phasen III und IV besondere Aufmerksamkeit zukommt.

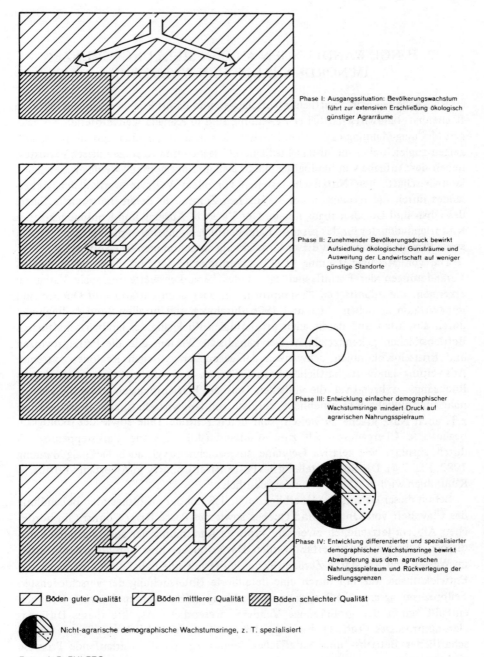

Abb. 1: Bevölkerungswachstum, Nahrungsspielraum und Siedlungsgrenzen: Schematische Darstellung.

2. JUNGE WANDLUNGEN AN DEN SIEDLUNGSGRENZEN IM NORDKANADISCHEN WALDLAND

Rückgang landwirtschaftlicher Nutzflächen und damit Rückverlegung der Grenze flächenhaft-landwirtschaftlicher Besiedlung sind in Kanada weitverbreitet. So belegen McCuaig-Manning (1982) eindringlich den „loss of Canadian agricultural land", zeigen zugleich aber die unterschiedlichen Ursachen und Ausmaße dieses Verlustes: neben der Aufgabe von ökologisch marginalen und ökonomisch wenig ertragreichen landwirtschaftlichen Nutzflächen stehen vor allem Verluste wertvollsten Ackerlandes durch die Expansion der städtischen Zentren in deren traditionelle Gürtel des Obst- und Gemüseanbaus hinein. Der Versuch, Ausmaß und Konsequenzen des Kulturlandverlustes für das gesamte Land deutlich zu machen, enthüllt, daß letztlich keine Provinz Kanadas von dieser Entwicklung ausgenommen ist (Abb. 2).

Die von McCuaig-Manning (1982) übernommene Graphik über die regionalen Veränderungen der Farmflächen läßt indes bemerkenswerte regionale Varianten erkennen: die atlantischen Küstenprovinzen, aber auch Ontario und Québec sind im Zeitraum zwischen 1961 und 1976 durchweg und in allen ihren Teilregionen durch absoluten und damit auch prozentualen Rückgang der landwirtschaftlichen Betriebsflächen gekennzeichnet. Der kanadische Westen, d.h. die Prärieprovinzen und Britisch-Kolumbien, schwanken demgegenüber zwischen Regionen extremer Ausweitung landwirtschaftlicher Betriebsflächen und solchen eines ausgeprägten Rückgangs: während v.a. die südlichen Teile der Prärieprovinzen sowie das küstennahe und südliche B.C. erhebliche Verluste von landwirtschaftlicher Betriebs- (und z.T. auch Nutz-)fläche aufweisen, sind deren zentrale Teile sowie der ökologisch begünstigte Übergangsbereich zum Waldland (d.h.: die sog. Parksteppenregion) durch absolute wie relative Gewinne ausgezeichnet (vgl. auch McCuaig-Manning 1982, Fig. 2.4). Die Sonderstellung des Peace River Country in Alberta und Britisch-Kolumbien wird in Abb. 2 besonders deutlich.

Schon dieser kursorische Überblick zeigt, daß mit der nachfolgenden Behandlung des Clay Belt von Ontario und Québec sowie des Peace River Country im nördlichen Alberta letztendlich zwei sehr typische Agrarräume der ausklingenden kanadischen Ackerbaufrontier erfaßt werden. Das Vorrücken bzw. Verharren der Frontier im Westen und das starke Zurückweichen im Osten sind dabei die Konsequenz von Entwicklungen, die nur durch eine detaillierte Untersuchung der verschiedensten Teilprozesse agrarer Siedlungsgrenzentwicklung erfaßt werden können. Dennoch enthüllt schon der großräumige Vergleich wesentliche Aspekte dieses Differenzierungsprozesses (Tab. 1). Er zeigt, daß Ausweitung und Schrumpfung landwirtschaftlicher Betriebs- und Nutzflächen keineswegs parallel verlaufende Prozesse sind: im Osten liegt der Rückgang landwirtschaftlicher Nutzflächen erheblich unter dem der Betriebsflächen, während in den Prärieprovinzen und in B. C. die Ausweitung der landwirtschaftlichen Nutzflächen die Zunahme der Betriebsflächen weit über-

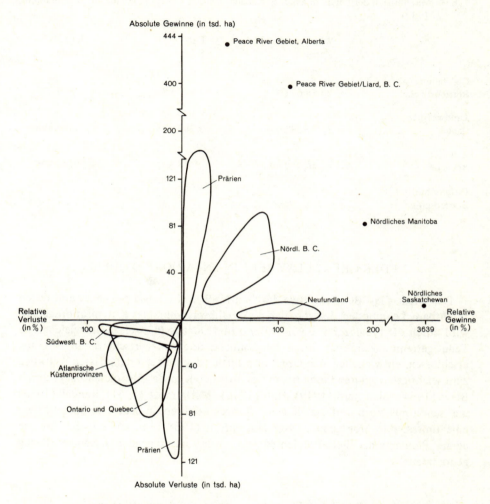

Abb. 2: Regionale Veränderungen landwirtschaftlicher Betriebsflächen in Kanada, 1961–1976 (nach McCuaig-Manning).

trifft. Bei hier wie dort schrumpfender Zahl von Farmen steigen in beiden Teilen des Landes die durchschnittlichen Betriebsgrößen an. Vor diesem Hintergrund scheint die Behauptung begründet, daß sich in West- wie Ostkanada offensichtlich *Konsolidierungstendenzen* in der Agrarlandschaftsentwicklung abzuzeichnen beginnen. Nur im Sinne eines solchen Konsolidierungsvorgangs ist auch Vanderhill (1982) zu verstehen, wenn er von dem „passing of the pioneer fringe in Western Canada" spricht.

Tab. 1: Wandlungen der Landwirtschaft in Kanada, 1960–1976 (in ha) (nach McCuaig-Manning 1982)

	West-Kanada	Ost-Kanada	Kanada gesamt
Ges. landw. Betriebsfläche	+ 2.058.611	− 3.908.986	− 1.850.375
Landw. Nutzfläche	+ 3.725.331	− 1.344.638	+ 2.380.693
Zahl der Betriebe	− 46.752	− 95.573	− 142.325
Durchschnittl. Betriebsgröße	+ 74	+ 13	+ 56

2.1 DER GREAT CLAY BELT IN ONTARIO UND QUÉBEC

Der Great Clay Belt, ein etwa 400 km NNW von Ottawa gelegenes und durch fruchtbare Lehmböden des glazialen Lake Ojibway geprägtes Kolonisationsgebiet, wird durch die Provinzgrenze von Ontario und Québec in zwei nahezu gleichgroße Teile getrennt. Zunächst durch bergbauliche und holzwirtschaftliche Nutzung erschlossen, entwickelten sich Great und Little Clay Belt seit dem Ersten Weltkrieg zum wichtigsten agraren Pionierraum des östlichen Kanada. Als solcher hat er durch Biays (1964), Blanchard (1949), Hills (1948), McDermott (1961), Randall (1936) u.a. schon mehrfach umfassende Darstellungen erfahren. In deutscher Sprache liegt eine umfassende Monographie von Hottenroth (1968) vor; auf sie und ihre die agrare Pioniergrenze betreffenden Beispiele wird im folgenden besonders Bezug genommen.

2.1.1 Die Entwicklung der landwirtschaftlichen Betriebs- und Nutzflächen 1961–1981

Bis in die 60er Jahre galten die Clay Belts in Ontario und Québec als Musterbeispiel politisch begründeter Gegensätzlichkeit der Siedlungsentwicklung. Während die Provinzregierung in Québec, unterstützt durch die katholische Kirche, eine durch finanzielle Subventionen und Vorleistungen bei der Landerschließung abgesicherte Agrarkolonisation betrieb und die Neulanderschließung zu einer kräftigen Expansion der Siedlungsgrenzen führte, war der ökologisch gleiche und auch zu gleicher Zeit besiedelte Raum jenseits der Provinzregierung in Ontario schon um 1960 durch Abwanderung der Bevölkerung, Kulturlandverlust sowie eine entsprechende Rückverlegung der Siedlungsgrenze gekennzeichnet (vgl. Abb. 3). Vor allem

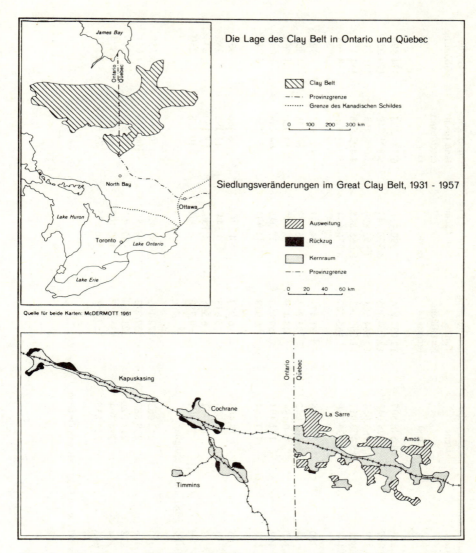

Abb. 3: Die Lage des Clay Belt sowie Siedlungsveränderungen, 1931–1957 (nach: McDermott).

McDermott (1961) hat auf diese unterschiedlichen Entwicklungen hingewiesen. Erst seit etwa 1960 zeichnete sich auch in Québec ein grundlegender Wandel in der Siedlungs- und Landnahmebereitschaft ab, der seitdem zu einem bis heute anhaltenden Verfallsprozeß in beiden Teilen des Clay Belt geführt hat.

Ontario: Tab. 2 vermittelt für Ontario insgesamt sowie für die drei im Zentrum des Great Clay Belt gelegenen Distrikte Cochrane, Glackmeyer und Temiskaming

		Landwirtschaftl. Betriebe	Landw. Betriebsfläche (acres)	Erschlossene Landw. Nutzfläche (acres)	Landwirtsch. Nutzfläche (acres)	Öd- u. Umland (nicht erschlossen) (acres)	Farmbevölkerung
Ontario gesamt	1961	121.333	18.578.507	12.032.924	7.990.358	6.545.583	524.490
	1966	109.887	17.826.045	12.004.305	8.358.741	5.821.740	498.025
	1971	94.722	15.963.056	10.864.601	7.855.890	5.098.455	391.713
	1976	88.801	15.473.011	11.069.343	8.665.845	4.403.668	341.113
	1981	82.448	14.923.280	11.165.587	8.976.664	3.757.928	288.743
Cochrane	1961	900	187.166	81.471	54.161	105.695	5.320
	1966	684	162.042	75.244	46.077	86.798	4.866
	1971	340	100.456	45.470	28.077	54.986	1.760
	1976	369	121.491	57.003	37.045	64.488	1.688
	1981	326	113.154	56.039	34.994	57.115	1.311
Glackmeyer	1961	55	15.465	6.979	4.146	8.486	434
	1966	53	17.006	5.613	3.344	11.393	385
	1971	37	14.752	6.595	4.156	8.157	234
	1976	48	18.908	8.750	5.901	10.158	250
	1981	Für 1981 nicht verfügbar					
Temiskaming	1961	1.070	242.663	122.103	94.427	120.560	5.559
	1966	910	239.888	132.973	99.003	106.915	4.651
	1971	712	211.071	121.264	87.966	89.807	3.539
	1976	704	224.304	135.257	103.107	89.047	2.974
	1981	663	227.855	152.203	115.635	75.654	2.573

Tab. 2: Landwirtschaftliche Entwicklung im Clay Belt von Ontario, 1961–1981

Der Great Clay Belt in Ontario und Quebec 17

		Landwirtschaftliche Betriebe	Landw. Betriebsfläche (acres)	Erschlossene landw. Nutzfläche (acres)	Landwirtsch. Nutzfläche (acres)	Öd- u. Umland (nicht erschlossen) (acres)	Farmbevölkerung
Ontario gesamt	1961	95.777	14.198.492	7.864.176	5.213.302	6.334.316	585.485
	1966	80.294	12.886.069	7.629.346	5.166.421	5.256.723	507.869
	1971	61.257	10.801.116	6.449.992	4.337.236	4.351.124	334.579
	1976	43.097	9.029.562	5.548.374	4.294.219	3.481.188	198.195
	1981	48.144	9.338.532	5.832.526	4.338.264	3.506.278	?
Abitibi	1961	3.439	575.250	269.216	179.356	306.034	22.435
	1966	2.491	516.208	278.027	180.765	238.181	19.189
	1971	1.235	331.280	184.748	106.777	146.532	8.065
	1976	824	324.535	171.481	122.053	153.054	3.969
	1981	876	348.289	178.516	117.214	169.772	?
Temiscamingue	1961	1.790	309.646	155.085	107.632	154.561	11.530
	1966	1.466	312.873	169.001	116.692	143.872	10.924
	1971	1.016	265.549	150.992	97.492	114.557	6.354
	1976	572	232.834	127.432	96.304	105.402	2.919
	1981	546	233.104	126.882	91.789	106.224	?

Tab. 3: Landwirtschaftliche Entwicklung im Clay Belt von Ontario, 1961–1981

die Entwicklungen der landwirtschaftlichen Betriebs- und Nutzflächen sowie die Entwicklung der Zahl der Betriebe während der letzten zwanzig Jahre. Im Vergleich mit den entsprechenden Werten für die gesamte Provinz wird dabei deutlich, daß die Bezirke des Clay Belt stärker als der Provinzdurchschnitt von dem Rückgang der Landwirtschaft betroffen sind. Schrumpfte die Zahl der landwirtschaftlichen Betriebe in Ontario insgesamt um etwa 32 %, so betrugen die entsprechenden Werte für Cochrane 60 %, für Temiskaming fast 40 %. Ähnliches gilt für die landwirtschaftlichen Betriebsflächen: deren Rückgang belief sich für die gesamte Provinz auf 20 %, für den Distrikt Cochrane dagegen auf etwa 40 %. Für Temiskaming allerdings betrug der Verlust nur etwa 6 %.! Um so überraschender sind die Tendenzen bei der Entwicklung der erschlossenen (improved) sowie bei der tatsächlichen landwirtschaftlichen Nutzfläche. Während die Fläche des sog. „improved land" in Ontario insgesamt durch einen geringfügigen Rückgang gekennzeichnet ist, sind die einzelnen Teilregionen des Ontario Clay Belt durch Stagnation ausgewiesen: vor allem die counties Glackmeyer und Temiskaming haben über die letzten zwanzig Jahre hinweg nichts von ihrer landwirtschaftliche Nutzfläche verloren, im Gegenteil: beide haben durch Rodung neue Flächen hinzugewonnen.

Der Vergleich zweier Landnutzungskartierungen im County Glackmeyer 1966 und 1982 läßt den Charakter dieses Stagnationsprozesses deutlich werden: er ist keineswegs durch Immobilismus kulturlandschaftlicher Prozesse, sondern durch äußerst vielfältige Formen des Flächennutzungswandels auf engstem Raum gekennzeichnet. Der Vergleich des Zustandes 1966 (Abb. 4a: nach Hottenroth) mit dem gegenwärtigen Landnutzungsmuster läßt die vielfältigen Formen und Arten des Wandels deutlich werden:

— 1966 bereits aufgelassenes Land hat sich zu dichtem Sekundärwald verdichtet;
— 1966 aufgelassenes Land ist noch heute als solches erkennbar (evtl. zwischenzeitlich genutzt worden);
— 1966 aufgelassenes Land ist heute wieder genutztes Kulturland;
— 1966 als Wald ausgewiesenes Land wurde zwischenzeitlich gerodet und in Kulturland überführt;
— 1966 als Acker- oder Weideland genutzte Areale wurden zwischenzeitlich aufgelassen;
— 1966 landwirtschaftlich genutzte Flächen werden auch heute noch genutzt.

Wenn es angesichts dieser vielfältigen Änderungen dennoch gerechtfertigt erscheint, von *Stagnation* der Kulturlandschaftsentwicklung zu sprechen, dann aus zwei Gründen:

a) Es unterliegt keinem Zweifel, daß — trotz der genannten differenzierten Entmischungsprozesse der Kulturlandschaftsentwicklung — per Saldo die bewirtschaftete LNF zwischen 1966 und 1982 annähernd gleich groß geblieben ist. In diesem Sinne ist *Stagnation* zunächst nichts anderes als ein rein *quantitativer Begriff*.

b) Ebenso zweifellos haben im kartierten Bereich erhebliche kulturlandschaftliche

Veränderungen stattgefunden, die man als Konzentrations- oder Konsolidierungsprozeß umschreiben könnte: der Vergleich der Jahre 1966 und 1982 macht eine Konzentration der tatsächlich genutzten Flächen auf den Bereich unmittelbar nördlich von Cochrane deutlich. Damit werden die durch eine Asphaltstraße zugänglichen Teile des Glackmeyer-County zum bevorzugten agraren Produktions- und ländlichen Siedlungsgebiet. In diesem Sinne ist *Stagnation als Konsolidierungsprozeß* zu verstehen.

Insgesamt zeigt der Vergleich der Abb. 4 a und 4 b im Hinblick auf die Entwicklung der landwirtschaftlichen Betriebs- und Nutzflächen einen räumlichen Konzentrationsprozeß, dessen Kennzeichen die Kontraktion des Kulturlandes (und damit auch der Siedlungsgrenze) auf einen infrastrukturell gut erschlossenen Kernbereich des weiter ausgreifenden Pionierraumes ist. Die Auflassung landwirtschaftlicher Nutzflächen an der Peripherie des Glackmeyer County wird kompensiert durch Ausweitung und Konsolidierung der entsprechenden Flächen im Kernbereich.

Québec: Prinzipiell der gleiche wie für Glackmeyer konstatierte Tatbestand läßt sich auch für den Québec betreffenden Teil des Great Clay Belt feststellen. Es erübrigt sich daher, mit gleicher Ausführlichkeit darauf einzugehen (vgl. dazu auch Abb. 6). Stattdessen mag es genügen, lediglich den statistischen Vergleich zu führen (Tab. 3).

Bedingt durch die längerwährende Förderung der Siedler in Québec seitens der Provinzregierung sowie durch kirchliche Institutionen expandierte die Siedlungsgrenze noch zu einer Zeit, als in Ontario ihr Rückgang bereits unverkennbar war (McDermott 1961). Um so drastischer vollzog sich der Zusammenbruch der Ackerbaufrontier im Great Clay Belt von Québec: ging die Zahl der Farmen im Durchschnitt der gesamten Provinz um 50 % zwischen 1961 und 1981 zurück, so lagen die entsprechenden Werte für Abitibi und Temiscamingue bei etwa 75 bzw. 70 %.

Im Gegensatz zu Ontario erlebten auch die landwirtschaftlichen Betriebs- und Nutzflächen im Clay Belt Québecs erhebliche Rückgänge bzw. Einbrüche, die weit über dem Durchschnitt der Provinz liegen.

Ohne weitere Details anzusprechen (vgl. dazu Tab. 3), ist jedoch letztendlich auch die Entwicklung in Québec als eine Konsolidierungsphase zu interpretieren. Allerdings wirkt dieser Konsolidierungsprozeß infolge der lang gewährten Unterstützungen an die Siedler und der daraus resultierenden „Scheinblüte" des Kolonisationsvorganges heute eher wie ein Zusammenbruch des gesamten Kolonisationsprozesses. Dennoch gilt auch hier, daß — ähnlich wie an der agraren Siedlungsgrenze der Nachbarprovinz — zunächst die peripheren und innerhalb des Siedlungsgrenzraumes isoliert gelegenen landwirtschaftlichen Nutzflächen und Siedlungen aus der Produktion bzw. aus der Besiedlung herausfallen. Landwirtschaft und Siedlung ziehen sich auf die Kernräume zurück, d.h. auf die unmittelbaren Umländer der größeren Orte, die häufig identisch sind mit den Ursprungs- und Ausgangspunkten der kolonisatorischen Erschließung des Québec Clay Belt. An ihrer Peripherie kann es dabei sogar, trotz allgemeinen Rückgangs des Kulturlandes, zu geringfügigen Neurodungen des Waldes und damit zu Ausweitungen der landwirtschaftlichen Nutzflächen kommen.

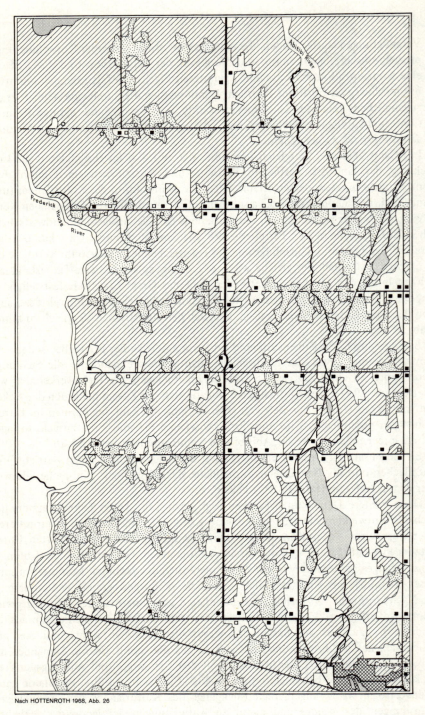

Abb. 4a: Landnutzung im Glackmeyer County, Clay Belt von Ontario 1966 (Nach Hottenroth).

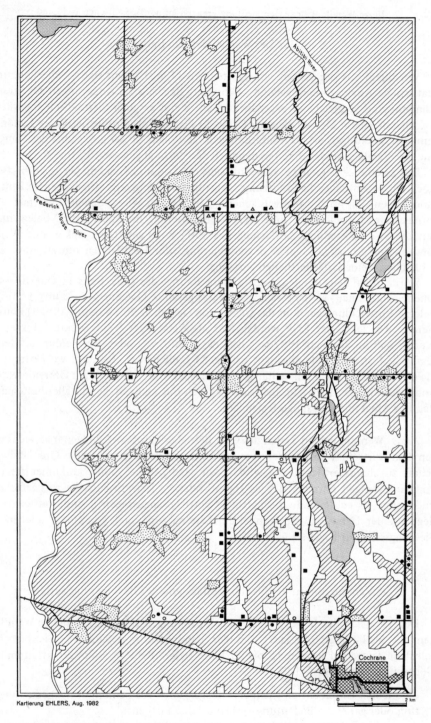

Abb. 4b: Landnutzung im Glackmeyer County, Clay Belt von Ontario 1982.

2.1.2 Der Wandel der Landnutzung

Vor allem aus der Arbeit von Hottenroth (1968) lassen sich — über eine rein statistische Analyse hinausgehend — konkrete Beispiele für Änderungen der agraren Landnutzung vergleichend gegenüberstellen. Wenn es auch methodisch fragwürdig ist, an nur einem kleinen Beispiel (Abb. 5) die gesamte Problematik der Landnutzungsveränderungen erfassen und darlegen zu wollen, so sei angesichts des Mangels anderer Vergleichsmöglichkeiten dennoch der Versuch gewagt.

Der zweifellos begrenzte Ausschnitt aus dem County Glackmeyer zeigt für 1966 noch ein beachtliches Landnutzungsspektrum: neben bereits aufgelassenem Kulturland finden sich noch größere Flächen an Weide und Wiese, daneben ein fast 3 ha umfassendes Getreidefeld. Eine Vergleichskartierung im August 1982 belegt nicht nur die fast vollständige Auflassung des 1966 noch genutzten Acker- und Weidelandes, sondern zugleich die „Extensivierung" der Restflächen hin zu einer ausschließlich weidewirtschaftlichen Nutzung.

Würde man den Vergleich auf andere Räume des Clay Belts in Ontario oder Québec ausdehnen, so ließe sich die für das gesamte Glackmeyer County (Abb. 4) belegte Entwicklung auch für das Gebiet von Gallichan-St. Laurent (Abb. 6) konstatieren: über 90 % der LNF werden hier als Wiese oder Weide genutzt. Insgesamt fanden sich im Sommer 1982 in Glackmeyer nur zwei oder drei Felder, auf denen Hafer als Futtergetreide angebaut wurde. In Gallichan-St. Laurent, wo Hottenroth (1968, Abb. 28) noch ein vielfältiges Anbauspektrum mit größeren Getreidefeldern und Neurodungen kartierte, ließ sich 1982 an nur einer Stelle ein allerdings ausgedehntes Areal mit Kleeanbau feststellen.

Fazit: Wenn in beiden Teilen des Clay Belt überhaupt noch von einer nennenswerten Landwirtschaft gesprochen werden kann, so ist diese als reine Grünlandwirtschaft zu charakterisieren. Sie wird — wie auch Abb. 3 und 5 dokumentieren — von nur wenigen Farmen, die als Haupt- oder Vollerwerbsbetriebe zu bezeichnen und damit als echte landwirtschaftliche Betriebe anzusprechen sind, betrieben. Es liegt auf der Hand, daß ein Wandel der Landnutzung auch von einem solchen der Siedlungsstruktur begleitet wird.

2.1.3 Veränderungen des Siedlungsbildes und der Bevölkerungsverteilung

Der Vergleich der bisher vorgelegten Kartierungen zeigt, daß — neben Wandlungen des Siedlungsgrenzverlaufs und der Landnutzung — auch das Siedlungsbild selbst im Laufe der letzten 15 bis 20 Jahre tiefgreifende Wandlungen erfahren hat. Generell läßt sich sagen, daß

— die kleinen Unterzentren (hamlets, villages, cross-road-communities) eine Stagnation oder gar einen Bedeutungsverlust erfahren haben;
— die größeren Mittelpunktsiedlungen (towns) durchweg durch ein beträchtliches

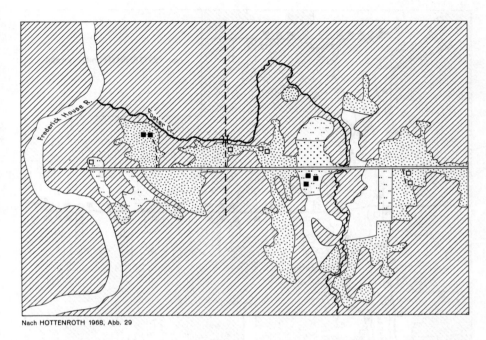

Nach HOTTENROTH 1968, Abb. 29

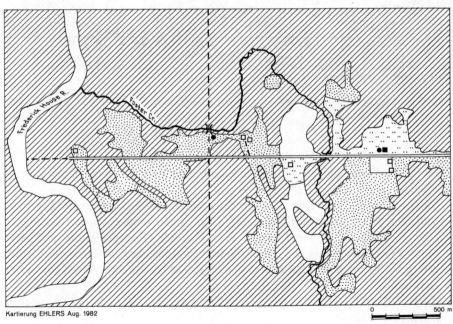

Kartierung EHLERS Aug. 1982

Abb. 5: Landnutzung im Glackmeyer County, Concession 6 u. 7, 1966 (nach Hottenroth) und 1982.

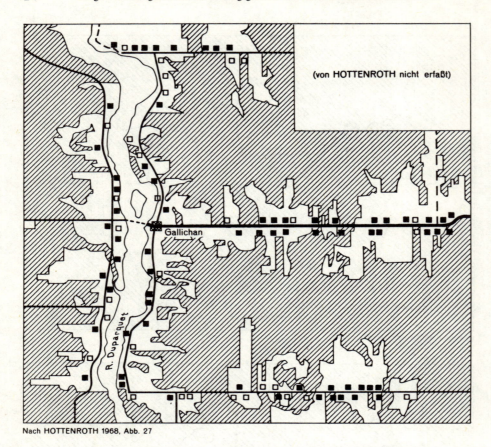

Abb. 6a: Landnutzung im Bezirk St. Laurent-de-Gallichan, Clay Belt von Québec, 1966 (nach Hottenroth).

räumliches Wachstum und durch Stärkung ihrer zentralen Funktionen gekennzeichnet sind;
- die ländlichen Siedlungen durch einen starken Entmischungsprozeß geprägt sind, der durch Konzentration der LNF auf immer weniger landwirtschaftliche „Vollerwerbsbetriebe" und deren entsprechende Konsolidierung einerseits, durch Funktionswandel von ausscheidenden und ursprünglich landwirtschaftlich genutzten Wohnplätzen hin zu Wohn- oder Freizeitsitzen andererseits charakterisiert ist;
- die ländlichen Gebiete z.T. zudem durch ausgeprägte Hof- und/oder Flurwüstungen geprägt sind.

Während auf die beiden erstgenannten Aspekte der Veränderungen des Siedlungsbildes ausführlicher am Beispiel des Peace River Country eingegangen werden

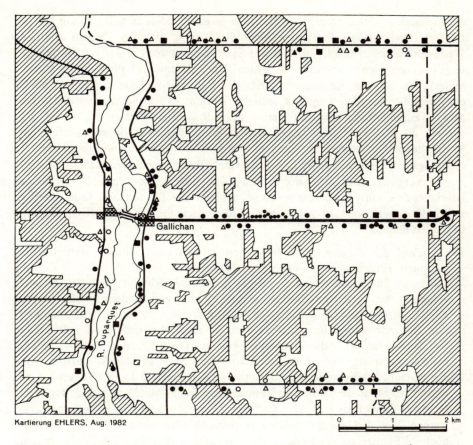

Abb. 6b: Landnutzung im Bezirk St. Laurent-de-Gallichan, Clay Belt von Québec, 1982.

soll, ist der siedlungsgeographische Wandel des ländlichen Raumes besonders eindrucksvoll am Beispiel des auch von Hottenroth (1968, Abb. 27) kartierten Raumes von St. Laurent-de-Gallichan im Québec-Teil des Great Clay Belt zu belegen. Bevor auf diese Kartierung des Jahres 1966 und ihren Vergleich mit den Verhältnissen des Sommers 1982 eingegangen werden soll, ist der folgende Hinweis notwendig: Hottenroth hat in diesem Fall – wie auch bei allen anderen Detailkartierungen – bei den ländlichen Siedlungsformen einheitlich und ausschließlich zwischen ,,besetzten Farmen" und ,,wüsten Farmen" unterschieden. Dies erscheint aus heutiger Sicht und vor dem Hintergrund des angestrebten Vergleichs problematisch. Zum einen scheinen nach Hottenroth demnach in der Mitte der 60er Jahre nicht-agrarisch fundierte Wohnplätze überhaupt nicht existiert zu haben; dies ist sehr unwahrscheinlich! Zum anderen wird für das Jahr 1966 nichts über die Größe der Wohnplätze und ihre funktionale Differenzierung, aber auch nichts über den Wüstungscharakter der aufgegebenen Betriebe gesagt: handelt es sich z.B. um Partial- oder Totalwüstungen? Drittens scheint die Ballung mancher Farmen und/oder Wüstungen unverständlich: aus heutiger Sicht müßten manche der von Hottenroth eingetragenen Signaturen (z.B. in seinen Abb. 28 und 29) nicht für „Farmen". schlechthin, sondern für einzelne Teile der Farm (Wohnhaus, Scheunen, Ställe, etc.) vergeben worden sein. Mit anderen Worten: es will scheinen, daß Hottenroth – zumindest in einigen Fällen – mit z.B. drei gleichgearteten „Farm"-Signaturen die drei Teile eines Gehöftes (z.B. Wohnhaus, Stall, Scheune) erfaßt hat. Trotz dieser Vorbehalte erscheint es dennoch sinnvoll und aussagekräftig, die Siedlungsstrukturen von 1966 und 1982 vergleichend gegenüberzustellen (Abb. 6).

Der Vergleich zeigt drei ganz auffällige Phänomene, die sich nicht nur für das Glackmeyer County nachweisen lassen, sondern die für fast alle Teile des Clay Belt und – wie noch zu zeigen sein wird – auch für das Peace River Country Gültigkeit haben:

a) Die *Zahl der Farmen*, d.h. der bäuerlich-landwirtschaftlichen Betriebe, hat zwischen 1966 und 1982 *erheblich abgenommen*. Dabei wird für 1982 dann von einer Farm gesprochen, wenn die funktionale Vielfalt der Gebäude noch eindeutig für agrarische Zwecke genutzt wird, wenn landwirtschaftliche Maschinen verschiedenster Art und der Zustand der die Anwesen umgebenden LNF ihre Bewirtschaftung belegen und wenn – angesichts einseitig dominierender Grünlandwirtschaft – die Viehhaltung eine noch deutlich erkennbare wirtschaftliche Rolle spielt. Nicht erfaßt sind Unterschiede in der Größe und Intensität der Nutzung: während ausgesprochene Großbetriebe und damit „Vollerwerbsbetriebe" im Sinne der deutschen Terminologie in der Minderzahl sind, dürfte das Gros der Farmen als eine Art „Zu-" oder „Nebenerwerbsbetrieb" bewirtschaftet werden. Wie auch immer: glaubte Hottenroth 1966 entlang der Asphaltstraße noch 22 Farmen ausweisen zu können, so hat sich diese Zahl 1982 auf höchstens 5 Betriebe reduziert; im südlich anschließenden Rang beträgt der Schwund 14 zu 1 und beiderseits des Rivière Duparquet reduzierte sich die Zahl der Farmen von 25 auf 4 Betriebe. Selbst wenn man die Unwägbarkeiten der Kartierungen von Hottenroth berücksichtigt, steht der Rückgang der bäuerlichen Betriebe außer jedem Zweifel.

b) Ein ebensolcher Indikator für den Strukturwandel der ländlichen Siedlung ist die *hohe Zahl aufgelassener Wirtschaftsgebäude*. Dies kommt bei Hottenroth allenfalls in der Zahl der „wüsten Farmen" insgesamt zum Ausdruck. Die genauere Bestandsaufnahme der Gebäude und ihrer Funktionen enthüllt dennoch einen differenzierten Entmischungsprozeß: in sehr vielen Fällen (besonders im nördlichen Rang in Abb. 6 b!) werden die großen Scheunen bei Aufgabe der Landwirtschaft nicht mehr genutzt. Sie zerfallen langsam, während die Wohngebäude der Farmen in ihren Funktionen erhalten bleiben: so dient die ehemalige „Farmstead" heute meist ausschließlich dem Wohnen.

c) Die allenthalben dominierende Wohnfunktion sowohl der ehemaligen Farmgebäude als auch der neuerrichteten Wohngebäude vom Typ des Einfamilienhauses signalisieren zwei Trends. Zum einen die *Abkehr von der Landwirtschaft bei gleichzeitiger Hinwendung zu anderen Berufsfeldern*: in diesen Fällen dient das ehemalige Wohnhaus der Farm ausschließlich als Wohnung, von der aus täglich zu der nicht-agrarischen Arbeitsstätte gependelt wird. Neben dem Wohnhaus werden dabei gelegentlich kleine Gartenflächen, eine Weide für Reitpferde sowie Teile der oftmals ausgedehnten Wälder zum Holzeinschlag für Bau- und Brennholz behalten, während der überwiegende Teil des Landes aufgelassen, verpachtet oder verkauft wird und dann zur Aufstockung der verbleibenden landwirtschaftlichen Betriebe dient. Der andere Trend ist durch die *Umwandlung ehemals bäuerlich genutzter Gebäude in Zweit- und Freizeitwohnsitze* gekennzeichnet. Vor allem entlang des Flusses, der sich wenig nördlich des Kartenausschnittes in den Lac Abitibi ergießt, dienen inzwischen etliche Wohnplätze ausschließlich dem Zweck der Erholung: sie sind sehr häufig auch architektonisch als solche erkennbar.

Angesichts der siedlungsstrukturellen Wandlungen, die für den Great Clay Belt in Ontario und Québec in gleicher Weise zutreffen — und die für das Peace River Country im Hinblick auf dessen Bevölkerungsverteilung und- entwicklung in ähnlicher Weise zu belegen sein werden —, verwundert nicht, daß die ländlichen Gebiete insgesamt durch eine starke Bevölkerungsabnahme gekennzeichnet sind (Tab. 4). Der Vergleich der Jahre 1961 und 1981 und die zwischen diesen beiden Fixpunkten abgelaufenen Entwicklungen belegen für alle Beispielsräume eine Reduzierung der ländlichen Bevölkerung um 50 % und mehr; in extremen Fällen hat der Exodus der Bewohner aus den Grenzräumen der Besiedlung zu Bevölkerungsverlusten von nahezu 80 % geführt. Daß die zentralen Orte und Mittelpunktsiedlungen von diesem Trend nicht bzw. nicht in gleicher Weise erfaßt wurden, wurde bereits angedeutet und soll am Beispiel des Peace River Country genauer belegt werden.

2.1.4 Zusammenfassung

Der vergleichweise knappe Überblick über die jüngsten Wandlungen an der agraren Pioniergrenze des Great Clay Belt in Ontario und Québec enthüllt letzten Endes die gleichen Prozesse, die Eberle (1982) unter dem Begriff „Einzelhofwüstungen und Siedlungskonzentration" aus dem südlich des Clay Belt gelegenen Outaouais beschreibt. Auch seinen Schlußfolgerungen (ebda., S. 102/3), wonach „eine Ausdünnung des flächenhaft erschlossenen Siedlungsraumes, vornehmlich in dessen Randbereichen" einhergehe mit einem „Anwachsen älterer Gruppensiedlungen sowie eine(r) lineare(n) Konzentration der zahlreichen neu entstehenden Wohnsiedlungen entlang weniger, meist zentral verlaufender Straßen" wird durch die vergleichenden Kartierungen bei Cochrane (Abb. 4) und Gallichan (Abb. 6) bestätigt.

Die für den Clay Belt aufgezeigten und für das Peace River Country noch zu belegenden Entwicklungen bezüglich des Strukturwandels des ländlichen Raumes sind dabei ein in Einzelaspekten sicherlich zu modifizierendes Spiegelbild der gesamtkanadischen Entwicklung (vgl. Tab. 4).

Tab. 4a: Farmbevölkerung in Kanada 1941–1981

Region	Farmbevölkerung abs. (in tsd.)			Farmbevölkerung (in % der Gesamtbevölkerung)		
	1941	1961	1981	1941	1961	1981
Maritimes*	359	169	47	31.2	8.9	2.1
Quebec	839	585	186	25.2	11.2	2.9
Ontario	704	524	280	18.6	8.5	3.2
Prärieprov.	1.148	765	467	47.0	24.1	11.2
BC	102	85	60	12.5	5.2	2.2
Kanada ges.	3.152	2.128	1.040	27.4	11.7	4.3

Tab. 4b: Entwicklung der Zahl der Zensusfarmen in Kanada 1921–1981

Region	Zahl der Farmen			
	1921	1941	1961	1981
Maritimes*	97.788	77.096	33.391	12.941
Quebec	137.619	154.669	95.777	48.144
Ontario	198.053	178.204	121.333	82.448
Prärieprovinzen	255.657	296.469	210.442	154.816
BC/Y/NWT	21.993	26.420	19.960	20.012
Kanada ges.	711.090	732.832	480.903	318.361

Tab. 4c: Durchschnittsgröße der Farmen in Kanada 1921–1981

Region	Durchschnittliche Größe (in ha)			
	1921	1941	1961	1981
Maritimes	42	47	39	94
Quebec	51	47	60	78
Ontario	46	51	62	73
Prärieprovinzen	139	164	250	340
BC	53	62	91	109
Kanada ges.	80	96	145	207

Quelle: Census of Canada; *Maritimes: bis 1941 ohne Neufundland

Sowohl im Hinblick auf die zahlenmäßige Entwicklung der Farmbevölkerung als auch der Farmen selbst erweist sich indes, daß die Entwicklungen an den agraren Pioniergrenzen Québecs und Ontarios in kürzeren Zeiträumen und auch im Ausmaß des Wandels gravierender ablaufen.

Deutlich macht Tab. 4 aber auch die in jeder Beziehung andersartige Stellung und Bedeutung der Landwirtschaft in den Prärieprovinzen Kanadas. Auf das Peace River Country als Teil dieses Agrarraumes soll im folgenden näher eingegangen werden.

2.2 DAS NÖRDLICHE PEACE RIVER COUNTRY IN ALBERTA

Nach wie vor gilt das Peace River Country, das ebenfalls durch Provinzgrenzen geteilt wird, als der kanadische Pionierraum par excellence. Sowohl der in Britisch-Kolumbien gelegene Teil als auch — und dies in ganz besonderem Maße — der zur Prärieprovinz Alberta gehörende Teil sind durch extrem hohe absolute wie relative Zuwachsraten bei der Erschließung neuer landwirtschaftlicher Nutzflächen gekennzeichnet (vgl. Abb. 2). Das Peace River Country nimmt somit innerhalb Kanadas als agrarkolonisatorischer Pionierraum eine Sonderstellung ein und hat eine dementsprechend intensive wissenschaftliche Bearbeitung gefunden. Verwiesen sei auf die Beiträge von Ironside u.a. (1977, 1983), Lovering (1963), Maxwell (1964), Tracie (1975), Vanderhill (1958 ff.) sowie auf die vielfältigen Studien des Northern Alberta Development Council (NADC); das ältere Schrifttum wird erfaßt bei Ehlers (1965). Hier findet man auch eine umfangreiche Darstellung sowohl des Naturpotentials als auch der historische Entwicklung dieses Pionierraumes. Auf diese Arbeit beziehen sich die vergleichenden Kartierungen, die im folgenden vorgestellt werden sollen.

2.2.1 Die Entwicklung der landwirtschaftlichen Betriebs- und Nutzflächen 1961—1981

Die bereits mehrfach erwähnte Sonderstellung des Peace River Country dokumentiert sich an nur wenigen Zahlen, die einleitend die Entwicklung der Zahl der Betriebe sowie der landwirtschaftlichen Betriebs- und Nutzflächen für den Zeitraum 1961 bis 1981 belegen (Tab. 5). Dabei ist zu beachten, daß die in Tab. 5 erfaßten Census-Einheiten lediglich das nördliche Peace River Country erfassen.

Die wesentlichen Faktoren dieser Entwicklung lassen sich wie folgt zusammenfassen:

— die Zahl der landwirtschaftlichen Betriebe hat sich nur geringfügig verringert; die Schwundrate liegt für die gesamte statistische Einheit (Division) 15 für den betrachteten Zeitraum bei nur 5 Betrieben, was angesichts der Gesamtzahl der Betriebe vernachlässigenswert ist. Tatsächlich hat die Zahl der Betriebe aber wohl geringfügig zugenommen, wenn man berücksichtigt, daß 1981 Teile des Municipal District 136 einer anderen Verwaltungseinheit zugeschlagen wurden;
— im gleichen Zeitraum stieg die landwirtschaftliche Betriebsfläche um 28 %, die landwirtschaftliche Nutzfläche um 11 %.

Damit erweist sich der Gesamtraum des nordwestlichen Alberta als ein abgeschwächtes Spiegelbild der Entwicklung im nördlichen Peace River Country. Hier ist der Rückgang der Zahl landwirtschaftlicher Betriebe deutlich geringer; in den meisten Teilregionen (statistisch: subdivisions) sogar ausgesprochen expansiv. Gravierender und typischer aber ist die geradezu dramatische Ausweitung der landwirtschaftlichen Nutzflächen, die diejenige der Betriebsflächen nahezu erreicht. Bei unkritischer Interpretation des in Tab. 5 präsentierten Datenmaterials erweckt dies

Tab. 5: Nördliches Peace River Country: Entwicklung landwirtschaftlicher Betriebs- und Nutzflächen 1961–1981 (nach Verwaltungseinheiten)

		Gesamtzahl der Betriebe	Landwirtschaftl. Betriebsfläche (in ac)	Landwirtschaftl. nutzbare Fläche (in ac)	Landwirtschaftl. genutzte Fläche (in ac)
1961		849	418.040	242.841	160.043
1966		829	479.307	282.438	207.446
1971	ID # 21	798	592.621	329.105	235.623
1976		605	521.161	298.202	203.360
1961		731	394.240	184.896	138.107
1966		878	549.656	267.351	204.266
1971	ID # 22	785	567.817	322.808	227.574
1976		762	584.006	357.635	253.292
1981		812	597.724	404.572	287.007
1961		343	131.659	56.309	43.976
1966		295	140.549	69.565	52.999
1971	ID # 23	362	236.378	116.582	76.362
1976		579	390.590	221.201	132.924
1981		578	406.550	264.618	174.599
1961		349	201.339	132.350	88.399
1966		327	319.051	144.691	101.346
1971	MD # 135	304	234.140	151.015	106.120
1976		275	212.731	142.176	105.452
1981		275	192.912	145.961	110.566
1961		399	237.478	162.478	115.162
1966		344	248.498	174.005	131.264
1971	MD # 136	325	241.163	181.141	130.870
1976		383	303.025	226.853	161.862
1981		– Not available separately-Data included with ID # 20			
1961		2.671	1.382.806	778.874	545.687
1966		2.673	2.216.368	938.050	697.321
1971	Total	2.574	1.872.119	1.100.651	776.549
1976		2.546	2.011.513	1.246.067	825.898
1981		2.666	1.772.909	1.164.387	608.834

zunächst den Eindruck, als sei die im Zeitraum zwischen 1961 und 1981 erweiterte Betriebsfläche sogleich gerodet bzw. urbar gemacht und in Nutzfläche überführt worden. Eine nähere Analyse der Entwicklung der landwirtschaftlichen Betriebs- und Nutzflächen macht allerdings deutlich, daß im Peace River Country andere Prozesse abgelaufen sind: an der Ausweitung der Betriebsflächen sind vor allem die Peripherien des besiedelten Peace River Country beteiligt, während die Umwandlung von Wald und Busch in Ackerland in besonders starkem Maße von älteren und schon seit längerem existierenden Betrieben betrieben wird. Anders ausgedrückt:

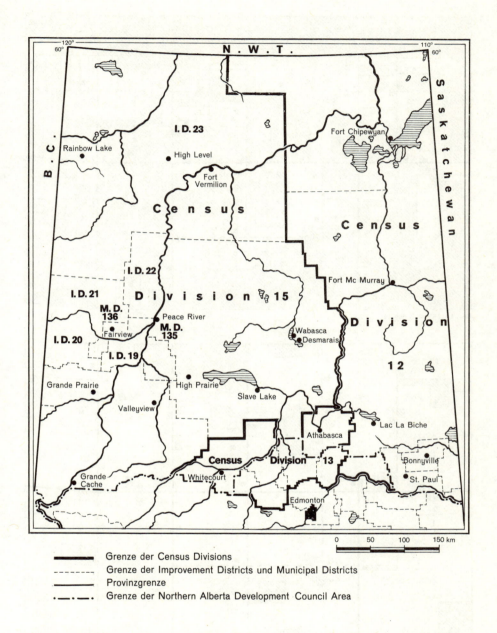

Abb. 7: Nordalberta. Verwaltungsgliederung (nach Unterlagen des NADC).

32 Junge Wandlungen an den Siedlungsgrenzen im nordkanadischen Waldland

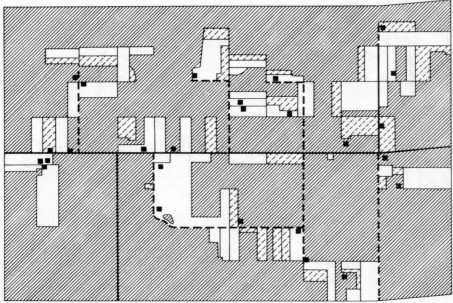

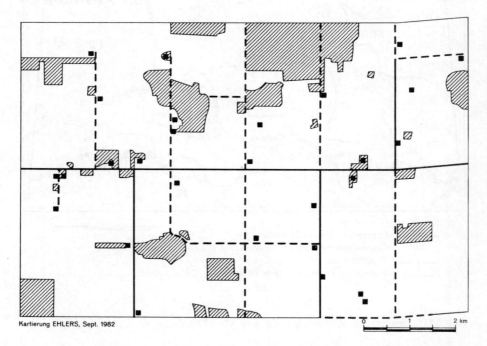

Abb. 8: Agrarkolonisation im Peace River Country Nordalbertas: Township 85 – Range 9 – westl. 6. Meridian, 1963 und 1982 im Vergleich.

Landnahme und agrarkolonisatorische Erschließungsmaßnahmen an der Peripherie des zuvor aufgesiedelten Pionierraumes werden begleitet von einer kräftigen Rodung der Wälder und Buschareale auf den schon vor zehn oder zwanzig Jahren gegründeten Betrieben.

Bereits bei der historischen Rekonstruktion der Besiedlungsgeschichte des Peace River Country wurde unterschieden zwischen kulturraumbildender und kulturraumfüllender Kolonisation (Ehlers, 1965, S. 68 ff.). Im Gegensatz zu *kulturraumbildender* Kolonisation, die mit der agrarkolonisatorischen Erschließung neuer Siedlungs- und Wirtschaftsräume jenseits bestehender Siedlungsgrenzen verbunden ist, ist die *kulturraumfüllende* Kolonisation als ein Vordringen des Kulturlandes von bestehenden Siedlungs- und Wirtschaftsräumen aus bzw. als eine Auffüllung und Verdichtung solcher Räume definiert. In diesem Sinne sind alle zwischen 1961 und 1981 abgelaufenen Prozesse im Peace River Country als kulturraumfüllend zu deuten. Die kulturraumfüllende Kolonisation im Peace River Country seit 1961 ist durch die beiden zuvor genannten Prozesse gekennzeichnet:

a) Gewinnung neuer landwirtschaftlicher Nutzflächen inmitten der älter aufgesiedelten Areale durch Rodung und agrarkolonisatorische Erschließung der letzten anbaufähigen Wald- und Buschbestände sowie

b) Gewinnung neuer landwirtschaftlicher Betriebs- und Nutzflächen an der Peripherie der bisherigen Siedlungs- und Wirtschaftsräume.

Zu a): Noch 1961 waren weite Teile des nördlichen Peace River Country durch eine äußerst aktive Agrarkolonisation geprägt. Schwerpunkte der Landnahme, Rodung und aktiven Ausweitung des Kulturlandes waren dabei die westliche Peripherie des nördlichen Peace River Country, d.h. der Raum um Hines Creek-Worsley (Abb. 8) sowie der nördliche Abschnitt um Fort Vermilion (Abb. 9 und 10).

Die erst im Jahre 1958 zur Besiedlung freigegebene Township 85 – Range 9 (westl. des 6. Meridian) wies im Jahre 1963 das in Abb. 8 a erfaßte Bild auf: von 26 Kolonistenstellen aus waren erste Felder angelegt und beträchtliche Areale in der Umwandlung von Wald zu Kulturland begriffen. Abb. 8 b zeigt den gleichen Ausschnitt im Sommer 1980 aufgrund einer Auswertung von Luftbildern: der Wald ist – von wenigen Ausnahmen abgesehen – beseitigt; die Zahl der bäuerlichen Anwesen hat sich geringfügig auf 28 erhöht. Damit repräsentiert die etwa 15 Meilen SW von Worsley gelegene Township, die 1963 noch die vorderste Pionierfront bzw. agrarkolonisatorische Siedlungsgrenze war, heute bereits „kulturlandschaftliche Reife". Die Zahl der Siedlerstellen hat ihr Maximum erreicht und dürfte in Zukunft eher rückläufig sein. Das Straßen- und Wegenetz ist – dem Township- und Section-Muster der kanadischen Prärien gemäß – weitgehend entwickelt. Acker- und Weideland dominieren gegenüber dem ursprünglichen Wald und Busch, deren Reste, wo immer möglich, bald beseitigt sein dürften.

Eindrucksvoller noch stellen sich die Wandlungen der polaren Siedlungs- und Anbaugrenze an den nördlichsten Vorposten der geschlossenen Besiedlung auf dem nordamerikanischen Kontinent dar: im Raum Fort Vermilion. Im Jahre 1963

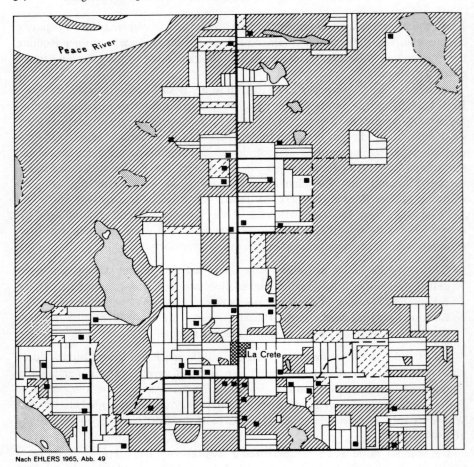

Abb. 9a: Agrarkolonisation im Peace River Country Nordalbertas: Township 106 – Range 15 – westl. 5. Meridian, 1963.

wurde Township 106 – Range 15 – westl. des 5. Meridian erfaßt. Abb. 9 a gibt den damaligen Zustand der fast ausschließlich von Mennoniten besiedelten und bewirtschafteten Township wieder, Abb. 9 b den gleichen Raum im Jahre 1982.

Abermals zeigt sich ein tiefgreifender Wandel in der Landnutzung, der sich v.a. in der weitgehenden Rodung des Waldes, in der Ausgestaltung des planmäßigen Straßen- und Wegenetzes sowie im Übergang von einer relativ stark parzellierten Flur zu großen und einheitlich genutzten Blöcken dokumentiert. Auch im Siedlungsbild zeichnen sich für den Zeitraum 1963 bis 1982 typische und bereits für Québec und Ontario angesprochene Veränderungen ab: die Zahl der bäuerlichen Betriebe blieb zwar annähernd konstant, doch sind bereits einige 1963 noch operierende Betriebe aufgegeben worden. Zusammen mit der Rodung neuen Ackerlandes haben sie auch bei La Crete zu einer Vergrößerung der durchschnittlichen

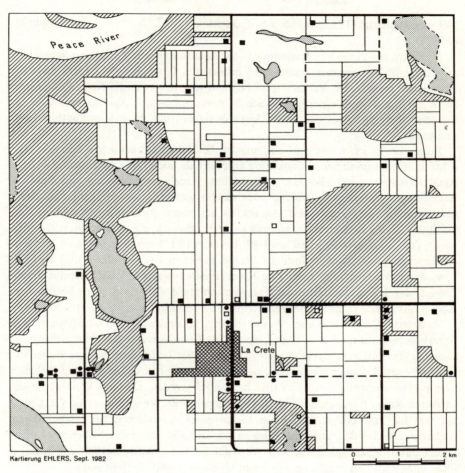

Abb. 9b: Agrarkolonisatorischer Wandel im Peace River Country Nordalbertas: Township 106 – Range 15 – westl. 5. Meridian, 1982.

Betriebs- und Nutzflächen beigetragen. Bemerkenswert sind auch die vielen seit 1963 entstandenen Wohnhäuser, die, oft zu Gruppensiedlungen verdichtet, vor allem in der Nähe von La Crete errichtet wurden.

Zu b): Das Beispiel der Mennoniten-Township von La Crete leitet über zum Problem der Sonderentwicklung des nördlichsten Peace River Country ganz allgemein: dies ist der einzige Teilraum der gesamten nordamerikanischen Ackerbaufrontier, wo bis heute eine extrem aktive Agrarkolonisation betrieben wird. Er ist deshalb gerade für den Versuch, Siedlungsgrenzentwicklungen zu systematisieren und, ausgehend von konkreten Einzelfällen, ein allgemeines Erklärungsschema zu erstellen, von besonderer Bedeutung. Über allgemeine historische Hintergründe und Stellung dieses Raumes im gesamtkanadischen Kontext unterrichten Ehlers (1965, S. 133 f.),

McCuaig-Manning (1982, S. 66 f.), Troughton (1982, S. 35 f.) und Vanderhill (1982).

Nachdem die Phase kulturraumbildender Agrarkolonisation endgültig abgeschlossen ist, stellt der gesamte Raum des nördlichsten Peace River Country zwischen High Level im NW, Ft. Vermilion im NE und Keg River-Paddle River Prairie im S das klassische Beispiel einer heute noch *kulturraumfüllenden* Agrarkolonisation dar. Es sind abermals zwei räumliche Entwicklungen, die diese Kolonisation kennzeichnen.

Einerseits ist es – und Abb. 10 macht dies sehr eindrücklich deutlich – eine echte kulturraumfüllende Kolonisation insofern als noch 1961 bestehende isolierte Agrarlandschaftsinseln, die durch ausgedehnte Areale unbesiedelten und nicht zur Besiedlung freigegebenen Waldes voneinander getrennt waren, heute zu einem geschlossenen Siedlungs- und Agrarwirtschaftsraum zusammengewachsen sind. Leitlinien dieses Kolonisationsprozesses waren dabei v.a. die inzwischen voll asphaltierte Verbindungsstraße zwischen High Level und Ft. Vermilion sowie die in einem entsprechenden Ausbau befindliche Straße zwischen Ft. Vermilion und La Crete bzw. deren Verlängerung nach Keg River. Einen typischen Ausschnitt aus diesem Bereich der kulturraumfüllenden Kolonisation stellt die schon zuvor besprochene Abb. 9 mit ihrem Vergleich der Jahre 1963 und 1982 dar.

Andererseits ist – und auch dies zeigt Abb. 10 eindrucksvoll – die gegenwärtige Agrarkolonisation im Raum High Level – Ft. Vermilion durch *kulturraumkonsolidierende/-stabilisierende* Aktivitäten markiert. Dies heißt, daß die zur Besiedlung freigegebenen, bislang aber unerschlossenen Randsäume vollständig in den Kolonisationsprozeß einbezogen worden sind bzw. noch werden. Dies gilt konkret für den gesamten Raum nördlich der Straße High Level – Ft. Vermilion sowie für die südlich von La Crete gelegenen Gebiete. *Kulturraumkonsolidierung* heißt dabei in ganz besonderer Weise die randliche Ausweitung und Fixierung des bisherigen Kulturlandes durch agrarkolonisatorische Aktivitäten, die – wirtschaftlich wie sozial – im Kontext mit den bereits vorhandenen Siedlungen und Siedlern stehen.

Viel ist spekuliert und geschrieben worden über die Ursachen der ungebrochenen agrarkolonisatorischen Erschließungsmaßnahmen an diesem nördlichsten Vorposten der großflächigen Landwirtschaft in Nordamerika. Unter den vielen Erklärungen wie z.B.

– ökologische, v.a. klimatische und pedologische Gunst des Raumes;
– verbesserte Verkehrsanbindung infolge der Fertigstellung der Great Slave Lake Railway im Jahre 1964 sowie infolge des Ausbaus des Straßennetzes; oder
– die Sonderstellung des Raumes als Folge seiner mennonitischen Bevölkerung

scheint besonders der letztgenannte Punkt von Belang zu sein. Vanderhill (1982, S. 208) weist zu Recht auf den soziokulturell verständlichen großen Landhunger der Mennoniten gerade in dieser Region hin, wo neues Land aufgenommen wird „principally by Mennonites, usually sons of local farmers who have access to family-owned equipment for farm development". Wie groß die Nachfrage nach Neuland ist, zeigt die Tatsache, daß die gesamte Fläche der in Abb. 10 als Aus-

Um die Lesbarkeit der Abbildungen 4 – 9 sowie 11 a und 11 b zu erhöhen, fügen wir die auf S. 39 des Buches abgedruckte Legende in Vergrößerung auf diesem Sonderblatt bei

Siedlungen

- ■ Farm, bewohnt und genutzt
- □ Aufgelassene Farm
- ● Wohnhaus, z.T. aus früherer Farm hervorgegangen
- ○ Aufgelassenes Wohnhaus
- • Kleines Wohnhaus
- ▲ Wirtschaftsgebäude (Schuppen), genutzt
- △ Wirtschaftsgebäude, aufgelassen

 Geschlossene Siedlungen

Verkehrswege

Asphaltstraße
Nicht asphaltierte Allwetterstraße
- - - Wege, Pisten
—+— Eisenbahn

Seen

Landnutzung

 Wald, Öd- und Unland

Gerodete Waldflächen

Kulturland (in Abb. 11a u. 11b: Brache)

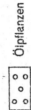 Wiederbewaldetes ehemaliges Kulturland

Weizen

 Gerste (und sonstige Coarse Grains)

○ ○ ○ Ölpflanzen

· · · Wiese/Weide

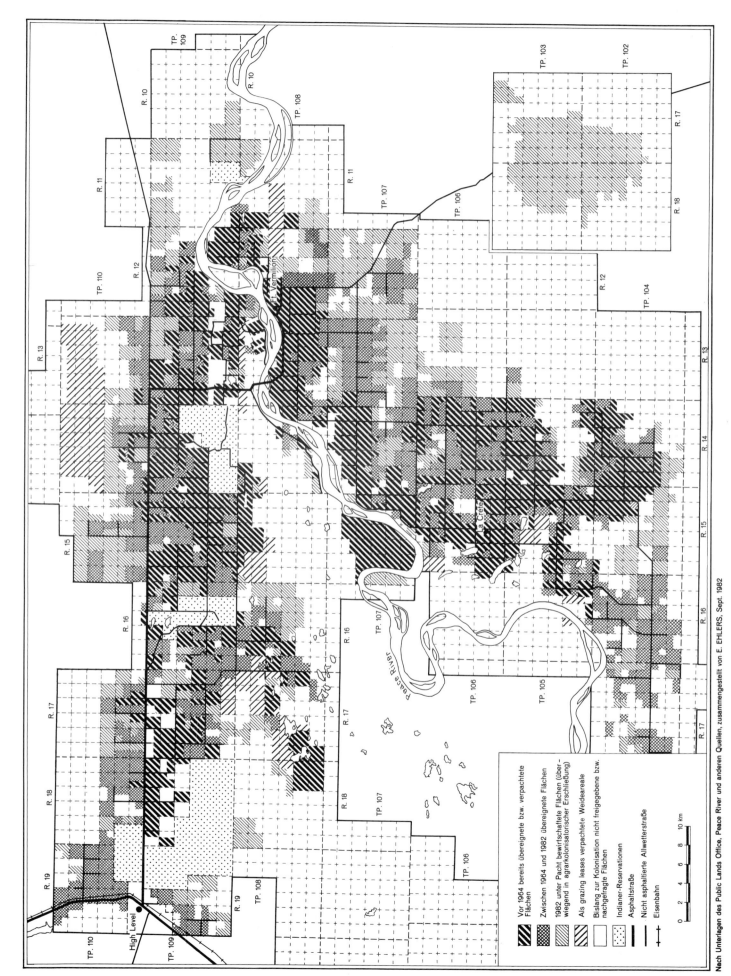

Abb. 10: Junge agrarkolonisatorische Wandlungen im nördlichen Peace River Country bei Ft. Vermilion – La Crete.

schnitt eingefügten und erst 1980 zur Besiedlung freigegebenen Fläche innerhalb eines Tages beansprucht und ausschließlich an Mennoniten vergeben wurde.

Begleitet wird diese eindrucksvolle Entwicklung von einer veränderten Grundeinstellung vieler Mennoniten gegenüber dem Wirtschaftsfaktor „Land". Wurde noch zu Beginn der 60er Jahre von vielen mennonitischen Siedlern die „nachbarliche Gruppierung" bei der Ansiedlung hervorgehoben, eine vergleichsweise große Diversifikation des Anbaus betont und angestrebt sowie das Prinzip der Nachbarschaftshilfe bei der Anlage und Bewirtschaftung der im Durchschnitt deutlich kleineren Betriebe (im Vergleich zu anderen Teilen des Peace River Country) hervorgehoben, so weisen das physiognomische Erscheinungsbild und die statistisch faßbare Entwicklung von Betriebsgrößen und Anbauverhältnissen des Raumes von La Crete heute kaum Unterschiede zu nichtmennonitischen Nachbarräumen auf. Abwanderung der traditionsbewußten Gläubigen nach Süd- und Zentralamerika und eine gewisse Akkulturation der jüngeren Generationen haben – in Verbindung mit flächenhafter Rodung des Waldes – in den letzten zwanzig Jahren zu ständiger Betriebsvergrößerung mit heute meist großen Blockfluren geführt (vgl. Abb. 9), die sich nicht mehr – wie früher noch – von dem Flurformengefüge anderer Teile des Peace River Country unterscheiden.

Zusammenfassend gilt, daß auch im Peace River Country die Entwicklung der landwirtschaftlichen Betriebs- und Nutzflächen die schon aus dem Clay Belt belegte, aber auch aus anderen Teilen Kanadas bekannte Entwicklung aufzeigt: eine rückläufige (im Falle Nordalberta nahezu stagnierende) Zahl von Betrieben bewirtschaftet eine stagnierende oder sich geringfügig (im Peace River Country kräftig) ausweitende landwirtschaftliche Betriebs- und Nutzfläche. In jedem Fall ist eine im Laufe der letzten zwanzig Jahre kräftige Zunahme der durchschnittlichen Betriebsgröße zu konstatieren. So geht kulturraumfüllende Kolonisation im Peace River Country in ganz besonderer Weise mit einer wirtschaftlichen wie sozialen Statusverbesserung der Siedler des in den Jahren zuvor gerodeten Kulturlandes einher. Bereitstellung neuen Rodungslandes bedeutet Erweiterung bestehender landwirtschaftlicher Betriebs- und Nutzflächen. Dies ermöglicht die Gründung neuer Betriebe sowie die Aufstockung älterer und inzwischen zu kleiner Farmwirtschaften. „Viable farm units" aber heißt auch Sicherung und Stabilisierung des Kulturlandes an der Polargrenze des Anbaus.

2.2.2 Wandel der Landnutzung

Noch 1961 war die Landnutzung in allen Teilen des Peace River Country durch eine – angesichts der hohen nördlichen Lage des Raumes und seiner marktfernen Lage – bemerkenswerte Vielfalt des Anbaus gekennzeichnet. Im Gegensatz zum Great Clay Belt und mehr noch zum Little Clay Belt, die beide seit jeher durch Grünlandwirtschaft und durch eine entsprechende Bedeutung der Viehhaltung (Rinder mit Fleisch und Milch als Produktionsziel) geprägt waren, spielte Viehhaltung im Peace River Country kaum eine besondere Rolle. Stattdessen dominierten

38 Junge Wandlungen an den Siedlungsgrenzen im nordkanadischen Waldland

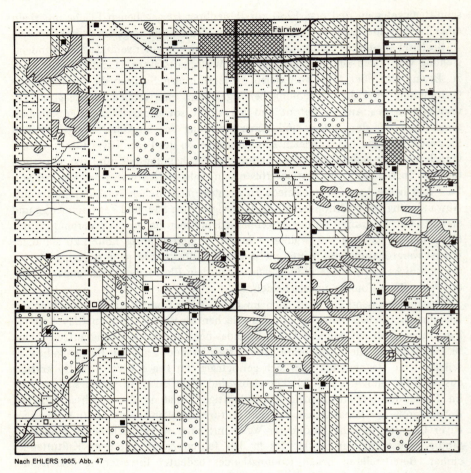

Nach EHLERS 1965, Abb. 47

Abb. 11a: Landnutzung im Peace River Country: Township 81 – Range 3 – westl. 6. Meridian, 1963.

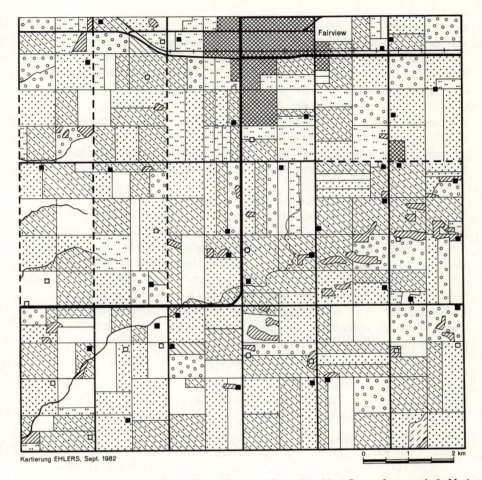

Abb. 11b: Landnutzung im Peace River Country: Township 81 – Range 3 – westl. 6. Meridian, 1982.

in der Vergangenheit, neben dem Anbau von Weizen und Gerste, die Kultivation von Leguminosen und Gräsern mit dem Ziel der Grassamengewinnung sowie der Anbau von Flachs und Raps, der allerdings auf den zentralen Teil des Peace River Country beschränkt blieb (vgl. dazu die Abb. 41, 42, 47 und 49 bei Ehlers 1965).

Vergleicht man an einem Beispiel den Wandel der Landnutzung zwischen 1963 und 1982, so dokumentiert der Ausschnitt der Township 81 Range 3 – westl. 6 Meridian die in den letzten zwanzig Jahren stattgehabten Veränderungen. Der Ausschnitt aus einem der ältest besiedelten Teile des Peace River Country, der immerhin eine Fläche von etwa 100 km² umfaßt, zeigt als wesentliches Element des Wandels die *Konzentration des Anbaus* auf nur zwei Produkte: Getreide und die ölhaltige Rapsvarietät Granola.

Die Konzentration des Anbaus, die sich im übrigen in fast identischer Weise für das Gebiet von La Crete und für andere Teile des Peace River Country belegen läßt, ist verbunden mit einem Trend zu großflächigerer Bewirtschaftung des Landes. Die Beseitigung der letzten Reste des ursprünglichen Waldes, die zunehmende Mechanisierung der Betriebe bei gleichzeitiger Modernisierung des Geräts sowie die auch hier zunehmende Vergrößerung der durchschnittlichen landwirtschaftlichen Betriebs- und Nutzflächen haben – wie in La Crete (vgl. Abb. 9) – zu einer Aufhebung der 1963 noch vergleichsweise kleinen Nutzungsparzellen und ihrer Umwandlung zu großen und langgestreckten Streifen bzw. zu Blöcken, die teilweise die Fläche einer ganzen Section (640 ac = 164 ha) einnehmen, geführt.

Tab. 6: Entwicklung der Betriebsflächen, Betriebsgrößen und Landnutzung in Nordwest-Alberta (Division 15), 1961–1981

	Landw. Betriebsfläche (1.000 ac)	Zahl der Betriebe	Durchschnittliche Betriebsgröße (ac)	Gesamte LNF (1.000 ac)	Feldfrüchte (1.000 ac)
1961	4.341	8.955	485	2.533	1.811
1966	5.050	8.868	569	3.043	2.271
1971	5.780	8.398	688	3.596	2.572
1976	6.148	8.120	757	3.911	2.698
1981	6.107	8.239	741	4.267	3.069

	Feldfrüchte	Getreide	Raps	Sonstige	Getreide u. Raps in % aller Feldfrüchte
1961	1.811	1.112	142	557	70.9
1966	2.271	1.360	261	650	71.4
1971	2.572	1.175	668	729	71.7
1976	2.698	1.732	299	667	75.3
1981	3.069	1.962	470	637	79.2

Quelle: Census of Canada

Daß der durch Abb. 11 belegte Trend zu einer Konzentration des Anbaus auf weniger Produkte bei gleichzeitiger Vergrößerung der entsprechenden Anbauflächen pro Betrieb und in der gesamten Region typisch ist, belegt Tabelle 6. Dabei machen die Angaben für den Bereich der Census-Einheit „Division 15" deutlich, daß besonders seit 1971 die Anbaukonzentration zugunsten von Getreide (Weizen und Gerste!) und Raps erheblich zugenommen hat.

2.2.3 Veränderungen des Siedlungsbildes und der Bevölkerungsverteilung

Als Ausgangspunkt für die Analyse des im Laufe der letzten zwanzig Jahre veränderten Siedlungsbildes und der Umschichtungen bei der Bevölkerungsverteilung im Peace River Country sei die bereits genannte These von der „Einzelhofwüstung und Siedlungskonzentration" (Eberle 1982) als einem markanten Kennzeichen der Siedlungsentwicklung im kanadischen Waldland wiederholt. Mehr noch als am Beispiel des Clay Belt läßt sich für Nordalberta die Gegenläufigkeit von der Entleerung der ländlichen Räume einerseits und dem Wachstum der zentralen Orte andererseits statistisch wie auch kartographisch belegen.

Einzelhofwüstungen: Als Beleg für die Ausdünnung der ländlichen Räume mag die vergleichende Gegenüberstellung der Abb. 11 dienen. Von 50 Wohnplätzen, die 1963 in der erfaßten Township kartiert wurden, wurden in jenem Jahr 41 als Farmen bewohnt und bewirtschaftet; 9 Hofstellen waren aufgelassen und lagen wüst. Ungefähr zwei Dekaden später (1982) waren nur noch 34 Farmen bewirtschaftet, die Zahl der Hofwüstungen belief sich auf 16. Bei aufmerksamem Vergleich der Abb. 11 wird zudem deutlich, daß einige der schon 1963 aufgelassenen Hofstellen inzwischen ganz abgegangen sind, andere „reaktiviert" wurden. Deutlich wird aber auch, daß an anderen Stellen der Township offensichtlich neue Farmen begründet wurden. Fazit ist aber insgesamt eine zunehmende Entleerung des Raumes in Siedlung und Bevölkerung.

Bei der Bewertung dieses Vorgangs, der für alle altbesiedelten und damit kulturraumbildenden Teile des Peace River Country mit den agrarökologisch günstigsten Böden typisch ist und stellvertretend steht, gilt es, das vergleichsweise hohe Alter der Landnahme zu berücksichtigen: der zentrale Raum des Peace River Country beiderseits des Flusses wurde bereits vor dem Ersten Weltkrieg unter Kultur genommen. Die kulturlandschaftliche „Reife" drückt sich in solchen Agrarräumen in einer voll erschlossenen Infrastruktur aus, die sich seit den 60er Jahren kaum noch verändert hat. So ist die insgesamt doch beachtliche Aufgabe von Farmen bei gleichzeitig voller Beibehaltung der landwirtschaftlichen Nutzflächen nichts anderes als ein wirtschaftlicher Anpassungsprozeß, der gerade die historischen Kerngebiete dieses Pioniergrenzraumes durch ständige Vergrößerung der landwirtschaftlichen Betriebs- und Nutzflächen mit dem Süden der Prärieprovinzen agrarwirtschaftlich konkurrenzfähig macht (vgl. Lenz 1976, Szabo 1965, Troughton 1982).

Siedlungskonzentration/Wachstum der zentralen Orte: Der Vergleich der Landnutzung der Jahre 1963 und 1982 zeigt sowohl für die Township von La Crete (Abb. 9) als auch für die von Fairview (Abb. 11), daß in den letzten zwanzig Jahren die geschlossenen Siedlungen erheblich expanidert haben. Dieses räumliche Wachstum der geschlossenen Siedlungen gilt für fast alle Orte im Peace River Country. Es scheint ebenso ein allgemeines Kennzeichen der kanadischen Siedlungsgrenzräume zu sein (vgl. auch Eberle 1982) wie die Tatsache, daß die größeren Orte fast durchweg durch überdurchschnittlichen Zuwachs, die kleineren Orte dagegen durch eher verhaltenes Wachstum oder gar durch Stagnation gekennzeichnet sind (vgl. Tab. 7).

Tab. 7: Bevölkerungswachstum ausgewählter zentraler Orte und der Municipal Districts (MD) im nördlichen Peace River Country

	1951	1961	1971	1981
Berwyn	288	347	474	534*
Fairview	929	1.056	2.093	2.871
Hines Creek	–	398	438	527*
Grimshaw	564	1.095	1.789	2.368
Manning	–	896	1.074	1.166*
High Level	–	–	1.614	2.354
Peace River	1.672	2.543	5.039	6.043
Ft. Vermilion	–	768	740	764

* Einwohnerzahlen beziehen sich auf das Jahr 1980

Angaben: Zusammengestellt nach Unterlagen der Peace River Planning Commission, 1982.

Der in Tab. 7 ausschließlich für das nördliche Peace River Country und für einige wenige Orte geführte Nachweis des Zusammenhangs von Ortsgröße und Bevölkerungsentwicklung wird bestätigt durch Tab. 8. In ihr werden für den gesamten Bereich des Northern Alberta Development Council die Bevölkerungsentwicklungen zwischen 1971 und 1979, gegliedert nach den verschiedenen administrativen Einheiten, aufgezeigt. Auch dabei wird deutlich: Städte und sog. „new towns" (meist Bergbaustädte oder sonstige Firmensiedlungen) liegen weit über dem für Alberta ermittelten Mittelwert des allgemeinen Bevölkerungszuwachses, dorfähnliche Siedlungen (towns und villages) bewegen sich etwa im Provinzdurchschnitt. Die ländlichen Gebiete (municipal districts, improvement districts) dagegen weisen Stagnation oder gar Bevölkerungsverluste auf.

Zwei Beispiele mögen die mit dem Bevölkerungswachstum verbundenen infrastrukturellen und funktionalen Wandlungen einzelner Siedlungen verdeutlichen. Dabei steht Berwyn für den Typ des „village", während Manning das administrative Prinzip der „town" repräsentiert.

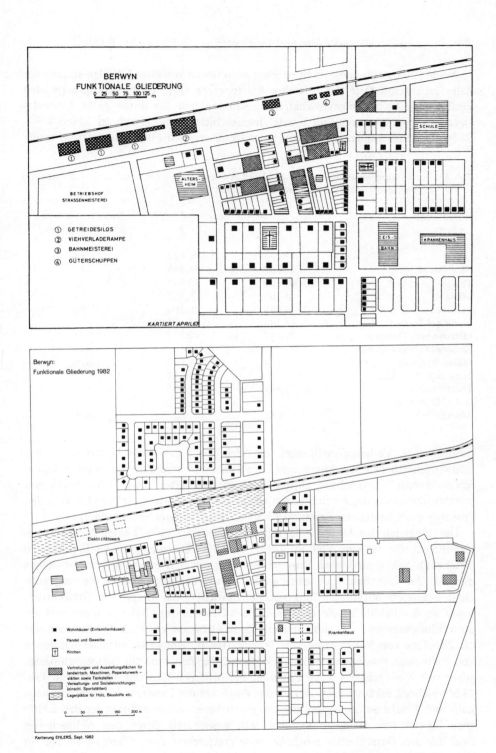

Abb. 12: Siedlungserweiterung und funktionaler Wandel von Berwyn, 1963–1982.

Noch 1963 stellte Berwyn einen jener im Abstand von etwa 6 Meilen entlang der Bahn errichteten Orte dar, die ihre Existenz vor allem dem siedlungsprägenden Einfluß der Eisenbahngesellschaften verdankten und die durch große Getreideelevatoren geprägt waren (zur Entstehungsgeschichte von Berwyn vgl. Ehlers 1965, S. 76 f.). 1963 kamen neben den umlandzentrierenden Funktionen der Getreide-

Tab. 8: Bevölkerungsveränderungen 1971–1979 in den verschiedenen administrativen Einheiten im Bereich des Northern Alberta Development Council

Administrative Einheit	Bevölkerung 1971	1979	Durchschnittliche jährl. Veränderung
Cities	13,233	20,427	5,6
New Towns	12,682	34,885	13,5
Towns	40,120	50,745	3,0
Villages	5,069	6,136	2,4
Counties	19,968	20,306	0,2
Municipal Districts	18,797	17,104	1,2
Improvement Districts	41,512	42,972	0,4
Resident Population on Indian Reserves	8,274	9,089	N.A.
Total N.A.D.C. Area	159,655	201,664	3,0
Total Alberta	1,627,874	2,033,398	2,8
N.A.D.C. Area as % of Alberta	9,81	9,92	N.A.

speicher auch Verladeeinrichtungen für Vieh sowie zahlreiche Unternehmen des landwirtschaftlichen Maschinen- und Gerätehandels hinzu. Zusammen mit Schulen, einem kleinen Krankenhaus, einigen wenigen Geschäften sowie öffentlichen und privaten Dienstleistungseinrichtungen stellte Berwyn somit in vielerlei Hinsicht den Prototyp eines ländlichen Zentrums für sein begrenztes agrares Umland dar.

Der Vergleich des Jahres 1963 mit der Gegenwart (1982) zeigt typische Veränderungen, die für eine Vielzahl kleiner Mittelpunktsiedlungen vom Typ Berwyn gültig sind. Neben randlichen Erweiterungen des privaten Wohnungsbaus, besonders nördlich der Eisenbahn mit einer großen Trailersiedlung, sind es die insgesamt nicht besonders auffälligen funktionalen Gewichtsverlagerungen im Ortszentrum sowie an der Bahnlinie, die den Wandel des Ortes prägen. Neben einigen zusätzlichen Einrichtungen, v.a. des privaten Dienstleistungssektors, dürfte insbesondere die Zunahme von Vertretungen und Werkstätten für landwirtschaftliche Maschinen und Fahrzeuge erwähnenswert sein. Während die Zunahme am Dienstleistungsangebot sich allein schon mit der Zunahme der örtlichen Einwohnerschaft (vgl. Tab. 7) hinreichend erklären läßt, deuten die Zuwächse des Landmaschinensektors nach Zahl und Fläche auf eine zumindest ungebrochene Servicetradition für den ländlichen Bereich hin. Dennoch zeichnen sich gegenwärtig durch den Abbruch von zwei der drei Getreidesilos möglicherweise gravierende Veränderungen ab. Die für weite Teile der Prärieprovinzen zu beobachtende Konzentration der Getreideelevatoren auf weniger und entsprechend größere Standorte trägt zu dem Stagnations- oder Verfallsprozeß gerade etlicher kleiner Siedlungen bei.

Typischer als im Falle Berwyn sind die Wandlungen in Manning. Dieser Ort, 1963 noch vorübergehender Endpunkt der gerade im Bau befindlichen Great Slave Lake Railway sowie damals jüngster und nördlichster Standort von Getreideelevatoren in Alberta, stand gerade am Anfang einer Boomphase, in deren Gefolge die Bevölkerung sich bis 1981 mehr als verdoppelte.

Ähnlich wie Berwyn war um 1963 auch Manning in ganz besonderer Weise durch seine Funktionen als landwirtschaftliches Versorgungszentrum gekennzeichnet. Infolge seiner damaligen Situation als Endpunkt der Eisenbahn reichten seine Serviceleistungen im N bis nach Ft. Vermilion und La Crete; zudem war – und ist auch heute noch – Manning der absolut dominierende Ort entlang der über 300 km langen Strecke des Mackenzie-Highway zwischen Grimshaw und High Level. Die seitdem erfolgte Asphaltierung des Highway hat die Erreichbarkeit des Ortes erhöht und damit seine Funktionen gestärkt. Dies kommt im veränderten Ortsbild nachhaltig zum Ausdruck: neben einer beträchtlichen Ausdehnung des Wohnsektors, für dessen zukünftige Entwicklung zudem bereits jetzt nördlich des Notekewin River weitere Parzellen ausgewiesen und größtenteils verkauft sind, fallen besonders im Vergleich zu 1963 auf:

– eine starke Zunahme bzw. Ausweitung öffentlicher Dienstleistungseinrichtungen (Schulen, Kirchen, Altersheim, Sportstätten usw.);
– eine Ausweitung des privaten Dienstleistungssektors (Hotels, Motels, Geschäfte) sowie
– eine dieser letzten Kategorie zweifellos zuzuordnende Verstärkung der Servicefunktionen für landwirtschaftliche Maschinen und Geräte, Autozubehör usw.

Als Zwischenergebnis bezüglich der Siedlungsentwicklung im nördlichen Peace River Country läßt sich festhalten: der Gegensatz zwischen Einzelhofwüstungen und Siedlungskonzentration gilt auch hier uneingeschränkt. Allerdings scheint es angebracht, die Aussage in dieser Form dahingehend zu relativieren, daß der genannte Gegensatz in den ältest besiedelten Teilen am stärksten ausgeprägt ist. In den Randzonen der Landnahme und Agrarkolonisation trägt die bis heute andauernde Ausweitung der Siedlungsgrenze zunächst noch zur Entstehung neuer Einzelhöfe und damit zu deren zahlenmäßiger Expansion bei: Stagnation (vgl. Abb. 8 und 9) und schließlich Rückgang der Farmstellen (Abb. 11) sind erst in der Phase der kulturraumfüllenden und kulturraumkonsolidierenden Kolonisation zu erwarten. Im gleichen Maße wie die Zahl ländlicher Siedlungen schrumpft, gewinnen die Mittelpunktsorte an Bevölkerung hinzu. Die größten Siedlungen zeigen dabei durchweg den größten Zuwachs, verbunden mit einem gleichzeitigen Ausbau und einer Diversifizierung ihres Angebots an zentralen Einrichtungen und Diensten!

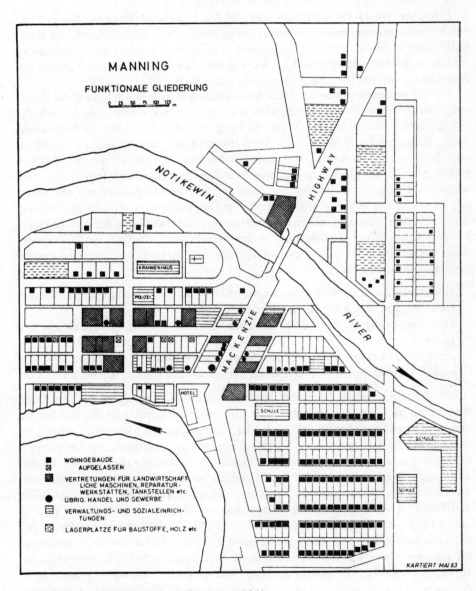

Abb. 13a: Manning: Funktionale Gliederung 1963

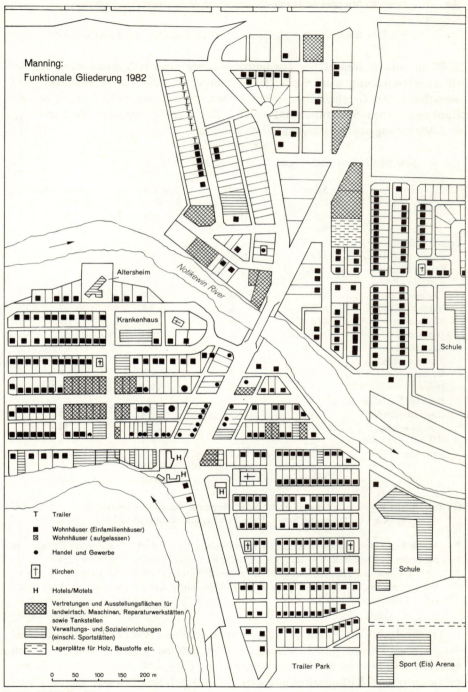

Abb. 13b: Manning. Funktionale Gliederung 1982

2.2.4 Der Wandel der sozioökonomischen Struktur der Bevölkerung

Wenn wir im Wandel der Landnutzung sowie in den Veränderungen der Bevölkerungsverteilung den Ausdruck bestimmter Wandlungen der sozialen und wirtschaftlichen Gegebenheiten sehen wollen, dann bietet eine Analyse der sozioökonomischen Strukturwandlungen der Bevölkerung eine sinnvolle Ergänzung und Abrundung der diesbezüglichen Betrachtungen.

Tab. 9: Arbeitskräftebesatz (in %) nach Erwerbstätigkeit, 1971

	Alberta (%)	Census Div. 15 (%)	North Peace Sub-Region* (%)	Lower Peace Sub-Region** (%)
Primärer Sektor				
Landwirtschaft	12,6	22,6	26,7	23,5
Forstwirtschaft	0,3	2,2	1,4	8,0
Fischerei/Pelztierfang	0,0	0,2	0,4	0,0
Bergbau, Erdöl	3,9	5,6	2,6	3,1
Zusammen	16,8	30,8	31,1	34,6
Industrie	9,1	5,6	4,1	10,1
Baugewerbe	7,6	7,2	6,4	5,9
Transport und Verkehr	7,9	7,2	8,5	7,2
Handel	15,1	11,6	12,3	8,8
Banken, Versicherung, Immobilien	3,7	2,0	2,4	1,3
Dienstleistungen	24,5	20,1	21,0	14,4
Öffentl. Verwaltg.	7,9	6,7	6,4	4,9
Sonstiges	7,4	8,8	7,8	12,8
	100,0	100,0	100,0	100,0

Quelle: North Peace Sub-Region: Peace River Regional Planning Commission – A Study of Economic Growth in the North Peace Sub-Region. (Edmonton) 1981.

* „North Peace Sub Region" umfaßt im wesentlichen das nördliche Peace River Country im Sinne des frühbesiedelten Kernraums zwischen Fairview, Manning und Peace River.
** „Lower Peace Sub Region" umfaßt im wesentlichen das Gebiet um High Level – Fort Vermilion, d.h. die nordöstlichste Zone geschlossenen Anbaus auf dem nordamerikanischen Kontinent.

Tabelle 9 gibt für das Jahr 1971 die Stellung des Peace River Country im Kontext der gesamten Provinz Alberta wieder. Sie zeigt, daß die Census-Einheit 15, die den gesamten Nordwesten der Provinz umfaßt (vgl. dazu Abb. 7), sich in der Zusammensetzung und Differenzierung seines Arbeitskräftebesatzes sehr deutlich vom Rest der Provinz unterscheidet: während der Anteil der im primären Sektor Beschäftigten weit über dem Provinzdurchschnitt liegt, sind industriell-gewerbliche und dienstleistungsorientierte Tätigkeiten vergleichsweise schwach vertreten (vgl. dazu auch Ironside-Fairbairn 1977; neuerdings Ironside-Wonders 1983). Noch stärker werden die Abweichungen vom Provinzmittel bei den einzelnen Teilen der Planungsregionen des Peace River Country: Landwirtschaft stellte hier 1971 über ein Viertel aller Arbeitsplätze und lag somit um etwa 100 % über dem Provinzdurchschnitt.

Besonderes Kennzeichen des sozioökonomischen Strukturwandels seit den 60er Jahren ist dabei eine regional differenzierte Entwicklung zwischen der altbesiedelten Teilregion der sog. „North Peace Sub-Region" (d.h. der Raum Fairview-Peace River-Grimshaw-Manning) und der im wesentlichen seit dem Zweiten Weltkrieg entwickelten und noch heute in aktiver Ausweitung begriffenen Teilregion der „Lower Peace Sub-Region" (Raum High Level-Ft. Vermilion-La Crete).

North Peace Sub-Region: Wie schon in anderem Zusammenhang belegt (vgl. dazu Abb. 7 und 11, Tab. 5), ist das mit den ältesten Siedlungszentren des Peace River Country identische Gebiet der North Peace Sub-Region durch Einzelhofwüstung, Abwanderung und Rückgang einer bäuerlichen Farmbevölkerung sensu stricto sowie gleichzeitigen Auf- und Ausbau der zentralen Funktionen in den größeren Orten geprägt. Konkret heißt dies, daß vor allem die Stadt Peace River, aber auch Orte wie Fairview, Grimshaw und Manning durch überdurchschnittlichen Besatz an öffentlichen und privaten Dienstleistungen gekennzeichnet sind. So beträgt allein die von der Provinzregierung in Peace River stationierte Beschäftigtenzahl annähernd 500 Personen oder 80 % aller Regierungsangestellten in der Region. In Fairview verfügt allein das „Fairview College" über 150 Beschäftigte. Über 50 % des Einzelhandels- und privaten Dienstleistungsumsatzes in der Planungs-Teilregion sind auf Peace River konzentriert, mit deutlichem Abstand gefolgt von Fairview. Manning und Grimshaw setzen immerhin noch jeweils 11 % des Gesamtvolumens um. Diese regionale Konzentration des öffentlichen wie privaten Dienstleistungssektors auf einige wenige expandierende und zumeist ihrer Bevölkerungszahl nach größere Orte gilt für das gesamte nördliche Alberta (Abb. 14). Es dürfte darüber hinaus für alle agraren Pioniergrenzräume des Landes, vielleicht sogar für das gesamte Kanada (vgl. Lenz 1976), Gültigkeit haben.

Lower Peace Sub-Region: Die einmalige Sonderstellung der Region High Level-Ft. Vermilion im Vergleich zu allen anderen Teilen der nordkanadischen Ackerbaufrontier, aber auch im Gesamtkontext der Provinz Alberta, wurde bereits mehrfach betont. Sie allein läßt die vollkommen andere Entwicklung auch der Bevölkerungs- und Sozialstruktur mit einem besonders hohen Anteil des bäuerlich-ländlichen Elements (Tab. 9) verständlich werden.

Dieser Trend zu einer absoluten wie relativen Zunahme der bäuerlichen Farmbevölkerung wird auch von Planungsexperten als besonderes Kennzeichen der Teilregion „Lower Peace" gesehen: „ . . . the rural farm population of the Lower Peace has been increasing over the past several years. The number of farms almost doubled from 298 to 587 in the period 1966–1976; at the same time, however, there has been a general trend towards increased farm consolidation and mechanization which has seen the average farm size grow from 480 ac in 1966 to more than 670 ac in 1976" (PRRPC 1981, S. 71). Ist somit der weitaus größte Teil der Bevölkerung der Lower Peace Sub-Region dem land- und forstwirtschaftlichen Sektor zuzurechnen (vgl. auch Tab. 9), so hat sich in dieser Teilregion mit der Entwicklung von Erdgas- und Erdöllagerstätten besonders in den 60er und frühen 70er Jahren ein vorübergehender Wirtschaftsboom entwickelt, dessen Zentrum High Level (vgl. Tab. 7) wurde. Wenn sich diese Aktivitäten in den letzten Jahren auch beruhigt haben, so hat High Level doch mit über 50 % Anteil am Handels- und Dienstleistungsvolumen der Region ein ähnlich dominierendes Übergewicht wie Peace River im Süden. Bemerkenswert erscheint zudem das schnelle Wachstum der Mennonitengemeinde La Crete im Vergleich zur Stagnation der ungleich älteren Siedlung Ft. Vermilion (vg. Tab. 7).

2.3 DIE PIONIERGRENZRÄUME DES CLAY BELT UND DES PEACE RIVER COUNTRY IN ZEITLICHEM, RÄUMLICHEM UND TYPOLOGISCHEM VERGLEICH

Bereits einleitend wurde darauf hingewiesen, daß die beiden Fallbeispiele als Ausgangspunkt für den Versuch einer allgemeinen Typologie der agraren weltweiten Siedlungsgrenzentwicklung dienen sollen. Bevor dies getan wird, scheint eine Einordnung beider Pioniergrenzräume in einen größeren zeitlichen und räumlichen, v.a. aber typologischen Kontext nötig. Generell gilt dabei, daß sowohl Clay Belt als auch Peace River Country ihrer historischen Entwicklung nach durchaus vergleichbar sind: die kulturlandschaftliche Erschließung und Umgestaltung beider Räume begann um 1900. Grundsätzlich anders ist ihre typologische Entwicklung: während der Clay Belt — grob und vereinfacht gesprochen — eine Abfolge von einer Bergbaufrontier über einen holzwirtschaftlich genutzten Grenzsaum zu einer Ackerbaufrontier vollzogen hat, ist für das Peace River Country eher die gegenläufige Entwicklung typisch: die ursprünglich reine Ackerbaufrontier wandelt sich immer mehr auch zu einem energiewirtschaftlich bedeutsamen Grenzsaum der Ökumene. Gerade diese Gegenläufigkeit scheint den Vergleich beider Räume in zeitlicher und räumlicher Hinsicht besonders lohnend zu machen. Dabei sei mit Nachdruck betont, daß dem folgenden Vergleich im wesentlichen die Funktion einer „Wesenserkenntnis" der beiden Pioniergrenzräume zukommen soll (vgl. Ehlers 1983).

2.3.1 Der zeitliche Aspekt

In seiner Studie über den Great Clay Belt hat Hottenroth (1968) drei Phasen der kolonisatorischen Erschließung unterschieden:

— die frühe Kolonisationsphase (1904—1921);

Die Pioniergrenzräume des Clay Belt und des Peace River Country 51

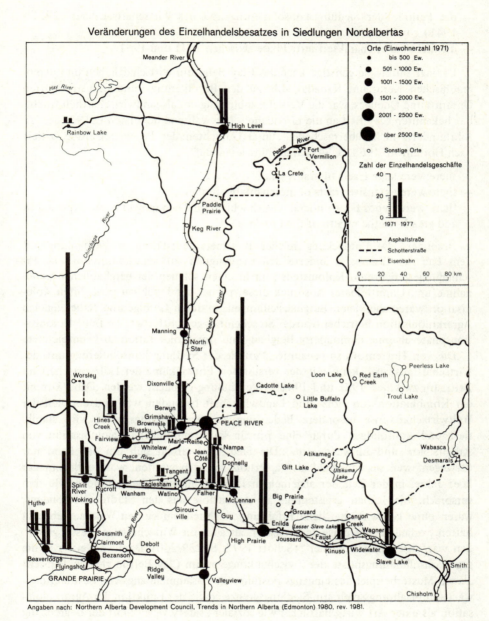

Abb. 14: Veränderung des Einzelhandelsbesatzes in Siedlungen Nordalbertas, 1971–1977 (nach Unterlagen des NADC).

- die Periode der Siedlungskonsolidierung und des Wirtschaftsausbaus (1921–1941); sowie
- die nicht näher charakterisierte Phase zwischen 1941 und 1961.

Bedingt durch die günstige Lage des Clay Belt zum wirtschaftlichen und demographischen Kernraum Kanadas, d.h. zu den Bevölkerungs- und Industriezentren Ontarios und Québecs, war die Verkehrsanbindung des als landwirtschaftlich fruchtbar bekannten Clay Belt an die Eisenbahn schon während der ersten Dekade des 20. Jahrhunderts nicht überraschend, zumal Gutachten der Provinzregierung (zitiert nach Hottenroth 1968, S. 34) darauf hinwiesen, daß

- there were large tracts of arable land;
- there were extensive tracts of merchantable timber;
- there were deposits of mineral wealth which, on development, were expected to add greatly to the wealth of the Province.

Besonders die Entdeckung reicher Buntmetallagerstätten in Verbindung mit dem Bau der Eisenbahn änderte den ursprünglich auf agrarkolonisatorische Erschließung gerichteten Kolonistenstrom in einen solchen der bergbaulichen Landnahme um. Unmittelbarer Ausdruck dieser primär auf Erzabbau gerichteten Kolonisation waren die vielen Bergbausiedlungen, in deren Gefolge und Nähe zugleich Agrarkolonisation betrieben wurde. So scheint es gerechtfertigt, die frühe Kolonisationsphase als eine kombinierte Bergbau- und Agrarkolonisation zu kennzeichnen.

Die von Hottenroth so genannte „Periode der Siedlungskonsolidierung und des Wirtschaftsausbaus" kann mit der verstärkten Entwicklung der Holzwirtschaft im Zeitraum zwischen 1921 und 1941 in Verbindung gebracht werden. Dabei kommt der Kombination von Holz- und Landwirtschaft besonders während der Zeit der Weltwirtschaftskrise besondere Bedeutung zu: die Siedlungsgrenze wird stabilisiert und konsolidiert durch eine primär kulturraumfüllende Kolonisation von Arbeitslosen und Einwanderern. „Die Siedler bewarben sich um das Land nur deswegen, weil sie den Wald als Papierholz schlagen wollten, was zu Beginn der 30er Jahre, in der Zeit der allgemeinen Depression, einen beträchtlichen Gewinn versprach. Sie kamen größtenteils als Arbeitslose aus den Städten des Südens, waren ohne landwirtschaftliche Erfahrung ... Nachdem sie den Wald ausgebeutet hatten, verließen sie wenige Jahre später, als auch die Wirtschaftslage besser geworden war, ihre Farmen wieder" (Schott 1972, S. 259/260). Damit erweist sich die sog. Konsolidierungsphase der Zwischenkriegszeit im Clay Belt in vielerlei Hinsicht als ein Musterbeispiel des eingangs postulierten Zusammenhangs von Bevölkerungswachstum-Nahrungsspielraum-Siedlungsgrenze sowie der Funktion der Agrarkolonisation als einer Art wirtschaftlicher wie sozialer „safety valve": mit der Begrenzung des ökonomischen Nahrungsspielraums im Sinne von Mackenroth (1953) bzw. der gesamtwirtschaftlichen Tragfähigkeit Kanadas im Sinne von Borcherdt-Mahnke (1973) erhöht sich – infolge entsprechender Verfügbarkeit – der Druck auf die Ressource „Land" und führt zu einer Expansion bzw. Konsolidierung der nördlichen Siedlungsgrenze.

Der Vorgang wiederholt sich im Clay Belt in den Jahren nach dem Zweiten Weltkrieg, als durch die Veteranen-Ansiedlung vorübergehend eine abermalige, wenngleich kurzfristige Konsolidierungsphase einsetzt. Diese wird durch die unterschiedliche Kolonisationspolitik der Provinzregierungen von Ontario und Québec (vgl. McDermott 1961) mit einer bemerkenswerten Stabilisierung der agraren Siedlungsgrenze im frankophonen Teil des Clay Belt fortgesetzt, während in Ontario schon in den 50er Jahren der Verfall auch der Ackerbaufrontier einsetzt (vgl. dazu Abb. 3).

Seit den 50er Jahren setzt in Ontario zunächst langsam, dann akzellerierend, in Québec mit zeitlichem Phasenverzug von etwa zehn Jahren und sehr vehement das ein, was Nitz (1982) jüngst den „Kulturlandschaftsumbau in der Randökumene der westlichen Industriestaaten" nannte. Gerade die Veränderungen der letzten zwanzig Jahre zeigen für beide Teile des Great Clay Belt (vgl. Abb. 4 und 6) den Übergang zu randökumenischen Freizeit- und Erholungsräumen im Sinne von E. Lichtenberger (1979). Landnutzung und Sozialstruktur dieses Grenzraumes (vgl. Tab. 10) sind der beste Ausdruck dieses Wandels.

Schon früher als Hottenroth für den Clay Belt hatte Ehlers (1965) für das Peace River Country eine ähnliche Dreiteilung der historisch-genetischen Entwicklung des Pionierraumes aufgestellt. Auch hier wurde von drei Phasen ausgegangen:

- die kulturraumbildende Kolonisation der Jahre 1910 bis 1921 im Bereich der natürlichen Prärien;
- die kulturraumfüllende Kolonisation zwischen 1921 und 1941 im Bereich besserer Böden,
- die kulturraumfüllende Kolonisation zwischen 1945 und 1961 im Bereich schlechterer Böden und peripherer Standorte.

Die für die zentrale Fragestellung, d.h. für die Frage nach den Entstehungs- und Gestaltungsbedingungen von Pioniergrenzräumen wichtige Tatsache ist auch hier, daß das Peace River Country als agrarkolonisatorischer Grenzraum erst erschlossen wurde, als der Bevölkerungsdruck, bezogen auf die Ressource Land, bereits zur Aufsiedlung des potentiell nutzbaren Ackerlandes der Prärien geführt hatte (Ehlers 1966, Lenz 1965). Auch die weltweite Depression der 30er Jahre in Verbindung mit den ökologischen Problemen der US-amerikanischen Prärien sowie Landvergabe im Rahmen des „Veterans' Land Act" schlugen sich in verstärkten Nachfragen nach Land nieder.

Dennoch unterscheidet sich das Peace River Country in seiner Entwicklung vom Clay Belt durch zwei Grundtatsachen. Zum einen war es von Anbeginn an eine Ackerbaufrontier und ist dies bis in die 60er Jahre hinein geblieben (vgl. 2.3.3). Zum zweiten ist es bis heute durch eine anhaltende Expansion und eine uneingeschränkte Nachfrage nach neuem Land gekennzeichnet (vgl. Abb. 10). Insofern auch scheint die für den Great Clay Belt uneingeschränkt zutreffende Formulierung vom „Kulturlandschaftsumbau" im Sinne von Nitz für das Peace River Country nicht anwendbar. Die bis heute ungebrochene Nachfrage nach neuem Land, verbunden mit Aufstockungs- und Erweiterungstendenzen bestehender Betriebe sowie verstärkter Nachfrage aus der Region heraus, läßt die jüngste Landnahme am ehesten als eine kulturraumstabilisierende bezeichnen. Gegen „Kulturlandschaftsumbau" spricht auch die Tatsache, daß die Entwicklung von Zweit- und Freizeitwohnsitzen bislang nicht eingesetzt hat und auch für die Zukunft kaum zu erwarten ist.

2.3.2 Der räumliche Aspekt

Die unterschiedlichen Entwicklungen in Ost- und Westkanada hängen ganz zweifellos — wie soeben angedeutet — auch mit der Lokalität der beiden Vergleichsräume zusammen. Der Great Clay Belt, nur etwa 500 km von den Wirtschafts- und Bevölkerungszentren des Landes entfernt und mit ihm durch gute Straßen verbunden, unterlag in der Vergangenheit und unterliegt auch heute noch besonders starker Beeinflussung der Ballungszentren im St. Lorenz-Tal und auf der Ontario-Halbinsel. Wenn dies auch keine Auswirkungen auf die im wesentlichen auf die Selbstversorgung der Region ausgerichtete Landwirtschaft hatte, so bedeuteten bergbauliche und holzwirtschaftliche Erschließung doch — trotz der räumlichen Isolierung des Great Clay Belt — eine enge räumliche Anbindung an die Kernräume beider Provinzen (vgl. dazu auch Schott 1937, 1943, 1972). Isolation und dennoch günstige Erreichbarkeit durch gute Straßen sind auch die wesentlichen Ursachen für den Kulturlandschaftsumbau hin zu einer stärker freizeitorientierten Nutzung, wie er in allen Teilen des Clay Belt zu belegen ist (vgl. dazu Abb. 6).

Das Peace River Country ist räumlich ähnlich isoliert wie der Clay Belt. Dennoch unterscheidet es sich in dreierlei Hinsicht grundlegend. Einmal verfügt es über kein ähnlich bevölkerungsreiches Hinterland wie der Clay Belt: zwar liegt auch Edmonton nur etwa 500 km entfernt, doch ist dieser Ballungsraum mit seinen 600—800.000 Menschen zu klein, als daß er unmittelbare Einflüsse auf die wirtschaftliche Entwicklung und/oder Struktur des Peace River Country ausüben könnte. Dies gilt auch zweitens für die kulturlandschaftsumbauende Funktion des Fremdenverkehrs und des Freizeitverhaltens: beides ist von Edmonton aus eindeutig nach W, d.h. gegen die Rocky Mountains und nach Britisch-Kolumbien gerichtet, so daß von hier aus keine Impulse zu einem Kulturlandschaftswandel im Norden zu erwarten sind. Drittens schließlich ist das Peace River Country Teil eines den gesamten Nordsaum der Prärien begleitenden Siedlungsgrenzraumes (vgl. Lenz 1976, Vanderhill 1982), der — anders als der Clay Belt — nicht auf Autarkie und Selbstversorgung, sondern auf marktorientierten Getreide- und Ölpflanzenanbau ausgerichtet ist. Dies gilt für das Peace River Country in ganz besonderer Weise: die Fertigstellung der Great Slave Lake Railway und der daraus folgende Boom des Anbaus im nördlichsten Teil des Raumes machen die Bedeutung dieses Faktors besonders deutlich.

2.3.3 Der typologische Aspekt

Mit der vergleichenden Gegenüberstellung von Great Clay Belt und Peace River Country als Siedlungsgrenzräumen der Ökumene in Raum und Zeit wurde deutlich, daß beide Räume unterschiedliche Phasen ihrer Entwicklung durchlaufen haben. Dabei sind Reihenfolge und Prioritäten der wirtschaftlichen Aktivitäten nicht immer ganz klar voneinander zu trennen.

Sieht man einmal von dem für das ganze kanadische Waldland typischen Pelzfang der vorkolonisatorischen Periode ab (Innis 1956), so scheinen für den Clay Belt das Neben- und Miteinander von Agrar-, Bergbau- und Holzwirtschaftfrontier typisch zu sein. Auch Hottenroth übernimmt diese bereits von Innis (1936) und von Lower (1936) verwendeten Terminologien zur Kennzeichnung der verschiedenen Siedlungsgrenztypen (vgl. auch Ehlers 1966). Zumindest bis zum Zweiten Weltkrieg scheinen Landwirtschaft, Holzwirtschaft und Bergbau die mit Abstand führenden wirtschaftlichen Aktivitäten gewesen zu sein. So weist Hottenroth (1968, Tab. 40) für 1941 immerhin 83 % aller Beschäftigten im ländlichen Bereich des Clay Belt von Québec und 78 % in dem von Ontario für diese Sektoren aus. Für 1961 betragen die Vergleichswerte immerhin noch 60 % bzw. 70 % (ebda.). Bei der Bewertung dieser Zahlen muß aber wohl davon ausgegangen werden, daß Hottenroth auch die Verarbeitung bzw. Aufbereitung der Produkte mitberücksichtigt hat.

Tab. 10: Wirtschaftsstrukturelle Wandlungen im Clay Belt von Québec: Beschäftigtenstruktur 1951–1981

	Gesamtzahl der Beschäftigten	Landw.	Holzw.	Bergbau	Sonstiges
Abitibi					
1951	27.379	27.9	8.7	18.7	44.7
1961	30.008	10.0	10.2	22.7	57.1
1971	33.900	3.2	5.1	16.4	75.3
1981	40.790	2.3	4.8	8.5	84.4
Temiscamingue					
1951	18.617	17.2	7.0	21.4	54.4
1961	17.622	9.5	5.6	20.3	64.6
1971	16.590	4.6	1.8	13.0	80.6
1981	23.840	3.8	2.0	8.1	86.1

Quelle: Census of Canada/Québec

Die etwas eingehendere Analyse der Entwicklung der Beschäftigtenstruktur im Clay Belt von Québec (Tab. 10) zeigt allerdings, daß seit dem Zweiten Weltkrieg die einstige Dominanz des primären Wirtschaftssektors erheblich zurückgegangen ist und heute kaum noch eine Rolle spielt. Stattdessen dominiert hier — wie auch im entsprechenden Teil Ontarios — ganz eindeutig der Dienstleistungsbereich. Mit

10.790 Beschäftigten (1981) in Abitibi sowie mit 7.060 Beschäftigten (1981) in Temiscamingue stellte allein der Bereich „Services socio-culturels, commerciaux et personnels" jeweils über 25 % aller Beschäftigten.

Schon aus der starken und immer noch wachsenden Bedeutung der privaten wie öffentlichen Dienstleistungen ergibt sich die Konzentration eines immer größeren Teils der Bevölkerung in den städtischen Zentren des Clay Belt. Zusammen mit Industriebetrieben (Sägewerke, Zellulosefabriken, Holzverarbeitung usw.) trägt der Dienstleistungsbereich zum überdurchschnittlich starken und schnellen Wachstum der zentralen Orte bei, während der ländliche Raum durch Abwanderung und Bevölkerungsrückgang gekennzeichnet ist (vgl. Tab. 2 und 3). Beide Entwicklungen tragen somit zu dem schon mehrfach angesprochenen Prozeß der Einzelhofwüstung und Siedlungskonzentration bei. An die Stelle flächenhaft-agrarer Nutzung scheint eine flächenhaft-freizeitorientierte Nutzung zu treten.

Ganz anders stellt sich demgegenüber die typologische Entwicklung der Siedlungsgrenze des Peace River Country dar. Das Peace River Country war und ist der Prototyp eines agrarisch strukturierten Pioniergrenzraumes. Dies ergibt sich nicht nur aus seiner oftmals beschworenen Funktion als letztem in Raum und Zeit kontinuierlichem Ausläufer der großen amerikanischen Ackerbaufrontier, sondern auch aus der Tatsache, daß Landwirtschaft bis vor kurzem die eindeutig dominierende Form wirtschaftlicher Betätigung seiner Bevölkerung darstellte (vgl. Tab. 9). Erst seit den 60er Jahren sind mit der Entwicklung der Holzwirtschaft (vgl. Ironside 1970) sowie mit der Erschließung und Ausbeutung von Erdöl und Erdgas (Ironside 1979, 1982; Ironside-Wonders 1983) neue wirtschaftliche Aktivitäten entwickelt worden, in deren Gefolge „the region has a strong export orientation particularly of primary products and notably those of mines, quarries and oil wells" (Ironside-Fairbairn 1977, S. 39). Dennoch gilt, daß der durch Erdöl und Erdgas ausgelöste Strukturwandel weder physiognomisch noch regionalwirtschaftlich nachhaltig wirksam wurde und den Charakter des Peace River Country als einer Ackerbaufrontier kaum beeinflußt hat, denn „much of the income these generate is not returned to the region largely because firms are headquartered outside the area" (ebda.). Die in 2.3.2 genannten Gründe sind zudem Ursache dafür, daß auch ein freizeitorientierter „Kulturlandschaftsumbau" das Peace River Country bislang verschont hat.

Zusammenfassend läßt sich konstatieren, daß Great Clay Belt und Peace River Country mit in Zeit und Raum wechselnden Konstellationen verschiedene Typen der kanadischen Waldlandfrontier repräsentieren. Unter Berufung auf die eingangs formulierte These von Mackenroth (op. cit.), wonach Nahrungsspielraum „ . . . nicht als Fläche genommen, sondern als das mit den in der Zeit vorfindlichen Kulturelementen auszubauende ökonomische Potential" die Bevölkerungsweise präge, mag hier soviel als empirisch nachgewiesen gelten, daß zwar nicht die Bevölkerungsweise im Sinne von Mackenroth, wohl aber die Bevölkerungszahl und ihre Veränderungen durch den „ökonomischen Nahrungsspielraum" bestimmt wird. Konkret heißt dies, daß Zeiten allgemeiner wirtschaftlicher Depression den Druck auf die Ressource „Land" erhöhen, daß — umgekehrt — die Hinwendung zu und die Entwicklung von anderen Formen menschlicher Aktivitäten diesen Druck mildern und damit, positiv wie negativ, die Entwicklung der agraren Siedlungsgrenzregion beeinflussen.

Beobachtungen an anderen Abschnitten der kanadischen Waldlandfrontier bestätigen die im Detail vorgelegten Befunde. Vor allem Vanderhill (1958 ff.) hat in einer Reihe von Arbeiten immer wieder die These von einem Rückgang der agraren Pioniergrenze in Westkanada vertreten. In der Tat erscheinen agrarer Kulturlandverlust und agrare Siedlungswüstung am nördlichen Saum der Prärien in Alberta, Saskatchewan und Manitoba fast so stark verbreitet wie in Ontario und Quebec (vgl. Eberle 1982, Pletsch 1982). Besonders ausgeprägt sind agrare Wüstungserscheinungen in den atlantischen Küstenprovinzen (Wieger 1982). Überall wird nachlassender Bevölkerungsdruck auf die Ressource „Land" infolge Abwanderung, Industrialisierung, Urbanisierung usw. als die entscheidende Ursache für den Kontraktionsprozeß der agraren Siedlungsgrenzen benannt. Damit stellt sich die Frage, ob und inwieweit das Beispiel „Kanada" auf andere Räume und andere Zeiten übertragbar ist.

3. DIE AGRAREN SIEDLUNGSGRENZEN DER ERDE – VERSUCH EINES GENETISCHEN UND TYPOLOGISCHEN ENTWICKLUNGSSCHEMAS

Einleitend wurde darauf hingewiesen, daß die räumlich wie zeitlich vergleichenden Studien zur Agrarkolonisation in verschiedenen Teilen des kanadischen Waldlandes nicht Selbstzweck, sondern Grundlage einer allgemeinen Diskussion des Phänomens „agrare Siedlungsgrenze" sein sollen. Die Ausweitung der Befunde auf das weltweit faßbare Phänomen expandierender, stagnierender und/oder retardierender Siedlungsgrenzen soll deshalb Gegenstand der folgenden Ausführungen sein. Dabei wird nachdrücklich betont, daß sich der anschließende Versuch einer Verallgemeinerung ausschließlich auf *agrarische Siedlungsgrenzen* bezieht. Unter Rückgriff auf die eingangs formulierten Arbeitshypothesen (vgl. Kap. 1) kommt dem Zusammenhang von Bevölkerungswachstum, Nahrungsspielraum und Siedlungsgrenzentwicklung dabei eine besondere Bedeutung zu.

3.1 PHASEN DER SIEDLUNGSGRENZENTWICKLUNG

Die Beispiele des Clay Belt wie des Peace River Country haben – stellvertretend auch für andere Abschnitte der kanadischen Ackerbaufrontier (vgl. dazu Biays 1964, Morton-Martin 1938, Vanderhill 1959 f; zur formalen Typologie von Siedlungsgrenzen vgl. Hamelin 1966, Stone 1965, 1968) – gezeigt, daß Entwicklung und Wandel von agraren Siedlungsregionen nicht nur physiognomisch zu erfassen sind, sondern daß hinter ihren Veränderungen allgemeine wirtschaftliche und soziale Kräfte stehen. Insgesamt will es scheinen, als seien es drei Ebenen, die eine genetische und typologische Differenzierung der agraren Siedlungsgrenzen der Erde allgemein möglich machen:

- *der physiognomische Aspekt,* der Zustand und Wandel von Siedlung, Flur und Verkehrserschließung erfaßt;
- *der infrastrukturelle Aspekt,* der – überwiegend statistisch – Art, Verteilung und Veränderungen der privaten wie öffentlichen Dienstleistungen erfaßt;
- *der sozioökonomische Aspekt,* der – ebenfalls überwiegend statistisch – die Zusammensetzung der Bevölkerung der Siedlungsgrenzregion nach Art und Weise ihrer Erwerbstätigkeit erfaßt.

In Ergänzung zu einer großen Zahl von Arbeiten von Nitz (1972, 1973, 1976, 1980, 1982), die sich vor allem mit formalen Aspekten der Siedlungsgrenze und den an ihr ablaufenden Prozessen der Siedlungs- und Flurformengenese befassen (vgl. dazu auch Born 1976 f.), will das folgende Schema vor allem die wirtschaftlichen und sozialen Voraussetzungen wie Rahmenbedingungen der Kulturlandschafts-

Phase	Der physiognomische Aspekt	Der infrastrukturelle Aspekt	Der sozioökonomische Aspekt	Bemerkungen	Schrifttumshinweise:
Phase I: Ausgangssituation Bevölkerungswachstum ≅ ökon. Nahrungsspielraum (prä-industriell)		**Siedlung:** bäuerliche Dorf-/Einzelsiedlung ohne hierarchische Differenzierung; Ansätze hierarchischer Differenzierung; **Wirtschaft:** Sekundärer / tertiärer Sektor fehlen. **Verkehrsnetz:** unentwickelt.	Weitgehend egalitäre Gesellschaft, jedoch Ansätze sozialer Differenzierungen (je nach Zeit und Raum)	Stufe einer ausschließlich subsistenten Agrarproduktion. Ökonomischer und agrarer Nahrungsspielraum sind identisch.	ALLEN; BAYLISS-SMITH-FEACHEM; HOPE-GOLSON-ALLEN; RÖLL; WATSON.
Phase II: Kulturraumbildende Kolonisation Bevölkerungswachstum > ökon. Nahrungsspielraum (prä-industriell)		**Siedlung:** Ausbau des Siedlungswesens mit Ansätzen hierarchischer Differenzierungen; **Wirtschaft:** Sekundärer / tertiärer Sektor partiell, »regionale Zentren« konzentriert; **Verkehrsnetz:** beginnende Differenzierung des Straßen- und Wegenetzes	Im Siedlungsgrenzbereich: Homogenität einer fast ausschließlich »agrarischen« Bevölkerung; deutliches Gefälle zum »Altseedelland«	Verfügbarkeit land-/weidewirtschaftlich nutzbarer Flächen als Motor der Agrarkolonisation und damit Expansion der Siedlungsgrenze; wo Land fehlt, wird Bevölkerungsentwicklung durch Anbauflächenintension aufgefangen. Beginnende Differenzierung von ökonomischem und agrarem Nahrungsspielraum.	**Für europäisches Mittelalter:** Z.B. ABEL; BORN; JÄGER; NITZ 1975, 1976, 1981; **Für heutige Industrieländer der Neuen Welt:** BIAYS; EHLERS 1965, 1967, 1973; HOTTENROTH; LENZ; MORTON-MARTIN; VANDERHILL. **Für heutige Entwicklungsländer der Neuen Welt:** BRÜCHER; JÜLICH; KOHLHEPP; MAASS; MERTINS; MONHEIM; NUHN; SANDNER.
Phase III: Kulturraumfüllende Kolonisation Bevölkerungswachstum ≅/> ökon. Nahrungsspielraum (Übergang zur Industrialisierung)		**Siedlung:** ausgeprägte siedlungsgeographische Hierarchisierung. **Wirtschaft:** Sekundärer / tertiärer Sektor gut entwickelt; dennoch gegenüber »Altseedelland« deutlich benachteiligt. **Verkehrsnetz:** qualitativ und quantitativ differenziert.	Soziale Ausdifferenzierung der Bevölkerung im Siedlungsgrenzbereich mit eindeutigem Übergewicht der »agrarischen« Bevölkerung; innerhalb der »agrarischen« Bevölkerung deutliche Schichtung nach Einkommen.	Erhebliche Verlangsamung des Kolonisationsprozesses, da Bevölkerungszuwachs durch nicht-agrare Wachstumsringe absorbiert wird. N.B. Erhebliche Unterschiede zwischen prä-industriellem Europa und Ländern der Dritten Welt heute!	Wie unter Phase II. **Für Vergleiche in Raum und Zeit:** BORN 1976, 1977, 1979; BOWMAN 1931, 1937; JOERG 1932; KREISEL; SCHOOP; MONHEIM 1976; NITZ 1972, 1973, 1976, 1980.
Phase IV: Kulturraumstabilisierende Kolonisation Bevölkerungswachstum ≅ ökon. Nahrungsspielraum (industriell)		**Siedlung:** Existenz eines zentralörtlichen Systems; **Wirtschaft:** Sekundärer / tertiärer Sektor ähnlich ausgeprägt wie im »Altseedelland«; **Verkehrsnetz:** gut ausgebaut.	Zunehmende Homogenisierung der ländlichen Bevölkerung im sozialen Bereich; Vereinheitlichung des Anbaus. Siedlungszentren mit breitem sozioökonomischem Spektrum der Bevölkerung	Beginnendes Übergewicht der Anbauflächenintension zu Ungunsten der Anbauflächenextension.	BIAYS; EHLERS 1968; INNIS 1936; IRONSIDE 1970; 1979; LENZ 1965, 1976; LOWER 1936; STONE; VANDERHILL; VOLKMANN.
Phase V: Kulturlandschaftsumbau Bevölkerungswachstum < ökon. Nahrungsspielraum (industriell)		**Siedlung:** Festigung des zentralörtlichen Systems; Wachstum großer, Stagnation kleiner Zentren; **Wirtschaft:** Tertiärer Sektor erfährt Stärkung. **Verkehrsnetz:** gleichmäßig gut entwickelt und ausgebaut.	Rückgang agrarischer Bevölkerung bei Zunahme durchschnittl. Betriebsgrößen; Zunahme ortsfremder Bevölkerung im ländlichen Raum durch »Freizeitwohnsitze«.	Anbauflächenintension führt zur Aufgabe von Grenzertragsboden und zu Kulturlandschaftswandel. Ausweitung des ökonomischen wie agraren Nahrungsspielraums wird umgesetzt in erhebliche Steigerungen des Konsumnorm.	EBERLE; HAMBLOCH 1967; HELMFRID 1968; KÜHNE 1974; LICHTENBERGER 1979; LOOSE 1982; NITZ 1980 1982; PENZ 1982.

* (siehe unter: Bemerkungen)

Entwurf: E. EHLERS 1983

Kulturland (überwiegend agrarisch genutzt) — Naturland (Wald, Steppe, Heide, Moor, Sumpf usw.) — Aufgelassenes Kulturland (z.B. Wiederbeweidung) — ● Dörfliche Siedlungen — ■ Städte (mit vielseitigem Spektrum von Industrie, Handel, öffentlichen Einrichtungen) — Allwetterstraßen, Asphaltstraßen — - - - - Wege, Pfade

Abb. 15: Die Siedlungsgrenzen der Erde: Versuch eines genetischen und typologischen Überblicks.

entwicklung, aber auch ihres Verfalls und/oder ihres Umbaus (Nitz 1982) aus einem einheitlichen Ansatz heraus zu erfassen suchen. Da es – und dies sei nochmals betont – um agrarische Siedlungsgrenzen allgemein geht, bietet sich auch bei der Verallgemeinerung der Fallbeispiele an, historisch vorzugehen. Konkret heißt dies, daß als Ausgangspunkt das Bevölkerungswachstum in einer agrarisch (prä-industriell) geprägten Gesellschaft dient, während als Endphase die Situation in einer gleichsam „postindustriellen Freizeitgesellschaft" gesehen wird. In ihr spielt der Faktor „Land" als Grundlage einer agrarischen Gütererzeugung volkswirtschaftlich sowie die soziale Gruppe der „Landwirte" zahlenmäßig eine nur noch untergeordnete Rolle.

Phase I: Ausgangssituation – eine prä-industrielle Bevölkerung im Gleichgewicht mit der Ressource „Land". Diese Phase scheint auf allen Wirtschafts- und Gesellschaftsstufen gekennzeichnet zu sein durch eine relativ geringe Einwirkung des wirtschaftenden Menschen auf die Naturlandschaft. Von einer kulturraumbildenden Kolonisation kann man kaum sprechen.

Siedlungs- und Wirtschaftsflächen liegen weitgehend fest; das Naturland überwiegt. Landwechselwirtschaft oder Waldweidewirtschaft mögen gelegentlich Eingriffe in die Grenzsäume der Ökumene bedeuten, doch insgesamt ist die Siedlungsgrenze fixiert bzw. mehr oder weniger stagnant. *Physiognomisch* ist die Kulturlandschaft im Ausgangsstadium allenthalben gleichartig entwickelt, sei es – an die natürlichen Gegebenheiten angepaßt – auf der Stufe einer wenig differenzierten Landwechselwirtschaft tropischer Prägung, sei es auf der Stufe einer dörflichen Landwechselwirtschaft europäischer Provenienz. Auch infrastrukturell bestehen kaum oder nur geringe Unterschiede zwischen den verschiedenen Teilen der Kulturlandschaft. Schließlich ist selbstverständlich auch die *sozioökonomische* Differenzierung der Bevölkerung – gleich, auf welcher Wirtschafts- und Gesellschaftsstufe sich unser Beispiel befindet – wenig oder gar nicht ausgeprägt! Versuche, konkrete Beispiele für die als Phase I bezeichnete Ausgangssituation zu finden, sind von Natur aus schwierig. Bedingt durch die weltweite Durchsetzung der „europäischen Bevölkerungsweise" im Sinne von Mackenroth gibt es heute kaum noch prä-industriell geprägte Bevölkerungen, die sich im Gleichgewicht mit der Ressource „Land" befinden. Letzte Gruppen dürften die auf einer niedrigen Stufe der Jagd- und Sammelwirtschaft, verbunden mit sporadischem Feldbau, lebenden Indianer im Waldland Amazoniens oder Restgruppen der Papuas auf Neuguinea (vgl. dazu Allen 1983; Bayliss-Smith, T.-R. Feachem, Hg., 1977; Röll 1980, 1981; Watson, Hg., 1964) sein. Noch für das 19. Jh. ist indes davon auszugehen, daß besonders in den autochthonen Kulturen und Wirtschaften der von Europäern unbeeinflußten tropischen Regenwaldgebiete Südamerikas, Afrikas und Südostasiens diese Ausgangssituation der Regelfall war.

Ihr dürfte historisch und auf Mitteleuropa bezogen die Vor- und **Landnahmezeit**, d.h. die vor- und frühgeschichtliche Zeit (Jankuhn 1969), entsprechen, die indes im Hinblick auf unsere Fragestellung nur ansatzweise bekannt ist: Born (1974, S. 29) weist wohl zu Recht darauf hin, daß „im römsichen Germanien der größte Teil der Siedlungen die germanischen Eroberungszüge des 3.–5. Jh. nicht oder nicht ungestört überdauerte" und daß zur gleichen Zeit „im östlichen und nordöstlichen Mitteleuropa seit dem 5. Jh. eine Wüstungsperiode" einsetzte, so daß wir über die Zustände davor nur siedlungsarchäologisch informiert sind (Jankuhn 1969, S. 13–187, 1977; vgl. auch Ennen-Janssen 1979, S. 20–38). So mag – mit allem gebotenen Vorbehalt – hier Jäger (1963) zitiert werden, der in seiner Übersicht über die Geschichte der deutschen Kulturlandschaften die ursprünglich bäuerliche Landwirtschaft Mitteleuropas als „eine rasche, Waldrodung und siedlungswechselsparende Anbaurotation mit nur kurzfristiger Brache" (ebda., S. 96) charakterisiert. Zudem konstatiert er, daß „das innere Gefüge der Siedlungsräume mindestens bis in die Mitte des 1. vorchristlichen Jahrtausends kaum verändert (wurde), auch wenn sich die besiedelten Flächen öfter verschoben haben" (ebda, S. 98).

Phase II: Kulturraumbildende Kolonisation und prä-industrielles Bevölkerungswachstum. Bevölkerungszunahme in prä-industriell geprägten Gesellschaften bewirkt prinzipiell zwei Tendenzen in Bezug auf den Nahrungsspielraum:

– entweder eine Intensivierung auf den bestehenden landwirtschaftlichen Nutzflächen (LNF);
– oder eine Ausweitung der LNF und damit ein Vordringen der Siedlungsgrenze.

Die Erfahrungen der mittelalterlichen und frühneuzeitlichen Kulturlandschaftsgeschichte Mitteleuropas (Nitz 1975) wie auch zahlreiche Untersuchungen aus Ländern der Dritten Welt zeigen, daß erfahrungsgemäß beide Konsequenzen vergesellschaftet auftreten.

Für die Frage der Siedlungsgrenzentwicklung heißt dies, daß Bevölkerungswachstum unter präindustriellen Bedingungen unter anderem mit einer vom Bevölkerungszuwachs abhängigen *Expansion der Siedlungsgrenze* verbunden ist. Diese Ausweitung kann zur Aufsiedlung von Naturland innerhalb des bestehenden Kulturlandes, zu dessen flächenhafter Ausdehnung an seinen Rändern und/oder zur Entstehung vollkommen neuer Siedlungszellen vor der bisherigen Siedlungsgrenze führen. Je nachdem, wo die Ausweitung des Siedlungslandes stattfindet, mag man den Prozeß der Landnahme als eine *kulturraumfüllende* oder aber, bei Neulanderschließung abseits der bisherigen Siedlungszentren, als eine *kulturraumbildende* Kolonisation bezeichnen.

In jedem Falle bewirkt die Expansion der Siedlungsgrenze eine im Vergleich zum älter besiedelten Land deutliche *physiognomische* Unterschiedlichkeit. Siedlung und Flur der Neulandgebiete sind in ihrer Anordnung und Nutzung weder geregelt noch flächenhaft dort, wo die Kolonisation spontan und ohne herrschaftliche Planung oder Lenkung erfolgt. Eine geschlossene Kulturlandschaft fehlt ebenso wie ein ausgebautes Verkehrsnetz. Einzelsiedlungen und Streulagen der Wirtschaftsflächen sind dabei im Anfangsstadium der Neulanderschließung verbreiteter als später. Es gibt aber fast mehr Beispiele für den Fall, daß prä-industrielles Bevölkerungswachstum in Vergangenheit wie Gegenwart durch Formen geplanter oder zumindest gelenkter Agrarkolonisation in eine Expansion der agraren Siedlungsgrenze umgesetzt wurde. In solchen Fällen dominieren geschlossene und zumeist nach Planmustern (Hufen, Streifen, Blöcke usw.) ausgerichtete Flur- und Siedlungsformen. Diese markieren sehr häufig deutliche formale Gegensätze zur „gewachsenen" Kulturlandschaft des „Altsiedellandes".

Um auch für die kulturraumbildende Phase die raum-/zeitliche Bandbreite und Vergleichbarkeit der agraren Siedlungsgrenzentwicklung unter den Bedingungen eines kontinuierlichen prä-industriellen Bevölkerungswachstums zu dokumentieren, seien zwei in Raum und Zeit unterschiedliche Beispiele genannt, die indes hier nur im Lichte einer begrenzten Literaturauswahl vorgestellt werden können.

Beispiel 1: Landnahme und mittelalterliche Binnenkolonisation Mitteleuropas:
Die Literatur zu diesem Phänomen ist Legion. Die den Zusammenhang von Bevölkerungswachstum, Nahrungsspielraum und Siedlungsgrenzentwicklung betreffenden Kenntnisse sind dementsprechend gut (vgl. dazu vor allem Born 1974!). Es mag daher genügen, darauf hinzuweisen, daß

— Siedlungsverdichtung und kulturraumfüllende Kolonisation im Sinne eines inneren und randlichen Ausbaus des Altsiedellandes, z.B. „fränkische Staatskolonisation" nach Nitz (vgl. Nitz 1975, S. 3: „Die Binnenkolonisation des Früh- und Hochmittelalters in Mitteleuropa ist ein regional und historisch begrenzter Ausschnitt aus einem weltweiten Phänomen: der Landnahme und Neulanderschließung expandierender Bevölkerungen".) als erster Schritt;
— Intensivierung des Anbaus auf den bestehenden landwirtschaftlichen Nutzflächen (Übergang von wilder/geregelter Feldgraswirtschaft zur Dreifelderwirtschaft!) als zweiter Schritt;
— Ausweitung der Landnahme und Kolonisation zunächst auf die Mittelgebirge und Waldländer Mitteleuropas, später auf deren Marschen, Moore und Heiden als letzte und bis in das 19. Jh. hineinreichende Phase (Nitz 1984)

die wesentlichen Merkmale einer *zunächst kulturraumbildenden, später dann kulturraumfüllenden* Binnenkolonisation waren (vgl. dazu Nitz 1976 und 1981!).

Daß bei allen diesen Aktivitäten Bevölkerungsdruck — bei den häufigen Rückverlegungen der agraren Siedlungsgrenzen dementsprechend auch nachlassender Bevölkerungsdruck infolge Epidemien, Hungersnöten oder als Ergebnisse kriegerischer Ereignisse! — der entscheidende Motor der Siedlungsgrenzverlagerung war, ist unbestritten. Agrarhistoriker (Abel 1967, 1974), historisch arbeitende Geographen (Born 1974, Jäger 1951, 1958, 1963 u.a.), aber auch Bevölkerungswissenschaftler und Sozialgeschichtler (Mackenroth 1953, Cipolla 1972) betonen übereinstimmend die ausschlaggebende Bedeutung des Bevölkerungswachstums als Motor des Siedlungsausbaus. So sieht Mackenroth (1953, S. 423) im inneren Landesausbau und in der Ostkolonisation des Früh- und Hochmittelalters einen Fall extensiven Bevölkerungswachstums. Ähnlich äußert sich übrigens auch Henning (1974, S. 103 ff.), der sich dabei auf eine große Zahl von Wirtschafts- und Sozialhistorikern der älteren und jüngeren Generation beruft (z.B. Kulischer[3] 1965; Bosl[2] 1975; Mottek[2]

1973 u.a.). Aus siedlungsgenetischer Sicht betont Nitz (1975, S. 6) die entscheidende Rolle des „Überbevölkerungsdruckes, der nicht mehr als ausreichend erachteten Lebensgrundlage" für die Siedlungsexpansion. Und auch für die mittelalterliche Rückverlegung der Siedlungsgrenze, d.h. für den Wüstungsprozeß werden durchweg negative Bevölkerungsveränderungen angeführt. Vor allem Abel (1967, [3]1976), aber auch andere sehen in den Wüstungsperioden, v.a. in den Wüstungsvorgängen des ausgehenden Mittelalters, ganz vorherrschend Resultate des Bevölkerungsrückgangs: „Unter den Ursachen der spätmittelalterlichen Wüstungen ist an erster Stelle der Rückgang der Bevölkerung zu nennen, die durch schwere, in ganz Europa gespürten Hungersnöten der Jahre 1309/17 vielleicht eingeleitet, dann aber durch die Pest verschärft und in einen Vorgang von langer Dauer verwandelt wurde". (Abel 1971, S. 304).

Dieser im Laufe der mittelalterlichen und neuzeitlichen Geschichte Mitteleuropas oftmals zu konstatierende Zusammenhang von Bevölkerungs- und entsprechenden Siedlungsgrenzverschiebungen ist jedoch ganz zweifellos nur ein Aspekt. So wie z.B. Gunther Ipsen (1954) „Die preußische Bauernbefreiung als Landesausbau" versteht, so gibt es für Mittelalter und frühe Neuzeit zahlreiche Beispiele für weitere Formen der Erweiterung des agraren Nahrungsspielraums: Intensivierung der Landwirtschaft in verschiedenen Bereichen, sozialpolitische Maßnahmen, neue Betriebs- und Bodennutzungsformen usw., um nur einige Beispiele zu nennen. Interessant im Hinblick auf eine allgemeine vergleichende Anthropogeographie muß dabei die Feststellung sein, daß der Katalog mittelalterlicher Maßnahmen zum Ausbau des Nahrungsspielraums (vgl. z.B. Abel 1967) im Prinzip dem heutiger agrarischer Gesellschaften in Ländern der Dritten Welt (vgl. z.B. Ehlers 1977) nicht unähnlich ist.

Auch formal ergeben sich bei der kulturraumbildenden Kolonisation der Phase 2 in Zeit und Raum vergleichbare Entwicklungen. Schon 1974 wies Nitz in einem Aufsatz mit dem Titel „Reihensiedlungen mit Streifeneinödfluren in Waldkolonisationsgebieten der Alten und Neuen Welt" auf die Formenkonvergenz hin. Ein Jahr später (Nitz 1975) unterschied er auch für die mittelalterliche Landnahme in Deutschland zwischen spontaner oder „wilder Landnahme", gelenkter und geplanter Kolonisation (vgl. auch Born 1977). Auch die ökologischen Konsequenzen der Waldrodung in den Tropen und den mittelalterlichen Rodungen Mitteleuropas zeigen überraschende Konvergenzen: lineare Erosion, Bodenabspülung (Auelehmbildung), Vegetationszerstörung usw.

Beispiel 2: Heutige Kolonisation im tropischen Regenwald Amazoniens: Gemeinsames Kennzeichen aller Länder gegenwärtiger Agrarkolonisation im tropischen Regenwald Südamerikas ist — neben einem rapiden Bevölkerungswachstum mit jährlichen Steigerungsraten von bis zu 3 % — ein bisher sehr geringer Industrialisierungsgrad. Industrien sind zudem — wie Brücher für Kolumbien oder Kohlhepp für Brasilien dargelegt haben — auf wenige städtische Zentren konzentriert. Arbeitskraftextensive bergbauliche Extraktionsindustrien vermögen bislang ebenfalls nur wenige Arbeitskräfte zu binden. So ergibt sich nahezu zwangsläufig ein Potential: „Land". Das, was Sandner (1970) für Zentralamerika konstatiert, daß nämlich der Bevölkerungsdruck im agraren Raum in den nächsten Jahren infolge Mangels an nichtlandwirtschaftlichen Arbeitsplätzen noch erheblich ansteigen wird, scheint für fast alle Länder Tropisch-Südamerikas gültig zu sein. Konsequenz dieser Situation ist ein sich verstärkender Landhunger der schnell wachsenden Bevölkerung. Er äußert sich in zwei Formen der Landnahme:

— in der spontanen, ungelenkten Agrarkolonisation;
— in der gelenkten und staatlich organisierten agrarischen Erschließung von Neuland.

Die spontane Agrarkolonisation von intrusos in den Selvas oder Piedemontes kennzeichnet den Typ, wo Siedler aus eigener Initiative und ohne die Unterstützung und Anleitung irgendeiner Organisation Land nehmen. Sie gilt in vielen Ländern als dominierende Form der Agrarkolonisation (vgl. dazu z.B. Brücher 1968) und ist in ihrer Physiognomie gekennzeichnet u.a. durch:

— unkoordinierte, wilde Landnahme;
— isolierte und unregelmäßige Flur- und Siedlungsstruktur;
— mangelhafte Infrastruktur.

Geringe Produktivität der Landwirtschaft (häufig nur Subsistenz) und z.T. beträchtliche regionale Mobilität sind Begleiterscheinungen dieses Kolonisationstypus.

An allen Pionier- und Siedlungsgrenzen sind daneben staatlich gelenkte Kolonisationsprojekte, auf deren spezielle Problematik hier nicht eingegangen werden kann, weitverbreitet: aus Costa Rica, Kolumbien, Bolivien, Brasilien, Venezuela und Peru liegen darüber z.T. detaillierte Publikationen vor; Brücher (1977) hat Formen und Effizienz dieser Maßnahmen zusammenfassend dargestellt. Verbreitetster Flur- und Siedlungstyp — und dies sei im Hinblick auf die Aspekte einer vergleichenden Anthropogeographie besonders betont — sind Hufenformen: v.a. Waldhufen, aber auch Flußhufen! Flur- und Siedlungsformen weisen somit bemerkenswerte formale Konvergenzen zu planmäßigen Kolonisationsformen des deutschen Mittelalters und der frühen Neuzeit auf (vgl. dazu besonders Nitz 1973, 1975). Auch die ökologischen Konsequenzen der Rodungstätigkeit (Waldvernichtung, Bodenabspülung, Erosion usw.) zeigen — wie bereits angedeutet — Übereinstimmungen.

Entscheidend aber für unsere Fragestellung ist, daß von allen genannten Autoren übereinstimmend die Expansion der Siedlungsgrenzen im tropischen Regenwald Südamerikas ausschließlich als Ergebnis zunehmenden Bevölkerungsdrucks gesehen wird. So bringt Kohlhepp (1976) die Kolonisationstätigkeit entlang der Transamazonica mit der Krisensituation im NE Brasiliens in Zusammenhang und sieht in der agraren Besiedlung und Erschließung Amazoniens in erster Linie eine Maßnahme zum Abbau des Bevölkerungsdrucks im Nordosten des Landes. In ähnlicher Weise äußert sich Wesche (1981), wenn er die amazonische Agrarkolonisation als „a solution for Brazil's land tenure problems" bezeichnet. Sowohl Schoop (1970) als auch Monheim (1977) sehen in der seit etwa 1960 mit Nachdruck betriebenen Indianerkolonisation Perus und Boliviens das Hauptziel: „die Verringerung des

Bevölkerungsdruckes im Hochland". Für den gesamten zentralamerikanischen Agrarraum weist Sandner (1970) auf den konkurrierenden Landhunger bestehenden Großgrundbesitzes, existierender Klein- und Mittelbetriebe, der minifundistas sowie landloser Kleinbauernsöhne und Landarbeiter hin, der „zur Verstärkung der Desintegration und zur wachsenden Marginalisierung ganzer Sektoren der Agrarbevölkerung" führt. Beispiele und Belege ließen sich beliebig vermehren.

Haben die genannten Beispiele, die für die *raum-/zeitliche Differenzierungsmöglichkeiten* der Phase II stehen, bislang im wesentlichen nur die physiognomische Unterschiedlichkeit betont, so gelten Unterschiede ebenso für die infrastrukturellen und sozioökonomischen Aspekte. Daß sowohl in der Versorgung mit öffentlichen wie privaten Dienstleistungen als auch in der sozioökonomischen Differenzierung die Unterschiede zwischen „Altsiedelland" und Kolonisationsgebiet umso größer werden, je höher die Wirtschafts- und Gesellschaftsstufe der Kolonisationsträger ist, versteht sich von selbst.

Hinsichtlich der *infrastrukturellen Differenzierung* gilt, daß in den Siedlungsgrenzregionen eine Ausstattung mit öffentlichen wie privaten Dienstleistungen im Regelfall fehlt. Zwar mag es in Boomphasen der Agrarkolonisation (Beispiel: Nordamerika!) vorübergehend zu einem geradezu hypertrophen Besatz an Einrichtungen des privaten tertiären Sektors kommen, doch ist dies meist nur kurzlebig und generell nicht an Siedlungsgrenzen der Agrarkolonisation gebunden.

Eindeutiges Gefälle zwischen Kern- und Grenzregion gilt auch im *sozioökonomischen Bereich.* Während — allgemein und verallgemeinert gesprochen — die Sozialstruktur in den etablierten Kerngebieten bäuerlicher Besiedlung nicht nur durch eine mehr oder weniger ausgeprägte agrarsoziale Differenzierung gekennzeichnet ist und auch nicht von der Landwirtschaft abhängige Sozialgruppen (besonders bei höherer Wirtschafts- und Gesellschaftsstufe) vertreten sind, ist die sozioökonomische Struktur der Siedlungsgrenzregionen in der hier geschilderten Phase durchweg durch eine weitgehende *Homogenität* gekennzeichnet. Diese Homogenität gilt selbst für solche Fälle, wo die Agrarkolonisation durch Siedlungsträger erfolgt: die Repräsentanten staatlicher, kirchlicher und/oder privatwirtschaftlicher Macht treten zumeist nicht als Siedler oder Bewohner der Siedlungsgrenzregion auf, sondern steuern den Landnahmeprozeß von außen! Homogenität gilt besonders aber für die Landnehmer: Glaubensflüchtlinge, Bauern, intrusos, squatters, homesteaders usw. usw. . . .

Phase III: Kulturraumfüllende Kolonisation und Bevölkerungswachstum — Industrialisierung — Siedlungsgrenzentwicklung;
Mit dem Übergang von einer primär agrarisch fundierten Wirtschaft und Gesellschaft zu einer solchen, die im nichtagrarischen Sektor Arbeitsplätze und damit ökonomischen Nahrungsspielraum im Sinne von Mackenroth bereitstellt, läßt — unter der Voraussetzung gleichbleibenden Bevölkerungszuwachses — der Druck auf die Ressource „Land" nach. Die Expansion der Siedlungsgrenze beginnt sich zu verlangsamen bis hin zu völliger Stagnation. Dabei zeigt die Erfahrung, daß der Zusammenhang zwischen Bevölkerungswachstum und Industrialisierung in Europa

ein anderer war als derjenige in der Dritten Welt heute; diese Unterschiedlichkeit wird in der unterschiedlichen Siedlungsgrenzentwicklung beider Räume deutlich.

Variante a: die „europäische Entwicklung". Aus zahllosen wirtschafts- und sozialhistorischen Abhandlungen wissen wir, daß der Zusammenhang von Bevölkerungswachstum — Industrialisierung — Siedlungsgrenzentwicklung durch eine einmalige und unwiederholbare historische Konstellation gekennzeichnet war:

— Bevölkerungswachstum und Industrialisierung verliefen nahezu zeitlich parallel: ein Großteil des im ländlichen Raum nicht zu integrierenden Bevölkerungszuwachses wurde ökonomisch durch die Industrie absorbiert;
— Bevölkerungswachstum und Industrialisierung wurden in Europa weitgehend begleitet von agrarpolitischen Maßnahmen, die auch im ländlichen Raum zu einer Ausweitung des „ökonomischen Nahrungsspielraums" führten (vgl. z.B. Ipsen 1954);
— Bevölkerungswachstum in Europa hatte zusätzlich die agrarkolonisatorische Erschließung der neuweltlichen Agrarländer zur Folge und trug somit zur Europäisierung der Erde bei.

Mit anderen Worten: Bevölkerungswachstum in Europa führte, sofern es nicht durch die Erweiterung des ökonomischen Nahrungsspielraums infolge der Industrialisierung aufgefangen wurde, zur binnenkolonisatorischen und randökumenischen Erschließung letzter Landreserven in Europa (Stichworte: Heidekolonisation, Moorkolonisation etc.; vgl. dazu Nitz 1984) sowie zur agrarkolonisatorischen Aufsiedlung von Überseegebieten. Siedlungsgrenzen einer von Europäern getragenen Agrarkolonisation entstanden außerdem in den sog. „europäischen Kolonialländern" (vgl. dazu Dietzel-Schmieder-Schmitthenner, Hg., 1941).

Variante b: die „drittweltliche" Entwicklung. Im Gegensatz zur „europäischen" Entwicklung, die über fast zwei Jahrhunderte hinweg durch einen Gleichklang von Bevölkerungswachstum und „ökonomischem" Nahrungsspielraum gekennzeichnet war, unterscheidet sich das junge Bevölkerungswachstum der Länder der Dritten Welt durch zwei grundlegende Gegebenheiten:

— das Bevölkerungswachstum vollzieht sich mit größerer Vehemenz und in einem kürzeren Zeitraum; die demographische Transformationsphase reduziert sich somit auf einen kürzeren Zeitraum und der Bevölkerungszuwachs ist entsprechend höher;
— das schnelle Wachstum in kurzer Zeit wird nicht von einer entsprechenden Ausweitung des ökonomischen Nahrungsspielraums begleitet: Hungerkatastrophen, Mangel- und Unterernährung sowie sozioökonomische Marginalisierung weiter Teile drittweltlicher Bevölkerungen sind die Folge.

Es kann an dieser Stelle nicht darum gehen, die unterschiedlichen Ursachen der beiden Varianten im Detail darzustellen und zu begründen. Es mag daher genügen, unter besonderem Hinweis auf die entsprechenden Arbeiten von J. Hauser (1974,

1982, 1983) auf dessen vergleichendes sozioökonomisches Entwicklungsschema von Ländern des „westlichen Kulturkreises" (Industrieländer) und denen der „nichtwestlichen Kulturkreise" (Länder der Dritten Welt) zu verweisen:

Tab. 11: Gesellschaftlich-technische Revolutionen in westlichen und nicht-westlichen Kulturkreisen (nach Hauser 1974)

Westlicher Kulturkreis:

1. Kommerzielle Revolution (1100)
2. Revolution in der Kriegstechnik (1400)
3. Agrarrevolution (1700)
4. Industrierevolution (1780)
5. Medizinische Revolution (1800)
6. Bevölkerungsexplosion (1850)
7. Revolution im Transport- und Kommunikationswesen (1850)

Nicht-westliche Kulturkreise:

1. Revolution in der Kriegstechnik
2. Kommerzielle Revolution
3. Revolution im Transport- und Kommunikationswesen
4. Medizinische Revolution
5. Bevölkerungsexplosion
6. Industrierevolution (?)
7. Agrarrevolution (?)

Sowohl die „europäische" als auch die „drittweltliche" Variante de Phase III weisen hinsichtlich der Siedlungsgrenzentwicklung analoge Formen und Probleme auf. Entscheidende Unterschiede ergeben sich lediglich hinsichtlich der zeitlichen Intensität der Kolonisationsvorgänge, die in vielen Ländern der Dritten Welt heute Natur- innerhalb weniger Jahre in Kulturland verwandeln. Der überaus große Bevölkerungsdruck — z.T. in Verbindung mit dem Einsatz entsprechender Maschinen — führt zur raschen und vollständigen Vernichtung der ursprünglichen Ökosysteme innerhalb kürzester Zeit.

Physiognomisch sind die Siedlungsgrenzregionen durch ein deutliches Gefälle im kulturlandschaftlichen Erscheinungsbild im Vergleich zum „Altsiedelland" gekennzeichnet: isoliert gelegene, kleine und unregelmäßig begrenzte Rodungsinseln im Waldland (Musterbeispiel: Brücher 1968, Abb. 22) oder sporadische Regenbaufelder vor der geschlossenen Anbaugrenze in Trockenräumen. Das Verkehrsnetz ist meist nur schwach oder gar nicht entwickelt. Allerdings vermögen der Einsatz von Maschinen und/oder der ungeheure Druck von Siedlern an drittweltlichen Siedlungsgrenzen das Naturland schneller als in Phase 2 zurückzudrängen und somit das Erscheinungsbild der Siedlungsgrenzen in kürzerer Zeit als zuvor dem des Altsiedellandes anzupassen.

Infrastrukturell waren und sind die Siedlungsgrenzräume gegenüber dem Altsiedelland eindeutig benachteiligt: zwar sind Dienstleistungseinrichtungen privater wie öffentlicher Art in bescheidenem Umfang (Polizei- oder Militärstationen, Handelsposten, Einzelhandelsgeschäfte, gelegentlich eine Bank oder staatliche Behörde) vorhanden, doch sind sie – je nach Größe des Siedlungsgebietes und allgemeinem Entwicklungsstand der kolonisierenden Wirtschaft und Gesellschaft – auf einen Ort oder einige wenige Siedlungszentren konzentriert. Diese Konzentration bewirkt nicht nur den Beginn einer hierarchischen Differenzierung des Siedlungssystems, sondern – mit zunehmender Entwicklung – auch den Ausbau eines differenzierten Verkehrsnetzes.

Sozioökonomisch ist die Siedlungsgrenzregion der Phase III durch beginnende soziale Differenzierungen ihrer Bewohner gekennzeichnet:

– einmal steht der großen Masse der bäuerlichen Bevölkerung eine kleine Zahl nicht-agrarisch fundierter Personen (Händler, Militärs, Beamte usw.) gegenüber;
– zum anderen zeichnen sich innerhalb der Agrarkolonisatoren deutliche Schichtungen der folgenden vereinfachten Art ab:
  – etablierte Bauern/Farmer mit konsolidierten/expansiven Betrieben;
  – Kolonisatoren in verschiedenen Stadien der Landnahme und Kolonisation;
  – Landarbeiter, Spekulanten, Hilfskräfte usw.

Im agrarkolonisatorischen Bereich stellt während dieser Phase besonders die an zweiter Stelle genannte Gruppe der Kolonisatoren in verschiedenen Stadien der Landnahme und Kolonisation das Potential künftiger Differenzierungen: viele werden sich durchsetzen und auf Kosten anderer behaupten; andere werden sich etablieren und wieder andere werden scheitern, abwandern oder zur Gruppe der Landarbeiter absinken.

Phase IV: Vor der kulturraumbildenden und kulturraumfüllenden zur -stabilisierenden Kolonisation: Idealtypisch gesehen ist Phase IV jener Zeitraum der Siedlungsgrenzentwicklung, in der – vor dem Hintergrund einer weitgehenden Industrialisie- und einer Durchrationalisierung der Bevölkerungsweise (europäische Bevölkerungsweise im Sinne von Mackenroth) – das Bevölkerungswachstum sich abschwächt und in ein neues Gleichgewicht mit dem „ökonomischen Nahrungsspielraum" tritt. In Europa und in den sog. „europäischen Kolonialländern" bedeutet dies ein Nachlassen des Druckes auf die Ressource „Land": je nach gesamtwirtschaftlicher Situation eines Staates oder einer Region verlangsamt sich die Agrarkolonisation erheblich, in hochindustrialisierten Staaten (z.B. Kanada, Nordeuropa) kommt es zum Stillstand der Siedlungsgrenze bzw., durch Abwanderung von Kolonisten und weniger erfolgreichen Bauern, sogar zu partieller Auflassung von ehemaligem Rodungsland. In jedem Falle wird der in allen früheren Phasen noch vorherrschende kulturraumbildende Effekt abgelöst durch weitere kulturraumfüllende sowie durch kulturraumstabilisierende/-konsolidierende Effekte der ausklingenden Agrarkolonisation. Die in Kap. 2 ausführlicher dargestellten Beispiele aus Kanada gehören ebenso dieser Phase an wie die Agrarkolonisation Finnlands nach dem Zweiten Weltkrieg (vgl. z.B. Ehlers 1967, 1968; Lehner 1960; v. Soosten 1970) oder – unter anderen gesellschaftspolitischen Voraussetzungen – die Neulanderschließung der UdSSR in Kazachstan (Giese 1983; Karger 1958; Wein 1980, 1981).

Die typologischen Aspekte dieser Phase lassen sich relativ leicht erfassen und beschreiben. *Physiognomisch* streben die kulturraumfüllenden und kulturraumstabilisierenden Aktivitäten der ausklingenden Kolonisationstätigkeit zu einer Angleichung der Grenzräume an die Altsiedellandschaften. Voraussetzung dafür ist eine entsprechende *infrastrukturelle* Ausstattung dieser Räume und deren Erschließung durch ein gutes Verkehrsnetz. So mögen die ländlichen Siedlungen und ihre Fluren zwar nach wie vor sich in ihrer Lage, in ihrem Umfang und Erhaltungszustand sowie in ihrer Ertragsfähigkeit von denen der älteren Siedlungszentren negativ unterscheiden, doch ist ihnen ihr ursprünglicher Pioniercharakter weitgehend genommen. Die Anpassung und Angleichung dokumentiert sich vor allem in einem voll entwickelten System hierarchisch gegliederter zentraler Orte, die nunmehr das gleiche Spektrum privater wie öffentlicher Dienstleistungen anbieten wie die älteren Zentren. Auch *sozioökonomisch* ist die Angleichung an die ländlich geprägten Altsiedelgebiete vollzogen, indem die Agrarsozialstruktur der ländlichen Räume sich weniger heterogen darstellt als noch in Phase III. Die zentralen Orte sind demgegenüber durch ein breites Spektrum verschiedener sozialer Gruppen und Schichten überwiegend nicht-agrarischer Bevölkerung gekennzeichnet.

Während alle Industriestaaten mit einer historisch und/oder gegenwärtig bedeutsamen Agrarkolonisation heute allenfalls eine kulturraumfüllende bzw. kulturraumstabilisierende Landerschließungspolitik betreiben, sind die meisten Länder der Dritten Welt heute immer noch – trotz teilweise beachtlicher Industrialisierungsbemühungen – weit von einem Gleichgewicht zwischen Bevölkerungswachstum und ökonomischem Nahrungsspielraum entfernt. Wo immer möglich, spielt somit eine wilde, gelenkte und/oder geplante Agrarkolonisation mit expansiven Siedlungsgrenzen und kulturraumbildender Neulanderschließung eine große Rolle. Sie erfolgt dabei typologisch nach wie vor eher in Form der Phase III und der drittweltlichen Entwicklungsvariante b. Nur wenige Länder der Dritten Welt haben bislang ein solches Gleichgewicht zwischen Bevölkerungswachstum und ökonomischem Nahrungsspielraum erreicht, daß der Druck auf die Ressource „Land" nachgelassen hätte.

Daß „Land" als Instrument des ökonomischen Nahrungsspielraums auch in hochentwickelten Industrieländern eine Bedeutung haben kann, beweisen das geschilderte „safety-valve"-Konzept in Kanada (vgl. S. 2) sowie die Maßnahmen der finnischen Agrarkolonisation in Finnland nach dem Zweiten Weltkrieg (vgl. Ehlers 1967, 1968; Lehner 1960; v. Soosten 1970).

Phase V: Kulturlandschaftsumbau an den Siedlungsgrenzen der Erde. Vor allem in den hochindustrialisierten Ländern Mittel-, West- und Nordeuropas sowie Nordamerikas erweisen sich seit etwa 20 Jahren die agrarisch geprägten Siedlungsgrenzräume als solche eines Verfalls bzw. eines funktionalen und damit auch typologischen Umbaus (Nitz 1982). Diesen Kulturlandschaftsumbau hat E. Lichtenberger (1979) am Beispiel der Alpen als Folge einer sozialen wie wirtschaftlichen „Sukzession von der Agrar- zur Freizeitgesellschaft" beschrieben. Der darin belegte Mechanismus und seine Ursachen sind nicht nur aus den Alpen (vgl. Literatur bei

Lichtenberger, außerdem Loose 1982, Penz 1982), sondern auch aus dem Apennin (Kühne 1974) oder aus nordamerikanischen Hochgebirgen (Hambloch 1967) belegt und beschrieben worden. Auf den Gegensatz von einem auch heute noch expansiven Höhengrenzsaum der Ökumene in Ländern der Dritten Welt und einer stagnierenden/retardierenden Höhengrenze der Siedlung von Industrieländern hat allgemein Grötzbach (1976 f.) mehrfach verwiesen.

Das besonders von Nitz betonte Phänomen der Regelhaftigkeit dieses Entwicklungsprozesses an den agraren Siedlungsgrenzen der Industrieländern nimmt – angesichts des in diesem Kapitel vertretenen Anspruchs, den Versuch eines genetischen wie typologischen Entwicklungsschemas von Siedlungsgrenzen der Erde vorzulegen – weithin prognostischen Charakter an. Kulturlandschaftsumbau an den Siedlungsgrenzen eines Staates im Gefolge eines sozioökonomischen Wandels seiner Gesellschaft ist bislang nur in den hochentwickelten Industrieländern des Westens zu beobachten. Neben den schon genannten Wandlungen in den Hochgebirgen Europas und Nordamerikas kommen als Beispiele eines „freizeitgeprägten Kulturlandschaftsumbaus" vor allem die Siedlungsgrenzregionen im Waldland Nordamerikas und Fennoskandiens in Betracht (vgl. Eberle 1982, Henkel 1975, Helmfrid 1968, Lob 1975). Die Frage, ob dazu letzten Endes auch Extensivierungserscheinungen sowie Formen des Nutzungswandels unserer deutschen Agrarlandschaft (Sozialbrache, Aufforstung und/oder kulturlandschaftspflegerische Maßnahmen verschiedenster Art) gehören, muß im Sinne dieser Typologie bejaht werden: Sozialbrache und verwandte Erscheinungen stellen eine durch sozioökonomischen Wandel bedingte Rücknahme des Ackerlandes dar (zur Diskussion dieser Frage vgl. Born 1968, Ruppert 1958, Scharlau 1958, Wendling 1965), wobei die Auflassung heute mehr denn je mit nachfolgendem freizeitorientiertem Nutzungswandel verbunden ist. Vor diesem Hintergrund ist die Frage berechtigt, ob nicht bereits weite Teile unserer deutschen Agrarlandschaft beispielsweise eher als eine „Soziallandschaft" im Sinne einer Freizeit- und Erholungslandschaft (Andreae 1984) zu bezeichnen wären.

Physiognomisch repräsentiert sich die Siedlungsgrenzentwicklung der Phase V durch Stagnation oder gar Rückverlegung. Dieser Vorgang ist in jedem Falle durch Auflassung von landwirtschaftlicher Nutzfläche im Bereich der Grenzregion selbst sowie mehr noch in vorgeschobenen und oft isoliert gelegenen Kulturlandschaftsinseln gekennzeichnet. Auch nimmt nun, stärker vielleicht noch als in der kulturraumfüllenden und kulturraumstabilisierenden Phase IV, die Zahl der landwirtschaftlichen Betriebe ab: Hofwüstungen überwiegen gegenüber den Flurwüstungen. Mit anderen Worten: immer weniger Betriebe bewirtschaften immer größere Flächen, die damit aber zugleich ihre Lebens- und Konkurrenzfähigkeit erhöhen. Ehemalige Höfe werden demgegenüber häufig nur noch für Wohnzwecke, permanent oder periodisch als Zweitwohnsitz, genutzt. Äcker, Wiesen und Weiden dienen lediglich als Futterproduzenten oder als Koppeln für Reitpferdehaltung. Hotels, Pensionen, Ferienwohnungen oder Camps für Jagd- und Anglergruppen sind – je nach Lage zu den

Ballungszentren einer industriell oder tertiär geprägten Gesellschaft — mehr oder weniger stark vertreten. Bevorzugte Räume eines solchen Wandels sind bislang die agraren Wald- und Höhengrenzen in den Industrieländern der westlichen Welt.

Infrastrukturell ist Phase V durch den Konzentrationsprozeß öffentlicher wie privater Dienstleistungen auf einige wenige zentrale Orte, die ihren Einzugsbereich zu Ungunsten kleinerer und nunmehr auch meist schrumpfender Orte ausweiten, gekennzeichnet. Begünstigt wird diese Entwicklung durch den Erhalt oder Ausbau des guten Straßen- und Wegenetzes, das — bei starker Motorisierung der Bevölkerung — die Erreichbarkeit der zentralen Orte erhöht.

Sozioökonomisch wird die Entwicklung dieser Phase durch Bevölkerungsstagnation oder gar -verlust charakterisiert. Von einer Entleerung sind vor allem die ehemaligen agraren Produktionsgebiete betroffen, so daß insbesondere der Anteil der bäuerlich-ländlichen Bevölkerung sinkt. Wenn die Gesamtbevölkerungszahl einer Region dennoch konstant bleibt, so deshalb, weil die größten Orte mit ihrem breiten Spektrum von Handel, Gewerbe und Dienstleistungen aller Art ihre Einwohnerzahl und damit zugleich die Vielfalt sozialer wie wirtschaftlicher Gruppen in der Siedlungsgrenzregion insgesamt vergrößern.

3.2 ZUR VARIATIONSBREITE VON SIEDLUNGSGRENZEN IN RAUM UND ZEIT

Es liegt im Wesen einer modellhaften Vereinfachung komplexer Vorgänge, die sich zudem über verschiedene Räume und Zeiten erstrecken, daß sie weder die Gesamtzahl aller möglichen Fälle abdeckt, noch daß sie spezielle Sonderentwicklungen berücksichtigen kann. Dies ist eine erste Einschränkung des soeben dargestellten Phasenmodells. Eine zweite ist die, daß es Gültigkeitsanspruch ausschließlich für agrarkolonisatorisch und damit durch flächenhafte Landerschließungsvorgänge geprägte Siedlungsgrenzen erhebt. Es ist bekannt, daß heute allenthalben vor der Grenze des geschlossenen Anbaus nicht nur zahllose kleine und an ökologische und/oder ökonomische Sonderbedingungen geknüpfte isolierte Kulturlandschaftsinseln agraren Charakters liegen (vgl. dazu Hamelin 1966; Stone 1965 f.). Typischer noch sind spezielle Formen der Siedlungsgrenzen, wie sie z.B. durch bergbauliche Aktivitäten oder militärische Einrichtungen gegeben sind. Sie werden hier ausdrücklich ausgeklammert. Mit diesen Limitierungen allerdings, so sei postuliert, erscheint das vorgestellte *Fünf-Phasen-Modell der agraren Siedlungsgrenzentwicklung* von allgemeiner Gültigkeit.

Ein solcher Anspruch beinhaltet, daß alle Typen bzw. Phasen der Siedlungsgrenzentwicklung auf der Erde im *räumlichem Nebeneinander* ebenso vorhanden sein müßten wie eine im kulturlandschaftlichen Umbau befindliche Siedlungsgrenzregion der Phase V zuvor alle andern Phasen im *zeitlichen Nacheinander* durchlaufen haben müßte. Abschließend soll dargestellt werden, daß beides nicht der Fall sein muß.

Räumliches Nebeneinander: Während es unbestritten ist, daß für die meisten agraren Siedlungsgrenzräume als Ausgangssituation eine Phase I bestanden hat, so ist ebenso unbestritten, daß es heute auf der Erde nirgends mehr das Phänomen einer „prä-industriellen Bevölkerung im Gleichgewicht mit der Ressource ‚Land' " gibt. Die europäische Bevölkerungsweise im Sinne von Mackenroth hat längst alle Teile der Erde, die demographische Transformation längst alle Populationen der Erde (Hauser 1974, 1982) erfaßt. Gerade deshalb aber sind nun die Phasen II und III allenthalben nachweisbar -- weltweit repräsentieren sie vielleicht die heute gängigsten Formen der agrarkolonisatorischen Siedlungsgrenzentwicklung. Belege für die physiognomischen, infrastrukturellen und sozioökonomischen Ausprägungen aus der Literatur über die bereits zitierten Arbeiten hinaus beizubringen, würde den Rahmen dieser Ausführungen sprengen. Phase IV der Siedlungsgrenzentwicklung, der Übergang von kulturraumbildender zu kulturraumstabilisierender Agrarkolonisation, ist heute vor allem in den „klassischen" Gebieten junger Pioniergrenzentwicklung in Nordeuropa, Kanada und in den USA zu finden; das in Kapitel 2 ausführlich vorgestellte Peace River Country kann dabei als Prototyp gelten. Der Great Clay Belt, günstiger zu den kanadischen Ballungszentren der St. Lorenz-Senke gelegen, repräsentiert demgegenüber schon der Übergang zu Phase V, in der zunehmende agrare Produktivität der ökonomisch und ökologisch begünstigten „Altsiedelgebiete" die Konkurrenzfähigkeit der Siedlungsgrenzräume mindert. Der verringerten wirtschaftlichen Konkurrenzfähigkeit der Grenzräume stehen zunehmender gesellschaftlicher Wohlstand und zunehmende Freizeit in den Kernräumen und daraus resultierende Nachfrage nach „Freizeitraum"/Erholungsraum gegenüber: Umwandlung ehemaliger LNF und bäuerlicher Betriebe zu Erholungseinrichtungen verschiedenster Art und Form sind die Folge. Interessantes und für die Frage der agraren Tragfähigkeit der Erde nicht unwichtiges Nebenergebnis dieser Analyse ist, daß der agrare Nahrungsspielraum der Erde besonders in den Industriestaaten flächenhaft erheblich zurückgenommen wird und bei Bedarf für die Steigerung der agraren Produktion wieder verfügbar ist.

Zeitliches Nacheinander: Das Postulat, daß alle (ehemaligen) Siedlungsgrenzräume alle fünf Phasen der Entwicklung zu durchlaufen haben, gilt ebenfalls nur mit Einschränkungen. Es dürfte zutreffend sein ausschließlich für die Entwicklungsabläufe in den Industrieländern des westlichen Europa und Nordamerikas, aber wohl auch nur hier. Es sind dies nicht zufällig auch die Gebiete, in denen sich Bevölkerungsweise und demographische Wachstumsringe im Sinne von Mackenroth, die großen gesellschaftlich-technischen Revolutionen im Sinne von Hauser sinnvoll und „harmonisch" durchsetzen konnten. Schon bei der Kennzeichnung der Phase III wurde auf die „europäische" und „drittweltliche" Variante des historischen Entwicklungsablaufes hingewiesen. Ob die heute kräftig expandierenden Siedlungsgrenzen in den Tropen Lateinamerikas, Afrikas sowie Süd- und Südostasiens jemals Phase V erreichen werden, muß ebenso fragwürdig bleiben, wie die künftigen Entwicklungen an den Trocken- und Höhengrenzen dieser Kontinente. Auch Erschließung und künftige Struktur agrarer Pioniergrenzräume in der UdSSR dürften — wirtschafts- und gesellschaftpolitisch bedingt — nur mit Vorbehalten in das vorgelegte Phasenmodell einzupassen sein.

Siedlungsfluktuationen: Neben dem räumlichen Nebeneinander und dem zeitlichen Nacheinander gibt es als dritte Variante der Siedlungsgrenzentwicklung jene der *saekularen Fluktuationen* von Siedlungsgrenzen: d.h. ein und dieselbe Region wird — bedingt durch Bevölkerungszunahme oder Bevölkerungsabnahme, durch kriegerische Ereignisse, durch Veränderungen des Naturhaushalts oder durch andere Faktoren — über längere Zeiträume hinweg besiedelt und agrarisch genutzt, dann aufgelassen, abermals unter Kultur genommen usw.

Vor allem die mitteleuropäische Agrarlandschaftsgeschichte kennt zahllose Beispiele permanenten Wandels zwischen Natur- und Kulturland. Die im deutschen Sprachraum besonders entwickelte historisch-genetische Siedlungsforschung hat so viele Beispiele für Erschließung, Auflassung und Wiederbesiedlung von Kulturland untersucht, daß hier nur auf die zusammenfassende Literatur verwiesen werden kann (Abel 1967, 1976; Born 1974; Jäger 1963). Besondere Bedeutung kommt dabei den Mittelgebirgsräumen zu, die — ökologisch gegenüber den Becken und Börden benachteiligt — nicht nur später erschlossen, sonder auch stets früher wieder aufgelassen wurden. Nicht zuletzt die derzeit in der Bundesrepublik Deutschland ablaufenden Wandlungen der Agrarlandschaft sind ein Beispiel für Siedlungsgrenzfluktuationen. Viele der durch Sozialbrache oder Aufforstung gekennzeichneten Flächen waren bis vor kurzem Ackerland und sind durch den sozioökonomischen Wandel seit 1945 immer mehr zu Grenzertragsböden (Niggemann 1971) geworden. Als potentielles Ackerland bleiben sie, unter veränderten wirtschaftlichen Voraussetzungen, verfügbar. Daß die heutigen Aufforstungen in Südwestdeutschland beispielsweise (vgl. Jätzold (1963) oder in Hessen (Kohl 1978, Schulze v. Hanxleden 1972) nur ein verkleinertes Abbild saekularer und ganz Mitteleuropa betreffender Verwaldungsvorgänge sind (Jäger 1954), zeigt, daß auch heutige Siedlungsgrenzveränderungen durchaus aus dem entwickelten Fünf-Phasen-Modell der agraren Enwicklung heraus erklärbar sind.

Lediglich der Vollständigkeit halber sei bemerkt, daß Siedlungsgrenzfluktuationen auch aus außereuropäischen Räumen vielfach beschrieben worden sind; auf Belege sei an dieser Stelle verzichtet!

4. SCHLUSSBEMERKUNG

Die Hinweise zur Variationsbreite von Siedlungsgrenzen in Raum und Zeit scheinen dem Anspruch, daß das vorgestellte Fünf-Phasen-Modell der agraren Siedlungsgrenzentwicklung von allgemeiner Gültigkeit sei, zu widersprechen. Dazu sei bemerkt, daß es zunächst einmal im Wesen eines – auch deskriptiven – Modells liegt, lediglich die generellen Entwicklungstrends aufzuzeigen. Allein schon deshalb sollte der in Zeit und Raum differenzierte spezielle Sonderfall andersartiger Siedlungsgrenzentwicklung nicht als Gegenargument gegen den allgemeinen Gültigkeitsanspruch der hier vorgestellten Entwicklungsabfolge agrarer Siedlungsgrenzentwicklung verwendet werden. Im Gegenteil: es sei ausdrücklich betont und anerkannt, daß eine Vielzahl von Spezialfällen nicht dem vorgestellten Ablaufschema entsprechen werden; ja, vielleicht gibt es keinen einzigen konkreten Fall, der vollinhaltlich durch das Schema abgedeckt wird. Spricht das gegen das Schema? Die Schlußbemerkungen versuchen, eine Antwort auf diese Frage zu geben!

Zunächst einmal muß darauf hingewiesen werden, daß das vorgestellte Phasen-Modell aus den relativ jungen Entwicklungen und Veränderungen der kanadischen Siedlungsgrenze heraus abgeleitet worden ist. Sowohl im Clay Belt als auch im Peace River Country haben sich allerdings in nur hundert Jahren fast alle Phasen der Siedlungsgrenzentwicklung von der kulturraumbildenden Kolonisation bis hin zum Kulturlandschaftsumbau vollzogen. Das hier vorgestellte Fallbeispiel der kanadischen Waldlandfrontier vereinigt also, in Raum und Zeit konzentriert, etliche Züge der weltweiten agraren Siedlungsgrenzentwicklung.

Wenn auch mehrfach auf die Rolle der staatlichen Einflußnahme auf historische wie gegenwärtige Kolonisationsprozesse hingewiesen wurde, so muß sicherlich ein Bereich aus dem Gültigkeitsanspruch des Modells herausgenommen werden: die Siedlungsgrenzentwicklungen im Bereich der sozialistischen Länder Europas und Asiens. Abgesehen davon, daß hierüber ohnehin nur sehr spärliche Informationen vorliegen, treffen die für die einzelnen Phasen der Siedlungsgrenzentwicklung postulierten sozioökonomischen Merkmale mit Sicherheit nicht zu. Dazu ist allerdings zu bemerken, daß es sich hierbei um einen in Raum und Zeit begrenzten Sonderfall der Siedlungsgrenzentwicklung handelt.

In der Einleitung zu dieser Studie wurde darauf hingewiesen, daß Siedlungsgrenzen und ihrer Dynamik eine Art Indikatorfunktion für die sozioökonomische Gesamtsituation eines Staates, einer Region oder einer Gesellschaft zukomme. Unter Hinweis auf den von Mackenroth (1953) formulierten Zusammenhang von Bevölkerungsweise und Wirtschaftsweise sowie unter Verweis auf eine ausführlichere Darstellung des weltweiten Phänomens „Bevölkerungswachstum – Nahrungsspielraum – Siedlungsgrenzen der Erde" (Ehlers 1984; vgl. dazu auch Ehlers, Hg. 1983) seien abschließend die eingangs formulierten Hypothesen nochmals aufgegriffen und diskutiert.

Hypothese 1 wurde bereits in Kapitel 3.1 ausführlich diskutiert und inzwischen, nach Meinung des Verfassers, mit geringfügigen Einschränkungen aufgrund vorliegenden Vergleichsmaterials verifiziert.

Hypothese 2 hat ebenfalls ihre generelle Bestätigung erfahren, wenngleich das Postulat der „Regelhaftigkeit" in der Realität jedes einzelnen Kolonisationsvorgangs sich anders darstellen wird.

Hypothese 3 schließlich ist von so allgemeiner Bedeutung, daß dieser Punkt abschließend einer etwas ausführlicheren Diskussion bedarf. Ganz zweifellos ist Bevölkerungsdruck der nach wie vor entscheidende Faktor für Ausweitung, Stagnation oder Rückverlegung von Siedlungsgrenzen und ebenso zweifellos ist „Bevölkerungsdruck" ein relativer und vor allem ökonomisch zu definierender Begriff. Siedlungsgrenzexpansion oder -kontraktion ist aber längst nicht mehr eine ausschließliche Funktion der Bevölkerungsentwicklung.

Pflanzenzucht, Pflanzenschutz, Pflanzenernährung, Landtechnik, kurz: die Komponenten eines technisch-wissenschaftlich fundierten „integrierten Pflanzenbaus" haben die Erträge land- und viehwirtschaftlicher Produktion so ansteigen lassen, daß *auf immer kleineren Flächen immer mehr produziert* wird. Auch vor diesem Hintergrund sind die Rückverlegungen der agraren Siedlungsgrenze, die Aufgabe landwirtschaftlicher Nutzflächen oder der Kulturlandschaftsumbau in vielen Industrieländern der Erde zu sehen: nicht Bevölkerungsstagnation, sondern Produktivitätssteigerung auf bestehenden Flächen sind deren primäre Ursache. In den Ländern der Dritten Welt, wo der ökonomische Nahrungsspielraum im Sinne von Mackenroth noch weitgehend identisch ist mit dem agraren Nahrungsspielraum, steht eine solche Modifikation des Zusammenhangs von Bevölkerungswachstum und Siedlungsgrenzentwicklung in absehbarer Zeit nicht bevor!

LITERATURVERZEICHNIS

A) BUCH- UND ZEITSCHRIFTENLITERATUR

Abel, W.: Geschichte der deutschen Landwirtschaft vom Frühen Mittelalter bis zum 19. Jahrhundert. Deutsche Agrargeschichte II, Stuttgart, 2. Aufl. 1967.
Abel, W.: Landwirtschaft 1350—1500. In: Aubin, H. — W. Zorn, Hg., Handbuch der deutschen Wirtschafts- und Sozialgeschichte. Bd. 1: Von der Frühzeit bis zum Ende des 18. Jh. Stuttgart 1981, S. 300—333.
Abel, W.: Massenarmut und Hungerkrisen im vorindustriellen Europa. Versuch einer Synopsis. Hamburg-Berlin 1974.
Abel, W.: Die Wüstungsvorgänge des ausgehenden Mittelalters. Stuttgart, 3. Aufl. 1976.
Allen, B., Human Geography of Papua New Guinea. Journal of Human Evolution 12, 1983, S. 3—24.
Andreae, B.: Die Erweiterung des Nahrungsspielraums als integrale Herausforderung. Paderborn-München (Fragenkreise) 1980.
Andreae, B., Landbau oder Landschaftspflege? Räumliche Verteilung und Nutzungsmöglichkeiten brachgefallener Agrarstandorte in der Bundesrepublik Deutschland. Geogr. Rundschau 36, 1984, S. 184—194.
Bayliss-Smith, T. — P. Feachem, Hg., Subsistence and Survival: Rural Ecology in the Pacific. London-New York-San Francisco 1977.
Becker, H., Hg.: Kulturgeographische Prozeßforschung in Kanada. Bamberger Geogr. Schriften Heft 4, Bamberg 1982.
Biays, P.: Les marges de l'oekumène dans l'Est du Canada. Québec (Les Presses de l'Université Laval) 1964.
Blanchard, R.: Etudes Canadiennes IV: L'Abitibi-Temiscamingue. Révue Géogr. Alpine 35, 1949, S. 421—551.
Borcherdt, Chr. — H.P. Mahnke: Das Problem der agraren Tragfähigkeit mit Beispielen aus Venezuela. Stuttgarter Geogr. Studien 85, 1973, S. 1—93.
Born, M.: Wüstungen und Sozialbrache. Erdkunde 22, 1968, S. 145—151.
Born, M.: Die Entwicklung der deutschen Agrarlandschaft. Erträge der Forschung 29. Darmstadt 1974.
Born, M.: Formenreihen ländlicher Siedlungen. Westf. Geogr. Studien 33, 1976, S. 41—51.
Born, M.: Geographie der ländlichen Siedlungen: Die Genese der Siedlungsformen in Mitteleuropa. Stuttgart 1977.
Born, M.: Zur funktionalen Typisierung ländlicher Siedlungen in der genetischen Siedlungsforschung. In: Siedlungsgeographische Studien, Hg.: W. Kreisel u.a., Berlin, New York 1979, S. 29—47.
Boserup, E.: The Conditions of Agricultural Growth. The Economics of Agrarian Change under Population Pressure. Chicago 1965.
Bosl, K.: Staat, Gesellschaft, Wirtschaft im Deutschen Mittelalter. In: Gebhardt, Handbuch der deutschen Geschichte Bd. 7, dtv/WR 4 207, München 1973; 2. Aufl. 1975.
Bowman, J., Hg.: Pioneer Settlement, Cooperative Studies by Twenty-Six Authors. New York 1931.
Bowman, J., Hg.: Limits of Land Settlement. A Report on Present Day Possibilities. New York 1937.
Bronny, H.: Studien zur Entwicklung und Struktur der Wirtschaft in der Provinz Finnisch-Lappland. Westf. Geogr. Studien 19, Münster 1966.

Bronny, H.: Finnmarken als Raum saisonalen Wirtschaftens am Rande der Ökumene. Dt. Geographentag Kiel 1969, Tag.berichte und Wiss. Abh., Wiesbaden 1970, S. 73–85.

Brücher, W.: Die Erschließung des tropischen Regenwaldes am Ostrand der kolumbianischen Anden. Tüb. Geogr. Studien 28, Tübingen 1968.

Brücher, W.: Formen und Effizienz staatlicher Agrarkolonisation in den östlichen Regenwaldgebieten der tropischen Andenländer. Geogr. Zeitschr. 65, 1977, S. 3–22.

Butzin, B.: Die Entwicklung Finnisch-Lapplands. Ansatz zu einem Modell des regionalen Wandels. Bochumer Geogr. Arbeiten 30, 1977.

Cipolla, C.M.: Wirtschaftsgeschichte und Weltbevölkerung. dtv/WRU 110, München 1972.

Czajka, W.: Lebensformen und Pionierarbeit an der Siedlungsgrenze. Hannover 1953.

Czajka, W.: Die Randzonen der besiedelten Erdräume im System der Geographie. In: H.Y. Nitz, Hg., 1976, S. 267–292.

Dietzel, K.H. – O. Schmieder – H. Schmitthenner, Hg., Lebensraumfragen europäischer Völker. Bd. II: Europas koloniale Ergänzungsräume. Leipzig 1941.

Eberle, I.: Einzelhofwüstung und Siedlungskonzentration im ländlichen Raum des Outaouais (Québec). Jüngere Siedlungsveränderungen als Konsequenz des Strukturwandels in der Holz- und Landwirtschaft einer peripheren Waldbauernregion Ostkanadas. Geogr. Zeitschr. 70, 1982, S. 81–106.

Ehlers, E.: Das nördliche Peace River Country, Alberta, Kanada. Genese und Struktur eines Pionierraumes im borealen Waldland Nordamerikas. Tübinger Geogr. Studien Heft 18, Tübingen 1965.

Ehlers, E.: Landpolitik und Landpotential in den nördlichen kanadischen Prärieprovinzen. Zeitschrift für Ausl. Landwirtschaft 5, 1966, S. 327–337.

Ehlers, E.: Das boreale Waldland als Siedlungs- und Wirtschaftsraum des Menschen. – Vergleichende Studien in Finnland und Kanada. Geogr. Zeitschr. 55, 1967, S. 279–322.

Ehlers, E.: Nordfinnland – Möglichkeiten und Grenzen seiner wirtschaftlichen Erschließung. Geogr. Rundschau 20, 1968, S. 46–59.

Ehlers, E.: Das Ende der Agrarkolonisation in Finnland. Geogr. Rundschau 22, 1970, S. 31–33.

Ehlers, E.: Agrarkolonisation und Agrarlandschaft in Alaska. Probleme und Entwicklungstendenzen der Landwirtschaft in hohen Breiten. Geogr. Zeitschr. 61, 1973, S. 195–219.

Ehlers, E.: Recent trends and problems of agricultural colonization in boreal forest lands. Frontier Settlement. Papers from an International IGU Symposium in Edmonton and Saskatoon, August 1972. University of Alberta. Studies in Geography, Monograph 1. Edmonton, Canada 1974, S. 60–78.

Ehlers, E.: Ägypten: Bevölkerungswachstum und Nahrungsspielraum. Geogr. Rundschau 29, 1977, S. 98–107.

Ehlers, E.: Bevölkerungswachstum, Nahrungsspielraum und Siedlungsgrenzen der Erde. Aspekte einer vergleichenden Anthropogeographie. Erdkundliches Wissen Heft 59 (Beiträge zur Hochgebirgsforschung und zur Allgemeinen Geographie: H. Uhlig-Festschrift, Bd. 2). Wiesbaden 1982, S. 75–89.

Ehlers, E.: Deutsche Beiträge zur geographischen Kanada-Forschung: Möglichkeiten und Grenzen komparativer Forschung. Zeitschrift der Gesellschaft für Kanada-Studien 3. Jg., Nr. 2, 1983, S. 35–47.

Ehlers, E., Hg., Ernährung und Gesellschaft. Bevölkerungswachstum – Agrare Tragfähigkeit der Erde. Stuttgart-Frankfurt/M. 1983.

Ehlers, E., Bevölkerungswachstum – Nahrungsspielraum – Siedlungsgrenzen der Erde. Frankfurt/M. u.a.O. (Diesterweg Studienbücher) 1984 (im Druck).

Ennen, E. – W. Janssen: Deutsche Agrargeschichte. Vom Neolithikum bis zur Schwelle des Industriezeitalters. Wiesbaden (Wiss. Paperbacks: Sozial- und Wirtschaftsgeschichte) 1979.

Giese, E.: Nomaden in Kasachstan. Ihre Seßhaftwerdung und Einordnung in das Kolchos- und Sowchos-System. Geogr. Rundschau 35, 1983, S. 575–588.

Hambloch, H.: Der Höhengrenzsaum der Ökumene. Anthropogeographische Grenzen in dreidimensionaler Sicht. Westfälische Geogr. Studien 18, Münster 1966.

Hambloch, H.: Höhengrenzen von Siedlungstypen in den Gebirgsregionen der westlichen USA. Geogr. Zeitschr. 55, 1967, S. 1–41.
Hamelin, E.: Types of Canadian Ecumene. In: R.M. Irving, Hg., Readings in Canadian Geography. Toronto-Montreal 1966 (2nd ed. 1972), S. 20–30.
Hauser, J.A.: Bevölkerungsprobleme der Dritten Welt. Bern-Stuttgart (UTB 316) 1974.
Hauser, J.A.: Bevölkerungslehre. Bern-Stuttgart (UTB 1164) 1982.
Hauser, J.A.: Bevölkerungswachstum in Industrie- und Entwicklungsländern – heute. In: E. Ehlers, Hg., Ernährung und Gesellschaft: Bevölkerungswachstum – Agrare Tragfähigkeit der Erde. Stuttgart – Frankfurt 1983, S. 73–89.
Helmfrid, S.: Zur Geographie einer mobilen Gesellschaft. Geogr. Rundschau 20, 1968, S. 445–451.
Henkel, G.: Zum Problem der Entsiedlung in Nordskandinavien: Das Beispiel Schweden. Geogr. Rundschau 27, 1975, S. 502–507.
Henning, F.W.: Das vorindustrielle Deutschland 800 bis 1800. UTB 398, Paderborn 1974.
Hope, G.S. – J. Golson – J. Allen, Palaeoecology and Prehistory in New Guinea. Journal of Human Evolution 12, 1983, S. 37–60.
Hottenroth, H.: The Great Clay Belts in Ontario and Quebec. Struktur und Genese eines Pionierraumes an der nördlichen Siedlungsgrenze Ost-Kanadas. Marburger Geogr. Studien 39, Marburg 1968.
Innis, H.A.: Settlement and the Mining Frontier. Toronto (Canadian Frontiers of Settlement IX) 1936.
Innis, H.A.: The Fur Trade in Canada. Toronto (Univ. of Toronto Studies in History and Economics 5), rev. ed., 1956.
Ipsen, G.: Die preußische Bauernbefreiung als Landesausbau. Zeitschrift für Agrargeschichte und Agrarsoziologie 2, 1954, S. 29–54.
Ironside, R.G.: Plant Location and Consequences: The Case of the Hinton Pulp Mill, Alberta. TESG 61, 1970, S. 215–222.
Ironside, R.G.: Resource Development and Potential in Northern Alberta. In: Pletsch, A. – C. Schott, Hg., Kanada – Naturraum und Entwicklungspotential. Marburger Geogr. Schriften 79, 1979, S. 113–125.
Ironside, R.G.: Northern Development: Northern Return. In: Becker, H., Hg., Kulturgeographische Prozeßforschung in Kanada. Bamberger Geogr. Schriften 4, 1982, S. 19–44.
Ironside, R.G. – K.Y. Fairbairn: The Peace River Region: An Evaluation of a Frontier Economy. Geoforum 8, 1977, S. 39–49.
Ironside, R.G. – V.B. Proudfoot – E.N. Shannon – C.J. Tracie, Hg.: Frontier Settlement. Edmonton (Univ. of Alberta: Studies in Geography, Monograph 1) 1974.
Ironside, G.R. – W.C. Wonders: Konflikte der Land- und Wassernutzung. Das nördliche Alberta als Beispiel. Geogr. Rundschau 35, 1983, S. 392–400.
Isenberg, G.: Zur Frage der Tragfähigkeit von Staats- und Wirtschaftsräumen. RuR 6, 1948, S. 41–51.
Isenberg, G.: Darstellung und Methoden zur Erfassung der Tragfähigkeit. BzdL 8, 1950, S. 300–324.
Jäger, H.: Die Entwicklung der Kulturlandschaft des Kreises Hofgeismar. Göttinger Geogr. Abh. 8, Göttingen 1951.
Jäger, H., Die Entstehung der heutigen großen Forsten in Deutschland. Ber.dt. Landeskunde 13, 1954, S. 156–171.
Jäger, H.: Entwicklungsperioden agrarer Siedlungsgebiete im mittleren Westdeutschland seit dem 13. Jh., Würzburger Geogr. Arbeiten 6, Würzburg 1958.
Jäger, H.: Zur Geschichte der deutschen Kulturlandschaften. Geogr. Zeitschr. 51, 1963, S. 90–142.
Jäger, H.: Kulturlandschaftswandel durch Wüstungsvorgänge. Die Europäische Kulturlandschaft im Wandel (Festschrift für K.H. Schröder). Kiel 1974, S. 33–40.

Jätzold, R., Die Neuaufforstungen in Südwestdeutschland als kulturgeographisches Problem. Ber. dt. Landeskunde 31, 1963, S. 375–393.

Jankuhn, H.: Vor- und Frühgeschichte vom Neolithikum bis zur Völkerwanderungszeit. Stuttgart (Deutsche Agrargeschichte I) 1969.

Jankuhn, H.: Einführung in die Siedlungsarchäologie. Berlin – New York 1977.

Joerg, W.L.G., Hg.: Pioneer Settlement. New York (Special Publ. No. 14, American Geogr. Society) 1932.

Jülich, V.: Die Agrarkolonisation im Regenwald des mittleren Rio Illuallaga (Peru). Marburger Geogr. Schriften 63, Marburg 1975.

Karger, A.: Die Neulanderschließung in der Sowjetunion. Geogr. Rundschau 10, 1958, S. 22–24.

Koch, G.: Anatomie einer Steinzeitkultur: die Eipo. Bild der Wissenschaft 9, 1977, S. 44–59.

Kohl, M., Die Dynamik der Kulturlandschaft im oberen Lahn-Dillkreis. Gießener Geogr. Schriften 45, 1978.

Kohlhepp, G.: Agrarkolonisation in Nord-Parana. Wirtschafts- und sozialgeographische Entwicklungsprozesse einer randtropischen Pionierzone Brasiliens unter dem Einfluß des Kaffeeanbaus. Heidelberger Geogr. Arbeiten 41, Wiesbaden 1975.

Kohlhepp, G.: Gelenkte Agrarkolonisation im Rahmen der Expansion des Kaffeeanbaus im Norden Paranas (Brasilien). In: H.J. Nitz, Hg., 1976, S. 71–90.

Kohlhepp, G.: Stand und Problematik der brasilianischen Entwicklungsplanung in Amazonien. Amazonia 6, 1976, S. 87–104.

Kohlhepp, G.: Planung und heutige Situation staatlicher kleinbäuerlicher Kolonisationsprojekte an der Transamazonica. Geogr. Zeitschr. 64, 1976, S. 171–211.

Kohlhepp, G.: Bevölkerungswachstum und Ernährungsspielraum der Erde: Einführung. 41. Dt. Geogr. Tag Mainz 1977, Tag. ber. und wiss. Abh., Wiesbaden 1978, S. 249–254.

Kreisel, W. – W. Schoop, Landnahme und Kolonisation im französischen und schweizerischen Jura und am nordöstlichen Andenabfall. Geogr. Helvetica 26, 1971, S. 181–186.

Krüger, H.J.: Migration, ländliche Überbevölkerung und Kolonisation im Nordosten Brasiliens. Geogr. Rundschau 30, 1978, S. 14–20.

Kühne, J.: Die Gebirgsentvölkerung im nördlichen und mittleren Apennin in der Zeit nach dem Zweiten Weltkrieg. Erlanger Geogr. Arbeiten, Sonderband 1, Erlangen 1974.

Kulischer, J.: Allgemeine Wirtschaftsgeschichte des Mittelalters und der Neuzeit. 2 Bde., Darmstadt, 5. Aufl., 1976.

Lehner, L.: Die kulturlandschaftliche Entwicklung Finnisch-Lapplands nach dem Zweiten Weltkrieg. Mitt. Geogr. Ges. München 45, 1960, S. 51–145.

Lenz, K.: Die Prärieprovinzen Kanadas. Der Wandel der Kulturlandschaft von der Kolonisation bis zur Gegenwart unter dem Einfluß der Industrie. Marburger Geogr. Schriften 21, Marburg 1965.

Lenz, K.: Die Konzentration der Versorgung im ländlichen Bereich. Untersuchungen in den nördlichen Präriegebieten von Nordamerika. In: Schott, C., Hg., Beiträge zur Geographie Nordamerikas. Marburger Geogr. Schriften 66, 1976, S. 9–48.

Lenz, K.: Agrarkolonisation in Prärie und Waldland in Kanada. Ein räumlicher und historischer Vergleich. In: H.J. Nitz, Hg., 1976, S. 119–135.

Lichtenberger, E.: Die Sukzession von der Agrar- zur Freizeitgesellschaft in den Hochgebirgen Europas. Innsbrucker Geogr. Studien 5 (Fragen Geographischer Forschung: A. Leidlmair-Festschrift) 1979, S. 401–436.

Lob, R.E.: Die gegenwärtige Entsiedlung Nordfinnlands. Das Beispiel Ratasvuoma. Geogr. Rundschau 27, 1975, S. 508–513.

Loose, R.: Von der Gebirgsentvölkerung zur urbanen Wohnbesitz- und Freizeitbevölkerung in den italienischen Zentralalpen. Beobachtungen in Judikanien/SW Trentino (Prov. Trient/Trento). Geogr. Zeitschr. 70, 1982, S. 223–227.

Lovering, J.H.: Agricultural Land Use in the Fort Vermilion – La Crête Area of Alberta. Geogr. Bulletin No. 20, 1963, S. 39–57.

Lower, A.R.M.: Settlement and the Forest Frontier in Eastern Canada. Toronto (Canadian Frontiers of Settlement IX) 1936.
Maass, A.: Entwicklung und Perspektiven der wirtschaftlichen Erschließung des tropischen Waldlandes von Peru, unter besonderer Berücksichtigung der verkehrsgeographischen Problematik. Tübinger Geogr. Studien 31, Tübingen 1969.
Mackenroth, G.: Bevölkerungslehre. Theorie, Soziologie und Statistik der Bevölkerung. Berlin – Göttingen – Heidelberg 1953.
Matznetter, J.: Generelle Züge in der Genese kolonisatorischer Siedlungsnetze in Gegenwart und Vergangenheit. Rhein-Mainische Forschungen 80, 1975, S. 223–249.
Maxwell, J.W.: Agricultural Land Utilization in the Dixonville-Fort Vermilion Area of Alberta. Geogr. Reprints 7–64. Offset Reprint from Geogr. Bulletin No. 21, 1964, S. 93–122.
McCuaig, J.D. – E.W. Manning: Agricultural Land-Use Change in Canada: Process and Consequences. Ottawa (Land Use in Canada Series 21) 1982.
McDermott, G.L.: Frontiers of Settlement in the Great Clay Belt, Ontario and Quebec. AAAG 51, 1961, S. 261–273.
Mertins, G.: Bevölkerungswachstum, Migration und Arbeitslosigkeit sowie daraus resultierende agrargeographische Probleme in Kolumbien. Ibero-Amerik. Archiv NF 1, 1975, S. 217–243.
Mertins, G.: Siedlungs- und Anbaustufen bei Colonos und Indios in der Sierra Nevada de Santa Marta/N-Kolumbien. 40. Dt. Geographentag Innsbruck 1975, Tag. ber. und wiss. Abh., 1976, S. 795–808.
Mohr, B.: Bodennutzung, Ernährungsprobleme und Bevölkerungsdruck in Minifundienregionen der Ostkordillere Kolumbiens. 41. Dt. Geographentag Mainz 1977, Wiesbaden 1978, S. 299–310.
Monheim, F.: Junge Indianerkolonisation in den Tiefländern Boliviens. Braunschweig 1965.
Monheim, F.: Geplante Waldhufensiedlungen in Ostbolivien und ihre spontane Weiterentwicklung. In: H.J. Nitz, Hg., 1976, S. 55–69.
Monheim, F.: 20 Jahre Indianerkolonisation in Ostbolivien. Erdkundliches Wissen Heft 48, Wiesbaden 1977.
Morton, A.S. – C. Martin: History of Prairie Settlement and „Dominion Lands" Policy. Toronto (Canadian Frontiers of Settlement, Bd. 2) 1938.
Mottek, H.: Wirtschaftsgeschichte Deutschlands, ein Grundriß: Bd. 1, Von den Anfängen bis zur Zeit der Französischen Revolution. Berlin, 2. Aufl., 1973.
Müller-Wille, W.: Gedanken zur Bonitierung und Tragfähigkeit der Erde. Westf. Geogr. Studien 35, 1978, S. 25–56.
Müller-Wille, L. – H. Schroeder-Lanz, Hg.: Kanada und das Nordpolargebiet. Trierer Geogr. Studien, Sonderheft 2, Trier 1979.
Niggemann, J.: Das Problem der landwirtschaftlichen Grenzertragsböden. Ber. über Landwirtschaft 49, 1971, S. 473–549.
Nitz, H.J.: Zur Entstehung und Ausbreitung schachbrettartiger Grundrißformen ländlicher Siedlungen und Fluren. Göttinger Geogr. Abh. 60, 1972, S. 375–400.
Nitz, H.J.: Reihensiedlungen mit Streifeneinödfluren in Waldkolonisationsgebieten der Alten und Neuen Welt. Kölner Geogr. Arb. 30, 1973, S. 72–93.
Nitz, H.J.: Zur räumlichen Organisation der Binnenkolonisation im Früh- und Hochmittelalter. BzdL 49, 1975, S. 3–25.
Nitz, H.J.: Konvergenz und Evolution in der Entstehung ländlicher Siedlungsformen. 40. Dt. Geographentag Innsbruck 1975, Tag. bericht und wiss. Abh., Wiesbaden 1976, S. 208–227.
Nitz, H.J., Moorkolonien. Zum Landesausbau im 18./19. Jahrhundert westlich der Weser. Westfl. Geogr. Studien 33 (Mensch und Erde. Festschrift für Wilhelm Müller-Wille), Münster 1976, S. 159–180.
Nitz, H.J., Hg.: Landerschließung und Kulturlandschaftswandel an den Siedlungsgrenzen der Erde. Gött. Geogr. Abh. 66, Göttingen 1976 (wichtiger Sammelband mit sehr ausführlichen Schrifttumshinweisen!).

Nitz, H.J.: Ländliche Siedlungen und Siedlungsräume – Stand und Perspektiven in Forschung und Lehre. 42. Dt. Geographentag Göttingen 1979, Tag. bericht und wiss. Abh. Wiesbaden 1980, S. 79–102.

Nitz, H.J., Die Siedlungstätigkeit der Lorscher Benediktiner im Odenwald. Das früheste Beispiel planmäßiger Neulanderschließung in einem süddeutschen Mittelgebirge. Geschichtsblätter Kreis Bergstraße Bd. 14, 1981, S. 5–30.

Nitz, H.J.: Kulturlandschaftsverfall und Kulturlandschaftsumbau in der Randökumene der westlichen Industriestaaten. Geogr. Zeitschr. 70, 1982, S. 162–184.

Nitz, H. J., Siedlungsgeographie als historisch-gesellschaftswissenschaftliche Prozeßforschung. Georgr. Rundschau 36, 1984 (Heft 4; im Druck).

Nuhn, H.: Gelenkte Agrarkolonisation an der Siedlungsgrenze im tropischen Regenwald Zentralamerikas. In: H.J. Nitz, Hg., 1976, S. 25–53.

Penck, A.: Das Hauptproblem der physischen Anthropogeographie. Sitzungsberichte der Preuß. Akad. der Wiss., Phys.-Math. Klasse, 24. Jg., 1924, S. 249–257.

Penck, A.: Die Tragfähigkeit der Erde. In: K.H. Diekel u.a., Hg., Lebensraumfragen europäischer Völker, Bd. 1: Europa, Leipzig 1941, S. 10–32.

Penz, H.: Grundzüge der Siedlungsentwicklung an der Obergrenze der Ökumene im Trentino (Italienische Alpen). Geogr. Zeitschr. 70, 1982, S. 227–229.

Pfeifer, G.: Die Ernährungswirtschaft der Erde. 27. Dt. Geographentag München 1948. Tag. bericht u. wiss. Abh. Landshut 1950/51, S. 241–270.

Pletsch, A. – C. Schott, Hg.: Kanada – Naturraum und Entwicklungspotential. Marburger Geogr. Schriften 79, Marburg 1979.

Pletsch, A.: Les cantons de l'est canadien, colonisation et abandon d'une région marginale. Norois 114, Poitiers 1982, S. 185–204.

Randall, J.R.: Settlement of the Great Clay Belt of Northern Ontario and Québec. Geogr. Soc. of Philadelphia, Bulletin No. 38, 1936.

Randall, J.R.: Agriculture in the Great Clay Belt of Canada. Scottish Geogr. Magazine 56, 1940, S. 12–28.

Röll, W.: Siedlung und Agrarstruktur von Pygmäen steinzeitlicher Kulturstufe im zentralen Bergland von Irian Jaya, Indonesien. Geoökodynamik 2, 1981, S. 79–96.

Röll, W. – G.R. Zimmermann: Untersuchungen zur Bevölkerungs-, Siedlungs- und Agrarstruktur im zentralen Bergland von Irian Jaya (West-Neuguinea), Indonesien. Schriftenreihe: „Mensch, Kultur und Umwelt im zentralen Bergland von West-Neuguinea". Berlin 1979.

Ruppert, K.: Zur Definition des Begriffes „Sozialbrache". Erdkunde 12, 1958, S. 226–231.

Rostankowski, P.: Getreideerzeugung nördlich 60°N. Geogr. Rundschau 33, 1981, S. 147–152.

Sandner, G.: Agrarkolonisation in Costa Rica. Schriften des Geogr. Instituts Univ. Kiel 19, Nr. 3, Kiel 1961.

Sandner, G.: Die Erschließung der karibischen Waldregion im südlichen Zentralamerika. Die Erde 95, 1964, S. 111–131.

Sandner, G.: Ursachen und Konsequenzen wachsenden Bevölkerungsdrucks im zentralamerikanischen Agrarraum. In: Beiträge zur Geographie der Tropen und Subtropen (H. Wilhelmy-Festschrift). Tüb. Geogr. Studien 34, Tübingen 1970, S. 279–292.

Schacht, S.: Agrarkolonisation in der Zona da Mata Nordostbrasiliens am Beispiel der Kolonie Pindorama. Geogr. Zeitschr. 68, 1980, S. 54–76.

Scharlau, K.: Bevölkerungswachstum und Nahrungsspielraum. Geschichte, Methoden und Probleme der Tragfähigkeitsuntersuchungen. Veröffentl. Akad. Raumforschung und Landesplanung. Abh. Bd. 24, Bremen 1953.

Scharlau, K.: Sozialbrache und Wüstungserscheinungen. Erdkunde 12, 1958, S. 289–294.

Schoop, W.: Vergleichende Untersuchungen zur Agrarkolonisation der Hochlandindianer am Andenabfall und im Tiefland Ostboliviens. Aachener Geogr. Arbeiten 4, Aachen 1970.

Schott, C.: Die Erschließung des nordkanadischen Waldlandes. Zeitschrift für Erdkunde 5, 1937, S. 554–563.

Schott, C.: Die Agrarkolonisation und die Holzwirtschaft der nordischen Länder. In: Lebensraumfragen Europäischer Völker Bd. 1, Leipzig 1941, S. 150–213.

Schott, C.: Die Nordgrenze des kanadischen Wirtschaftsraumes. Geogr. Rundschau 24, 1972, S. 257–270.

Schuch, H.: Zur Frage der agraren Tragfähigkeit. Die Erde 90, 1959, S. 60–73.

Schulze v. Hanxleden, P., Extensivierungserscheinungen in der Agrarlandschaft des Dillgebietes. Marburger Geogr. Schriften 54, 1972.

v.Soosten, H.P.: Finnlands Agrarkolonisation in Lappland nach dem Zweiten Weltkrieg. Marburger Geogr. Schriften 45, 1970.

Stone, K.H.: Human Geographic Research in the North American Northern Lands. Arctic Research (Special Publication No. 2 of the Arctic Institute of North America) 1956.

Stone, K.H.: Swedish Fringes of Settlement. AAAG 52, 1962, S. 373–393.

Stone, K.H.: The Development of a Focus for the Geography of Settlement. Economic Geography 41, 1965, S. 346–355.

Stone, K.H.: Finnish Fringe of Settlement Zones. TESG 57, 1966, S. 222–232.

Stone, K.H.: Multiple-Scale Classifications for Rural Settlement Geography. Acta Geographica (Helsinki) 20, 1968, S. 307–328.

Stone, K.H.: Regional Abandoning of Rural Settlement in Northern Sweden. Erdkunde 25, 1971, S. 36–51 (mit weiterführender Literatur!).

Szabo, M.L.: Depopulation of Farms in Relation to the Economic Conditions of Agriculture on the Canadian Prairies. Geogr. Bulletin 7, 1965, S. 187–202.

Tracie, C.J.: Land of Plenty or Poor Man's Land. Environmental Perception and Appraisal Respecting Agricultural Settlement in the Peace River Country, Canada. In: Images of the Plains: The Role of Human Nature in Settlement, B.W. Blouet and U.P. Lawson (eds.), Lincoln: U. of Nebraska Press, 1975, S. 115–122.

Troughton, M.J.: Canadian Agriculture. Budapest (Akadémiai Kiadó: Geography of World Agriculture 10) 1982.

Turner, F.J.: Frontier and Section. Selected Essays of F.J. Turner. Introduction and Notes by R.A. Billington. Englewood Cliffs (Spectrum Books CH 1) 1961.

Vanderhill, B.G.: Observations in the Pioneer Fringe of Western Canada. Journal of Geography 47, 1958, S. 431–441.

Vanderhill, B.G.: The Direction of Settlement in the Prairie Provinces of Canada. Journal of Geography 58, 1959, S. 13–20.

Vanderhill, B.G.: The Decline of Land Settlement in Manitoba and Saskatchewan. Economic Geography 38, 1962, S. 270–277.

Vanderhill, B.G.: The Ragged Edge: A Review of Contemporary Agricultural Settlement along the Canadian Northern Frontier. K.N.A.G. Geographisch Tijdschrift (Nieuwe Reeks) 5, 1971, S. 123–133.

Vanderhill, B.G.: The Passing of the Pioneer Fringe in Western Canada. Geogr. Review 72, 1982, S. 200–217.

Vogelsang, R.: Nichtagrarische Pioniersiedlungen in Kanada. Untersuchungen zu einem Siedlungstyp an Beispielen aus Mittel- und Nordsaskatchewan. Marburger Geogr. Schriften 82, Marburg 1980.

Volkmann, H.: Die Kulturlandschaft Norrbottens und ihre Wandlungen seit 1945. Mainzer Geogr. Schriften 6, Mainz 1973.

Volkmann, H.: Funktionale Wandlungen in der Siedlungsstruktur der Stadt Suonenjoki (Mittelfinnland) – besonders ihres ländlichen Gemarkungsgebietes. Geogr. Zeitschr. 70, 1982, S. 184–201.

Watson, J.B., Hg., New Guinea: the Central Highlands. American Anthropologist 66 (No. 4, part 2) 1964, S. 1–329.

Wein, N.: Fünfundzwanzig Jahre Neuland. Geogr. Rundschau 32, 1980, S. 32–38.

Wein, N.: Die ostsibirische Steppenlandwirtschaft – Neulandgewinnung und ihre ökologische Problematik. Erdkunde 35, 1981, S. 263–273.

Wendling, W.: Die Begriffe „Sozialbrache" und „Flurwüstung" in Etymologie und Literatur. Ber. dt. Landeskunde 35, 1965, S. 264–310.
Wesche, R.J., Amazonic Colonization: a Solution for Brazil's Land Tenure Problems. Al Schuler, L.R., Hg., Dependant Agricultural Development and Agrarian Reform in Latin America. Ottawa (Univ. of Ottawa Press) 1981, S. 135–145.
Wieger, A.: Die erste Wüstungsphase in der atlantischen Provinz New Brunswick (Kanada) – 1871 bis ca. 1930. Zur Siedlungs- und Wirtschaftsentwicklung eines älteren nordamerikanischen Peripherraumes. Geogr. Zeitschr. 70, 1982, S. 201–223.
Wonders, W.C.: Transportation and the Settlement Frontier in the Mackenzie Valley Area. North 13, 1966, S. 34–38.

B) REGIERUNGSVERÖFFENTLICHUNGEN

Alberta Agriculture Farm Business Management Branch, Economic Services Division: Land Leasing Agreements in Alberta, with work sheets and sample forms. agdex 812–4, 1979.
Alberta Agriculture Farm Business Management Branch, Economic Services Division: Leasing Cropland in Alberta. Agdex 812–5, 1981.
Alberta: Northern Alberta Development Council. Agriculture in Northern Alberta. Discussion Paper Sept. 1978 (Edmonton), Sept. 1978.
Alberta: Northern Alberta Development Council. Trends in Northern Alberta. A Statistical Overview 1971–1979. (Peace River), August 1980; rev. February 1981.
Alberta Public Lands: Alberta, Energy and Natural Resources. Edmonton 1981.
Co-West Associates: Socio-Economic Overview of Northern Alberta. Prepared for Northern Alberta Development Council. Edmonton, April 1981.
Edey, S.N., Growing Degree-Days and Crop Production in Canada. Agriculture Canada Publ. 1635, Ottawa 1977.
Government of the Province of Alberta: Alberta Regulation 57/73. (Filed February 21, 1973). The Public Lands Act (O.C. 284/73).
Harris, R.E., Northern Gardening. Agriculture Canada Publ. 1575, Ottawa 1976.
Harris, R.E. – A.C. Carder, Climate of the Mackenzie Plain. Agriculture Canada Publ. 1554, Ottawa 1975.
Harris, R.E., u.a., Farming Potential of the Canadian Northwest. Agriculture Canada Publ. 1466, Ottawa 1972.
Minister of Agriculture, Alberta Agriculture's Annual Report 1980–81.
Noble, H.F., Changes in Acreage of Census Farms in Ontario 1941 to 1971 by Census Subdivisions. Toronto (Ontario Ministry of Agriculture and Food, Economics Branch) 1974.
Norda: Northern Ontario Rural Development Agreement. A subsidiary agreement to the Canada-Ontario General Development Agreement. Signed March 2, 1981.
Nowland, J.L., The Agricultural Productivity of the Soils of the Atlantic Provinces. Canada Dept. of Agriculture, Research Branch, Monograph No. 12, Ottawa 1975.
Nowland, J.L., The Agricultural Productivity of the Soils of Ontario and Québec. Canada Dept. of Agriculture, Research Branch, Monograph No. 13, Ottawa 1975.
Ontario: Agricultural Census 1961–1966–1971–1976.
Ontario Dept. of Lands and Forests. A Multiple Land-Use Plan for the Glackmeyer Development Area. Toronto 1960.
Québec: Agricultural Census 1961–1966–1971–1976.
PRRPC (Peace River Regional Planning Commission): A Study of Economic Growth in the Lower Peace Sub-Region. (Edmonton) 1981.
PRRPC (Peace River Regional Planning Commission): A Study of Economic Growth in the North Peace Sub-Region (Edmonton) 1981.
Tosine, T. – W. Kresovic, Rural Real Estate Prices in Ontario, 1979. Toronto (Ontario Ministry of Agriculture and Food, Economics Branch) March 1981.

Sardinien Insel im Dialog

Birgit Wagner

Sardinien
Insel im Dialog
Texte, Diskurse, Filme

Coverabbildungen: © Fotolia

Gedruckt mit Unterstützung des Bundesministeriums für Wissenschaft und Forschung in Wien.

Bibliografische Information der Deutschen Nationalbibliothek

Die Deutsche Nationalbibliothek verzeichnet diese Publikation in der Deutschen Nationalbibliografie; detaillierte bibliografische Daten sind im Internet über http://dnb.d-nb.de abrufbar.

© 2008 Narr Francke Attempto Verlag GmbH + Co. KG
Dischingerweg 5 · D-72070 Tübingen

Das Werk einschließlich aller seiner Teile ist urheberrechtlich geschützt.
Jede Verwertung außerhalb der engen Grenzen des Urheberrechtsgesetzes ist ohne Zustimmung des Verlages unzulässig und strafbar. Das gilt insbesondere für Vervielfältigungen, Übersetzungen, Mikroverfilmungen und die Einspeicherung und Verarbeitung in elektronischen Systemen.
Gedruckt auf säurefreiem und alterungsbeständigem Werkdruckpapier.

Internet: www.francke.de
E-Mail: info@francke.de

Druck und Bindung: Laupp & Göbel, Nehren
Printed in Germany

ISBN 978-3-7720-8300-6

Inhaltsverzeichnis

Schwellen 7
    Ein persönliches Vorwort 7
    Faszinierende Gegenwart: ein erster Überblick 9
    Bibliographischer Hinweis und Danksagung 12

Postkolonial 15
    Zur Problemkonfiguration 16
    Ein Befund aus der Sicht der Gegenwart: Literatur und Film 20
    (Semi-)koloniale Geschichte einer Mittelmeerinsel 22

Fälschungen 31
    Ein Ereignis: die Geschichtsfälschung der *Carte d'Arborea* 32
    Der Ursprung lebt: ein literarischer Mythos 37
    Literarische Geschichts‚fälschung' oder Mytho-Poiesis?
        Sergio Atzeni 41

Übersetzungen 55
    Übersetzungen zwischen Diskurswelten: *Bellas mariposas*, von
        Sergio Atzeni 58
    Übersetzungen zwischen den Kulturen: die Bustianu-Serie von
        Marcello Fois 65

Nuoro 81
    Stadt im Urteil 1: *Il giorno del giudizio* 84
    Stadt im Urteil 2: *Maschere e angeli nudi* 92
    Stadt im Urteil 3: *Nulla* 100

Viehdiebe 105
    Vom Mythos und von der Realität der Banditen:
        anthropolopische und andere Diskurse 106
    Banditi a Orgosolo. Ein Beginn 115
    Dekonstruktion des Mythos im Film: *La Destinazione*,
        von Piero Sanna 122

Archipelagoi 129
    Kulturelle Insularität 130
    Gli arcipelaghi, Roman von Maria Giacobbe 134
    Arcipelaghi, Film von Giovanni Columbu 140

Cagliari 151
    „Figuiers de Barbarie": eine afrikanische Stadt 153
    Cagliari im Film: Enrico Pau, Gianfranco Cabiddu,
        Giovanni Columbu 160

Glokal 171
    Salvatore Mannuzzus enigmatische Erzählpoetik oder
        die Leerstelle der Identität 173
    Sardinien und die Welt – mediale Ausweitung des Rätselspiels:
        Giulio Angioni und Salvatore Mannuzzu.. 183

Verlage, Filmproduktion und -förderung 195

Abbildungsnachweis 199

Bibliographie 201
    Literarische Texte 201
    Interviews, Selbstzeugnisse und Zeitungsartikel 203
    Anthropologische Dokumente aus dem späten 19. Jahrhundert 204
    Forschungsliteratur und Essays 204

Filmographie 211

Schwellen

Ein persönliches Vorwort

Eine Frage, die mir auf Sardinien immer wieder gestellt wird, ist die nach meiner Schreibmotivation. „Warum eigentlich" schreibt eine Wiener Romanistin ein Buch über die aktuelle sardische Kultur? Ich beantworte diese Frage mittlerweile je nach Tagesverfassung mit einer Gegenfrage („Ist das nicht ein faszinierendes Thema?") oder mit einer biographischen Erzählung, die rekonstruiert, wie ich über die Lektüre der Schriften Gramscis zunächst auf dem Papier mit Sardinien Bekanntschaft schloss und 1991 auf den Spuren Gramscis zum ersten Mal meinen Fuß auf die Insel setzte. Auf dieser Reise kaufte ich mein erstes Buch der neueren sardischen Literatur, es war Sergio Atzenis *Apologo del giudice bandito*, in der Buchhandlung am Ende der Via Manno in Cagliari. Und so weiter und so fort, je nach der Geduld und Wissbegierde meiner Gesprächspartner und -partnerinnen.

Die „warum eigentlich-Frage" ist mir mittlerweile zu einer Quelle des Nachdenkens geworden. Sie lässt sich nicht nur mit dem Hinweis auf Kanon-Bildungen beantworten, die in der Literaturwissenschaft den Zugang zu italienischen wie zu internationalen Autoren in breite Kanäle oder schmale Passagen lenken. Sie lässt sich auch nicht mit der Tatsache erklären, dass mein thematischer Fokus – die gemeinsame Betrachtung literarischer und filmischer Narrative jenseits der Frage der Literaturverfilmung – weder für die Literaturwissenschaft noch für die Medienwissenschaft die Norm darstellt. Die „warum eigentlich-Frage" trifft einerseits auf mein subjektives Legitimationsbedürfnis und hängt andererseits mit der Partikularität der sardischen Kultur zusammen.

Ich spreche gerne von den Autoren, Autorinnen und Filmemachern, die in den letzten zwei bis drei Jahrzehnten der Kultur Sardiniens einen so bemerkenswerten Aufschwung verliehen haben, und ich möchte durchaus das in meinen Kräften Stehende dazu beitragen, ihre nationale und internationale Anerkennung zu fördern. Dennoch: ‚über' sie zu sprechen, scheint mir legitimationsbedürftig. Die Erklärung dafür findet sich in der Geschichte der Insel, über die seit Jahrtausenden von Autoren geschrieben wurde, die eine Außensicht vertreten.

Sardinien besitzt, unter anderem, eine Geschichte vielfältiger Fremdbeschreibungen. Römische Autoren, katalanische und kastilische Adelige der spanisch-vizeköniglichen Verwaltung, europäische Reisende vergangener Jahrhunderte, Abgesandte des jungen Königreichs Italien, internationale Vertreter der Anthropologie des 20. Jahrhunderts – sie alle haben über ‚die Sarden' geschrieben und eine Tradition der Be-Schriftung Sardiniens begründet, die, wenn auch auf jeweils sehr unterschiedliche Weise, von einer hierarchisch bewerteten Partikularität der beschriebenen Kultur ausgeht. Dieses reich bestückte Archiv der ‚fremden Blicke' hat ein tief verwurzeltes, überindividuelles Misstrauen gegen Beschreibungsakte von außen entstehen lassen. Dieses Archiv ist jedem neuen Buch über Sardinien unvermeidlich vorgelagert, und daher muss es auch explizit bedacht und benannt werden. Die Insel Sardinien, die Jahrhunderte lang als das strategische Herz des Mittelmeers, aber auch als das ‚barbarische' Andere Europas wahrgenommen werden konnte, gehört gewiss zu jenen Studienobjekten, die nachhaltig in hierarchisierenden Diskursen gefangen sind, die jedes forschende Subjekt, aber auch die Selbstsicht der Sarden und Sardinnen prägen.

Ich schreibe allerdings nicht über ‚die Sarden', sondern über literarische und filmische Erzählungen, die sie selbst als ‚ihre' akzeptieren; ich werfe also eine Außensicht auf eine sehr vielfältige und in sich differenzierte Innensicht. Der Blick von außen impliziert immer eine bestimmte Optik; er ist, metaphorisch gesprochen, ein Blick durch das Fernrohr oder das Mikroskop, ein vermittelter Blick, tendenziell die Fremdsicht des Anthropologen, der von außen kommt. Anthropologen sehen bekanntlich solche Phänomene, die in der Selbstsicht unsichtbar geworden sind, im Gegenzug dazu aber können sie sehr viele andere Dinge gar nicht sehen, weil sie kein ‚Auge' dafür ausgebildet haben. Sie sehen nicht besser oder schlechter, sie sehen ‚anders'. Dies ist, im Übrigen, eine ehrwürdige Figur der Selbstlegitimation der universitären Disziplin der Romanistik in den deutschsprachigen Ländern, die ja immer einen ‚fremden' Blick auf das je Eigene der romanischen Sprachen und Kulturen wirft. Diese alte legitimatorische Figur meines Fachs muss im Zeichen von Kulturwissenschaften/Cultural Studies allerdings korrigiert und ausgeweitet werden. Es genügt nicht, den ‚anderen' Blick im scheinbar wertfreien Raum unterschiedlicher Kulturen schweifen zu lassen; kulturelle Hierarchien und Wertungen und die sie begründenden historischen und aktuellen Dominanzverhältnisse sind immer mit zu bedenken.

Und schließlich: es gibt nicht nur den einen, sich selbst identischen Blick von außen. Die Außensicht kann, ebenso wie die Selbstsicht, naiv oder reflexiv sein, monologische oder dialogische Prozesse in Gang setzen. Letzteres muss umso mehr mein Ziel sein, als ich mich einen Moment nicht nur großer Ausstrahlung, sondern auch der dialogischen Öffnung sardischer Kultur zu untersuchen anschicke.

Faszinierende Gegenwart: ein erster Überblick

Gegenstand dieses Buchs sind die sardische Literatur italienischer Sprache[1] seit den 1980er Jahren und Filme aus Sardinien seit den 1990er Jahren. Für beide kulturellen Produktionssphären gilt, dass sie in den genannten Zeitspannen nicht nur einen beachtlichen quantitativen Zuwachs, sondern auch einen qualitativen Höhenflug erlebt haben. Während die sardische Literaturszene, zumindest mit einigen ihrer Vertretern, in und außerhalb Italiens Erfolge feiern kann, ist das für die Filmproduktion in einem vergleichsweise geringeren Maß der Fall; hier kommen medienspezifische Distributionsprobleme zum Tragen. Jedenfalls aber lässt sich festhalten, dass eine neue, regional verwurzelte Produktion eben dabei ist, sich ihren Platz im nationalen und europäischen Kontext zu erkämpfen.

Die großen und die kleineren Erfolge erwachsen keineswegs dem Nichts. Wohl aber folgen sie auf Jahrzehnte, in denen Sardinien nur punktuell die Aufmerksamkeit des kulturell interessierten Publikums auf sich lenken konnte. Dass es italienischsprachige Literatur aus Sardinien gibt, dass sie interessant und lesenswert ist, wurde spätestens seit der Verleihung des Nobelpreises an Grazia Deledda im Jahr 1926 international sichtbar. Die Ausstrahlung ihres Erzählwerks war bereits zuvor so nachhaltig, dass Grazia Deledda überhaupt für diesen Preis nominiert werden konnte. Ihre Romane und Novellen liefern auch direkt oder indirekt die Vorlagen für die ersten Spielfilme, die auf Sardinien, aber nicht von sardischen Regisseuren, gedreht wurden, zum Beispiel die Stummfilme *Cenere* (1916, Regie: Febo Mari, mit Eleonora Duse in ihrer einzigen Filmrolle), *Cainà* (1922, Regie: Gennaro Righelli) und *La Grazia* (1929, Regie: Aldo De Benedetti). In den italienischen Literaturgeschichten taucht die aus Sardinien stammende Literatur in der Folge ausschließlich mit ihren großen Figuren auf: mit Antonio Gramscis *Lettere dal carcere* und den literarischen und politischen Schriften Emilio Lussus, in der Nachkriegszeit mit dem Erzähler Giuseppe Dessì. In den 1970er Jahren bewegen zwei Autoren die literarische Öffentlichkeit, deren höchst unterschiedliche, aber jeweils interessante Lebensläufe sie zu *casi*, merkwürdigen Fällen der (italienischen) Literaturgeschichte, prädestinierten: Gavino Ledda mit seiner Autobiographie *Padre padrone* (1975) und Salvatore Satta mit seinem ebenfalls autobiographisch motivierten Roman *Il giorno del giudizio* (1979). Letzterer Text ist in der sardischen Rezeption zum Ausgangs- und Referenzwerk vieler neuer Autoren geworden.

Diese Autoren und Autorinnen – Salvatore Mannuzzu, Maria Giacobbe, Sergio Atzeni, Marcello Fois, Giulio Angioni, Salvatore Niffoi, Giorgio

---

[1] Ich verwende dieses Etikett in Analogie zur Terminologie der Francophonie-Forschung (vgl. Bezeichnungen wie „littérature algérienne d'expression française"), um die Differenz zu markieren, die viele der Autoren selbst gegenüber der ‚italienischen Literatur' behaupten wollen. Außerdem erlaubt es diese Bezeichnung, die sardische Literatur italienischer Sprache von der sardischsprachigen Literatur zu unterscheiden.

Todde, Alberto Capitta, Flavio Soriga, Aldo Tanchis und andere – gehören verschiedenen Generationen mit ihren jeweiligen Lebenserfahrungen an, verfügen über höchst unterschiedliche Bekanntheitsgrade, pflegen verschiedene Genres und Stile und bilden keineswegs eine Gruppe oder Schule. Was sie eint, ist die Bezugnahme auf „cose sarde": sardische Geschichte(n), Schauplätze, Figuren und Themen. Sardische Unruhe. Sardische Passionen.

Dieses Buch bietet keinen literaturgeschichtlichen Überblick über die letzten dreißig Jahre und auch keinen Versuch, eine Entwicklungslinie zu konstruieren. Vielmehr werden Autoren und Texte ausgewählt, deren Bezug zu den sardischen Passionen ein gebrochener, reflexiver ist und die damit an einem Prozess kultureller Übersetzung und dialogischer Öffnung zu nationalen, europäischen und globalen Dimensionen teilhaben. Ein Schriftsteller wie Salvatore Niffoi, der – aus meiner Sicht – an der Selbstexotisierung der Insel arbeitet, kommt daher trotz seines Erfolgs in der italienischen literarischen Öffentlichkeit nur am Rande vor. Alle Texte, die ich vorstelle, analysiere und diskutiere, werden in Hinblick auf einen ‚Kanon der kulturellen Öffnung' ausgewählt; sie sind auch keineswegs die einzig wichtigen Texte ihrer jeweiligen Autoren. Sie sind exemplarisch für das, was ich zeigen will; in ihrer Gesamtheit sind sie durchaus repräsentativ für den gegenwärtigen Zustand der sardischen Literatur italienischer Sprache. Im Übrigen: wenn man den Anspruch hegt, Erkenntnisse aus dem Quellenmaterial zu entwickeln, dann ist ein solches exemplarisches Vorgehen, das dem einzelnen Text gerecht werden will, der einzige Weg.

Das gilt auch für die Filme, deren Auswahl von denselben Gesichtspunkten geleitet wurde. Auch die Filme stehen exemplarisch für Prozesse der Öffnung bei gleichzeitigem Festhalten an den Werten und Traditionen der eigenen Kultur. Auch für die Filmemacher gilt, dass sie keine ‚Schule' bilden, sondern ein in sich vielfältiges und verworfenes Feld, dessen Gemeinsamkeit im Bezug auf die Insel und ihre Geschichte liegt: sardische Schauplätze, Schauspieler, Filmsujets, und häufig auch das Sardische, das als Filmsprache neben das Italienische tritt. Dieser neue sardische Film ist unter anderem ebenfalls eine Antwort auf die filmische Außensicht, auf den Blick nicht-sardischer Regisseure auf die Insel, wie er durch Jahrzehnte der Filmgeschichte vorgeherrscht hatte. Seine schönste visuelle Darstellung findet er in Giovanni Columbus Dokumentarfilm *Fare cinema in Sardegna* (2007)[2].

Die ersten (von kontinentalitalienischen Filmemachern gedrehten) Tonfilme über Sardinien setzen die Tradition des Stummfilms fort und zeigen die Insel weiterhin nach den literarischen Vorlagen Grazia Deleddas oder ziehen ihre Inspiration zumindest aus dem Motivrepertoire dieser Autorin. In der Zeit nach dem Zweiten Weltkrieg tritt ein neues Thema hinzu, der

---

[2] Enthält Filminterviews mit: Vittorio De Seta, Gavino Ledda, Antonello Grimaldi, Salvatore Mereu, Enrico Pau, Gianfranco Cabiddu, Piero Sanna und Giovanni Columbu.

sardische ‚Wilde Westen', ein Mikrokosmos von Banditen, Clanfehden, *vendetta*-Morden und Entführungen. Aus dieser recht klischeeverhafteten kinematographischen Produktion sticht ein Film hervor, der von einem Sizilianer gedreht wurde: *Banditi a Orgosolo* (1961, Regie: Vittorio De Seta). Dieser Film, der durch seine Rezeption zu einem Baustein sardischer Filmgeschichte und Identitätskonstruktion geworden ist, wird deshalb auch ausführlich diskutiert, obwohl er seiner Entstehungszeit nach außerhalb des zeitlichen Rahmens liegt.

Der ‚neue sardische Film', von dem hier die Rede ist, ist im Wesentlichen ein sehr rezentes Phänomen; als sein Ausgangspunkt wird meist Gianfranco Cabiddus *Il figlio di Bakunìn* (1997) genannt, auf den die Filme von Enrico Pau, Giovanni Columbu, Antonello Grimaldi, Piero Sanna und Salvatore Mereu folgen. Man könnte freilich auch Maria Teresa Camoglios *Con amore, Fabia* (1993) nennen.[3] Was vielen der genannten Filmemacher über die sardischen Passionen hinaus gemeinsam ist, ist die Wichtigkeit, die literarischen Vorlagen zukommt: Texten von Sergio Atzeni (für Cabiddus *Il figlio di Bakunìn*), Maria Giacobbe (für Columbus *Arcipelaghi*), Salvatore Mannuzzu (für Grimaldis *Un delitto impossibile*) und, im Falle Camoglios, von Grazia Deledda. Diese Filme sind produktive Aneignungen und Umarbeitungen ihrer jeweiligen Vorlage, Dialoge mit der Literatur, und, ebenso wie die Texte, die ihnen zugrunde liegen, Dialoge mit der ‚Welt'.

Meine Studie gliedert sich daher in Figuren der Öffnung und des Dialogs. Nach dem Kapitel „Postkolonial", in dem nach dem historischen Fundament der Rede von der ‚Kolonisierung' der Insel gefragt wird, treten diese Figuren in einer Reihenfolge auf, die nicht als Narrativ zu verstehen ist, sondern als Mosaik von gleichzeitig wichtigen, aber in der Schriftlichkeit nur nacheinander darstellbaren Informationen konzipiert wurde. Geographisch gesehen – und das ist in einer so kleinräumig organisierten Kultur wie der sardischen ein nicht unwichtiger Gesichtspunkt –, gelangen die Leser aus dem Südwesten der Insel und aus Cagliari nach Nuoro und in die Barbagia, dann zurück nach Cagliari und schließlich nach Sassari. Dabei kommen urbane und ländliche, weltoffenere und traditionell verschlossenere (Teil-)Kulturen zur Sprache. Sie alle aber werden von der neuen Literatur und dem neuen Film als Material der dialogischen Auseinandersetzung begriffen: in den Figuren der Fälschung, der kulturellen Übersetzung, der Stadt-Mythen, des Banditen-Mythos, der Insularität und der medialen Globalisierung.

Zuletzt noch ein Wort zur wissenschaftlichen Beschäftigung mit der neuen sardischen Literatur italienischer Sprache und mit dem neuen sardischen

---

[3] Liegt es daran, dass diese Filmemacherin in Deutschland lebt, dass ihrem Film in Sardinien weniger Aufmerksamkeit zuteil wird als anderen? *Con amore, Fabia*, eine kluge Transposition von Grazia Deleddas autobiographischer Schrift *Cosima* in die sardische Realität der 1990er Jahre, wurde im Auftrag von Arte und ZDF gedreht.

Film. Ich verzichte auf einen Forschungsüberblick, der den Eingang in dieses Buch unnötig beschwerlich gestalten würde, und verweise die interessierten Leser auf die einzelnen Kapitel, die sich ausführlich mit der Forschung auseinandersetzen, sowie auf die Bibliographie. Eines allerdings muss vorweg gesagt werden: Die Forschung zu den genannten Themen findet überwiegend auf Sardinien selbst oder zumindest durch sardische Forscher und Forscherinnen statt; die ‚nationale' Italianistik sowie die deutschsprachige Italianistik tragen bisher nur fragmentarisch zu dieser Baustelle der Literatur- und Filmwissenschaft bei. Daher kommt auch sardischen Zeitschriften und Publikationsreihen eine große Bedeutung zu. Für die sardische Gegenwartskultur sind vor allem zu nennen: die Zeitschriften *La grotta della vipera*[4], *Quaderni bolotanesi*[5], *Portales*[6] sowie *Filmpraxis. Quaderni della Cineteca Sarda*[7].

Bibliographischer Hinweis und Danksagung

Einige wenige Teilkapitel dieses Buches beruhen auf kürzeren Arbeiten, die ich bereits publiziert habe; alle diese Texte wurden neu bearbeitet, bibliographisch ergänzt und dem Kontext dieses Buchs entsprechend adaptiert und erweitert. Es handelt sich dabei um folgende Publikationen:

Stumme Spuren. Zur detektivischen Schreibweise Salvatore Mannuzzus (in: Anja Bandau/Andreas Gelz/Susanne Kleinert/Sabine Zangenfeind (Hg)., *Korrespondenzen. Literarische Imagination und kultureller Dialog in der Romania*, Festschrift für Helene Harth, Stuttgart: Stauffenburg 2000, S. 223-236); überarbeitete italienische Fassung: Tracce mute. Salvatore Mannuzzu e il gioco del giallo, in: *Portales* 6-7, 2005, S. 79-89.

Sergio Atzeni. Zur Poetik des Postkolonialen (in: Chantal Adobati/Maria Aldouri-Lauber/Manuela Hager/Reinhard Hosch (Hg)., *Wenn Ränder Mitte werden. Zivilisation, Literatur und Sprache im interkulturellen Kontext*. Festschrift für Fritz Peter Kirsch, Wien: WUV-Univ. Verlag 2001, S. 462-471); italienische Fassung: Sergio Atzeni: per una poetica del postcoloniale, in: *NAE. Trimestrale di cultura*, 13, 2005, S. 21-26, Übersetzung: Gianfranco Petrillo.

---

[4] Zeitschrift mit den Schwerpunkten Literatur, Kultur und Sprachpolitik, mit Texten auf Sardisch und auf Italienisch, erscheint seit 1975 dreimal jährlich in Cagliari. Der Titel der Zeitschrift geht auf eine römische Grabanlage im heutigen Stadtgebiet zurück, die im Volksmund wegen des Giebelreliefs, das eine Schlange zeigt, den Namen „grotta della vipera" trägt.

[5] Jahresbände mit den Schwerpunkten Kulturanthropologie und verwandten Kulturwissenschaften, erscheint seit 1975 in Bolòtana (Provinz Nuoro).

[6] Literaturwissenschaftliche Zeitschrift, erscheint zweimal jährlich seit 2001. Nicht ausschließlich sardischen Themen gewidmet, doch mit wichtigen Informationsmaterialien zur sardischen Kultur (vgl. den Rezensionsteil sowie die als Serie publizierten kommentierten Forschungsbibliographien von Giovanni Pirodda: „Lo studio della letteratura sarda. I testi e gli strumenti bibliografici").

[7] Sporadisch erscheinende filmwissenschaftliche Publikationen, betreut und herausgegeben von der Cineteca Sarda in Cagliari.

Bibliographischer Hinweis und Danksagung 13

Insularità e sconfinamento. Il caso della Sardegna (in: Laura Piccioni (Hg)., *Sconfinare. Differenze di genere e di culture nell'Europa d'oggi*, Urbino: Edizioni Goliardiche 2002, S. 89-103).

Postcolonial Studies für den europäischen Raum. Einige Prämissen und ein Fallbeispiel (in: Christina Lutter/Lutz Musner (Hg)., *Kulturstudien in Österreich*, Wien: Löcker 2003, S. 85-100, sowie in: www.kakanien.ac.at/Beiträge/Theorie).

Mein Dank für freundschaftliche und fachkompetente Beratung, organisatorische Unterstützung, Einladungen zu Vorträgen und Diskussionen sowie für die Hilfe bei der Suche nach entlegenen Materialien und Quellen gilt:

Giovanna Cerina, Gonaria Floris, Giovanni Pirodda, Valentina Serra (alle Universität Cagliari), Aldo Maria Morace (Universität Sassari), Peppetto Pilleri (Cineteca Sarda/Cagliari), Laura Piccioni, Paola Di Cori (beide Universität Urbino), Johanna Borek, Andrea Griesebner, Ingo Lauggas, Renate Lunzer, Christina Lutter, Rosita Schjerve Rindler, Reinhard Sieder (alle Universität Wien), Carla Babini (Istituto Italiano di Cultura /Wien).

Mein besonderer Dank gilt den Schriftstellern und Filmemachern, die sich für ausführliche Gespräche zur Verfügung gestellt haben beziehungsweise den Abdruck von Film-Stills autorisiert haben: Salvatore Mannuzzu, Marcello Fois, Giovanni Columbu, Enrico Pau, Piero Sanna.

Für kompetente Unterstützung bei der Einrichtung des Manuskripts danke ich Manuel Chemineau, für die Finanzierung dieser Tätigkeit dem Institut für Romanistik und seinem aktuellen Vorstand, Michael Metzeltin.

Und ich danke meinem Mann, Peter Friedrich, der mich ohne müde zu werden bei meiner Arbeit unterstützt und gefördert hat.

Wien, im Oktober 2007

Postkolonial

> Nel caffè Tettamanzi, dove si odiava l'Italia, perché aveva fatto della Sardegna una terra di confino (come se questo non fosse stato il suo destino da Roma in poi), si diceva tra un bicchiere e l'altro...
> *Salvatore Satta, Il giorno del giudizio*

Die Rede von Sardiniens ‚kolonialer' Vergangenheit und das viel jüngere, aus dem anglophonen Bereich stammende Paradigma der Postcolonial Studies sind zwei unabhängig voneinander entstandene Diskursstränge. Sie in einer Konzeption zusammen zu führen, bedarf sorgfältiger historischer Kontextualisierung, will man nicht einer politischen Rhetorik anheim fallen, die mit einem kulturwissenschaftlichen Zugang nicht vereinbar sein kann, obwohl sie eine seiner konstanten Versuchungen darstellt. In diesem Eingangskapitel werde ich daher die Argumente sammeln und diskutieren, die es erlauben, erstens die Geschichte Sardiniens aus dem Blickwinkel der europäischen Kolonialgeschichte zu betrachten und zweitens die Frage zu erörtern, ob und in welchen Formen die gegenwärtige Literatur- und Filmproduktion der Insel Züge der postkolonialen Poetik und Ästhetik teilt, modifiziert und weiterentwickelt. Als theoretische (nicht als methodische) Referenz fungiert dabei die internationale Diskussion der Postcolonial Studies. Ich betrachte sie im Zusammenhang mit einem binneneuropäischen post/kolonialen Verhältnis nicht als ein ohne weitere Modifizierungen ‚anwendbares' methodologisches Repertoire, sondern vielmehr als Bündel relevanter Fragestellungen, die ein jeweils von der konkreten Quellenlage abhängiges methodisches Vorgehen erfordern. Zentrale Begrifflichkeiten des Theoriefelds der Postcolonial Studies werden dadurch im Sinne Mieke Bals zu „travelling concepts"[1], die bei ihrer Reise durch Wissenschaftsdisziplinen und Wissensräume Bedeutungserweiterungen, -reduktionen und -modifikationen annehmen können. Für mein Vorhaben greife ich sowohl auf eigene Vorarbeiten als auch auf Untersuchungen und theoretische Reflexionen zurück, die im Kontext der Forschungsplattform *kakanien revisited* ausgearbeitet wurden; in den Beiträgen zu diesem Internetforum werden für die Länder und Regionen Mittel- und Osteuropas bzw. der Habsburger-Monarchie vergleichbare Forschungsfragen gestellt und die Operationalität

---

[1] Mieke Bal, Wandernde Begriffe, sich kreuzende Theorien. Von den *cultural studies* zur Kulturanalyse, in: dies., *Kulturanalyse*, Frankfurt a.M. 2006, S. 7-27 (aus dem Engl. von Joachim Schulte).

des Begriffsinventars der Postcolonial Studies für die Forschung über binneneuropäische Dominanzverhältnisse diskutiert.[2]

Zur Problemkonfiguration

Eine Grundeinsicht der Postcolonial Studies besagt, dass (ehemalige) Kolonialvölker und (ehemalige) Kolonien, ob sie das wahrhaben wollen oder nicht, zwar keine ungebrochen ‚geteilte' Geschichte besitzen, sehr wohl aber durch die Geschichte aneinander gebunden sind. Diese Einsicht kann allerdings nicht davon entbinden, für die Kolonialzeit wie auch für ihr jeweiliges ‚Post' sorgfältig nach Raum und Zeit zu differenzieren. Verschiedene Imperien haben verschiedene Orte und Subjekte auf unterschiedliche Art modelliert,[3] und nicht alle einst einer Kolonialverwaltung unterworfenen Länder, Regionen und Gesellschaften sind in gleicher Weise postkolonial zu nennen.[4] So ist es legitim und notwendig zu fragen, wie sich binneneuropäische ‚Kolonisationsprozesse' (darunter verstehe ich Dominanzverhältnisse zwischen Staaten und Regionen, die zumindest einige entscheidende Züge mit der kolonialen Figuration teilen) ausgewirkt haben und in welcher Weise sich diese Wirkungen bis in die Gegenwart fortsetzen und Phänomene erzeugen, die gemeinhin für außereuropäische ex-koloniale Gesellschaften und deren Kulturen beschrieben werden.

Die Kolonialpolitik der Neuzeit besteht nicht nur aus Landnahme, militärischer Dominanz und wirtschaftlicher Ausbeutung, sondern wird bekanntlich von der Ausbildung eines kolonialistischen Diskurses begleitet und legitimiert. In Anschluss an Michel Foucault sollte man letzteren präziser eine diskursive Formation nennen, da es sich nicht um einen Einzeldiskurs handelt, vielmehr zahlreiche unterschiedliche Diskurse – politische, militärische, ökonomische, wissenschaftliche sowie Äußerungsformen und – traditionen der Künste – in einem interdependenten Geflecht organisiert

---

[2] Vgl. die seit 2002 zum Diskussionsschwerpunkt Post/Colonial Studies versammelten einschlägigen Texte in http://www.kakanien.ac.at, zum Beispiel von Endre Hárs, Ursula Reber, Clemens Ruthner, Heidemarie Uhl, Wolfgang Müller-Funk, Anna Babka. In diesem Internetforum findet sich auch eine erste Fassung dessen, wovon dieses Kapitel handelt. Vgl. auch den Band *Eigene und andere Fremde. ‚Postkoloniale' Konflikte im europäischen Kontext*, hg. von Wolfgang Müller-Funk und Birgit Wagner, Wien: Turia + Kant 2005 (= Reihe kultur.wissenschaften bd. 8.4).

[3] Catherine Hall, Histories, empires and the post-colonial moment, in: Iain Chambers/ Lidia Curti (Hg.), *The Post-colonial Question. Common Skies, Divided Horizons*, London/ New York: Routledge 1996, S. 6-77.

[4] Stuart Hall, Wann war „der Postkolonialismus"? Denken an der Grenze, in: Elisabeth Bronfen/Benjamin Marius/Therese Steffen (Hg.), *Hybride Kulturen. Beiträge zur anglo-amerikanischen Multikulturalismusdebatte*, Tübingen: Stauffenberg 1997, S. 219-246. Stuart Halls Rezeption in Italien wird erst seit kurzem durch eine italienische Übersetzung gefördert: Stuart Hall, *Politiche del quotidiano. Culture, identità e senso comune*, Übersetzung von Edoardo Greblo, mit Vorworten von Giorgio Baratta und Giovanni Leghissa, Mailand: Il saggiatore 2006.

Zur Problemkonfiguration 17

sind. In diesem regeln die Oppositionen von Metropole vs. Kolonie, Weiß vs. Nicht-Weiß, Christen vs. Nicht-Christen, Zivilisation vs. Barbarei/Archaik die Möglichkeiten, die Kolonie als das Andere des ‚Mutterlandes' zu denken, zu beschreiben, zu administrieren und zu dominieren. Die Opposition Männlichkeit vs. Weiblichkeit, metaphorisch auf eine phantasmatische ‚Völkerpsychologie' umgelegt, färbt auf viele der genannten Oppositionen ab, so dass den außereuropäischen Kolonialvölkern häufig der Part des minderwertigen, jedoch unheimlichen Weiblichen zugewiesen werden konnte. Dass diese abwertende Feminisierung im Falle Sardiniens fast nie zum Tragen kam, hängt mit der Leitvorstellung einer ganz spezifischen Archaik zusammen, die der Insel aus der Außensicht zugeschrieben wurde und in die männlich konnotierte Werte zentral verwoben sind, die umgekehrt von der einheimischen Bevölkerung als valorisierende Selbst-Zuschreibungen genützt werden konnten. Mit dieser als männlich markierten Archaik ist eine erste Differenzqualität zu anderen kolonialistischen Diskursen benannt, die bei der Rede von Sardiniens ‚post-kolonialem' Status mitbedacht werden muss.

So wie Kolonialvölker und ihre (Ex-)Kolonien durch die Geschichte zusammengebunden sind, so sind ihnen auch die kolonialistischen Diskurse ‚gemeinsam': als ein umfassendes Weltbild, das sowohl den Herrschenden als auch den Dominierten Werkzeuge des Weltverstehens anbietet, denen sich niemand leicht entziehen kann.[5] Es liegt nahe, dass in den Jahrhunderten der europäischen Kolonisationsprozesse auch innereuropäische Dominanzverhältnisse nur im Rahmen derselben diskursiven Formation gedacht werden konnten – was nicht heißt, dass sich das Verständnis des außereuropäischen Kolonialismus spiegelgleich nach innen abbilden würde, sondern zunächst einmal nur festhält, dass eine große diskursive Formation und die ihr zugrunde liegenden Machtverhältnisse einen epistemischen Rahmen für das Denken und Handeln von Menschen abstecken. So wurden periphere Zonen des europäischen Raums – Irland, die Mittelmeerinseln Zypern, Malta, Sizilien und Sardinien sowie Gebiete des europäischen Ostens – im Rahmen dieser Episteme immer wieder in Analogie zu den überseeischen Kolonien als das ‚Andere' des (jeweiligen) Zentrums konzipiert. Diese Form des Kolonialismus lässt sich allgemein als die „Praxis jener Fremdherrschaft bestimmen, die kulturelle Differenz als Rechtfertigungsstrategie für politische Ungleichheit operationalisiert."[6]

Allerdings funktionieren innerhalb des Machtgefüges des europäischen Kontinents nicht alle diskursiven Oppositionen, wie sie oben genannt wurden, auf dieselbe Weise wie für Europas überseeische Kolonien. Während die Paare Metropole vs. Peripherie und Zivilisation vs. Barbarei/Archaik in

---

[5] Die erste einflussreiche Studie dazu ist Albert Memmi zu verdanken: *Portrait du colonisé, précédé de Portrait du colonisateur*, Paris: Gallimard 1985 (zuerst 1957).
[6] Clemens Ruthner, K.u.K. ‚Kolonialismus' als Befund, Befindlichkeit und ‚Metapher', auf: www.kakanien.ac.at (2003), S. 2.

vielen Fällen analog figuriert sind, werden bei der Frage der Ethnie und der Konfession auch andere, innereuropäische Maßstäbe relevant. Zunächst scheint zu gelten: alle Europäer (der Kolonialzeit) sind Weiße, alle Europäer sind Christen – doch diese glatte Oberfläche birgt eine Vielzahl von Verwerfungen. Denn neben den politischen Handlungsmotiven, die machtpolitische und ökonomische Interessen den Großmächten lieferten, spielen ethnische und religiöse Diskurse bei der Legitimation innereuropäischer semikolonialer Unternehmungen ebenfalls eine nicht unbedeutende Rolle. In manchen Fällen – und das gilt gerade auch für Sardinien – muss man wohl auch von rassistischen Diskurselementen sprechen; Albert Memmi hat den Rassismus im Übrigen als ein entscheidendes Merkmal des Kolonialismus „in allen Breitengraden" beschrieben.[7]

Die Konfession kann in innereuropäischen Dominanzverhältnissen auf zweifache Weise eine Rolle spielen: als konfessionelle Differenz, zum Beispiel im Fall Irland, oder als innerkonfessionelle Ausdifferenzierung von Zonen ‚moderner' und rationalisierter Religiosität im Gegensatz zu Zonen archaischer, von magischen Weltbildern geprägter Glaubensformen. So kennt die Geschichte der Gegenreformation in Italien einen bezeichnenden Topos, der von den süditalienischen Regionen als „unser Indien" oder „das Indien da unten" spricht,[8] wobei in letzterer Formulierung die symbolische Topologie der Himmelsrichtungen zu Buche schlägt. „Unser Indien" meint demnach Zonen, die intensiver Evangelisierung (nicht: Re-Evangelisierung) zu unterziehen sind. Die inter- oder intrakonfessionellen Differenzen lassen sich diskurstheoretisch in vergleichbarer, wenn auch nicht identischer Weise als hierarchisierte Oppositionspaare beschreiben wie die Differenz von Christen vs. Nicht-Christen im außereuropäischen Raum. In der Praxis rufen sie vergleichbare Phänomene auf den Plan, nämlich Missionierung, Bildungsoffensiven zur Beschleunigung des Akkulturationsprozesses und Repressionsmaßnahmen.

Ethnische Differenzen werden, im Vergleich zu den außereuropäischen Kolonien, anders, aber nicht grundlegend anders konstruiert. Als ‚typisch' kodierte Unterschiede des körperlichen Erscheinungsbildes werden zwar notiert und kommentiert, funktionieren aber nicht quasi-automatisch als Auslöser von Verachtung und/oder Paranoia (wie es etwa Frantz Fanon in seiner eindrucksvollen, von Homi Bhabha kommentierten Ur-Szene des rassistischen Blicks beschrieben hat: „Schau, Mama, ein Neger! Ich hab Angst"[9]). Die physische Fremdheit kann, ‚muss' aber nicht rassistische Vorstellungen abrufen, sie kann auch zum Exotismus mit seiner ambivalenten Anziehungskraft führen und auf dieser Stufe verharren. Ethnische Differen-

---

[7] Memmi, *Portrait du colonisé*, S. 92 : „Il est remarquable que le racisme fasse partie de tous les colonialismes, sous toutes les latitudes".

[8] Vgl. Adriano Prosperi, *Tribunali della coscienza. Inquisitori, confessori, missionari*, Turin: Einaudi 1996.

[9] Frantz Fanon, *Peau noire, masques blancs*, Paris: Seuil 1971 (zuerst 1952), S. 90; Homi K. Bhabha, *The location of culture*, London/New York 1994, S. 76.

zen spielen aber sehr wohl eine Rolle beim Zugang zu Ämtern und Macht in der zivilen und militärischen Verwaltung der jeweiligen ‚peripheren' Region, die von einer geographisch weit entfernten Metropole regiert wird; diese Regionen sind das Ziel einer Elitenimmigration, die den indigenen Eliten nicht nur Konkurrenz macht, sondern sie in Rang und Anspruch zurückstuft. Im Unterschied zu den außereuropäischen Kolonien sind die innereuropäischen allerdings in geringerem Ausmaß Siedlerkolonien; im Falle Sardiniens gab es in der Neuzeit nur sporadische und numerisch nicht bedeutende Versuche, Siedler auf die Insel zu bringen.[10] Dagegen sind die dominierten Regionen Europas selbst Ausgangspunkte bedeutender Emigrationswellen.

Die kulturellen Unterschiede, die zwischen den europäischen Semi-Kolonien und ihren ‚Herren' auszumachen sind, manifestieren sich besonders deutlich im Konflikt der Sprachen. In aller Regel dominiert die Sprache der Metropole die Sphären ziviler, militärischer und kirchlicher Gerichtsbarkeit und Verwaltung ebenso wie die Schulen und Universitäten und weist den lokalen Sprachen den Status nicht nur lokaler Reichweite, sondern eingeschränkter Funktionalität und minderer Dignität zu. Damit geht die Abwertung der lokalen Kultur in ihrer Gesamtheit einher, was nicht ohne Auswirkungen auf die Identität und das Sprachbewusstsein ihrer Träger bleiben kann.[11]

Gewiss ist das Ausmaß physischer Gewalt, das in den binneneuropäischen Peripherien mächtiger Zentralstaaten angewendet wurde, nicht mit den gezielten Ausrottungsstrategien vergleichbar, die europäische Kolonisatoren in Übersee immer wieder einsetzten. Die Bereitschaft zum Morden ist allerdings mit dem Postulat kultureller ‚Inferiorität' immer verknüpft; auf Sardinien manifestierte sie sich zum Beispiel am Ende des 19. Jahrhunderts in der sog. „caccia grossa" gegen Banditen und ihr soziales Umfeld.[12]

Ein weiterer Unterschied zu den außereuropäischen Kolonien liegt in dem Umstand, dass für die europäischen Semi-Kolonien der Übergang in das postkoloniale Zeitalter nicht immer an einem bestimmten historischen Ereignis und einer Jahreszahl festzumachen ist. Bedeutet etwa die im Zuge des Risorgimento erfolgte Eingliederung Siziliens und Sardiniens in das geeinte Italien ein Ende des semikolonialen Zeitalters? Allein über diese Frage wurde eine kleine Bibliothek geschrieben (was zumindest klarstellt,

---

[10] Kolonisatorische Unternehmungen dieser Art gab es vereinzelt unter dem Haus Savoyen und später in der Zeit des Faschismus, verbunden mit der Gründung der Orte Mussolinia und Fertilia an der Westküste Sardiniens.
[11] Zur heutigen Situation des Sardischen sowie seiner Sprachgeschichte vgl. Rosita Schjerve Rindler, Externe Sprachgeschichte des Sardischen, in: Gerhard Ernst/Martin-Dietrich Gleßgen/Christian Schmidt/Wolfgang Schweickard (Hg.), *Romanische Sprachgeschichte / Histoire linguistique de la Romania*, 1. Teilband, Berlin/New York: de Gruyter 2003, S. 792-801.
[12] Zu dieser traumatischen Episode sardischer Geschichte vgl. das Kap. „Viehdiebe".

dass die Antwort nicht auf der Hand liegt). Unterdessen ist es nicht zu übersehen, dass sich in vielen der genannten europäischen ‚Peripherien' die kulturelle Symptomatik des Postkolonialen vorfinden lässt: Erosion und Neu-Erfindung von Identität, sprachliche und kulturelle Hybridisierungsprozesse, die gleichzeitig oder nur wenig phasenverschoben mit der Radikalisierung identitärer Positionen stattfinden, Re-Lokalisierung unter dem Druck von Globalisierungsprozessen. All diese Symptome lassen sich im Fall Sardiniens belegen.

Ein Befund aus der Sicht der Gegenwart: Literatur und Film

Der Ausgangspunkt für meine Studie war ein literaturwissenschaftlicher Befund: Bei den gegenwärtigen Autoren und Autorinnen aus Sardinien lassen sich rhetorische und narrative Strategien beobachten, wie sie in ähnlicher Weise in den Texten der postkolonialen Literatur ehemaliger außereuropäischer Kolonien begegnen.

Die zumindest in einigen Fällen sehr erfolgreiche Gegenwartsliteratur aus Sardinien wird auf Italienisch, nicht auf Sardisch geschrieben; in ihr finden sich signifikant viele Merkmale wieder, die in anderen politischen und historischen Kontexten als Kennzeichen der Migrantenliteratur sowie der in europäischen Sprachen geschriebenen Literatur ehemaliger Kolonien gelten. Besonders auffällig ist die sprachliche Hybridisierung, die in Einzelfällen bis zu einer Kreolisierung der literarischen Sprache führen kann. Auf den Stamm des Italienischen werden sardische, katalanische, spanische, lateinische und englische Wörter, Syntagmen und Textteile aufgepfropft. Während die Implementierung englischsprachiger Textfragmente als ein allgemeines Kennzeichen der italienischen Gegenwartsliteratur gelten muss, bedeutet der innertextuelle Dialog mit dem Katalanischen und Spanischen eine Auseinandersetzung mit der Zeit, als diese Sprachen die Elitesprachen der Insel darstellten, und die Einsprengsel des Sardischen eine Auseinandersetzung mit und eine Bekräftigung der eigenen Tradition. Textverfahren, die auf eine solche Vielsprachigkeit setzen, nehmen dem Italienischen seine Unmarkiertheit und können so weit gehen, dass sie in manchen Fällen die heutige Nationalsprache als ‚Sprache der Anderen' hervortreten lassen. Diese literarische Vielsprachigkeit gilt, wenn auch in unterschiedlichem Ausmaß, für alle Autoren und Autorinnen, von denen in diesem Buch die Rede sein wird. Sie legt ein beredtes Zeugnis ab von Lebenserfahrungen in einem Raum einer nach wie vor hierarchisch organisierten und funktional differenzierten Zweisprachigkeit.

Abb. 1: Graffity in Sassari

Die Frage der Sprachenwahl ist nicht in jedem Fall gleich motiviert. Während die einen, zum Beispiel Salvatore Mannuzzu, das Italienische als ihre legitime Muttersprache betrachten und literarisch verwenden, verfügen andere, besonders die aus dem Raum Nuoro stammenden Autoren, sehr wohl über muttersprachliche Kompetenzen im Sardischen. Es gibt auch Autoren, die ihr Werk (überwiegend) auf Italienisch begonnen und später (überwiegend) auf Sardisch weiter geschrieben haben: zu ihnen zählt der Dichter und Romancier Francesco Masala. Und es gibt ein Genre, das als Refugium und zugleich als Königreich des Sardischen betrachtet werden darf: das ist die Lyrik. Im neuen sardischen Film hat sich die Zweisprachigkeit Italienisch/Sardisch bei manchen Regisseuren, zum Beispiel bei Giovanni Columbu und Piero Sanna, in einem größeren Ausmaß durchgesetzt, als das für die literarischen Texte der Fall ist: Filme profitieren von ihrer medienspezifischen Vielfalt von Codes und können sich einerseits auch außersprachlich mitteilen, andererseits auf das Mittel der Untertitelung sardischer Dialoge zurückgreifen.

Der sprachlichen Hybridisierung der literarischen Texte entspricht auf der Ebene der Romanhandlungen die häufige Bastardisierung und Entwurzelung der Romanfiguren (Sergio Atzeni, Salvatore Mannuzzu, Marcello Fois) und die Fragmentierung der Textstrukturen (Sergio Atzeni, Maria Giacobbe, Salvatore Niffoi). Dazu kommt die metaphorische Verwendung des Begriffs ‚Insel' (Salvatore Mannuzzu, Giulio Angioni, Maria Giacobbe), der auf eine eigentümlich durchlässige Grenze und ein imaginäres Nebeneinander von Innen und Außen verweist. Analog zu der von Edward Said konstatierten ‚Selbst-Orientalisierung' arabischsprachiger Kulturen[13] lassen sich auch im Fall Sardiniens vereinzelt Prozesse der Selbst-Exotisierung feststellen (Salvatore Niffoi, Giorgio Todde). Im Genre des neuen sardischen Kriminalromans schließlich finden mehr oder minder

---

[13] Vgl. Edward Said, *Orientalism*, NewYork: Vintage Books 1979, S. 325.

differenzierte Auseinandersetzungen mit der Frage historischer und gegenwärtiger Identitätskonstruktionen statt (Salvatore Mannuzzu, Giulio Angioni, Marcello Fois, Giorgio Todde, Flavio Soriga).

Residuen einer ‚kolonialisierten' sardischen Identitätskonstruktion äußern sich in den Texten und Filmen meines Corpus auf vielfache Weise und stehen neben Neudeutungen sardischer Geschichte in Form des ‚neuen' historischen Romans sowie des historischen Kriminalromans. Darf man aus einer solchen literarischen und filmischen Kultur schließen, dass diese Kultur einer postkolonialen Poetik und Ästhetik verpflichtet ist, und deutet letzteres darauf hin, dass Sardinien sich in einer postkolonialen Situation befindet? Um diese Fragen zu beantworten, gilt es zunächst, historisch zu argumentieren, in welchem Sinn man die neuzeitliche Geschichte der Insel als ‚kolonial', oder, wie ich es tun werde, als semi-kolonial bezeichnen kann.[14]

(Semi-)koloniale Geschichte einer Mittelmeerinsel

Sardiniens Geschichte[15] kennt seit dem Altertum ein reiches Spektrum an Formen politischer Abhängigkeit. Mit Ausnahme der Zeit der souveränen Judikate (Richter-Reiche) im Mittelalter war die Insel seit ihrer ‚Entdeckung' durch die Seefahrervölker der Antike immer fremden Mächten unterworfen. Diese Unterwerfungsverhältnisse nahmen unterschiedliche Rechtsgestalt an und betrafen meist die Küstengebiete stärker als das lange Zeit schwer zugängliche Innere der Insel. Sie geben jedenfalls seit der Antike einen Zustand vor, in dem Sardinien die Peripherie eines jeweils sehr weit entfernten Zentrums (Karthago, Rom, Byzanz, später das Königreich Aragon, dann das Königreich Spanien) bildet, dem in Form von Abgaben Tribut zu zollen ist und dessen ökonomische und militärische Interessen und kulturellen Werte den indigenen fremd gegenüber stehen oder Vorrang vor ihnen besitzen. In langer Kontinuität bildet sich so unter diesen Herrschaftsverhältnissen ein kulturelles Feld aus, in dem die jeweilige Sprache der Anderen die Verwaltungs-, Kultur- und Elitesprache darstellt und das Sardische den Sprung zur Schriftsprache nur in Teilbereichen, vor allem in der Rechtssprache, vollzieht, überwiegend jedoch auf die Oralität der ungelehrten Kultur des Volks beschränkt bleibt.[16]

---

[14] Zum Gebrauch des Terminus ‚semikolonial' in Bezug den Kolonialisms vgl. Ruthner, K.u.K. ‚Kolonialismus'…, auf: http://www.kakanien.ac.at, S. 2.

[15] Standardwerke: Manlio Brigaglia (Hg.), *La Sardegna*. Bd. 1: *La geografia, la storia, l'arte e la letteratura*, Cagliari: Edizioni della Torre, 1982; Massimo Guidetti (Hg.), *Storia dei sardi e della Sardegna*, Bd. 3, Mailand: Jaca Books 1989; Luigi Berlinguer/Antonello Mattone (Hg.), *Storia d'Italia. Le Regioni dall'Unità a oggi: La Sardegna*, Turin: Einaudi 1998.

[16] „[L]o scrivere in Sardegna è strutturalmente connesso a una lingua non-sarda", Sandro Maxia, L'arte e la letteratura in Sardegna: una chiave di lettura, in: Manlio Brigaglia (Hg.), *La Sardegna*. Bd. 1, S. 2.

(Semi-)koloniale Geschichte einer Mittelmeerinsel 23

Diese jahrhundertelange Erfahrung der Fremdherrschaften wird durch die Zeit der mittelalterlichen Judikate unterbrochen, einer Epoche, die aus der Sicht der Gegenwart häufig mythisch überhöht wird. Tatsächlich handelt es sich um eine historische Phase der Souveränität, in der Sardinien in vier Richter-Reiche aufgeteilt war und die Herrschaft durch die der heimischen Elite entstammenden Familien der sog. Richter ausgeübt wurde. In dieser Zeit kam dem Sardischen erstmals größere Wichtigkeit zu (vor allem durch Gesetzestexte wie die *Carta de logu*). Mit der schrittweise vollzogenen Eroberung der Insel durch die Katalanen und die Eingliederung in das Königreich Aragon setzt jener Zustand der Fremdherrschaft ein, in dem Sardinien in das Zeitalter der ‚Entdeckungen' und des neuzeitlichen Kolonialismus eintritt. 1448 ist der politisch-militärische Prozess der Eingliederung ins aragonesische Reich abgeschlossen.[17] Als Peripherie des späteren spanischen Weltreichs nimmt Sardinien nicht am überseeischen Kolonisationsprozess teil; als strategisch bedeutender Stützpunkt ist es hingegen von der großen Auseinandersetzung zwischen den Habsburgern und dem Osmanischen Reich, die in der Frühen Neuzeit unter anderem auf dem Mittelmeer ausgefochten wird, betroffen.

Die Zugehörigkeit zur aragonesischen Krone wird nach der Heirat der Katholischen Könige bruchlos in die Zugehörigkeit zum spanischen Reich umgewandelt. Im Jahr 1492, als Amerika auf dem Seefahrerhorizont der Europäer auftaucht und die Reconquista in Granada zu ihrem Abschluss gelangt, wird die Spanische Inquisition auch auf Sardinien eingerichtet.[18] Die wenigen jüdischen Gemeinden werden entweder zwangsbekehrt oder zur Auswanderung gezwungen;[19] die aggressive konfessionelle Politik der Katholischen Könige dehnt sich wie selbstverständlich auch auf die Insel aus.

Sardinien ist nun Teil des spanischen Königreichs und wird das bis zum Beginn des 18. Jahrhunderts bleiben. Das *Regnum Sardiniae* wird, gemeinsam mit Aragon, Katalonien, Valencia und den Balearen, vom Aragonesischen Rat (*Consejo de Aragón*) und nicht vom *Consejo de Italia* bei der Krone vertreten. Schon in der katalanisch-aragonesischen Zeit vertritt seit 1418 ein Vizekönig den jeweiligen König. Später ist es der spanische König, der in Personalunion Reichsteile mit höchst unterschiedlichen juristischen und adminis-

---

[17] Vgl. dazu und zum Folgenden aus spanischer Sicht: Rogelio Pérez-Bustamante, *El gobierno del imperio español. Los Austrias 1517-1700*, Madrid: Comunidad de Madrid 2000, Kap. „El virreinado de Cerdeña".

[18] Die Spanische Inquisition operierte auf Sardinien und Sizilien, während die spanischen Herrschaftsgebiete auf dem italienischen Festland – Mailand und Neapel – energischen Widerstand gegen ihre Einführung leisteten und auch als Teile des spanischen Weltreichs der Römischen Inquisition unterworfen blieben. Prosperi argumentiert, dass in der Frage der Einführung bzw. Nicht-Einführung der Spanischen Inquisition sich die Schwäche bzw. Stärke der lokalen Eliten ausdrückt: im Fall Sardiniens also die Schwäche (*Tribunali della coscienza*, S. 60).

[19] Zur Kirchengeschichte: Raimondo Turtas, La chiesa durante il periodo spagnolo, in: Guidetti (Hg.), *Storia dei sardi…*, Bd. 3., S. 253-297.

trativen Traditionen regiert. So behält auch Sardinien seine traditionellen Institutionen und Gesetzeswerke (vor allem die *Carta de logu*) bei, was manche Historiker zum Anlass genommen haben, von einer ‚Autonomie' der Insel in dieser Zeit zu sprechen.[20] Das ist aber irreführend, denn das sardische Recht war den königlichen Rechtsquellen selbstverständlich nachgeordnet.[21] Das Parlament, das dem Vizekönig entgegentritt und mit ihm die Höhe der Abgabe an Madrid zu verhandeln hat, ist keine autochthon-sardische, sondern eine nach katalanischem Vorbild gebildete Institution. Nach Ständen organisiert, vertritt es die heimischen Eliten und deren Ansprüche, zum Beispiel auf die Exklusivität der Ämterbesetzung durch sardische Amtsträger, eine Forderung, die nie durchgesetzt werden konnte. Im Gegenteil, die wichtigsten Ämter wie das Amt des Vizekönigs, der Erzbischöfe sowie der Inquisitoren bleiben mit wenigen Ausnahmen Vertretern des iberischen Adels vorbehalten.[22] Im *Consejo de Aragón*, einem wichtigen Beratungsorgan der spanischen Könige, sind die Sarden zwar vertreten, im ethnischen Proporz aber im Nachteil gegenüber den Katalanen, Aragonesen und Valencianern.[23]

Auf Geheiß des aragonesischen Königs wird die berühmte *Carta de logu*, die am Ende des 14. Jahrhunderts von der Richterin Eleonora d'Arborea für das Judikat Arborea erlassen worden war, im Jahr 1421 in ihrem Geltungsbereich auf die gesamte Insel ausgedehnt. Als Grundlage der sardischen Rechtssprechung behält sie bis ins 19. Jahrhundert hinein Gültigkeit und wird zum Gegenstand zahlreicher juristischer Kommentare; noch heute ist sie ein zentraler Baustein ‚sardistischer' (national-sardischer) Rekonstruktionen der Geschichte der Insel. Doch neben und über dem einheimischen Gesetzwerk gibt es seit dem 15. Jahrhundert die Gesetze und Verlautbarungen, die die sardischen Parlamente und die Vizekönige erlassen, weiterhin die königlichen Gesetze und Erlässe. Daneben existiert das Kirchenrecht, zu dem der wichtige Rechtsbestand der Spanischen Inquisition gehört. Dieses legistische Puzzle von Rechtsquellen, die aus verschiedenen Herrschaftsepochen stammen und unterschiedlichen Herrschaftsinteressen entsprechen, erzeugen einen Kompetenzdschungel, der sich im

---

[20] So z.B. Francesco Cesare Casula, *Breve Storia di Sardegna*, Sassari: Carlo Delfini editore 1994.
[21] Vgl. Pérez-Bustamante, *El gobierno del imperio español*, S. 251.
[22] Vgl. Antonello Mattone, Le istituzioni e le forme di governo, in: Guidetti (Hg.), *Storia dei sardi...*, Bd. 3, S. 217-252, und Pérez-Bustamante, *El gobierno del imperio español*, S. 255. Die Politik der Ämterbesetzung scheint dem spanischen Rechtshistoriker Ausdruck einer „Monarquía Hispánica y plural, identificada con su carácter medularmente español y, por lo tanto, con la identidad de cada uno de sus reinos y cada uno de sus pueblos" zu sein – das kann man als eine bruchlose Fortschreibung imperialistischer Historiographie lesen.
[23] Mattone, Le istituzioni e le forme di governo, in: Guidetti (Hg.), *Storia dei sardi...*, Bd. 3, S. 245ff.

Verlauf des Zentralisierungsprozesses des spanischen Königreichs zugunsten der Krone etwas lichtet.[24]

In welchem Sinn kann man dieses spanische Sardinien eine (Semi-)Kolonie nennen? Das Amt des Vizekönigs, das auch die spanische Kolonialverwaltung in Amerika prägte, hat die Insel nach dem Vorbild spätmittelalterlicher katalanischer Institutionen übernommen. Formal gesehen, ist Sardinien tatsächlich ein ‚Reich' (*Regnum Sardiniae*), das wie Sizilien, Mailand und Neapel der spanischen Konföderation angehört und der Souveränität des Königs unterliegt.[25] Sardinien ist keine *plantation colony*, kein Ort gezielter Siedler-Immigration aus der Metropole; allerdings ist es der Ort einer Eliten-Immigration (Feudalherren, Beamte, Geistliche, militärische Amtsträger). Im Gegensatz zu den Überseekolonien ist Sardinien nicht ‚heidnisch', sondern ein altes christliches Land. In der Perspektive der Jesuiten ist es aber, genauso wie Teile Kalabriens oder Korsika, ein innereuropäisches ‚Indien', das heißt ein unvollständig evangelisiertes und von ‚primitiven' magischen Glaubensvorstellungen geprägtes Land, das der Missionierung und der Kontrolle bedarf.[26] Konflikte zwischen iberischen und sardischen Eliten werden zwar nicht über Konstruktionen von ‚Rasse' ausgetragen, doch die Zugehörigkeit zu Ethnien spielt eine große Rolle und begünstigt die Vertreter der Zentralmacht.

Sardinien hat die Souveränität verloren, über die es zur Zeit der Judikate verfügte; es ist verpflichtet, die militärischen Interessen Spaniens im Mittelmeer mit zu tragen und den Abgabeforderungen der spanischen Krone nachzukommen, von denen der Historiker Antonello Mattone schreibt, sie seien ein Prozess ständiger Auszehrung für die Ökonomie der Insel gewesen.[27] Der prokastilische Historiker Pérez-Bustamante kommt zu dem Schluss, Sardinien habe eines der wichtigsten Modelle des politischen Programms der spanischen Krone dargestellt – mit anderen Worten: die auf Zentralisierung zielenden Reformen und Einrichtungen haben auf Sardinien besonders gut gegriffen.[28]

Mit der politischen Herrschaft ist die kulturelle Domination eng verflochten. Sardinien hat, wie im Altertum und im frühen Mittelalter, erneut importierte Sprachen als Amts- und Elitesprachen zu akzeptieren,

---

[24] Antonello Mattone, La legislazione, in: Guidetti (Hg.), *Storia dei sardi*..., Bd. 3, S. 380-392.

[25] Mattone spricht von einer „confederazione di Regni semiautonomi", in: Guidetti (Hg.), *Storia dei sardi*..., Bd. 3, S. 219.

[26] Vgl. Prosperi, *Tribunali della coscienza*, S. 556: „Ludovico De Cotes, vescovo di Ampurias in Sardegna e inquisitore per tutta l'isola, osservava, nel 1546, che era piú facile ‚formare [alla fede] gli indiani del Perú che non questi [sardi]', perché con gli indios si trattava solo di insegnare (‚docere') mentre coi contadini della Sardegna si dovevano cancellare conoscenze erronee (‚dedocere')."

[27] „L'economia isolana era quindi sottoposta ad un drenaggio prolungato di risorse che non si traduceva in un miglioramento delle condizioni locali." Mattone, Le istituzioni e le forme di governo, in: Guidetti (Hg.), *Storia dei sardi*..., Bd. 3, S. 235.

[28] Vgl. Pérez-Bustamante, *El gobierno del imperio español*, S. 268.

erst das Katalanische, ab dem 16. Jahrhundert zunehmend das Kastilische. Die Jesuiten, die sich ab der zweiten Hälfte des 16. Jahrhunderts auf der Insel niederlassen und hier wie anderswo Grundlegendes für die höhere Schulbildung leisten, sind zentrale Träger eines sprachlich-religiösen Akkulturationsprogramms, wie es mutatis mutandis auch in den amerikanischen Kolonien zur Anwendung kam. Auf Anordnung Philipps II. dürfen sie das Sardische nicht als Schulsprache verwenden und unterrichten und predigen auf Spanisch. Das trägt wesentlich dazu bei, die Kluft zwischen elitärer, schriftlicher, katalanisch-spanischer und populärer, mündlicher, sardischer Kultur auf Jahrhunderte festzuschreiben.[29]

Souveränitätsverlust, Peripherisierung, administrative Deklassierung, wirtschaftliche Ausbeutung und Überschreibung durch die Sprache, Kultur und Religion der Anderen: das sind Elemente, die es rechtfertigen, von einem semi-kolonialen Zustand zu sprechen, der über ein Herrschaftsverhältnis ein Land zur ‚ewigen' Peripherie erklärt. Auf diese Weise werden kulturelle Werte und Hierarchien erzeugt, die von der gebildeten Elite unter den Beherrschten, die einen Aufstieg in spanischen Diensten erhoffen kann, allmählich verinnerlicht werden. Die Kultur der Gebildeten wird dadurch nachhaltig von der des Sardisch sprechenden Volks abgeschnitten. Es kann nicht überraschen, dass die ‚sardische' Literaturgeschichte der Frühen Neuzeit aus Texten besteht, die auf Katalanisch oder Spanisch geschrieben wurden und in Form und Inhalt in iberische Literaturtraditionen integriert sind. Der Historiker Manlio Brigaglia hat das spanische Sardinien unumwunden als eine „literarische Kolonie" bezeichnet.[30] Die literarische Assimilation im 16. und 17. Jahrhundert war im Übrigen umso leichter zu vollziehen, als der sardischsprachigen Literaturtradition ein Gründerepos fehlt.[31]

Was ändert sich an diesem semi-kolonialen Zustand im 18. und 19. Jahrhundert, zunächst unter der Herrschaft des Hauses Savoyen und dann im Rahmen des italienischen Einigungsprozesses? Dass die Autonomie des *Regnum Sardiniae* nur eine partielle war, die sich auf das Fortbestehen einiger Institutionen und eigener Rechtstraditionen bezog, erwies sich in der Folge des spanischen Erbfolgekriegs überaus drastisch: „wie eine *res*"[32] war die Insel Gegenstand von Verhandlungen und Tauschgeschäften europäischer Großmächte. Zunächst fiel sie den österreichischen Habsburgern zu, die sie 1720 den Herzögen von Savoyen im Austausch mit Sizilien abtraten. Sardinien bringt dem Haus Savoyen den Königstitel, doch die Könige werden

---

[29] Turtas, La chiesa durante il periodo spagnolo, in: Guidetti (Hg.), *Storia dei sardi...*, Bd. 3., S. 294.
[30] Manlio Brigaglia, Intellettuali e produzione letteraria dal Cinquecento alla fine dell' Ottocento, in: ders. (Hg.), *La Sardegna*, Bd.1, S. 27.
[31] Diese später als schmerzlich empfundene Lücke ist ein Kern von modernen Mythen geworden: vgl. Kap. „Fälschungen".
[32] Italo Birocchi, La questione autonomistica dalla ‚fusione perfetta' al primo dopoguerra, in: Berlinguer/Mattone (Hg.), *La Sardegna*, S. 133-199, hier S. 134.

mit Ausnahme weniger Krisenzeiten nicht auf der Insel, sondern im Piemont residieren. Erneut ist Sardinien zur Peripherie eines fernen Zentrums geworden, das seine Vizekönige nach Cagliari schickt.

Die Formen und Möglichkeiten politischer Partizipation verändern sich im Vergleich zur Zeit der spanischen Herrschaft nicht grundlegend. Die Vizekönige sind an die alte Institution des Stände-Parlaments gebunden; Reformen im Geist der Aufklärung erweisen sich als schwierig und scheitern häufig an dem mangelnden Wissen über die sozioökonomischen Strukturen der Insel. Die Feudalordnung bleibt auf Sardinien signifikant länger als in anderen Teilen Europas aufrecht, nämlich bis 1838. Das neue Zentrum nimmt einen Austausch der Elitesprache vor und ersetzt das Kastilische durch das Italienische, das nun zum ersten Mal seit den Pisaner und Genueser Niederlassungen des Mittelalters die sprachliche Situation entscheidend prägt, wenn auch die Italianisierung der Insel im Wesentlichen erst im Lauf des 20. Jahrhunderts abgeschlossen sein wird.[33]

Das 19. Jahrhundert bringt zwei wichtige und die sozioökonomische Struktur der Insel grundlegend verändernde juristische Reformen mit sich, die *proprietà perfetta* (ein neues Grundrecht) und die *fusione perfetta* (die Angleichung an das Rechtssystem des Piemont). Die ‚Perfektion' dieser beiden Reformen ist ein Sprachgebrauch, dem ein ‚koloniales' Missionsbewusstsein durchaus eingeschrieben ist. In der Praxis handelt es sich einerseits um die Enteignung des kommunalen Grundbesitzes und andererseits um den Verlust der partiellen politischen Eigenständigkeit. Die postaufklärerische Rhetorik der Reform und Modernisierung verschweigt die Kosten der Vereinheitlichung im Rechtsbereich, die von den sozial ohnehin benachteiligten Schichten der Hirten und kleinen Bauern zu bezahlen waren.

Die *proprietà perfetta* verschärft den jahrhundertealten (autochthonen) Konflikt zwischen Hirten und Bauern. Mit dem *Editto delle chiudende* von 1820 wird das Privateigentum an Grund und Boden gefördert, und große Teile des alten kommunalen Grundbesitzes, der den Hirtenfamilien Weide-, Wege- und Wasserrechte eingeräumt hatte, werden zu umfriedetem Land im Privateigentum umgewandelt. In der Folge des Edikts kommt es zu wilden Landnahmen durch unkontrollierte Einzäunungen, an denen sich lokale Eliten (Notare, Rechtsanwälte, Geistliche) und Feudalherren verschiedener Herkunft beteiligen.[34] Dieser Vorgang lässt sich durchaus mit der klassischen kolonialen Politik des Landraubs vergleichen, freilich mit dem Unterschied, dass in Sardinien die heimischen Eliten kräftig von diesem Prozess profitieren konnten, jedenfalls aber mit denselben Negativfolgen für die ökonomisch schwächsten Teile der Bevölkerung.[35]

---

[33] Vgl. Schjerve Rindler, Externe Sprachgeschichte des Sardischen, in: *Romanische Sprachgeschichte*, 1. Teilband, S. 798.

[34] Vgl. Antonello Mattone, Le origini della questione sarda. Le strutture, le permanenze, le eredità, in: Berlinguer/Mattone (Hg.), *La Sardegna*, S. 5–129, hier S. 117.

[35] Hierin liegt eine der sozialen Ursachen des sardischen Banditenwesens, vgl. dazu das Kap. „Viehdiebe".

So ‚perfekt' der *Editto delle chiudende* piemontesischen und sardischen Grundbesitzer-Interessen entsprach, so ‚vollkommen' vollzieht sich die recht-liche Gleichschaltung Sardiniens mit dem kontinentalen Teil des Königreichs. Die *fusione perfetta* erfolgte auf Ersuchen der sardischen Eliten und bediente doch die Interessen Piemonts. Mit dem albertinischen Statut von 1848 erlischt die jahrhundertealte eigene Rechtstradition Sardiniens, die die *Carta de logu* begründet hatte; mit diesem Statut wird auch die Funktion des Vizekönigs abgeschafft. Bereits in der zweiten Hälfte des 19. Jahrhunderts, nach der Einigung Italiens, werden die vom Einigungsprozess begünstigten kapitalistischen Interessen der *continentali* auf der Insel deutlich sichtbar: in der Steuerpolitik, in der großflächigen Abholzung sardischer Wälder und in der Ausbeutung sardischer Bodenschätze durch kontinentale Bergbaugesellschaften.[36]

Die Rede von Sardinien als Kolonie hat in den Jahren nach der *fusione perfetta* ihren Ursprung und setzt sich in den ersten Jahrzehnten des geeinten Italien in liberaldemokratischen Kreisen Sardiniens fort. „[...] ein Reich wurde zerschlagen und eine Kolonie gegründet", schreibt etwa der Jurist Giuseppe Musio 1875.[37] Auch die großen Intellektuellen des Risorgimento machen sich dieses Diskurselement zu eigen. Carlo Cattaneo verwendet in seinen Schriften mehrfach den Vergleich mit Irland.[38] Giuseppe Mazzini formuliert in einer 1861 entstandenen Schrift über Sardinien:

> Il Governo non vide nella Sardegna che una colonia dove avrebbero potuto impinguar negli uffici, fruttando ad esso gratitudine e appoggio dalle famiglie, tutti quei giovani di schiatta patrizia, ai quali la mala condotta, pubblicamente avverata, avrebbe conteso gli uffici continentali.[39]

Der Topos von der ‚Strafkolonie Sardinien' entspricht durchaus der Realität einer administrativ-politischen Praxis des späteren italienischen Staats und hat Anlass zu zahlreichen literarischen und filmischen Fiktionen gegeben, die mit dem Typus des strafversetzten Beamten/Polizisten/Militärs arbeiten.

Die mehr oder minder gut begründete Rede vom kolonialen Status Sardiniens begleitet in der Folge immer wieder die innersardische Diskussion, die, zumal in den 1960er Jahren, an Befreiungsbewegungen der Dritten Welt und die damals entstehende Diskussion des ‚internen' Kolonialismus an-

---

[36] Vgl. Martin Clark, Introduzione, in: Francesco Cheratzu (Hg.), *„La terza Irlanda". Gli scritti sulla Sardegna di Carlo Cattaneo e Giuseppe Martini*, Cagliari: Condaghes 1995, S. 21f.

[37] „[...] si annientava il Regno, e si creava una colonia", zit. nach Birocchi, La questione autonomistica..., in: Berlinguer/Mattone (Hg.), *La Sardegna*, S. 152. Giuseppe Musio (1794-1876), Rechtsgelehrter, später Senator im italienischen Einheitsstaat, vertrat eine liberale Politik der wirtschaftlichen und infrastrukturellen Förderung Sardiniens.

[38] Clark, Introduzione, in: Cheratzu, *„La terza Irlanda"*, S. 26.

[39] Giuseppe Mazzini, La Sardegna, in: *„La terza Irlanda"*, S.163-186, hier S. 183.

schließt.⁴⁰ Einen polemischen Höhepunkt setzt dabei das im ‚heißen' Jahr 1968 erschienene Pamphlet Giuliano Cabitzas mit dem programmatischen Titel *Sardegna: rivolta contro la colonizzazione*.⁴¹ Erst sehr viel später, nämlich in den letzten zehn Jahren, hat sich dieses diskursive Element im akademischen Bereich mit den Anregungen der Postcolonial Studies verbunden, wobei es auf Sardinien, nicht anders als im internationalen Kontext, vorwiegend jüngere und in den Institutionen prekär verankerte Intellektuelle sind, die dieses Forschungsfeld als erste und noch recht vereinzelt für sich erschließen.

Ein Phänomen, an das aus der Sicht der Postcolonial Studies angeknüpft werden kann, ist das im späten 19. Jahrhundert zu beobachtende Auftauchen rassistischer Argumente in den Schriften über Sardinien. Die italienische positivistische Anthropologie spielte dabei eine unrühmliche Rolle, indem sie die Sarden als ein ‚minderwertiges', weil ‚barbarisches' und zur Ausbildung von Bürgersinn unfähiges Volk beschrieb. Die Berichte von Untersuchungskommissionen, die im Auftrag der italienischen Regierung die Insel inspizierten, prägen ex negativo nachhaltig die Identitätskonstruktionen sardischer Intellektueller; implizit gegen sie argumentiert Antonio Gramsci in seinem viel zitierten Aufsatz *La quistione del mezzogiorno* von 1926.⁴² Bis heute liefern die Berichte diskursive Materialien, die noch in die jüngste sardische Literatur eingehen (Marcello Fois, Giorgio Todde, Flavio Soriga).

Sardinnen und Sarden sind heute EU-BürgerInnen einer Region, die seit 1948 in Italien den Status einer „regione ad autonomia speciale" besitzt.⁴³ Sie ist nach wie vor ökonomisch schwach und beschäftigungspolitisch benachteiligt; ihre geographisch periphere Lage soll durch das zurzeit gerade umstrittene Instrument der *continuità territoriale*⁴⁴ kompensiert werden. Der Status einer Region mit Autonomiestatut innerhalb eines Nationalstaates, der einen Teil seiner Rechte an die Europäische Union abgegeben hat, ist gewiss ein grundlegend anderer und in vieler Hinsicht günstigerer als der, den die Insel in ihrer semi-kolonialen Vergangenheit seit dem 15. Jahrhundert innehatte. Doch die Spuren, die diese Vergangenheit in der Gesellschaft und Kultur Sardiniens hinterlassen hat, das diskursive Regime dieser Vergangenheit prägt die Selbst- und Fremdbilder Sardiniens und auch die mit

---

40 Ausführliche Darstellungen dieser Diskursgeschichte, die hier nicht im Detail entfaltet werden kann, finden sich in den einschlägigen Artikeln in Berlinguer/Mattone (Hg.), *La Sardegna*, sowie bei Leonie Schröder, *Sardinienbilder. Kontinuitäten und Innovationen in der sardischen Literatur und Publizistik der Nachkriegszeit*, Bern etc.: Lang 2001.
41 Giuliano Cabitza ist ein Pseudonym für Eliseo Spiga. Seine im Umfeld der politischen Gärung von 1968 viel diskutierte Kampfschrift erschien bei Giangiacomo Feltrinelli.
42 Vgl. dazu das Kap. „Viehdiebe".
43 Diese Regionen besitzen größere legislative Befugnisse als die „regioni ad autonomia ordinaria".
44 Ein europäisches Instrument zur Gewährleistung eines regelmäßigen Flug- und Schiffverkehrs für periphere Zonen, das auf Sardinien wegen seiner Tendenz zur Monopolisierung der Lizenzvergabe, die die Preise künstlich hochhält, kritisiert wird.

ihnen verbundenen Praktiken. In der Literatur und in der Filmproduktion wird dieses historische Erbe auf vielfache Weise zitiert, verarbeitet, neu gedeutet und umgeschrieben.

In den folgenden Kapiteln werden diese bedeutungsgenerierenden und identitätsmodellierenden Prozesse dargestellt und analysiert, wofür ich gelegentlich auf Begriffe und Denkkonzepte der Postcolonial Studies zurückgreifen werde (inbesondere auf Saids Konzepte des Orientalismus und der ‚Selbst-Orientalisierung' und auf Homi Bhabhas Konzeption des Stereotyps, seine Unterscheidung von Diversität und Differenz und die performative Auffassung von „kultureller Übersetzung"), ebenso aber auch auf Begriffe, die die sardische Diskussion prägen (Insularität, Formen des kulturellen Dialogs, Archaik vs. Modernität). Aus dem Quellenmaterial ergeben sich dabei sechs große Denkfiguren: die Fälschung (im Sinne der Umdeutung sardischer Geschichte, eine Form des *to write back*), die kulturelle Übersetzung (das Schreiben/Filmen für ein exogenes Publikum), der Stadtmythos (in zwei sehr unterschiedlichen Ausformungen in Nuoro und Cagliari), der Banditen-Mythos, die Insularität und die Erosion dieses Begriffs durch Verflechtungen der lokalen mit der ‚globalen' Kultur.

Fälschungen

Fälschungen sind kreative Leistungen, und dies umso mehr, wenn sie nicht nur das Eigeninteresse einer Person, sondern auch kollektive Interessen zu bedienen imstande sind und kollektiv geteilte Leidenschaften nähren. Die Nähe der (Geschichts-) Fälschung zur literarischen Fiktion ist dabei unübersehbar: beide schaffen narrative Plausibilitäten. Was sie trennt, ist die jeweilige Wirkungsabsicht; die gefälschte Plausibilität soll für wahr, die fiktionale Plausibilität für wahrscheinlich gehalten werden. Von besonderem Interesse ist in diesem Zusammenhang die Figur des Fälschers von Schriftdokumenten (im Gegensatz etwa zum Fälscher von Tafelbildern), weil er ja mit dem gleichen Material arbeitet wie der Literat, mit der Sprache, weil er ebenso wie dieser mittels der Sprache im Medium Schrift Plausibilität erzeugen will.

Im italienischen Kontext gibt es für die Figur dieses ‚literarischen' (mit Sprachschöpfung arbeitenden) Fälschers ein großes literarisches Monument in der Figur des Abate Vella aus Leonardo Sciascias historischem Roman *Il Consiglio d'Egitto* von 1963. Diese Figur, die ihrerseits ihr historisches Vorbild in der sizilianischen Geschichte des 18. Jahrhunderts besitzt, wird von Sciascia so konzipiert, dass die zunächst ausschließlich eigennützigen Motive, die Vella zu seiner phantasievollen Geschichtsfälschung anregen, im Lauf des Romans von der Lust am literarischen Sprachspiel überlagert werden. Vella, der Vella des Romans, wird vom Fälscher zum Autor, der sich auf die Wahrung seiner eigenen Interessen nicht mehr versteht. So heißt es von ihm im Moment seines Scheiterns, als die Plausibilität seiner *impostura* nicht länger aufrechtzuerhalten ist und die Fälschung von den Zeitgenossen als solche erkannt wird:

> Il carcere davvero non gli faceva paura, era caduto in uno stato di assoluta indifferenza riguardo alle comodità e ai piaceri dell'esistenza: più forte era il gusto di offrire al mondo la rivelazione dell'impostura, della fantasia di cui nel *Consiglio di Sicilia* e nel *Consiglio d'Egitto* aveva dato luminosa prova. In lui, insomma, il letterato si era impennato, aveva preso la mano all'impostore.[1]

So jedenfalls will es der Autor Sciascia, dem es in seinem Roman unter anderem um eine Kritik an der traditionellen Historiographie und ihren Autoritätsansprüchen geht. Wieweit die im Text erzählte Motivationslage auf den historischen Vella zutrifft, soll hier nicht diskutiert werden. Sie trifft in mancher Hinsicht auf eine andere historisch dokumentierte Fälschung zu, nämlich die sogenannten *Carte d'Arborea*, die im 19. Jahrhundert von Sardinien aus in Umlauf gebracht wurden.

---

[1] Leonardo Sciascia, *Il Consiglio d'Egitto*, Turin: Einaudi 1963 (= Nuovi Coralli 43), S. 164.

Ein Ereignis: die Geschichtsfälschung der *Carte d'Arborea*

Fälschungen begleiten die europäische Schriftkultur seit der Antike und haben in der Geschichte gelegentlich eine wichtige Rolle gespielt. Schon die antiken Fälscher „haben ein ganzes Arsenal von Echtheitsbeglaubigungen aufgebaut, aus dem sich ihre Nachfolger in Mittelalter und Neuzeit bedienen konnten."[2] Für die Geschichte der Herausbildung der neuzeitlichen Nationalstaaten sind Fälschungen ebenfalls nicht ohne Bedeutung. Eine besondere – nämlich identitäre – Funktion erhalten sie für die Konstruktion der nationalen Identität solcher Kulturen, die keine staatliche Souveränität besitzen, obwohl sie sich aus historischen und sprachlichen Gründen als Nation zu betrachten geneigt sind. In diesen Fällen kommt den Fälschungen die Rolle einer ‚nachholenden' Geschichtsschreibung, manchmal auch einer ‚nachholenden' Literaturproduktion zu. Erstere korrigiert die Fehler der historischen Akteure, letztere füllt die Lücken der Überlieferung mit dem Material, das dem Wunschdenken der historisierenden Gelehrten entspricht. Derartige Fälschungen rücken nach ihrer Machart und Funktion tatsächlich ganz nahe an die literarische Fiktion heran, mit der sie nahezu alles teilen, nur nicht den Fiktionalitätspakt, demzufolge die Leser die Fiktion als solche zwar erkennen, aber bereit sind, dieses Wissen während des Lektüreakts in Klammern zu stellen.[3]

Die europäische Umbruchsperiode, die vom späten 18. bis in die Mitte des 19. Jahrhunderts reicht, ist besonders reich an solchen Fällen ‚nachholender' Literaturproduktion. Der Schotte James Macpherson gibt 1760 die *Fragments of Ancient Poetry* heraus und löst damit nicht nur den Streit über die Echtheit dieser Dichtungen, sondern eine europaweite Ossian-Mode aus.[4] Zwei tschechische Philologen, die den Ehrgeiz haben, ihre Nationalliteratur mit einem Gegenstück zum Nibelungenlied zu schmücken, präsentieren 1816/17 die *Königinhofer* und die *Grünberger Handschrift* als mittelalterliche Dokumente; auch ihre Fälschung zieht literarische Folgen nach sich, zum Beispiel Grillparzers *Libussa*.[5]

Der gälische Barde und die böhmischen Ritter: sie alle werden zu nationalen Mythen, die eine kurze Weile als Historie gelten dürfen und auch nach ihrer ‚Enttarnung' im kulturellen Gedächtnis ihrer Nationen fortleben und fortgeschrieben werden.

Die Ossian-Gesänge und die tschechischen Fälschungen entstanden aus dem kulturellen und politischen Kontext peripherisierter (Schottland) und

---

[2] Wolfgang Speyer, Literarische Fälschung im Altertum, in: Karl Corino (Hg.), *Gefälscht! Betrug in Politik, Literatur, Wissenschaft, Kunst und Musik*, Frankfurt a.M.: Eichborn Verlag 1996, S. 138-149, hier S. 141.
[3] Zum Fiktionalitätspakt s. Umberto Eco, *Sei passegiate nei boschi narrativi*, Mailand: Bompiani 1994, Kap. 4.
[4] Vgl. Ralph-Rainer Wuthenow, Macphersons ‚Ossian', in: Corino (Hg.), *Gefälscht!...*, S. 184-195.
[5] Vgl. Ota Filip, Die Grünberger Handschrift, in: Corino (Hg.), *Gefälscht!...*, S. 218-228.

Ein Ereignis: die Geschichtsfälschung der Carte d'Arborea

kulturell und politisch dominierter (Böhmen und Mähren) Nationen, die, *mutatis mutandis*, in ihrem Status Sardinien nach dem Zusammenschluss der Insel mit Piemont nicht unähnlich sind. Ganz in der Linie der ‚nachholenden' Geschichtsschreibung und der ‚nachholenden' Literaturproduktion präsentiert sich daher auch die Geschichte der *Carte d'Arborea*, mit denen einige Intellektuelle Sardinien, die „nazione imperfetta" und „terza Irlanda",[6] als zumindest kulturell vollendet zu präsentieren hofften.

Die *Carte d'Arborea* beruhen in gewisser Weise auf den ernsthaften Bemühungen sardischer Historiker. Die Geschichtsschreibung im modernen Sinn setzt in Sardinien nach dem Ende der spanischen Herrschaft im Rahmen aufklärerischer Bemühungen ein. Zwei der ersten bedeutenden Historiker der Insel besitzen, wenn auch auf unterschiedliche Weise, ihren Platz in der verschlungenen Geschichte der *Carte*, denn sowohl Giuseppe Mannos vierbändige *Storia di Sardegna* (1825-27)[7] als auch die Schriften von Pasquale Tola können als ‚Quellen' gelten.[8]

Die Publikationsgeschichte der *Carte d'Arborea* sowie der Prozess ihrer anfänglichen Beglaubigung und der später einsetzenden Diskreditierung durch die Wissenschaft ziehen sich durch mehrere Jahrzehnte des 19. Jahrhunderts. Im Jahr 1845 bietet Cosimo Manca, ein Mönch des Klosters Santa Rosalia von Cagliari, dem Historiker Pietro Martini, zu diesem Zeitpunkt Leiter der cagliaritanischen Universitätsbibliothek,[9] eine Pergamenthandschrift zum Kauf an.[10] Mit Martinis Kaufabschluss wird eine Folge von Ereignissen in Gang gesetzt, deren Akteure von unterschiedlichen Motiven bewegt werden: von ökonomischem Interesse, von wissenschaftlichem Ehrgeiz und von Parteinahme für die sardische Kultur *und* für ein geeintes Italien. Dem ersten Dokument folgt in den 50er und 60er Jahren des 19. Jahrhunderts eine ganze Reihe weiterer; knapp zuvor waren übrigens auch gefälschte *bronzetti* (vermeintliche Figurinen sardisch-phönizischer Herkunft) hergestellt und an das cagliaritanische Museum verkauft worden, ein Faktum, das die günstige Konjunktur für historische Fälschungen unter-

---

6   Zu diesen Selbst- und Fremdetikettierungen der Insel vgl. das Kap. „Postkolonial".
7   Giuseppe Manno (1786-1868), antiliberal gesinnter Historiker und Literat, Senator in Turin.
8   Pasquale Tola (1800-1874), Historiker und Abgeordneter im Turiner Parlament zur Zeit der „fusione", bekannt v.a. durch seinen bis heute wertvollen *Dizionario biografico degli uomini illustri di Sardegna* (3 Bd., 1837-1838). Zum intellektuellen Leben auf Sardinien im 19. Jh. vgl. Manlio Brigaglia, Intellettuali e produzione letteraria dal Cinquecento alla fine dell'Ottocento, in: ders. (Hg.), *La Sardegna*. Vol. 1: *La geografia, la storia, l'arte e la letteratura*, Cagliari: Edizioni della Torre, 1982, S. 25-42.
9   Pietro Martini (1800-1866), Autor von mehreren Schriften zur Geschichte Sardiniens.
10   Zur Geschichte der Fälschung und ihrer Entlarvung als solcher vgl. Antonello Mattone, Le Carte d'Arborea nella storiografia europea dell'Ottocento, in: Luciano Marrocu (Hg.), *Le Carte d'Arborea. Falsi e falsari nella Sardegna del XIX secolo*, Cagliari: AM&D Edizioni 1997, S. 25-152.

streicht.¹¹ Der Historikerstreit um die Echtheit der Dokumente der *Carte d'Arborea* währt bis zum Jahr 1870, als durch ein bei der Berliner Akademie der Wissenschaften bestelltes Gutachten der Streit auf internationaler Ebene beigelegt und die Fälschungsakte durch die damals avanciertesten Methoden der philologischen Textkritik nachgewiesen werden konnten. Prominentestes Mitglied der Berliner Kommission war der Historiker Theodor Mommsen. Das Berliner Gutachten setzte einen Schlussstrich unter eine Reihe von anderen internationalen Gelehrtenmeinungen, die ebenfalls aus guten Gründen an der Echtheit der *Carte d'Arborea* gezweifelt hatten.

Auf sardisch-piemontesischer Seite waren verschiedene Rollen in diesem Geschichtsdrama zur Besetzung gekommen, nämlich die Rollen der Fälscher, der Betrogenen und der Skeptiker. Manche Details der groß angelegten Fälschungsaktion sind nicht bis ins letzte geklärt, es steht jedoch außer Zweifel, dass der materiale ‚Täter' ein Paleograph des königlichen Archivs in Cagliari war, ein Mann namens Ignazio Pillito, der allein oder mit einigen wenigen Hilfskräften und vornehmlich aus ökonomischem Interesse handelte: ein sardischer Wahlverwandter des Abate Vella.¹² Ob es hinter diesem Mann eigentliche ‚Autoren' gab, deren Bildung und Kreativität der zunächst durchschlagende Erfolg der gefälschten Dokumente zu verdanken war, und wer diese gewesen sein könnten, darüber gibt es nur Vermutungen.¹³ Der Mönch Cosimo Manca war wohl nur ein Zwischenträger und der Historiker Pietro Martini wahrscheinlich das erste in der Reihe der betrogenen Opfer, die selbst an die Fälschung glaubten und glauben wollten. Unter den Opfern finden sich auch einige namhafte Mitglieder der königlichen Akademie der Wissenschaften in Turin, namentlich der Rechtshistoriker Carlo Baudi di Vesme, der das zunächst ‚sardische' Anliegen der *Carte d'Arborea* zu seinem eigenen machte und seinen Ruf und den der Turiner Akademie aufs Spiel setzte, denn die Akademie approbierte auf seinen Rat hin die Drucklegung eines Teils der von Martini übermittelten Dokumente. Die Rolle des Skeptikers in diesem Stück besetzte der Sassareser Historiker Pasquale Tola, der weniger Grund für enthusiastische Zustimmung hatte, da seine Heimatstadt in den ‚Handschriften' nicht so gut wegkam wie die Städte Cagliari oder Oristani.

Worum ging es in den *Carte d'Arborea*, und was machte ihre offensichtliche Attraktivität aus? Insgesamt umfassen die ‚Handschriften', umgelegt auf die Seiten eines gedruckten Buchs, etwa 300 Druckseiten¹⁴ und ‚dokumentieren' verschiedene mittelalterliche Textsorten vom Typus historiographischer und literarischer Quellen. Nach Umberto Ecos

---

11   Vgl. Giovanni Lilliu, *L'Archeologo e i falsi bronzetti*, Con la biografia dell'Autore raccontata da R. Copez, Cagliari: AM&D Edizioni 1998.
12   Mattone in: Marrocu (Hg.), *Le Carte d'Arborea...*, S. 117.
13   Mattone nennt den *canonico* (Domherrn) Salvatore Angelo De Castro und den Literaten Gavino Nino: S. 130.
14   Nach Manlio Brigaglia, Le Carte d'Arborea come romanzo storico, in: Marrocu (Hg.), *Le Carte d'Arborea...*, S. 303-315, hier S. 306.

Ein Ereignis: die Geschichtsfälschung der Carte d'Arborea 35

Klassifikation von Fälschungsakten handelt es sich um eine „intentionale Fälschung ex nihilo", die, sofern sie genügend plausibel ist, auf der Rezipientenseite eine „unfreiwillig falsche Zuordnung" erzeugt.[15] Die einzelnen Fragmente fügen sich zu einer mehr oder minder kohärenten Erzählung über die wenig dokumentierten Jahrhunderte sardischer Geschichte, eben jene Jahrhunderte, auf die sich die Konstruktion sardischer Identität bis heute gerne stützt: die Zeit der unabhängigen Judikate nach dem Ende der byzantinischen Herrschaft bis zum Beginn der Eingliederung Sardiniens in das aragonesischen Königreich. Es handelt sich, wie der Historiker Antonello Mattone schreibt, um eine Konstruktion sardischer Geschichte „in chiave nazionale".[16] Die Entstehung der Judikate wird als Befreiungskampf gegen die Byzantiner erzählt, und eine Symbolfigur von hohem identitären Wert stellt die (historische) Figur der Richterin Eleonora d'Arborea, die als weibliche Heldenfigur des 14. Jahrhunderts überhöht wird. Viele der auftretenden Figuren sind aber auch schlicht erfunden. Nicht nur wird die mittelalterliche Geschichte Sardiniens als die eines Befreiungskampfs (gegen die byzantinische Herrschaft) und als Prozess der Herausbildung einer ‚nationalen' Einheit erzählt, sondern die italienischen und sardischen Nationalinteressen werden gemeinsam bedient:[17] Fälschungen pflegen ihre Abnehmer nicht zu enttäuschen.[18] Literarische ‚Dokumente' beweisen das entstehungsgeschichtliche Primat des Sardischen vor allen anderen romanischen Sprachen sowie das Primat des Italienischen als romanische Literatursprache, das somit das Altprovenzalische von seinem ersten Platz verdrängen würde.[19] Sardinien wird als Ort früher literarischer Hochkultur in beiden Sprachen konstruiert, und die – ähnlich wie in der tschechischen Kultur – als schmerzlich empfundene Leerstelle der mittelalterlichen Literatur in sardischer Sprache wird dadurch auf das erfreulichste gefüllt.[20] Schon im 19. Jahrhundert konnte nachgewiesen werden, dass die gefälschten Dokumente genau jene Lücken füllten, die Giuseppe Manno in seiner *Storia di Sardegna* als solche bezeichnet und beklagt hatte. Als zusammenhängende Geschichte gelesen, partizipieren die *Carte d'Arborea* im Übrigen an einigen Topoi und Handlungsschemata des historischen Romans des 19. Jahrhunderts.[21]

---

15 „Contraffazione ex-nihilo deliberata" und „falsa attribuzione volontaria", in: Umberto Eco, *I limiti dell'interpretazione*, Mailand: Bompiani 1990, S. 177.
16 Mattone in: Marrocu (Hg.) *Le Carte d'Arborea...*, S. 29.
17 Vgl. dazu Luciano Marrocu, Inventando tradizioni, costruendo nazioni: racconto del passato e formazione dell'identità sarda, in: ders. (Hg.), *Le Carte d'Arborea...*, S. 317-329.
18 Vgl. Helmut Winter, Thomas Chatterton – Fälscher oder Originalgenie?, in: Corino (Hg.), *Gefälscht!...*, S. 199.
19 Für eine sprachwissenschaftliche Beurteilung vgl. Marinella Lörinczi, La storia della lingua sarda nelle *Carte d'Arborea*, in: Marrocu (Hg.), *Le Carte d'Arborea...*, S. 407-438.
20 Zu dieser Leerstelle vgl. Paolo Merci, Le origini della scrittura volgare, in: Brigaglia (Hg.), *La Sardegna*, vol. 1, S. 11-24.
21 Vgl. dazu Manlio Brigaglia, Le Carte d'Arborea come romanzo storico, in: Marrocu (Hg.), *Le Carte d'Arborea...*, S. 303-315.

Das Design der *Carte d'Arborea* – wenn man von einem solchen sprechen will[22] – war von den ersten, noch recht plausiblen Texten bis zu jenen der Spätzeit des Fälschungsprozesses immer kühner geworden (was tatsächlich ein wenig an die Vorgangsweise des Abate Vella in Sciascias Roman erinnern kann – die literarische Phantasie nimmt überhand). Der ‚Plan' entspricht jedenfalls den nationalistischen Wünschen jener sardischen Gelehrtengeneration, die die *fusione perfetta* von 1847 als „Trauma vom Verlust des Reichs"[23] erlebt hatte.

Gelegentlich ist die spannende Geschichte der *Carte d'Arborea* als ein Fall von erfundener Tradition im Sinne von Eric Hobsbawm bezeichnet worden.[24] Das ist, wenn man Hobsbawm genau liest, terminologisch nicht ganz zutreffend. Der britische Historiker bezieht sich auf Traditionen im Sinn von rituell wiederholbaren symbolischen Handlungen; dazu gehören öffentliche Zeremonien wie die Feier des Sturms auf die Bastille, die Maifeiern zur Konsolidierung der Arbeiterklasse oder die Rituale, mit deren Hilfe Alumni an US-amerikanische Universitäten gebunden werden.[25] Freilich erwähnt Hobsbawm in seinem Vorwort auch Fälle der Erfindung historischer Kontinuität:

> [...] plenty of political institutions, ideological movements and groups – not least in nationalism – were so unprecedented that even historic continuity had to be invented, either by semi-fiction (Boadicea, Vercingetorix, Arminius the Cheruscan) or by forgery (Ossian, the Czech medieval manuscripts).[26]

Die Erfindung historischer Kontinuität – als Grundlegung einer nationalen Geschichte, wie es für die *Carte d'Arborea* der Fall ist – ist also ein dem Erfinden von Traditionen verwandtes, nicht aber identisches Phänomen. Es geht nicht um die performative Einübung von Gefühlen und kollektiv geteilten Einstellungen, wie im Fall von erfundenen Traditionen, sondern um die Konstruktion eines Geschichtsmythos, der als Wahrheitsdiskurs auftritt.

Einmal in die Welt gesetzt, haben es überzeugende Geschichten an sich, dass sie nicht einfach wieder aus dem historischen Gedächtnis gestrichen werden, nur weil die Wissenschaft ihnen den Wahrheitsstatus abspricht. Für die *Carte d'Arborea* ist das in ganz besonderem Maß der Fall, wie auch Susanna Paulis in einer rezenten Arbeit festhält.[27] Ich vertrete die These, dass ihre Ausstrahlungskraft auf die sardische Literatur italienischer

---

[22] Wie z.B. Giovanni Pirodda, Cultura letteraria e nazionalismo nell'episodio delle *Carte d'Arborea*, in: Marrocu (Hg.), *Le Carte d'Arborea...*, S. 357-382.

[23] Mattone in: Marrocu (Hg.), *Le Carte d'Arborea..*, S. 96. Zur „fusione perfetta" vgl. Kap. „Postkolonial".

[24] Z.B. mehrfach in dem von Marrocu herausgegebenen Sammelband.

[25] Eric Hobsbawm, Mass-Producing Traditions: Europe, 1870-1914, in: ders./Terence Ranger (Hg.), *The Invention of Tradition*, Cambridge: University Press 1983, S. 263-308.

[26] Eric Hobsbawm, Introduction: Inventing Traditions, in: ders./Ranger (Hg.), *The Invention of Tradition*, S. 6.

[27] Susanna Paulis, *La costruzione dell'identità. Per un'analisi antropologica della narrativa in Sardegna fra '800 e '900*, Sassari: EDES 2006, Kap. 5.

Sprache ungebrochen groß geblieben ist – und zwar nicht im Sinn einer direkten Quelle für die Konstruktion literarischer Plots, sondern als *Handlungsaufforderung*: was die Historiographie nicht liefern kann, das muss erfunden werden, und die Literatur darf das bekanntlich.

Der Ursprung lebt: ein literarischer Mythos

In der rezenten Literatur aus Sardinien finden sich signifikant viele Texte, die Ursprungsmythen konstruieren und diese mit Zügen des verlorenen Paradieses ausstatten. Die literarische Erfindung einer ‚nationalen' Urgeschichte, die ich vom Begriff des historischen Romans unterscheiden möchte, scheint für die neueren sardischen Autoren eine konstante Herausforderung zu sein und ist fast zu einem Topos – manchmal auch zu einer Stilübung – geworden. Sie kann den Äußerungsmodus und den Inhalt ganzer Texte festlegen, wie zum Beispiel in Sergio Atzenis *Passavamo sulla terra leggeri*, oder aber als Einsprengsel des Wunderbaren in Romanen auftauchen, die ansonsten der Erzählpoetik realistischer Romane gehorchen. Im letzteren Fall demonstriert sie die imaginäre Durchlässigkeit, die der sardischen Geschichte zu eigen ist: eine Zeitreise in die Vergangenheit, oder vielmehr ein magischer Kontakt mit dem ‚Ursprung' erscheint jederzeit möglich. Der Ursprung lebt in uns, sagen diese Texte.

Er muss dabei nicht unbedingt historisch konkretisiert werden, es genügt beispielsweise, dass eine Epoche beschworen wird, in der die Inselbevölkerung ohne Kontakt zur Außenwelt lebte: also etwa die Zeit der Nuraghen-Kultur[28] vor dem Kontakt mit den Phöniziern, imaginiert als (historisches) Paradies vor dem Einfall der Anderen, die über das Meer gekommen sind. Dieser literarische Topos ist nicht neu, sondern lässt sich als politisches Argument des *sardismo* zumindest bis in die Gründerzeit des Partito sardo d'Azione in die zwanziger Jahre des 20. Jahrhunderts zurückverfolgen.[29] Neu ist aber die große Präsenz dieses Ursprungstopos in der Literatur. So liest man etwa bei Atzeni:

> Se esiste una parola per dire i sentimenti dei sardi nei milleni di isolamento fra nuraghe e bronzetti forse è felicità.[30]

Dieses vergangene Glück eines selbstgenügsamen Goldenen Zeitalters bleibt aber in der Literatur (und daher auch für die Psyche der Leser) auf wunder-

---

[28] Die nicht die älteste bekannte Kultur auf Sardinien ist, aber durch ihre Baudenkmäler – 7000 über die Insel verstreute Nuraghen – die Landschaft und die Vorstellungswelt der Sarden prägt.

[29] Vgl. Manlio Brigaglia, La Sardegna dall'età giolittiana al fascismo, in: Enrico Berlinguer/ Antonello Mattone (Hg.), Storia d'Italia. *Le regioni dall'Unità a oggi: La Sardegna*, Turin: Einaudi 1998, S. 501-629, hier S. 599.

[30] Sergio Atzeni, *Passavamo sulla terra leggeri*, Milano: Mondadori 1996, S. 28. Zur Person des Autors vgl. S. 41.

bare Weise verfügbar, wie die Episoden, die die Leser auf Zeitreisen mitnehmen, unter Beweis stellen. Zwei Beispiele mögen dies illustrieren.

Sergio Atzenis *Apologo del giudice bandito* (1986) ist ein historischer Roman, der am Ende des 15. Jahrhunderts spielt und eine Vielzahl von Figuren einführt, die alle rund um einen Inquisitionsprozess agieren. Eine dieser Figuren ist das Sklavenmädchen Juanica, Dienerin einer katalanischen Adeligen in Cagliari/Caller.[31] Als Juanica zum Opfer einer Vergewaltigung durch einen jungen Adeligen zu werden droht, gelingt es ihr, den Angreifer zu erdolchen und aus der Stadt zu fliehen. Verfolgt von den Bluthunden der Häscher, flüchtet sie in die Sümpfe, die Cagliari auch heute noch umgeben – und verschwindet aus der Geschichte: buchstäblich, sie verschwindet aus dem Plot und zugleich aus der Historie. Auf wunderbare Weise entzieht sie sich ihren Verfolgern und kommt in einer zeitlosen Idylle an, wo sie Haus und Heimat findet, eine sprechende Ziege und einen sprechenden Esel, wo sie aus der Zeit wie auch dem Handlungsverlauf des Romans heraustritt und unangreifbar wird für jedes Unrecht und jede Verfolgung:

> È la mia casa?
>
> Sì, risponde la capra alle sue spalle, poi ride, belato stizzoso di comare solleticata sulla pancia con una piuma. Ride a crepapelle. L'asino Perdinianu, nascosto dietro la baracca, raglia giocoso. Capra e asino son coro.[32]

Ein ähnliches Abgleiten in einen Zustand urzeitlicher Zeitlosigkeit schildert der aus Sassari stammende Alberto Capitta[33] in seinem Roman *Creaturine* (2004). Dieser Text erzählt von den getrennten Schicksalen zweier Knaben, die zu Beginn des 20. Jahrhunderts im selben Waisenhaus in Sassari aufwachsen. Während der eine einen bürgerlichen Aufstieg durchläuft, gerät der andere, Nicola, unschuldig in die Rolle des von den Carabinieri gesuchten Verbrechers und muss die Lebensform des *latitante*, des dauerhaft Flüchtigen und Untergetauchten,[34] sich zu eigen machen. Als solcher findet er, ebenso wie das Mädchen Juanica bei Atzeni, in einer Naturidylle Zuflucht. In einem abgelegenen Bergtal, umgeben und geliebt von Ziegen und einem Wiesel, wird er sich den Körper bemalen, jeden Kontakt mit Menschen meiden und ein Jäger- und Sammlerleben führen:

> „Sto bene" pensò Nicola sotto la nevicata. La neve cadeva ed egli si disse: - Io sto bene. – Lo disse a voce alta dal momento che non vi era più ragione di tenere al chiuso i pensieri [...]. Aveva la bisaccia piena di frutti. Una ricchezza in nocciole sufficiente per almeno sette giorni. Raggiunse una grotta, un marsupio acco-

---

[31] So der katalanische Name der Stadt, der bei Atzeni in italianisierter Schreibweise auftaucht: Caglié.

[32] Sergio Atzeni, *Apologo del giudice bandito*, Palermo: Sellerio 1986, S. 85.

[33] Geb. 1954 in Sassari, Autor mehrerer Theatertexte. Sein erster Roman erschien unter dem Titel *Il cielo nevica* bei Guaraldi in Rimini (1999).

[34] Das Phänomen der *latitanza* auf Sardinien hat zahlreiche Spuren in der Erzählliteratur und im narrativen Film hinterlassen, zur Figur des *latitante* vgl. insbesonders das Kap. „Viehdiebe".

gliente e riparato sopra il ventre della montagna. Entrò e sprofondò tra il pelo degli animali.[35]

So wie die Sklavin Juanica, tritt der Waise Nicola – er freilich nur vorübergehend – aus der Geschichte heraus, und auch seine Zeitreise wird begleitet von Glück und dem Gefühl, endlich, zum ersten Mal, Heimat gefunden zu haben. Die konfliktreiche soziale und psychische Realität der *latitanza*, die jüngst Marcello Fois auf höchst eindrucksvolle Weise in seinem Roman *Memoria del vuoto* (2006) geschildert hat, wird bei Capitta durch den Zeitreise-Effekt der Kommunikation mit einer mythischen Vergangenheit ins Idyllische gewendet.

Die Faszinationskraft von Heimat, die in der Vergangenheit liegt, und der Modus lyrischer Prosa, der für die Beschwörung dieser Ursprungsmythen aufgerufen wird, lässt sich auch in anderen Erzähltexten finden. Giulio Angioni, Kulturanthropologe an der Universität Cagliari und Autor einer ganzen Reihe literarischer Texte,[36] zollt dieser sardischen Lust an der Erfindung ‚nationaler' Frühgeschichte mit *Il mare intorno* (2003) Tribut. Der Text besteht aus einem Mosaik von Erzählfragmenten, die von der Zeit der phönizischen Besiedelung der Südküsten Sardiniens bis in die Gegenwart reichen.[37] Die Polyphonie der vielen Stimmen, die jeweils der Äußerungsursprung der einzelnen Fragmente sind, ist im übrigen ein Erzählmodus, den die Narratologin Susan S. Lanser als eine der Formen der *communal voice* (in meiner Übersetzung: der pluralen Stimme) benannt hat und die, wie Lanser schreibt, sich besonders dafür anbiete, von „marginalisierten und unterdrückten Gemeinschaften"[38] zu erzählen. In der neueren sardischen Literatur findet sich diese Form der Textstimme zuerst in Sergio Atzenis Roman *Il figlio di Bakunìn* (1992).

Bei Giulio Angioni besteht der erzählerische Kunstgriff darin, die Erzählstimmen über den historischen Zeitraum von mehr als 2000 Jahren, den die erzählte Zeit umfasst, zu verstreuen – ein Erzählmodus, der zum Beispiel auch in der postkolonialen Literatur Algeriens kreativ eingesetzt worden ist.[39] Doch nicht nur die Zeit schreitet in Angionis Text voran, auch der Stil verändert sich mit ihr. Je näher die Fragmente an die Gegenwart heranreichen, umso häufiger wird das Geschichtspathos ironisch gebrochen, je wei-

---

35 Alberto Capitta, *Creaturine*, Nuoro: Il Maestrale 2004, S. 176.
36 Näheres zur Person des Autors vgl. S. 183. Zu Angioni vgl. Franco Mannai, *Cosa succede a Fraus? Sardegna e il mondo nel racconto di Giulio Angioni*, Cagliari: CUEC 2006.
37 Wie sehr diese Textkonstruktion Atzenis *Passavamo sulla terra leggeri* verpflichtet ist, wird das folgende Teilkapitel zeigen.
38 Susan S. Lanser, *Fictions of Authority. Women Writers and Narrative Voice*, Ithaca/London: Cornell University Press 1992, S. 21: „the communal mode seems to be primarily a phenomenon of marginal or suppressed communities."
39 In *Les Oranges* (1998) von Aziz Chouaki. Vgl. dazu den Artikel, in dem ich das Phänomen der „pluralen Stimme" narratologisch diskutiere: Mirages du récit. La voix plurielle d'Alger dans *Les Oranges* d'Aziz Chouaki, in: Zohra Bouchentouf-Siagh (Hg.), *Dzayer, Alger. Ville portée, rêvée, imaginée*, Alger: Casbah Editions 2006, S. 135-146.

ter die Fragmente zurückreichen, desto lyrischer präsentiert sich die Prosa: als Form der Evokation, der Beschwörung (und Erfindung) von Vergangenheit.

Das allererste der Fragmente lässt einen jungen Sarden zur Zeit der Phönizier sprechen, und schon er meditiert über das Thema, das der symbolschwere Titel des Bandes, *Il mare intorno*, andeutet: das Meer als das Medium, das die Fremden, die Anderen auf die Insel bringt, und als die Chance oder Versuchung, selbst die Insel und das eigene Volk zu verlassen. Schauplatz der Äußerung dieser ersten Textstimme sind einmal mehr die *stagni*, die Sümpfe, die Cagliari nach Südwesten zu begrenzen:

> [...] nell'acqua non vedi la luna, ma strade di luce che ondeggiano al vento. I vecchi dei nuraghi dicevano che quella è la strada che porta lontano, alla fine del mondo, o dove incomincia un gran mondo diverso. La gente che parte, di là dallo stagno e dal mare, non sà, pero va cercando i giardini di luce che mai troverà, e non vedrà più neppure la strada di luce che segna la luna.[40]

Alles, was dann kommt: die Römer, die Pisaner, die Katalanen, das Risorgimento, die Weltkriege, die sardische Emigration und der Fremdenverkehr, kann man als Bestätigung der poetisch formulierten Einsichten des jungen Ich-Erzählers des ersten Fragments lesen. Die Lichtstraße, die der Mond auf das Wasser geworfen hat, ist eine Täuschung, eine Fata Morgana, der die Sarden fatalerweise erliegen werden. Doch der Text ist selbst ein Spiegeltrick, indem er das Licht der Gegenwart in die Vergangenheit zurückprojiziert.

Der Großmeister dieses literarischen Spiegeltricks – und zugleich ein hervorragender Autor und Sprachkünstler – ist jedoch Sergio Atzeni.

---

[40] Giulio Angioni, *Il mare intorno*, Palermo: Sellerio 2003, S. 12.

Literarische Geschichts‚fälschung' oder Mytho-Poiesis?
Sergio Atzeni

Sergio Atzeni wurde 1952 in Capoterra in der Provinz Cagliari geboren. Nach der Studienzeit in Cagliari beginnt der politisch engagierte junge Mann seine Laufbahn als Journalist bei *L'Unità* und verfasst Texte für das Theater und erste Erzählungen. Gemeinsam mit Rossana Copez publiziert er 1978 die *Fiabe Sarde*. Sein literarischer Erfolg außerhalb Sardiniens setzt mit dem Erscheinen von *Apologo del giudice bandito* bei Sellerio ein (1986). Weitere Romane folgen: *Il figlio di Bakunìn* (1991), *Il quinto passo è l'addio* (1995). Atzeni verlegt in diesen Jahren seinen Wohnsitz nach Parma und Turin und arbeitet als Übersetzer, wobei er sich besonders durch die Übertragung des Romans *Texaco* von Patrick Chamoiseau einen Namen macht (1994). Sein letzter Roman, *Passavamo sulla terra leggeri* (1996) erscheint posthum, nachdem Atzeni im September des Jahres 1995 bei der Insel San Pietro, die Sardinien im Südwesten vorgelagert ist, im Meer den Tod gefunden hat. Ebenfalls posthum erscheinen weitere Bände mit Essays und Erzählungen.

Il figlio di Bakunìn ist der einzige ins Deutsche übersetzte Text des Autors: *Bakunins Sohn*, übersetzt von Andreas Löhrer, Edition Nautilus 2001.

Sergio Atzeni kann man als einen von der ‚großen Erzählung' der *Carte d'Arborea* sich beauftragt fühlenden Autor begreifen. Bis zu seinem frühen Tod hat er es als seine Aufgabe gesehen, Sardiniens Geschichte(n) Schriftform zu verleihen, sie aus der mündlichen Überlieferung in die Schriftlichkeit zu überführen und dabei im Medium der Schriftlichkeit die Spuren der Mündlichkeit zu bewahren, und zwar unabhängig davon, ob den jeweiligen Geschichten der Status der historischen Wahrheit oder jener der fiktionalen Wahrscheinlichkeit zukommt: „Cerco di raccontare la Sardegna: sono convinto che ogni popolo abbia diritto di avere i suoi scrittori, quelli grandi e quelli piccoli [...]."[41] Was hier mitschwingt – neben dem Versuch, den eigenen Platz in der Reihe der großen und der kleinen Schriftsteller zu finden – , ist das Gefühl des Mangels, der Lückenhaftigkeit der eigenen kulturellen Tradition. Was fehlt, ist nicht nur eine kontinuierliche historische *memoria* in sardischer Sprache, sondern auch die Kontinuität einer flächendeckenden neueren sardischen Literatur auf Italienisch:

> Io credo che la Sardegna vada raccontata tutta. Finora la zona maggiormente descritta nelle opere letterarie è la Barbagia [...]. Però io credo che sia importante

---

[41] Sergio Atzeni, Il mestiere dello scrittore, in: ders., *Sì ... otto!*, Cagliari: Condaghes 1998, S. 77f.

raccontare anche Cagliari, anche Guspini, Arbus, Carbonia. Se avrò vita cercherò di raccontare tutti i paesi, uno per uno, e tutte le persone, una per una.[42]

Und tatsächlich hat Atzeni dieses Programm, so weit es ihm in seiner kurzen Lebenszeit möglich war, auch ausgeführt, hat mehrfach von Cagliari erzählt, auch vom Städtchen Guspini so wie von anderen kleinen Orten des Iglesiente (dem südwestlichen Teil Sardiniens). In seinem letzten großen Prosatext, *Passavamo sulla terra leggeri* (1996), der wegen seines posthumen Erscheinens manchmal als literarisches Testament des Autors gelesen wird,[43] manifestiert sich dieses Sendungsbewusstsein allerdings auf eine neue, unerwartete Weise, in einem neuen ‚Ton' und einer im Vergleich mit den früheren Schriften erheblich veränderten Erzählform. *Passavamo sulla terra leggeri* ist in vieler Hinsicht ein ‚nachgeholtes' sardisches Nationalepos und präsentiert sich als jenes Monument der Insel, das zu errichten in den *Carte d'Arborea* versucht wurde, was aber durch den Fälschungsvorwurf nicht nachhaltig gelingen konnte.

Atzeni ist ein Autor der fiktiven Oralität; das gilt für fast alle seiner Schriften, die auf vielfältige und kreative Weise verschiedene Formen der erzählerischen Polyphonie und die Stilmerkmale der Mündlichkeit verbinden; die in der Schriftlichkeit nachgebildete Mündlichkeit ist eines der internationalen Kennzeichen postkolonialen Erzählens.[44] Das erzählerische Dispositiv, das Atzeni für *Passavamo sulla terra leggeri* gefunden hat, weicht allerdings insofern von seinen früheren Texten ab, als es sich um eine nur vermeintliche Polyphonie handelt, hinter der sich eine ‚gefälschte' Einstimmigkeit verbirgt.

Das bedarf der Erläuterung. Der Autor führt drei zeitliche Ebenen ein, von denen die der Gegenwart nächste die Ebene der Enunziation des Textes ist. Ein Ich-Erzähler berichtet von einem 34 Jahre zurückliegenden Nachmittag und Abend des Jahres 1960, als ihm der alte Pferdezüchter Antonio Setzu in einer langen Erzählung seine Kenntnisse sardischer Geschichte anvertraut und ihn in einem Initiationsritual zum „custode del tempo", zum Hüter des Gedächtnisses der Insel, eingesetzt. Die Rahmenerzählung hat also die Aufgabe, Mündlichkeit zu inszenieren und die pseudo-mündlichen Texte zu beglaubigen. Der genannte Tag des Jahres 1960 ist somit die zweite zeitliche Ebene. Auf dieser Ebene spricht Antonio Setzu als Binnen-Ich-Erzähler, der allerdings ausschließlich die erste Person Plural verwendet. Dieses *noi*, das auch schon im Romantitel enthalten ist – in einer für einen Romantitel seltenen Imperfektform – ist ein kollektives Wir, das alle Sarden und Sardinnen in Geschichte und Gegenwart umfasst, also auch Antonio Setzu und den Ich-Erzähler der ersten Zeitebene, nicht aber unbedingt alle

---

[42] Atzeni, *Sì ... otto!*, S. 79.
[43] Z.B. von Giovanna Cerina im Vorwort ihrer Neuausgabe des Romans bei Ilisso (Nuoro 2000), S. 7.
[44] Vgl. dazu Jean-Marc Moura, *Littératures francophones et théorie post-coloniale*, Paris: PUF 1999, S. 93ff.

Leser und Leserinnen. Es handelt sich um einen Plural der Vereinnahmung, eine jener Formen der pluralen Stimme, denen man mit Fug und Recht misstrauen darf. Dieses Wir behauptet nämlich eine Einstimmigkeit, die von der narrativen Autorität der *communal voice* (Lanser) legitimiert wird, die doch eigentlich ein Modell der Vielstimmigkeit sein sollte: „[...] communal voice might be the most insidious fiction of authority, for in Western cultures it is nearly always the creation of a single author appropriating the power of a plurality."[45]

Nicht jede Form der pluralen Stimme ist von diesem berechtigten Vorbehalt betroffen; eine solche (Erzähl-) Stimme kann angemaßt oder auch legitim sein, das hängt in erster Linie von der konkreten Form des erzählerischen Dispositivs und von der Thematisierung der jeweiligen Äußerungssituation ab.[46] Wie verhält es sich damit in Atzenis Roman?

Der Text ist in Kapitel und diese wieder in kurze, häufig voneinander unabhängige Textfragmente gegliedert. Berichtet der erste Textabschnitt vom Nachmittag im Hause Antonio Setzus, so setzt der zweite mit Setzus Erzählung ein. „Ora ricordo, parola per parola", versichert der Ich-Erzähler und Zuhörer Setzus, um dann mit Hilfe der Stimme Setzus den magischen Kontakt mit dem ‚Ursprung' herzustellen; die (Erzähl-) Stimme fungiert dabei als Medium in des Wortes spiritistischer Bedeutung. Die Rede ist von der (hypothetischen) Herkunft der sardischen Urbevölkerung aus Mesopotamien, dem alten Zwei-Strom-Land:

> Nella lingua fra i fiumi. Cento e cento case di canne, paglia e fango. L'alta zicura di limo e tronchi al limite dell'acqua, trecentotrentatré scalini per arrivare all'altare dove pulsava il cuore del capro, leggevamo la parola, interrogavamo il cielo e pronunciavamo oracoli.[47]

Die in der Schriftlichkeit so seltene Form der ersten Person Plural des Imperfekts zieht sich als roter Faden durch das Gewebe des gesamten Textes: wir, die Gruppe von Menschen, die ein gleichgültiges Schicksal von Mesopotamien auf die noch unbesiedelte und namenlose Insel verschlagen hat, wir, die sardische Bevölkerung quer durch die Jahrhunderte bis heute, wir, Antonio Setzu und der Ich-Erzähler, die jüngsten *custodi del tempo*, wir, ein Kollektivsubjekt. Mit einem solchen Textsubjekt lässt sich keine stilistisch variierte Polyphonie erreichen, wie sie Atzeni so schön in *Il figlio di Bakunìn* gelungen ist. Das Kollektivsubjekt zwingt zu einem einheitlichen Stilniveau, einem rhapsodischen hohen Stil, der in der Rhythmik seiner parataktischen Sätze tatsächlich an die narrative Großform des Epos erinnern mag. Die Mündlichkeit, die auf diese Weise nachgeahmt wird, ist die des epischen Sängers.

---

[45] Lanser, Fictions of Authority, S. 22.
[46] Zu dieser narratologischen Überlegung ausführlicher: Birgit Wagner, Erzählstimmen und mediale Stimmen, in: Sigrid Nieberle/Elisabeth Strowick (Hg.), *Narration und Geschlecht. Texte – Medien – Episteme*, Köln/Weimar/Wien 2006, S. 141-158.
[47] Atzeni, *Passavamo*..., S. 7.

Antonio Setzus Erzählung umfasst die sardische Geschichte von der ersten Besiedlung der Insel bis zum Verlust der Souveränität des Judikats von Arborea im frühen 15. Jahrhundert:

> Noi custodi del tempo, dal giorno della perdita della libertà sulla nostra terra, abbiamo preferito finire la storia a questo punto.[48]

Der epische Bogen schließt sich so im Zeichen der Trauer und des unwiederbringlichen Verlusts. In den vielen Jahrhunderten, die zu diesem historischen Schlusspunkt hinführen, stehen geschichtlich überlieferte Persönlichkeiten wie der Bischof Lucifer von Cagliari[49] oder der Richter Mariano IV.[50] neben zahlreichen erfundenen Figuren, ganz wie in den *Carte d'Arborea*. Eleonora von Arborea, *die* Symbolfigur sardischer Identitätskonstruktion, spielt naturgemäß eine wichtige Rolle.[51]

Die vielen Einzelfragmente werden durch einen historischen *grand récit* zusammengehalten. Die Kohärenz auf der Ebene des Inhalts erzeugt dabei die Linie der (historischen) Richter-Figuren und die der (fiktiven) *custodi del tempo*, beide Synonyme für die jahrtausendalte Widerstandsfähigkeit der Sarden des Landesinneren gegen die Invasionen von außen. Letztere werden mit chronikartiger Genauigkeit aufgezählt und verzeichnet: die blauäugigen und blonden „Ik", eine legendäres Volk, die Phönizier, Etrusker, Ligurer, Römer, Vandalen, Byzantiner, Korsen, Aragonesen. Der Ort des Austauschs, der interkulturellen Verständigung, der ethnischen Durchmischung, aber auch der Versklavung, der endemischen Krankheiten und der Domination ist eine Hafenstadt, das phönizische Karale, später das katalanische Caller (das heutige Cagliari), das als prostituierte Stadt dargestellt wird: „Fu sempre il destino di Karale: ricca, corrotta, malata."[52] Der unterworfenen Hafenstadt, Schmelztiegel mediterraner Völker, wird allerdings auf Seite der nicht unterworfenen Sarden des Landesinneren kein ethnisches Reinheitsphantasma gegenübergestellt:

> Dimenticammo le distanze fra le stelle e comprendevamo d'essere al centro di un mare che si faceva di giorno in giorno più popolato. Non potevamo fermare il ciclo dell'uomo, nessuno può fermarlo. Dovevamo incontrare gli altri uomini, per crescere. L'incontro ha un costo, pagarlo è inevitabile.[53]

---

[48] Atzeni, *Passavamo...*, S. 211.
[49] Bischof Lucifer von Cagliari, gestorben um 370, unerbittlicher Feind der arianischen Häresie, später heilig gesprochen. In Atzenis Text ist ausgerechnet er der Ausgangspunkt einer häretischen Überlieferung…
[50] Mariano IV., Richter von Arborea, gest. 1376, Vater von Eleonora d'Arborea.
[51] Eleonora d'Arborea (1340-1402). Unter ihrer Herrschaft erlangte das Giudicato d'Arborea die größte räumliche Ausdehnung. Sie ließ die unter ihrem Vater Mariano IV. begonnene Sammlung des Rechtscodex *Carta de logu* schriftlich fixieren. Ihre Genealogie und Familienverhältnisse in Atzenis Darstellung sind halb historisch, halb fiktiv.
[52] Atzeni, *Passavamo...*, S. 52. Atzeni ist nicht der einzige, der diesen Stadt-Topos verwendet; vgl. dazu das Kap. „Cagliari".
[53] Atzeni, *Passavamo...*, S. 55.

Diese prinzipielle Offenheit, die Setzu für sein Volk reklamiert, schließt aber nicht die Hartnäckigkeit aus, mit der die Konstruktion einer unverwechselbaren Identität und der aus ihr resultierende Anspruch auf Souveränität verteidigt wird. So heißt es in einem der Abschnitte über die Zeit des Mittelalters:

> „Questo territorio è dell'impero", disse l'episcopo.
>
> „La terra su cui hai i piedi", rispose la judikissa „appartiene alla nostra gente da molto prima che Roma nascesse e sarà nostra anche quando Roma sarà morta."[54]

Die *judikissa* (Richterin), die hier dem Abgesandten des byzantinischen Reichs (das sie für das römische hält) die Stirn bietet, ist nur eine von vielen Richterinnen, die Atzeni auftreten lässt. Die Rolle und Funktion, die er weiblichen Autoritätsfiguren für die sardische Geschichte zuteilt, ist wohl ein Indikator für das vom Wunsch geleitete Neu-Schreiben der Geschichte durch einen pro-feministischen Autor, ein Wunsch, der an vielen Stellen des Buches sichtbar wird. *Passavamo sulla terra leggeri* ist ein *„historischer* Roman, der die Geschichte *erfindet"*[55], schreibt Giuseppe Marci, und Giovanna Cerina hält im Vorwort ihrer Neuausgabe des Romans fest, dass die Präzision der Orts- und Zeitangabe der Enunziation auf ironische Weise mit der Unbestimmtheit und der Fälschung historischer Bezüge kontrastiert.[56] Mit einer solchen Auffassung vom historischen Roman ist Atzeni bekanntlich in der neueren Geschichte dieser Gattung nicht allein, wenn man nur an den Fall Guido Morselli denkt. Es stellt sich allerdings die Frage, welche Ziele die literarische ‚Geschichtsfälschung' jeweils verfolgt.

Bei Atzeni stellt sie für die sardische Geschichte eine Kohärenz und Kontinuität her, die die Historiographie nicht bestätigen kann. Der Autor könnte sich allerdings auf die These der „costante resistenziale sarda", der These einer seit der Antike ungebrochenen Tradition der Widerständigkeit der Sarden, berufen, die der einflussreiche Archäologe Giovanni Lilliu in vielen Schriften verteidigt hat;[57] freilich wohnt auch dieser These ein Stück historischer Spekulation inne. Darüber hinaus weist Atzeni den Richterinnen eine Bedeutung bei, die sie in der historischen Realität nicht mit solcher Dichte gehabt haben. Eine ‚große' Erzählung, eine Saga von kollektivem Mut und heroischen Einzelfiguren, all das passt gut zum Genre des Heldenepos, das als architextuelle Folie hinter diesem merkwürdigen und zugleich faszinierenden Prosatext steht. Atzeni spielt jedoch nicht mit historischen

---

54 Atzeni, *Passavamo...*, S. 87.
55 Giuseppe Marci, *Sergio Atzeni: a lonely man*, Cagliari: CUEC 1999, S. 186.
56 Cerina, Prefazione, in: Atzeni, *Passavamo...*, Nuoro 2000, S. 12.
57 Giovanni Lilliu, *Costante resistenziale sarda*, Cagliari: G. Fossataro 1971. Lillius geschichtsphilosophische Spekulationen vor dem Hintergrund der Anthropologie der 60er Jahre des 20. Jahrhunderts datieren die Entstehung „zweier Kulturen" auf der Insel mit dem Ende des 6. Jahrhunderts vor Christus. Die punische Herrschaft über die Küsten „spaccò la Sardegna in due – in quella dei ‚*maquis* resistenti' e quella ‚coloniale'", S. 42.

Materialien, um auf postmoderne Weise die historiographische Schreibweise zu dekonstruieren, er vollzieht vielmehr den postkolonialen Gestus des *to write back*, wie ihn besonders die anglophonen Postcolonial Studies theoretisiert haben. Atzeni – in dieser Hinsicht durchaus algerischen oder indischen Autoren und Autorinnen vergleichbar – stellt der Geschichte der ‚Invasoren' die Perspektive der ‚Indigenen' gegenüber, produziert eine alternative historische Erzählung.[58] Der Abbruch der Erzählung im 15. Jahrhundert dispensiert ihn dabei davon, zu der gegenwärtigen Position Sardiniens als Region Italiens und als Teil der Europäischen Union Stellung nehmen zu müssen.

Wie das Beispiel dieses Romans lehrt, bietet der Gestus des Neu-Schreibens und Zurück-Schreibens keineswegs ‚automatisch' eine Garantie dafür, dass koloniale Binaritäten dekonstruiert würden, wie gelegentlich behauptet wird, so beispielsweise in dem einflussreichen Handbuch von Ashcroft, Griffiths und Tiffin[59]; *to write back* kann Binaritäten manchmal einfach auch nur ‚umpolen', ohne mit ihnen zu brechen. Allerdings enthüllt Atzenis Text bei näherem Hinsehen eine Komplexität, die dem einstimmig-vielstimmigen Gesang des Wir Kontrapunkte entgegenzusetzen vermag. Reflexionen über Fälschungen und Fälscher durchziehen den ganzen Roman. In diesen Kontext gehört auch der letzte Textabschnitt, genannt „La lingua degli antichi": das wäre eine – von der Sprachwissenschaft nicht rekonstruierte oder identifizierte – ursprüngliche Sprache der ersten Siedler auf der Insel, also der sprachliche ‚Urspung'. Der Autor legt ein vierseitiges Glossar dieser Sprache vor, die er selbst als „hypothetisch" bezeichnet, und er benützt die Elemente dieser künstlichen Sprache an vielen Stellen seines Textes. Sardischen Einsprengseln kommt hingegen eine viel geringere Wichtigkeit zu als sonst bei Atzeni üblich.[60] Eingeleitet wird das Glossar „der Sprache der Alten" von folgender Erklärung:

> Questa lingua è ipotetica, Antonio Setzu ha dato una sola traduzione certa: s'ard (danzatori delle stelle).[61]

---

[58] Vgl. dazu Stuart Hall, Wann war „der Postkolonialismus"? Denken an der Grenze, in: Elisabeth Bronfen/Benjamin Marius/Therese Steffen (Hg.), *Hybride Kulturen. Beiträge zur anglo-amerikanischen Multikulturalismusdebatte*, Tübingen: Stauffenburg 1997, S. 219-246.

[59] So die Herausgeber in einer ihrer thematischen Einführungen: „Such a process of ‚writing back', far from indicating a continuing dependence, is an effective means of escaping from the binary polarities implicit in the manichean constructions of colonisation and its practices." Bill Ashcroft/Gareth Griffiths/Helen Tiffin, „Introduction" zur Sektion „Issues and Debates", in: dies. (Hg.), *The Post-Colonial Studies Reader*, London/ New York: Routledge 1995, S. 8.

[60] Mit wenigen Ausnahmen werden nur sehr häufige und für die meisten Leser leicht zu erschließende Ausdrücke verwendet: *istrangius* (Fremde), *iudikissa* (Richterin), *balentes* (Recken), *bardanas* (Raubzüge), *morus* (Sarazenen), *domu* (Haus).

[61] Atzeni, *Passavamo...*, S. 215.

Nun ist aber auch diese Etymologie erfunden. Denselben Status zwischen Wahrheit („Questa lingua è ipotetica") und Fiktion („una sola traduzione certa: s'ard"), den der zitierte Satz für sich beanspruchen kann, können Leser dem ganzen Text zuschreiben, und das umso mehr, als wiederholt von Fälschungsakten erzählt wird. Letztere bilden also in einer diskreten *mise-en-abyme* das Projekts des Autors ab. Die Rede ist von einem falschen Testament, weiterhin von der Fälschung, auf der die Dynastie der Savoyarden gründe, und schließlich vom Richter Barisone, der mit einer Dokumentenfälschung den territorialen Anspruch der Bischöfe von Cagliari zurückweist:

> Il giudice Barisone fu bizzarro, viaggiatore e falsario. [...] Barisone disse d'essere stato nominato re di Sardegna da Federico Barbarossa imperatore. Esibì un documento [...]. Il documento imperiale di Barisone era falso. Come la donazione di Costantino citata dagli episcopi.[62]

Die Historie als eine Abfolge von Fälschungen zu präsentieren, ist freilich nur eine Gegenströmung dieses Textes, dessen Hauptströmung von dem durch den emotionalen Stil beglaubigten Vorhaben des *to write back* getragen wird. Diese gefühlsmäßige Aufladung erzeugt eine lyrische Prosa, deren Faszinationskraft sich die Leser, die für eine solche empfänglich sind, nicht entziehen können, weil Erzählmodus und Stil die Rezeptionshaltung entscheidend prägen. Der ‚Fälschungs'charakter dieses Romans liegt nach meinem Urteil daher auch nicht in der literarischen Erfindung von sardischer Urgeschichte und Geschichte – eine solche ist ein genuines Privileg des literarischen Schreibens – sondern in dem erzählerischen Dispositiv der Einstimmigkeit, die eine plurale Stimme vortäuscht.

So sind es auch im Wesentlichen narratologische Überlegungen, die es erlauben, den ganz anderen Status von Atzenis historischem Roman *Apologo del giudice bandito* (1986) zu beschreiben: als Mythopoiesis, deren vielfältige Figurenperspektiven auch dort historische Plausibilität erzielen, wo der konkrete Handlungsverlauf erfunden ist.[63]

Historische Romane sind Bausteine im Kampf um Geschichtsbilder, oder, weiter gefasst, um kulturelle Hegemonie. Die (Re-) Konstruktion einer nationalen oder regionalen Geschichte ist zwischen den Möglichkeiten angesiedelt, entweder die binäre Opposition von Siegern und Besiegten festzuschreiben oder aber Geschichte als *shared history* der beteiligten Akteure darzustellen.[64] Beide Möglichkeiten konstruieren auf je eigene Weise kulturelle Identitäten im Spielraum der Identitätsdiskurse zwischen starren Pan-

---

[62] Atzeni, *Passavamo...*, S. 128 bzw. 143.
[63] Zum Aspekt der Mythopoiesis in diesem Roman vgl. Daniela Marcheschi, La storia come mito, in: *La grotta della vipera*, 75 (1996), S. 44-45.
[64] Vgl. dazu Michael Lackner/Michael Werner, *Der ‚cultural turn' in den Humanwissenschaften. ‚Area Studies' im Auf- oder Abwind des Kulturalismus?* Bad Homburg 1999 (= Werner Reimers Konferenzen. Schriftenreihe Suchprozesse für innovative Fragestellungen in der Wissenschaft, Heft N° 2), S. 30 und passim.

zerungen auf der einen Seite und in sich verworfener Heterogenität auf der anderen Seite.

Apologo del giudice bandito ist allerdings ein Gattungshybrid: ein historischer Roman, der Einschübe von magischem Realismus enthält,[65] ein kollektives Stadtporträt von Cagliari, ein Initiationsroman, der sich unter anderem der Symbolik des Schachspiels bedient und anderes mehr. Dies alles findet Platz auf den nicht mehr als 141 Seiten des Kleinformats der „Memoria"-Reihe des Verlagshauses Sellerio: eine dichte Prosa. Der Autor, der sich in einem Interview als „gefräßiger Leser" definiert, hält in demselben Gespräch zur Schreibweise des Romans fest:

> Quella dell'*Apologo*... [...] è una forma abbastanza sbilenca, non credo che ce ne siano tante in giro. Si tratta di una stranezza tecnica, nata dal fatto che non avevo la forza di raccontare tutta la storia. Se l'avessi raccontata tutta, seguendo tutti i personaggi, tutte le vicende, come era da fare, avrei scritto un libro di quattrocento pagine, ma impiego una vita per scrivere una sola pagina, era assolutamente da escludere. Bisognava tagliare, far stare le cose in centoquaranta pagine.[66]

Die „technische Merkwürdigkeit" des *Apologo* bedeutet zugleich eine Absage an den klassischen historischen Roman, dessen obligate Machart („come era da fare") für einen experimentellen Erzähler wie Atzeni natürlich nicht nur aus pragmatischen Gründen abzulehnen ist. Ähnlich wie in *Passavamo sulla terra leggeri* gliedert der Autor den Text in viele kurze und von einander relativ unabhängige Fragmente, doch die Äußerungssituation und damit die Rezeptionssteuerung sind grundlegend andere. Es spricht ein heterodiegetischer Erzähler, der in direkter Rede, erlebter Rede oder Gedankenberichten häufig den gut drei Dutzend Figuren die Stimme erteilt und so eine Innensicht auf *alle* Figuren erlaubt, auf Katalanen und Sarden, Mächtige und Beherrschte, Männer und Frauen; selbst der Hund Azù, der die entlaufene Sklavin Juanica in den Sümpfen jagt, erhält das Recht auf eine Innensicht. Auf diese Weise wird nicht chorale Einstimmigkeit, sondern ein Stimmengeflecht einander widersprechender und von unterschiedlichen Motiven getriebener Akteure und Akteurinnen inszeniert, ohne dass der Erzähler einer dieser Stimmen den Vorzug geben oder für eine der Figuren Partei ergreifen würde: *shared history*. Der Text enthält also Charakteristika, die den jüngeren Typ des historischen Romans kennzeichnen wie Multi-Perspektivität und Collage-Techniken, Verflechtung von Phantastischem mit Historischem und Pluralisierung der Geschichten.[67]

---

[65] Den Einfluss des magischen Realismus auf Atzeni diskutiert Mauro Pala, Sergio Atzeni, autore post-coloniale, in: Giuseppe Marci/Gigliola Sulis (Hg.), *Trovare racconti mai narrati, dirli con gioia*. Convegno di studi su Sergio Atzeni, Cagliari: CUEC 2001, S. 111-132, hier S. 117.

[66] Gigliola Sulis, La scrittura, la lingua e il dubbio sulla verità. Intervista a Sergio Atzeni, in: *La grotta della vipera* 66-67, 1994, S. 40.

[67] Vgl. Hugo Aust, *Der historische Roman*, Stuttgart/Weimar: Metzler 1994, S. 45ff.

Literarische Geschichts‚fälschung' oder Mytho-Poiesis? Sergio Atzeni 49

Der Roman setzt historisch dort ein, wo Antonio Setzu, der Binnenerzähler in *Passavamo*..., zu erzählen aufhörte und wo auch die *Carte d'Arborea* ihre historische Konstruktion beendet hatten, nämlich in der Frühzeit der spanischen Herrschaft über Sardinien. Der Text beginnt mit folgendem Satz:

> Una mattina di primavera dell'anno 1492, in un podere di campagna dalle parti di Sarasgiu, Lilliccu solleva la schiena.[68]

Die Leser treten mit diesem ersten Satz in Raum und Zeit eines historischen Romans ein; der erste Satz, die erste Seite dieses Genres besitzen ja üblicherweise die Funktion eines Zeitschalters.[69] Erzählt wird von einem denk- und merkwürdigen Inquisitionsprozess, den der Inquisitor von Cagliari gegen eine Heuschreckeninvasion von biblischen Ausmaßen führt, und, parallel dazu, von der Gefangennahme eines sardischen Aufständigen, des *giudice* Itzoccor Gunale, durch den spanischen Vizekönig, der selbst durch die Ereignisse, die der Prozess auslöst, zu Tode kommt. Der historische Hintergrund ist, nach den Worten des Autors, nicht mehr als ein Anlass, ein in hohem Maß allegorisches historisches Fresko zu entwerfen:

> Ne l'*Apologo*..., la memoria è limitata ad una informazione presa da una nota di un libro di storia, in cui si diceva che a Cagliari nel 1492 si tenne un processo alle cavallette, con regolari accusa e difesa. La notizia mi aveva talmente incuriosito e divertito che ci ho costruito sopra un racconto, che non è esente da errori, anche se non li correggo perché ormai fanno parte del romanzo, ed è inutile stare ad inseguire questo tipo di precisione: il racconto è invenzione.[70]

Um einen historischen Kern ranken sich also eine Reihe erfundener Geschichten – aber kein *grand récit* wie in *Passavamo*, obwohl gerade das Jahr 1492 zu einem Ausgangspunkt einer Reihe Großer Erzählungen geworden ist. Das Jahr des Inquisitionsprozesses gegen die Heuschrecken hat in der Geschichte Sardiniens keine besondere Bedeutung; die Küstengebiete der Insel unterstehen seit 1324 der Krone von Aragon und seit der Heirat der Katholischen Könige 1469 der Krone von Kastilien. Allerdings ist das Jahr 1492 welthistorisch gesehen ein Datum von hohem symbolischem Wert. Es handelt sich um den Beginn der Kolonisierung der Neuen Welt und um das Ende der islamischen Dominanz über Andalusien. Es ist ein Jahr, in dem nicht nur in Spanien, sondern auch auf dem spanisch verwalteten Sardinien Synagogen geschlossen werden, ein Jahr, in dem das christliche Europa eine aggressive Expansion beginnt, deren Folgen bis in die Jahrzehnte der Entkolonisierung reichen. Es kann kein Zweifel daran bestehen, dass sich Atzeni mit der Datierung seines Romans programmatisch im Rahmen des

---

[68] Atzeni, *Apologo del giudice bandito*, S. 9. Sarasgiu ist der sardische Name der Ortschaft Selargius (heute ein Ort, der zum Großraum Cagliari gehört).
[69] Vgl. Aust, *Der historische Roman*. S. 27.
[70] Gigliola Sulis, *Intervista a Sergio Atzeni*, S. 39. Zu den Freiheiten, die sich Atzeni in seinem historischen Fresko erlaubt, vgl. Bruno Aratra, *L'invenzione della storia*, in: Marci/ Sulis (Hg.), *Trovare racconti mai narrati, dirli con gioia*, S. 81-86.

Postkolonialismus situieren will, in einem Schreib-Kontext, in dem koloniale Herrschaftsstrukturen und kulturelle Hybridisierungsprozesse ihre Spuren hinterlassen haben. Die Invasion der Heuschrecken gewinnt unter dieser Perspektive eine allegorische Funktion.[71]

Ein weiteres Charakteristikum postkolonialer Schreibweise ist das „übersteigerte Sprachbewusstsein",[72] das den Bezug zur gewählten Literatursprache ständig reflektiert und die gleichzeitige Existenz von dominanten und beherrschten Sprachen für die Leser sichtbar macht. Atzeni schafft dafür in seinem Roman ein kreolisiertes Italienisch, in das Elemente des Spanischen, des Katalanischen, des Lateinischen und des Sardischen eingegangen sind. Der Kreolisierung der Erzähler- und der Figurensprache entspricht auf der Ebene der Stilistik die Betonung karnevalesker und grotesker Elemente: Tod, Verwesung, Ausscheidung und Verfließen von Körpergrenzen beherrschen den Text, vor allem dort, wo von ekelerregendem Getier (Heuschrecken, Schaben, Mäusen) die Rede ist. Insgesamt handelt es sich um eine manieristische Schreibweise, die freilich eher dem *esperpento* des Spaniers Valle-Inclán als dem klassischen Manierismus gleicht, die auf die krisenhafte Situation einer Kultur reagiert und die *shared history* der Sarden und ihrer zahlreichen Invasoren auch sprachliche, literarische Gestalt annehmen lässt.

Die Vielsprachigkeit in *Apologo del giudice bandito* manifestiert sich auf der Basis des Italienischen, jener Sprache, die im 15. Jahrhundert auf Sardinien die geringste Rolle gespielt hat, und sie nimmt unterschiedliche Formen und Funktionen an. Sie äußert sich bereits in den Eigennamen. Den Namen der Sarden und ihrer Tiere (der Bauer Lilliccu, der Esel Perdinianu, der Seher Kuaili, die Kinder Franzisku und Pepineddu, der *giudice* Itzoccor Gunale) stehen die Namen der katalanischen und kastilischen Aristokratie gegenüber (der Vizekönig Don Ximene Perez Scrivà dei Romani, der Inquisitor padre Gabriel Cordano, der Erzbischof Don Antogno Padraguez, die Adelige Donna Sibilla Cruz). Daneben gibt es die Sklaven, die nicht genau wissen, wie sie zu ihrem Namen gekommen sind, deren Herkunft und Sprache ausgelöscht sind: das Mädchen Juanica und Alì „figlio di Alì", Sohn eines verschollenen Muslims.

Die andersprachlichen Einsprengsel im italienischen Text situieren sich auch dort, wo bestimmte Realien genannt werden, für die nur eine Sprache zuständig ist. So sind die 1492 nach wie vor nicht unterworfenen Sarden im Inneren der Insel *bandidos*, die immer wieder auf *bardanas* (Raubzüge) ausziehen, um den *istrangiu* (den Fremden) zu bekämpfen. Diese Sarden besitzen *balentía* (Mut und Mannesehre), sind *balentes*. Auf Sardisch werden auch die für die Handlung wichtigen Tierarten benannt – die *stelladas* (eine Schabenart), die *merdonas* (eine Mäuseart) und traditionelle Musikformen

---

[71] Übrigens auch in der postkolonialen Literatur Algeriens: zum Beispiel im Roman *Le siècle des sauterelles* (1992) von Malika Mokkedem.
[72] „une surconscience linguistique": Lise Gauvin, zit. von Jean-Marc Moura, *Littérature fran-cophone et théorie postcoloniale*, Paris: PUF 1999.

(*muttetus* und *launeddas*). Die emblematischen Tiere des Inquisitionsprozesses, die Heuschrecken, werden dreifach benannt: auf Italienisch als *cavallette* und *locuste*, auf Sardisch als *pibitziri*. Spanisch-lateinisch ist hingegen die Terminologie und die Realität des Inquisitionsprozesses: der *alguazil*, die *consultores*, die *qualificatores*, die *cursores*, der *defensor*, die *vara*, die *sambenitos*. Ausschließlich Spanisch und immer mit spanischem Artikel erscheint der ferne König, *el Rey*, und seine Ordnungsmacht, *los soldados*.

Alle diese nicht-italienischen Einschübe tauchen entweder motiviert in direkter Rede auf oder aber sie affizieren die Erzählersprache dort, wo Figurenrede (zum Beispiel in der Form erlebter Rede) vorliegt: „Lilliccu a mezzavoce maledice *Deus* che l'ha mandato a vivere in un *logu* così malsistemato."[73] Das italienische *luogo* kommt im gesamten Text nicht ein einziges Mal vor, wird systematisch durch das sardische *logu* ersetzt: *logu* als Kernwort sardischer Identität durch den intertextuellen Bezug auf Eleonora d'Arboreas *Carta de logu*. Einmal erscheint narrativ unmotiviert – oder anders, nämlich ästhetisch motiviert – das spanische *azul*, wo man ein italienisches *azzurro* erwarten würde: „Sullo scrittoio uno scrigno giallo e azul del maestro Manuele di Antiocha"[74] (in der Zelle des Inquisitors).

So wie die Sprachen im Text aufeinander treffen, so treffen im fiktiven Cagliari (*Caglié*) des Jahres 1492 Sarden, Katalanen, Kastilier und am Rande auch Juden und Muslime aufeinander. Die Werturteile, die diese Bevölkerungsgruppen übereinander abgeben, werden von Atzeni sorgfältig in die jeweilige Figurenperspektive gerückt, so dass keines von ihnen auktorial bekräftigt wird.

Die koloniale Oberschicht verachtet und fürchtet zugleich die besiegten Einheimischen:

> [...] l'indole indocile e bestiale dei sardi, che si perpetua nei bandidos scellerati che infestano i monti[75],

oder in hierarchisch gestaffelter Verachtung:

> Un sardo è meno di un mussulmano... L'infedele fa di conto, scrive, edifica imperi... Cosa sa fare, un sardo? [...] I sardi non hanno anima, gli occhi sono spenti, non brilla alcun barlume, si esprimono con grugniti cinghialeschi, vivono in tane affumicate senza finestra né camino, tremano come pecore quando sentono gli stivali dei soldados...[76]

Eine Spaltung geht aber auch durch die Oberschicht selbst und teilt sie in die Festland-Katalanen und Kastilier, die in der Ausübung eines Amtes nach Sardinien gekommen sind, und in die „catalani di quaggiù", die von den ersteren verachtet werden:

---

[73] Atzeni, *Apologo*..., S. 19 (Hervorhebung der Verf.).
[74] Atzeni, *Apologo*..., S. 36.
[75] Atzeni, *Apologo*..., S. 35, Gedankenbericht des Vizekönigs.
[76] Atzeni, *Apologo*..., S. 95, Gedankenbericht des Vizekönigs.

> I catalani di quaggiù son tonti in maniera davvero eccessiva, singolare, forse a causa dell'aer pestilencial che circonda la città, forse perché i migliori son rimasti a Corte...[77]

Die Sarden, die in der Hauptstadt leben, sind ihrerseits von den kulturellen Wertungen ihrer Herrn infiziert und haben die Mentalität von Kolonisierten entwickelt:

> Non hai visto? Deus non ha ascoltato i monaci di Arbarei, non ascolta i sardi. Con quelli di Aragona invece ha un patto di sangue. Sono guerrieri di Gesus [...][78]

Ein symbolisches Duell der Werte findet im zweiten Teil des Buchs zwischen den Antagonisten, dem Vizekönig Don Ximene und dem *giudice* Itzoccor Gunale statt. Freilich trägt Itzoccor nur mehr den Beinamen Richter, denn die historische Institution des Judikats ist 1420 mit dem Verlust des letzten Reichs, des *giudicato di Arborea*, verlorengegangen (jener Punkt der Historie, wo der fiktive Binnenerzähler von *Passavamo sulla terra leggeri* zu erzählen aufhört). In den Augen des Vizekönigs ist Itzoccor ein *bandido*, ein Aufständischer und Straßenräuber. In seiner Selbstsicht ist Itzoccor Träger einer historischen (Widerstands-) Mission, die ihm von seinen Vorfahren überliefert wurde; nicht umsonst trägt er den historisch verbürgten Namen einer Richter-Familie. Für den Vizekönig empfindet er Hass und Verachtung:

> Itzoccor Gunale odia l'istrangiu, lo straniero, con lo stesso odio intenso e freddo di suo padre e di tutti i Gunale prima di loro; odio e balentía dei Gunale molte volte raccontati, sui monti.[79]

Atzeni zeigt also Itzoccor, ganz im Sinn der Geschichtskonstruktion des Anthropologen Lilliu, als einen Vertreter der unbeugsamen Kultur des Inneren. Den Konflikt mit dem Vizekönig lässt er ihn symbolisch im Schachspiel (*lo shah*, so im Text) austragen. Der Vizekönig, der befürchtet, von Itzoccor verhext worden zu sein, will sich durch einen Sieg im königlichen Spiel seine Überlegenheit beweisen:

> „Idea bizzarra..." pensa il viceré „che esistesse un sardo maestro di shah... Certo, conosce il gioco, gioca, ma vincere... Pure quest'uomo ha portato disordine e inquietudine nella mia anima..."[80]

Die dritte Partie gewinnt der Sarde, und der Vizekönig lässt ihn wieder in den *pozzo*, das Brunnenverlies seines Palastes, werfen. Das Schachspiel dieses Textes nimmt die in der jüngeren Erzählliteratur nicht seltene Form des Zweikampfes auf Leben und Tod an, und es hat hier die Funktion, die *balentía* des Siegers als Vertreter seines Volkes unter Beweis zu stellen. Der Vizekönig geht aus diesem Duell gezeichnet hervor, sein Tod steht ihm ab diesem Ereignis ins Gesicht geschrieben, sichtbar auch für die anderen, die mit

---

[77] Atzeni, *Apologo*..., S. 64, Gedankenbericht des Inquisitors padre Gabriel Cordano.
[78] Atzeni, *Apologo*..., S. 23, direkte Rede eines Mannes aus dem Volk.
[79] Atzeni, *Apologo*..., S. 86.
[80] Atzeni, *Apologo*..., S. 113.

ihm Umgang haben. Der Sieger Itzoccor aber landet wieder in der Gruft des *pozzo*, vom Vizekönig dem Vergessen und Krepieren anheimgegeben. Weil er Sieger im königlichen Spiel ist, stirbt er nicht, überlebt er wie ein mittelalterlicher Heiliger auf wunderbare Weise – das ist einer der Einbrüche des magischen Realismus in diesen Roman –, bis ein zweiter Gefangener zu ihm hinabgeworfen wird: Alì, „figlio di Alì", Sohn eines Muslim und einer sardischen Sklavin. In diesem jungen Bastard, Sohn eines Andersgläubigen, erkennt Itzoccor einen ebenbürtigen Menschen und seinen Wahlsohn. Er lehrt ihn das Schachspiel. Am Ende des Romans, als die Initiation des jungen Mannes abgeschlossen ist, treten die beiden in einen Zweikampf ein, aus dem, wie aufmerksame Leser durch eine Prophezeiung wissen, die bereits auf Seite 20 abgegeben wird, Alì als siegreich und frei hervorgehen wird: nicht als Sieger über Itzoccor, sondern als einer, der sich Itzoccors Stärke und *balentía* einverleibt hat, wortwörtlich einverleibt, denn er isst sein Herz und seine Leber. Der befreite Alì ist eine mythische Wiedergeburt Itzoccors, die Neuinkarnation der alten Richter-Familie in einem Bastard und Sklavenkind.

Dieses Romanende, das nicht fertig erzählt, sondern nur angedeutet und durch die vorausdeutende Prophezeiung gestützt wird, enthält Züge des Utopischen (nicht aber der rückwärtsgewandten Utopie, wie im Fall von *Passavamo...*), Züge der Versöhnung von Diversität im Zeichen der Durchmischung und Durchdringung. Es steht in Analogie zur Kreolisierung des Italienischen durch die anderen Sprachen.

Itzoccor Gunale, der Vertreter der Ethnie der Sarden, ist eine durchaus ambivalente Figur, die ihre mythische Stärke aus anzestralem Hass gewinnt und darüber in Selbstzweifel gerät. Der ‚Richter' rein sardischer Herkunft ist die zentrale Figur eines *apologo*, wie der Titel des Romans zum Ausdruck bringt. Ein Apolog ist eine Lehrfabel, eine Gattung, der die allegorische Funktion eingeschrieben ist, so wie sie dem Text Atzenis eingeschrieben ist. Vom *apologo* zur *apologia* ist es freilich nur ein kleiner Schritt. Itzoccor bedarf auch der Rechtfertigung:

> [...] ho tradito il destino che mi è stato comandato dai veggenti, perché non sono stato giudice com'era profetato [...]. Un giorno sulla strada di Locoe un istrangiu mi fu consegnato nelle mani: lo guardai, non era un guerriero, era un mercante. I suoi occhi erano giusti. Chiese pietà in nome del Signore. Finsi di non comprendere la sua lingua. Lo decapitai.[81]

Wenn blinder Hass das Handeln leitet, geht die Fähigkeit zu differenzieren verloren. Itzoccor, der sardische Held, ist nicht die Identifikationsfigur des Textes. Die Sympathiesteuerung führt die Leser dazu, ihre Anteilnahme jenen beiden Figuren zu widmen, die trotz ihrer ‚bastardischen' Herkunft Jugend und Reinheit verkörpern: das Sklavenmädchen Juanica und Alì, der auf der Suche nach seinem Vater ist. Sie beide sind die symbolischen Sieger

---

[81] Atzeni, *Apologo...*, S. 94f.

der verflochtenen Geschichten, die dieser Roman erzählt, und ihre bastardisierte Herkunft wird dem Sardischen aufgepfropft. Alì wird Itzoccors Schüler, sein Sohn und seine mythische Reinkarnation. Die flüchtige Juanica findet Zuflucht in der Hütte, in der der sardische Prophet Kuaili gestorben ist, übernimmt als Erbschaft den Esel Perdinianu und die Ziege Arrungiosa, sie, die herkunfts- und heimatlose Sklavin, findet Wurzeln im sardischen Boden. Ihre ‚Ankunft' in der Naturidylle, die einem mittelalterlichen Zaubergarten gleicht, ist jener Moment des Textes, der das Wort Heimat nahe legt, zugleich aber auch – wie bereits diskutiert – einer jener Momente magischer Kommunikation mit einer ‚zeitlosen' Vorzeitigkeit, die viele neuere Texte der sardischen Literatur auszeichnet.[82]

Die Lehrfabel läuft also auf eine Verteidigung der Bastardisierung hinaus, so wie die Sprache des Textes auf der Praxis sprachlicher Durchmischung insistiert. Beides sind zentrale Elemente einer Poetik des Postkolonialen. Die zentrale Einsicht der postkolonialen Theoriebildung – „both colonizers and colonised are linked through their histories"[83] – ist allerdings für die Betroffenen nicht zwingend. Im Gegenteil, „kulturalistisch geprägte Selbstbehauptungsdiskurse"[84] können dazu führen, dass Kulturen essentialistisch gedacht werden und Erzähltexte binäre Oppositionen („wir" und „die anderen") in die erzählte Welt einführen. Dies ist, so meine ich, in *Passavamo sulla terra leggeri* der Fall, nicht aber in *Apologo del giudice bandito*. Es macht die Größe dieses Textes aus, dass er sich dieser Versuchung widersetzt, und der Autor kann das, indem er bestimmte Erzählverfahren wählt und andere ausschließt. Die ‚eigene' Geschichte wird dadurch zur *shared history*, nicht zum (gefälschten) Gründungsepos.

Rossana Copez, Co-Autorin der *Fiabe sarde*, hat im Jahr 2004 ein feministisches Gegenstück zum *Apologo*, zugleich eine diskrete Hommage an Atzeni, veröffentlicht. *Si chiama Violante*, ebenfalls ein historischer Roman, spielt in der zweiten Hälfte des 14. Jahrhunderts und erzählt die Lebensgeschichte einer Frau, donna Violante Carroz, die, obwohl sie als Feudalherrin im Auftrag des aragonesischen Königs nach Sardinien kommt, so gut wie keine Spuren in der offiziellen Historiographie hinterlassen hat: *her-story* einer Vertreterin der Zentralmacht. Eine interessante Radikalisierung der Schreibweise des *Apologo* gelingt Atzeni in seiner Erzählung *Bellas mariposas*, die ich im folgenden Kapitel analysieren werde.

---

[82] Man findet übrigens im *Apologo...* nicht wenige intertextuelle Anschlussstellen für *Passavamo sulla terra leggeri*, zum Beispiel dort, wo von der Herkunft der alten Sarden aus der Stadt Ur die Rede ist: vgl. *Apologo...*, S. 68f.

[83] Catherine Hall, Histories, empires and the post-colonial moment, in: Iain Chambers/Lidia Curti (Hg.), *The post-colonial question, common skies, divided horizons*, London/New York: Routledge 1996, S. 65-77, hier S. 67.

[84] Lackner/Werner, *Der ‚cultural turn' in den Humanwissenschaften*, S. 42.

Übersetzungen

Die sardische Literatur italienischer Sprache situiert sich im Innern eines Energiefeldes, das von der Ausstrahlung der Sprache Sardisch gebildet wird. Seien es Eigennamen, Toponyme, Redensarten, Sprichwörter und Zitate, Wiedergaben mündlicher Rede oder die Nachahmung von Mündlichkeit durch eine Erzählerstimme; die Präsenz des Sardischen bildet einen Subtext, der in, zwischen und unter den Zeilen des italienischen Textes lesbar bleibt, selbst bei jenen Autoren und Autorinnen, die nur selten auf sardische Einschübe rekurrieren. Diese fragmentarische Präsenz des Sardischen – einer Sprache, die im nationalstaatlichen italienischen Kontext ein geringes Prestige besitzen mag, der aber auf Sardinien hohe identitätsstiftende Funktion zukommt – ist insofern doppelt kodiert, als sie zwei verschiedene Lektürepraktiken nach sich zieht: eine ‚indigene' Lesart von auf Sardinien sozialisierten Lesern und eine ‚exogene' Lesart von solchen, die diese Lebenserfahrung und die mehr oder minder große Prägung durch die Zweisprachigkeit nicht teilen.

Man kann diese Ausgangslage auch auf die komplexe Äußerungssituation von Texten zurückführen, die überindividuell von einem kulturellen Kontext hergestellt wird, für den die diskursive Achse Zentrum-Peripherie konstitutiv ist. Der Ort (oder Nicht-Ort), von dem aus jemand etwas schreibt, ist immer ein konstitutiver Bestandteil eines literarischen Textes. Komplexe Äußerungssituationen sind ein Kennzeichen vieler postkolonialer Literaturen; Jean-Marc Moura hat in diesem Sinn die „Komplexität der Enunziation" der außereuropäischen frankophonen Literaturen analysiert.[1] Es lässt sich argumentieren, dass die sardische Literatur italienischer Sprache viele (nicht alle) Züge mit der von Moura beschriebenen Situation teilt: das Neben- und Miteinander mehrerer Kulturen und Sprachen, die Interaktion von (lokaler) Tradition und (entorteter) Modernität, das Schreiben für zwei verschiedene Publikumssektoren und die ungewöhnlich hohe Wichtigkeit, die literarischen Texten in einem solchen literarischen Feld zugeschrieben wird.

Derartige Texte erfüllen also gleichzeitig zwei Funktionen: Sie evozieren eine Kultur für die indigenen Leser und sie übersetzen sie für die exogenen, wobei ‚übersetzen' manchmal im wortwörtlichen, manchmal aber auch im übertragenen Sinn zu verstehen ist. Der metaphorische Gebrauch des Terminus ‚Übersetzung' ist von Doris Bachmann-Medick als das grundlegende Merkmal des *Translational Turn* in den Kulturwissenschaften beschrieben worden, wobei Bachmann-Medick mit gutem Grund vor einem „inflationä-

---

[1] Jean-Marc Moura, *Littératures francophones et théorie postcoloniale*, Paris: PUF 1999, S. 39: „une complexité énonciative que masque le critère linguistique (littératures d'expression française)".

ren Gebrauch" der Metaphorisierung von Übersetzung warnt.[2] Tatsächlich wird die metaphorische Ebene nicht immer scharf von der literalen getrennt. So sprechen zwar die meisten literaturwissenschaftlichen Studien, die sich im Kontext des *Translational Turn* situieren, mit Vorliebe von „Übersetzen als Denkform" und von der philosophischen Tradition dieser Denkform, um dann dort, wo es um konkrete Texte geht, im wesentlichen Übersetzungen im wortwörtlichen Sinn zum Untersuchungsgegenstand zu machen.[3] Auch Homi Bhabha lässt die beiden Ebenen, die wortwörtliche und die metaphorische, in seinen Ausführungen zur „cultural translation" in der Schwebe, ebenso übrigens die Unterscheidung der Ebenen der Lebenserfahrung und der literarischen Repräsentation. Wenn die Erfahrung von Migranten als „a translational one" beschrieben wird,[4] dann situiert sich eine solche Erfahrung auf einer anderen Realitätsebene als die literarische Strategie der Blasphemie, die Salman Rushdie in den *Satanischen Versen* anwendet, um die Lebensgeschichte des Propheten in einen neuen Kontext zu übertragen – ein textuelles Verfahren, für dessen Beschreibung die Terminologie der Intertextualitätstheorie mindestens ebenso nützlich scheint wie die von Bhabha bemühte Metapher Übersetzung (so wie im Übrigen auch die nichtmetaphorische Übersetzung als ein Spezialfall von Intertextualität aufgefasst werden kann). Suggestiv hingegen ist Bhabhas Auffassung vom performativen Charakter der (kulturellen und wortwörtlichen) Übersetzung; sie gewinnt damit eine sowohl praktische als auch politische Bedeutung, wird eine Form politischer Praxis. „[T]he performativity of translation as the staging of difference"[5] ist ein Wesensmerkmal von Übersetzung in Aktion: sie vollzieht etwas, und lässt Leser etwas nachvollziehen.

An diese Überlegung Bhabhas können Studien anschließen, die im Umfeld der Postcolonial Studies ein Phänomen beschreiben, das als „translat*ing* texts"[6] bezeichnet worden ist: literarische Texte, die vor ihrer allfälligen Übersetzung in eine andere als die Ausgangssprache bereits in sich ‚Übersetzungen' im wortwörtlichen und übertragenen Sinn enthalten. Solche Phänomene sind bei zweisprachigen Autoren und Autorinnen Übersetzungen aus der in einer Diglossie-Situation benachteiligten Sprache und Überführungen von Formen der Mündlichkeit in die Schriftlichkeit.

---

[2] Doris Bachmann-Medick, *Cultural Turns. Neuorientierungen in den Kulturwissenschaften*, Reinbek bei Hamburg: Rowohlt 2006, S. 272.

[3] Z.B. im Band von Vittoria Borsò/Christine Schwarzer (Hg.), *Übersetzen als Paradigma der Geistes- und Sozialwissenschaften*, Oberhausen: Athena 2006. Zitat aus dem Vorwort der Hg., S. 7. Im Kontext Sardiniens vgl. Mauro Pala, Lingua e confine: dalla traduzione alla riscoperta delle specificità locali, in: *La grotta della vipera* 91, 2000, S. 3-9.

[4] Homi Bhabha, *The location of culture*, London/New York: Routledge 1994, S. 224.

[5] Bhabha, *The location of culture*, S. 226.

[6] Paul Bandia, African Europhone Literature and Writing as Translation, in: Theo Hermans (Hg.), *Translating Others*, Vol. 2, Brooklands: St. Jerome 2006, S. 349-364, hier S. 358: "The African European-language text is, in our view, a translating text. The text (re-)articulates identity as it ‚translates' African sociocultural reality into a European language consiousness."

Übersetzungen

Um die begriffliche Unschärfe zu vermeiden, die ein inflationärer Wortgebrauch nach sich zieht, bedarf es also einer genauen Bestimmung dessen, was der metaphorische Einsatz des Wortes Übersetzung zum Ausdruck bringen soll. Man kann dabei drei Ebenen der Präzisierung unterscheiden: die Objektebene (was wird übersetzt?), die kommunikative Ebene (für wen wird übersetzt?) und die formale Ebene (wie wird übersetzt?), um sich so der Frage zu nähern, was kulturelle Übersetzung eigentlich sei.

Die Frage, für wen in den Texten übersetzt wird, von denen in diesem Kapitel die Rede sein wird, zog die Einführung der Unterscheidung zwischen indigenen und exogenen Lesern nach sich. Was aber übersetzen diese Texte genau? Es handelt sich jeweils um die Über-Setzung kultureller Codes und Kodierungsweisen von einem lokalen Kontext in einen anderen, und zwar im Rahmen von „interne[n] Übersetzungsvorgänge[n], wie sie bereits in die Entstehung der sogenannten ‚Originale' beziehungsweise Ausgangstexte einfließen".[7] Es ist ein wichtiger Gedanke, dass auch Texte, die nur auf einen Autor und nicht zusätzlich auf einen Übersetzungsvorgang hinweisen, Übersetzungsleistungen enthalten können. Die Frage, wie Autoren diese umsetzen – die Frage nach den formalen Lösungen – situiert sich im Rahmen einer Textpoetik, die im Fall der neueren sardischen Literatur wiederum manche Charakteristika der postkolonialen Schreibweise aufweist.

Das Schreiben für einen exogenen Leser, der interne Übersetzungsvorgang, der einer solchen Textproduktion zugrunde liegt, ist nicht immer einfach und kann sich am Rande des Scheiterns bewegen, wie folgendes Beispiel illustrieren mag. Im Oktober 1932, nach vielen Jahren faschistischer Haft, schreibt Antonio Gramsci aus dem Gefängnis an seinen achtjährigen Sohn Delio, der bei der Mutter in der Sowjetunion lebt und den er seit sechs Jahren nicht mehr gesehen hat:

> Molto tempo fa ti avevo promesso di scriverti alcune storie sugli animali che ho conosciuto io da bambino, ma poi non ho potuto. Adesso proverò a raccontartene qualcuna: - 1° Per esempio, la storia della volpe e del polledrino. Pare che la volpe sappia quando deve nascere un polledrino, e sta all'agguato. E la cavallina sa che la volpe è in agguato. Perciò, appena il polledrino nasce, la madre si mette a correre in circolo intorno al piccolo che non può muoversi e scappare se qualche animale selvatico lo assale. Eppure si vedono qualche volta, per le strade della Sardegna, dei cavalli senza coda e senza orecchie. Perché? Perché appena nati, la volpe, in un modo o in un altro, è riuscita ad avvicinarsi e ha mangiato loro la coda e le orecchie ancora molli molli. Quando io ero bambino uno di questi cavalli serviva a un vecchio venditore di olio, di candele, e di petrolio, che andava da villaggio in villaggio a vendere la sua merce (non c'era allora cooperative né altri

---

7 Doris Bachmann-Medick, Einleitung, in: dies. (Hg.), *Übersetzung als Repräsentation fremder Kulturen*, Berlin: Erich Schmidt Verlag 1997, 1-18, hier S. 2.

modi di distribuire la merce), ma di domenica, perché i monelli non gli dessero la baia, il venditore metteva al suo cavallo coda finta e orecchie finte.[1]

Wie schreibt man (s)einem Kind, das man so gut wie gar nicht kennt und das nie die ländliche Realität Sardiniens erlebt hat, von der die Geschichte auf ihre Weise erzählt? Gramsci schreibt auf Italienisch, was voraussetzt, dass der Brief für den Sohn ins Russische übersetzt werden muss: ein vom Vater unkontrollierbarer Übersetzungsprozess auf der nicht-metaphorischen Ebene. Gramsci erzählt eine Tiergeschichte, von der er annimmt, dass sie einen Achtjährigen interessieren kann. Und er erzählt von einer Realität und ihren Legenden, die die seiner Kindheit waren und von denen der junge Sohn nicht die geringste Kenntnis haben kann: hier beginnt die interne Übersetzungsleistung des Textes. Der Briefeschreiber passt sich dem von ihm vermuteten Erwartungshorizont seines Lesers an, erklärt Kontexte („non c'era allora cooperative...") und beglaubigt seine Erzählung durch den Rekurs auf die eigene Erfahrung („Quando io ero bambino..."), er gibt also der Differenz eine „Bühne", um auf Bhabhas Formulierung zurückzukommen. Und Gramsci schreibt ins Dunkle: wie der Brief gelesen werden wird, darüber wird er mit großer Wahrscheinlichkeit nichts erfahren.

„Antonio" (so die Briefunterschrift) an „Delio": diese historische Konstellation hat gewiss eine extreme Äußerungssituation und eine fast unmögliche Übersetzungsaufgabe erzeugt. Die Äußerungssituation der sardischen Literatur italienischer Sprache birgt im Vergleich dazu wesentlich mehr Chancen, ist aber auch komplexer, insofern zwei Adressatenkreise angesprochen werden. Sie bedient sich der verschiedensten Formen interner Übersetzungen, wie die folgenden zwei Textanalysen zeigen werden, und sie praktiziert, in unterschiedlich großem Ausmaß, die literarische Zweisprachigkeit. Beides ist, ästhetisch gesehen, eine Herausforderung, bewegt sich zwischen den Polen des Schwerfällig-Didaktischen auf der einen Seite und des Unverständlichen auf der anderen Seite; eine solche Äußerungssituation bedeutet immer auch einen Balanceakt.

Übersetzungen zwischen Diskurswelten:
Bellas mariposas, von Sergio Atzeni

> De abba frisca-in sa terra sidida
> de sa Sardigna, fist una sorgente
> *In ammentu de Sergio Atzeni* (Peppino Marotto)

Sergio Atzeni war in seiner zweiten Lebenshälfte professioneller Übersetzer aus dem Französischen. Er hat Stendhal, Sartre und Claude Simon übersetzt,

---

[1] Antonio Gramsci, *Lettere dal carcere*, hg. von Sergio Caprioglio und Elsa Fubini, Turin: Einaudi 1975, S. 685.

aber auch Claude Lévi-Strauss, Françoise Dolto und Gérard Genette.[2] Besondere Aufmerksamkeit verdient seine Übersetzung des preisgekrönten Romans *Texaco* des aus Martinique stammenden Autors Patrick Chamoiseau.[3] Chamoiseaus Roman ist in einem stark kreolisierten Französisch verfasst und überführt mit seiner fiktiven Ich-Erzählerin Formen von *oral history* der Insel Martinique in die Schriftlichkeit, ohne dabei der fabulierenden Phantasie irgendwelche Grenzen zu setzen. Unübersehbar ist diese Erzählpoetik jener vieler narrativer Texte Atzenis verwandt, und es nimmt nicht Wunder, dass die beiden Autoren, als sie sich kennenlernten, einander als Wahlverwandte empfanden. Patrick Chamoiseau hat Atzeni mit seinem schönen Text *Pour Sergio* ein literarisches Denkmal gesetzt.[4] Atzeni selbst hat mehrfach betont, wie sehr ihn die Arbeit an *Texaco* geprägt hat, und zwar besonders die Sprachkonzeption dieses Romans:

> Alcuni scrittori sono stati grandissimi nel valorizzare le parlate locali, pensa a Gadda [...] Non sono l'unico, in questo, né in Italia, né in assoluto: ho tradotto un autore della Martinica, Patrick Chamoiseau, che scrive in francese, ma mescolando una quantità di creolo delle isole caraibiche. Secondo me molti francesi non capiscono parole creole che però vengono capite da qualcuno e lentamente entrano a far parte del loro linguaggio.[5]

Mit dem letzten Satz spricht Atzeni den Rezeptionsmodus der exogenen Leser an, deren Lektüreakte der anderssprachlichen Einschübe sich durch den Kontext leiten lassen und am Rande der Intuition bewegen: so dass die Übersetzungsleistung in diesem Fall auf die Seite der Leser verschoben wird, die nicht nur Sprachfragmente, sondern mit ihnen idealiter auch Mentalitäten und Lebensformen mit-übersetzen. Im selben Interview äußert sich Atzeni, hier unverkennbar von Chamoiseau und dessen Strategien der *créolité*, geleitet, zur Frage der Sprachenmischung im literarischen Text:

> Per quanto riguarda la varietà [del sardo, B.W.] che amo di più e che so parlare, il cagliaritano, mi dispiace che si perda perché è idioma straordinariamente ricco, adatto all'insulto, all'invettiva, al racconto buffo, ed è anche la fonte di quell'italiano bislacco parlato a Cagliari, mescolando parole, costrutti linguistici. Questa è una ricchezza, ogni volta che più lingue producono mescolanza e contaminazioni c'è arricchimento.[6]

Eben diesem „verstiegenen Italienisch", das aus dem Kontakt mit der lokalen Variante des Sardischen entsteht, hat Atzeni in der posthum erschiene-

---

[2] Eine Liste seiner Übersetzungen findet man in der „Bibliografia delle opere di Sergio Atzeni", in: Giuseppe Marci/Gigliola Sulis (Hg.), *Trovare racconti mai narrati, dirli con gioia*. Convegno di studi su Sergio Atzeni, Cagliari: CUEC 2001, S. 155-186.
[3] *Texaco*, Turin: Einaudi 1994 (con nota del traduttore). Französische Erstausgabe 1992. In der Nota äußert sich Atzeni zu den Prinzipien, die seine Übersetzung geleitet haben. Vgl. dazu auch Gigliola Sulis, Nel laboratorio di uno scrittore traduttore. Sergio Atzeni e Texaco di Patrick Chamoiseau, in: *Portales* 2, 2002.
[4] Patrick Chamoiseau, Pour Sergio, in: *La grotta della vipera* 72-73 (1995), S. 22.
[5] Gigliola Sulis, Intervista a Sergio Atzeni, in: *La grotta della vipera* 66-67 (1994), S. 37.
[6] Sulis, Intervista a Sergio Atzeni, S. 37.

nen Erzählung *Bellas mariposas* (1996) ein Denkmal gesetzt, in der er die Kreolisierung des Italienischen auf die Spitze getrieben hat. Bedenkenswert ist schon allein die Tatsache, dass dem Sardischen im identitären ‚Epos' *Passavamo sulla terra leggeri* eine vergleichsweise geringe Rolle eingeräumt wird, während die Kreolisierung in der Erzählung *Bellas mariposas*, die in den 90er Jahren des 20. Jahrhunderts spielt, sehr weit reicht – und doch hat Atzeni an beiden Texten mehr oder minder gleichzeitig gearbeitet. Es ist gewiss letztlich müßig sich zu fragen, welcher Text das literarische Testament des Autors sei – es handelt sich um zwei Wege, die Atzeni gleichzeitig eingeschlagen hat und von denen man nicht weiß, wohin sie ihn geführt hätten und ob sie sich je wieder gekreuzt hätten.

Wie in allen seinen Texten, so hat Atzeni auch in dieser Erzählung großen Wert auf die Konstruktion einer kohärenten Äußerungssituation gelegt. Es handelt sich auch hier um eine Situation fiktiver Mündlichkeit. Das Ich des Textes, die zwölfjährige Caterina aus der cagliaritanischen Vorortesiedlung Santa Lamenera,[7] spricht zu einem textinternen Adressaten, dessen Präsenz durch wiederholte direkte Anreden markiert wird:

> e tu ora mi guardi a quello stesso modo lo so cosa vuoi e cosa pensi ma non io mi sei simpatico questa storia la racconto a te che hai buona memoria e dicono che sei buono a raccontare e scrivere mankai sias unu barabba de Santu Mikeli ma altro da me non prendi non guardarmi più con quegli occhi hai capito?[8]

Was hier auffällt – neben der unmarkierten Einfügung sardischer Syntagmen in den italienischen Text – ist die fast vollständige Absenz von Satzzeichen. Der Text gleitet dahin wie mündliche Rede, sein einziges Gliederungsprinzip ist einmal mehr die Präsenz von Textfragmenten, die durch typographische Zwischenräume begrenzt werden[9], sowie von Formulierungen, die refrainartig wiederkehren und die Kohärenz des Textes steigern: „Gigi del quinto piano l'innamorato mio" oder „mio padre pezzemerda". Die fiktive Mündlichkeit ermöglicht die Wahl eines Sprachregisters, in dem das lokale Italienisch und die lokale Variante des Sardischen sich vielfach vermischen, wie noch zu zeigen sein wird.

Caterina erzählt die Ereignisse eines Augusttages von drei Uhr morgens bis spät in den Abend hinein. Ihr Redefluss evoziert die soziale Realität des Vorortes, in dem sie lebt, eine Realität, die durch Armut, Arbeitslosigkeit, Promiskuität, Verfall der Familienstrukturen, Drogen, Waffen und Gewalt gekennzeichnet ist und die doch die Realität ist, in der sie sich bewegt wie ein Fisch im Wasser. Sie und ihre Freundin Luna, die beiden Protagonistinnen, haben die Zeichen dieses urbanen Dschungels zu deuten gelernt. Die Stadt erleben sie als ihren Aktionsraum, während die Wohnung der Eltern

---

[7] Fiktives Toponym.
[8] Sergio Atzeni, *Bellas mariposas*, Palermo: Sellerio 1996, S. 117.
[9] Zu diesem Grundbaustein der Erzählkunst Atzenis vgl. Cristina Lavinio, Tecnica del frammento e sperimentazione linguistica, in: Marci/Sulis (Hg.), *Trovare racconti mai narrati...*, S. 65-79.

durch Überbelegung ein Ort qualvoller Bedrängnis ist. Caterinas Bewusstsein ist ein durch und durch städtisches; es enthält eine Topographie von Orten, die man benützen kann und solchen, die man besser meidet, eine Topographie von Möglichkeiten und Unmöglichkeiten, in der man sich strategisch bewegt. Catarina und Luna sind in aller Unschuld *fleurs du mal*, Blumen des Bösen aus einer gewaltbereiten und vom Machismus geprägten Vorstadt; wenn es darauf ankommt, können sie gut gekleidete und mit Aktentaschen bewehrte Bürger so schlagen und treten, dass diese sich auf dem Gehsteig krümmen. Die Mädchen vertreten die ‚andere', die postmoderne Seite von Atzenis Cagliari: ein Milieu von zugezogenen und von prekären Jobs lebenden *underdogs*, denen weder die traditionelle ländliche Moral noch eine neue Form von Moral zur Verfügung steht. Was sich Caterina und Luna als Handlungsanleitung zurechtgebastelt haben, vereint Fragmente lokaler Traditionen mit internationalen Rollenmodellen der Jugendkultur und jener Selbstverteidigung, deren Notwendigkeit ihre Umwelt ihr ununterbrochen nahe legt.

Abb. 2: Graffity in Cagliari

Ihrem Alter an der Schwelle zur Pubertät gemäß hat Caterina ihre Welt in gute und böse Akteure geteilt: Gut ist die Mutter, die die Familie erhält (Schwarzarbeit als Putzfrau), böse der Vater, der der zahlreichen Familie nur zur Last fällt; dumm ist die Schwester Mandarina, die mit zwanzig Jahren ihre drei Kinder durch Prostitution ernähren muss, lebensklug ist sie selbst und sind ihre Freunde und Freundinnen, die ‚wissen', wie man Santa Lamenera eines Tages hinter sich lassen kann. Caterina will einen Schulabschluss und ein Motorrad, sie will kirchlich heiraten und sich keinesfalls prostituieren. Folgendes Zukunftsprojekt erwähnt sie mehrfach:

voglio diventare rockstar dopo che sarò rockstar sceglierò l'uomo per ora meglio vergine[10]

In den Äußerungen dieser Figur vermischen sich also verschiedene Diskurswelten sowie lokale und überregionale Kulturen: ein aggressiver Marktdiskurs (Sex als Ware ist in diesem Text die Metapher für jede urbane Beziehungsrealität), die lokale und die internationale Jugendkultur (Musikgruppen, Fußball, Fernsehserien, Mode), der katholische Diskurs (die kirchliche Heirat als Bestandteil der Lebensplanung, der Wunderglaube), die mediterrane Geschlechterhierarchie als gelebte Alltagskultur, sardische Folklore (die Wahrsagerin, die nebenbei „antiche danze di Arbarei" als magische Praxis anbietet).

Die radikale Durchmischung kultureller Verhaltensweisen und sprachlicher Ausdrucksformen wird hier also nicht durch ein Kollektiv von Figuren, wie im *Apologo del giudice bandito*, gezeigt, sondern im Innern einer einzigen Figur zum Ausdruck gebracht. Das Vorstadtkind Caterina lebt in einer Stadt, in der Lokales und Globales einander (neu-) organisieren.[11] Sie vereint in sich sardisches Identitätsbewusstsein mit Elementen globalisierter Jugendkultur. Entwurzelung bedeutet hier vor allem den sozialen Verlust all dessen, was eine lokale oder städtische Identität *positiv* ausmachen könnte: Caterina ist ein sardisches Mädchen, sie kann Sardisch, sie lebt in der Hauptstadt Sardiniens, und doch ist das nicht bedeutungsvoller für sie als die *canzoni di moda*, die ihr im Kopf herum gehen oder die *gelaterie*, die die Knotenpunkte ihrer Stadt-Topographie bilden. Das *quartiere Santa Lamenera*, eine cagliaritanische Stadtperipherie, hat strukturell und sozial dieselben Probleme, die vergleichbare Viertel in Marseille oder Athen aufweisen. Die Mischung aus globalen und lokalen kulturellen Vorbildern und Werten, die die Welt dieser jungen Figur ausmachen, zeigt auch die strukturelle Austauschbarkeit des Lokalen, insofern dieses nichts anderes als die Desolatheit eines städtischen Soziotops darstellt.

Bezogen auf die Rezeption leistet dieser Text gleichwohl eine metaphorische Übersetzungsleistung für exogene Leser. Er präsentiert eine vielschichtige urbane Realität in einem literarischen Feld, in dem die sardische Literatur italienischer Sprache zumindest seit Grazia Deleddas Zeit mit Erzählungen aus der ländlichen Welt der Barbagia, einer Welt, die durch einen ‚archaischen' Verhaltenskodex gekennzeichnet ist, identifiziert wurde. Der Text transportiert und über/setzt also ein radikal ‚anderes' Sardinien als jenes, das aus Film und Literatur bekannt ist,[12] und er tut es in einer dezidiert innovativen Sprachform.

---

[10] Atzeni, *Bellas mariposas*, S. 65f.
[11] Zur ‚postkolonialen' Qualität der wechselseitigen Neuorganisation und Umgestaltung von Globalem und Lokalem vgl. Stuart Hall, Wann war der ‚Postkolonialismus'? Denken an der Grenze, in: Elisabeth Bronfen/Benjamin Marius/Therese Steffen (Hg.), *Hybride Kulturen. Beiträge zur angloamerikanischen Multikulturalismusdebatte*, Tübingen: Stauffenburg 1997, S. 219-246.
[12] Vgl. dazu auch das letzte Kapitel dieses Buchs, „Glokal".

Sein kreolisiertes Italienisch verlangt den exogenen Lesern ununterbrochen konkrete Übersetzungsleistungen ab: und ist damit doch wieder unverwechselbar ‚sardisch' markiert. Das Sardische wird dabei dem Italienischen ohne jegliche Markierung aufgepfropft – ähnlich wie im Fall des kreolisierten Französisch, das Chamoiseau in *Texaco* verwendet. Es handelt sich dabei um die schriftliche Mimesis des Phänomens des Codeswitching, wie es für den mündlichen Gebrauch zweier Sprachen in asymmetrischer Kontaktsituation kennzeichnend ist.[13] Die sprachliche Variante, die Atzeni präsentiert, ist sowohl regional markiert (das Cagliaritanische als städtische Variante des *campidanese*) als auch als Soziolekt gekennzeichnet (die Sprache einer Unterschicht).

Abb. 3: Cagliari, Bastione Santa Croce

Giuseppe Marci weist in seiner detaillierten Studie von Atzenis Umgang mit dem Sardischen darauf hin, dass Texte wie *Bellas mariposas* einen Schwundzustand des im Raum Cagliari gesprochenen Sardisch dokumentieren. Der „socioletto alto" des städtischen Sardisch sei nämlich in den letzten Jahrzehnten verschwunden:

> [...] può alla fine risultare che l'insulto, l'invettiva, il racconto buffo non siano la caratteristica fondamentale della lingua bensì l'estremo ridotto in cui si è chiusa

---

[13] Vgl. Rosita Rindler Schjerve, Codeswitching – oder Sprachstrukturen im Konflikt? in: Wolfgang M. Moelleken/Peter J. Weber (Hg.), *Neue Forschungsarbeiten zur Kontaktlinguistik*, Bonn: Dümmler 1997, S. 437-446.

per difendersi da forze preponderanti ma che ancora non riescono a ridurla a silenzio. Su questo punto occorre riflettere, perché è anche possibile che l'opinione di Atzeni, tanto suggestiva quanto feconda nella sua costruzione letteraria, non collimi sempre con la storia della lingua cagliaritana, che, nonostante la sua vitalità, ha subito un notevole impoverimento.[14]

Atzeni, der für sich festgehalten hat, dass die Literatur nicht der Ort der *memoria*, sondern ein Ort der Sprache sei,[15] bedient mit seiner Erzählung das *sprachliche* Gedächtnis einer Stadt. Was für die indigenen Leser ein Anlass zu reinem *plaisir du texte* sein mag, erfordert von Seiten der exogenen Leser eine Bereitschaft zur Mitarbeit. Das Sardische erscheint in *Bellas mariposas* nicht nur in Eigennamen und Toponymen (zum Beispiel *Kasteddu* als Metonymie für Cagliari[16]), sondern in zahlreichen Einsprengseln, die – typisch für das Phänomen des Codeswitching – von Einzelwörtern über Syntagmen bis zu ganzen Sätzen und Satzfolgen reichen, wobei manche sardische Wörter auch in italianisierter Form auftreten:

> signora Sias che pare la sirena di un piroscafo uscendo dal porto finzas a candu signor Federico babbasone si sveglia e porta il vaso da notte alla moglie[17]

Finzas a candu [fino a quando] ist dabei eine sardische Konjunktion, während *babbasone* die italianisierte Version von *babbasoni* [Trottel] ist. Atzeni setzt die Kreolisierung als sprachliches Verfahren gelegentlich auch als Mittel der Komik ein. Gigi „l'innamorato mio", der sich im Laufe des erzählten Tages für ein anderes Mädchen interessiert, wird in Caterinas Erzählung folgendermaßen abgefertigt:

> Se passi stasera alle otto al campo incontri Samantha Corduleris la vedi di sicuro tutte le sere è al campo dalle otto alle otto e mezza può darsi ti dirà di sì lui ar obertu is ogus de su spantu e de su prejiu e ha detto Mi dirà di sì?[18] [Lui ha aperto gli occhi dalla sorpresa e dalla felicità]

Der sardische Einschub knapp vor der viele Leser an Don Giovannis *Là mi dirai di sì* erinnernden Frage ist zweifelsohne komisch, zumal die Leser wissen (was Gigi noch nicht weiß), dass besagte Samantha sich auf dem Fußballplatz mit *blow jobs* beschäftigt. Doch sind komische Effekte nicht die einzige Funktion dieses literarisierten Codeswitching. Das Sardische kann auch als Markierung der emotionalen Beteiligung der Sprecherin funktionieren:

---

[14] Giuseppe Marci, *Sergio Atzeni: a lonely man*, Cagliari: CUEC 1999, Kap. „Onomastica, toponomastica, imprecazioni e insulti: una lingua *calaritana*". Dieses Kapitel enthält auch ein hilfreiches Glossar der sardischen Wörter, die Atzeni verwendet.
[15] Sulis, *Intervista a Sergio Atzeni*, S. 30: „Crede che la letteratura sia principalmente il paese della memoria, come sostengono alcuni critici? – No! Secondo me la letteratura è il paese della lingua."
[16] *Su Casteddu*, it. *il Castello*, bezeichnet die mauernbewehrte Oberstadt, als *pars pro toto* aber auch Cagliari.
[17] Atzeni, *Bellas mariposas*, S. 66.
[18] Atzeni, *Bellas mariposas*, S. 98.

> Se lo uccidi ti denuncio mancai sias frari meu[19] [anche se sei mio fratello]

In jeder Funktion stellen diese Einschübe des Sardischen die exogenen Leser vor die Aufgabe, intuitive Übersetzungen zu erstellen oder aber Syntagmen und Sätze in ihrer Fremdheit und Unübersetzbarkeit als Signifikanten der sprachlichen Alterität und der Alterität schlechthin zu akzeptieren. Eine kreolisierte Sprache dokumentiert Zweisprachigkeit, sie verschiebt die (wortwörtliche) Übersetzungsleistung auf die Seite der Rezeption. Vielleicht werden dann eben die Leser kurzfristig zu „Hütern der Diversität", wie Patrick Chamoiseau seine – von Atzeni geteilte – sprachliche Utopie benannt hat.[20]

Die Schreibweise von *Bellas mariposas* ist, literarästhetisch gesehen, ein äußerster Punkt in einer langen Entwicklung des Umgangs mit literarischer Zweisprachigkeit, die viele und vor allem viel didaktischere Vorformen kennt, auch in Sardinien.

Übersetzungen zwischen den Kulturen: die Bustianu-Serie von Marcello Fois

Es ist das Werk von Grazia Deledda, das zum ersten Mal die Rolle einer international erfolgreichen ‚Selbstübersetzung' sardischer Kultur für exogene Leser gespielt hat. Die Nobelpreisträgerin aus Nuoro, die einen Großteil ihres erwachsenen Lebens in Rom verbrachte, hat ihre zahlreichen Romane und Novellen fast ausschließlich in ihrer engeren Heimat, in Nuoro und Umgebung, angesiedelt. Die weite Verbreitung ihrer Schriften in Italien und Europa hat die – im 19. Jahrhundert durch Reiseberichte vorbereitete – Assoziation verfestigt, die Sardinien lange Zeit und ausschließlich mit der Barbagia und deren ländlich-archaisch geprägter Kultur identifiziert und den Blick für die städtischen Kulturen der Insel tendenziell verstellt hat. Zugleich bediente und bedient diese spezifische Repräsentationsform Sardiniens das exotische Plaisir der exogenen Leser.

Auch Grazia Deledda fand sich als Erzählerin vor der Aufgabe, eine von den urbanen kontinentalen Lebenserfahrungen des frühen 20. Jahrhunderts deutlich abweichende materielle Kultur und ein archaisches Wertesystem für ihre kontinentalitalienische Leserschaft verständlich und interessant zu machen. Ihre sprachlichen Lösungen sind formal einfach. Wo sie Elemente sardischer Folklore in ihre Geschichten einbaut, behilft sie sich gelegentlich mit der didaktischsten aller Möglichkeiten, der Fußnote. Werden im Text die *panas* genannt, so liefert dazu die Fußnote die Erklärung: „Donne morte di

---

[19] Atzeni, *Bellas mariposas*, S. 103.
[20] Chamoiseau, Pour Sergio, S. 22: „nous étions d'accord pour qu'une traduction honore avant tout l'opacité irréductible de tout texte littéraire, pour que, dans ce monde qui a enfin une chance de s'éveiller à lui-même, le traducteur devienne le berger de la Diversité."

parto".[21] Das funktioniert auch umgekehrt: der Text liefert die Beschreibung des Phänomens – „queste minuscole abitazioni preistoriche esistevano ed esistono ancora, monumenti megalitici che risalgono a epoche remote, chiamati appunto le Case delle piccole Fate" – und die Fußnote steuert den sardischen Terminus bei: *janas*.[22] Veristische Techniken der Beschreibung bieten darüber hinaus die Möglichkeit, alltägliche Handlungen des häuslichen, des bäuerlichen und des Hirtenlebens vor den Augen der Leser zu entfalten und zu benennen und damit einen anthropologischen Blick auf die sardische materielle Kultur zu ermöglichen.

Diese vergleichsweise einfachen Techniken, die Partikularitäten der eigenen Literatur für exogene Leser zu explizieren, finden sich, zum Beispiel, auch in frühen Phasen der außereuropäischen frankophonen Literatur. Sie kennzeichnen generell eine Phase, in der der Vorgang der kulturellen Übersetzung selbst noch nicht problematisch geworden ist, weil er formal an die Tradition des anthropologischen Blicks von Reiseberichten (also der Fremdsicht von außen) anschließen kann und von einem weitgehend unreflektierten binären Konzept vom Eigenen und vom Fremden ausgeht. Die genannten Schreibtechniken fügen sich darüber hinaus gut in eine im weitesten Sinn realistische Erzählpoetik, deren Vorbild der europäische Roman des 19. Jahrhunderts ist.

Für Autoren wie Atzeni ist sowohl die realistische Romanpoetik als auch die Binarität von Außen und Innen problematisch geworden, und daher hat die Frage der kulturellen Übersetzung ihre Selbstverständlichkeit verloren und ist in eine selbstreflexive Phase getreten. Sie wird, wie wir bei Atzeni gesehen haben, von Text zu Text neu aufgeworfen und neu gelöst – bis hin zu der radikalen Lösung, die der Autor für *Bellas mariposas* gefunden hat. Nun ist diese Erzählung ein ausgesprochen experimenteller Text. Anders stellt sich das Problem der kulturellen Übersetzung innerhalb einer Textgattung wie dem Detektivroman, der andere Lesererwartungen weckt und anderen Lektüreverträgen[23] unterliegt. Marcello Fois, Autor von höchst erfolgreichen *gialli* – aber nicht nur von solchen – hat dieser zugleich ästhetischen und politischen Frage große Aufmerksamkeit gewidmet. Die Trilogie, in der die Figur des avvocato Bustianu die strukturelle Funktion des Detektivs übernimmt, ist in dieser Hinsicht besonders interessant: denn sie ‚über-

---

[21] Grazia Deledda, *Canne al vento*, Mailand: Mondadori 1990 (= Oscar classici moderni), S. 5.
[22] Grazia Deledda, *Cosima*, Mailand: Mondadori 2000 (= Scrittori del Novecento), S. 12. Eine Untersuchung des (bescheidenen) Wandels dieser Techniken im Laufe der Jahrzehnte von Deleddas literarischer Produktion bietet Cristina Lavinio, *Narrare un'isola. Lingua e stile di autori sardi*, Rom: Bulzoni 1991, S. 93ff.
[23] Vom Vertrag des Lesers mit dem Autor spricht Umberto Eco in *Sei passeggiate nei boschi narrativi*, Mailand: Bompiani 1994, Kap. 4. In Weiterführung seiner Gedanken liegt es nahe zu postulieren, dass verschiedene Gattungen verschiedene Lektüreverträge erzeugen.

setzt' nicht nur zwischen den Kulturen, sondern auch zwischen den Zeiten, spielt sie doch an der Wende vom 19. zum 20. Jahrhundert.

> Marcello Fois, 1960 in Nuoro geboren, lebt und arbeitet in Bologna. Unter den gegenwärtigen sardischen Autoren und Autorinnen italienischer Sprache gehört er zu jenen, deren Werke die größten Verkaufszahlen erreichen und in die meisten Sprachen, auch ins Deutsche, übersetzt worden sind. Das hängt nicht nur mit seinem literarischen Talent, sondern auch mit den von ihm gewählten Gattungen zusammen. Fois war Mitglied des mittlerweile legendären „gruppo 13" Bologneser Kriminalautoren. Dem Genre des Noir gehört seine erste Trilogie an, die aus den Bänden *Ferro Recente* (1992), *Meglio morti* (1993) und *Dura madre* (2001) besteht. Die in ihrer Handlungszeit um ein Jahrhundert zurückversetzte zweite Trilogie *sempre caro* (1998), *sangue dal cielo* (1999) und *l'altro mondo* (2002) ist hingegen mit der Figur des avvocato Bustianu dem Genre des Detektivromans zuzurechnen. Fois' literarische Arbeiten sind aber nicht auf *gialli* beschränkt; mit *Picta*, einer fiktional-intermedialen Auseinandersetzung mit der Malerei, hat er 1992 den Premio Calvino gewonnen, *Nulla* (1997) und *Memoria del vuoto* (2006) sind weitere Beispiele seiner formal sehr vielfältigen Erzählkunst. Fois ist auch Drehbuchautor einiger Filme (u.a. des in Sardinien spielenden zweiteiligen Fernsehfilms *L'ultima frontiera*, 2006).
>
> Die Bustianu-Trilogie wurde vollständig ins Deutsche übersetzt (von Petra Kaiser und Peter Klöss, Heyne-Verlag).

Fois' Bustianu-Trilogie situiert sich innerhalb des Phänomens der sogenannten *scuola sarda del giallo*, zu der an dieser Stelle ein kleiner Exkurs vonnöten ist. Die beiden ersten Texte dieser *scuola*, die keineswegs eine Gruppe mit einem gemeinsamen Programm bezeichnet, sondern eher so etwas wie ein Herkunftssiegel darstellt, sind *Procedura* von Salvatore Mannuzzu und *L'oro di Fraus* von Giulio Angioni, beide aus dem Jahr 1988. Die Bezeichnung selbst wurde vom Schriftsteller Oreste Del Buono, der lange Zeit für die Reihe „Il Giallo Mondadori" verantwortlich zeichnete, geprägt.[24] So wie Mannuzzu, der Autor von zumindest zwei ‚literarischen' Kriminalromanen, sich immer der seriellen Produktion verweigert und das strukturelle Element der detektivischen Recherche mit komplexen Erzählformen verbunden hat, haben auch andere Autoren und Autorinnen das Genre nicht erfüllt, sondern als Spielmaterial für einzelne Texte benützt – zum Beispiel Maria Giacobbe, Flavio Soriga und Giulio Angioni. Der erste Autor serieller Kriminalromane, die auf Sardinien spielen, ist Marcello Fois; wie kreativ er mit den Gesetzen der Serie umgeht und sie für genuin literarische Zwecke

---

[24] Information aus: *L'Unione Sarda*, 3.11.2002, Una Sardegna in „giallo" (Giovanni Mameli).

nützt, zugleich aber auch die Lust der Leser an der Wiedererkennbarkeit von Figurenkonstellationen und Milieus befriedigt, wird in der Folge noch diskutiert werden.[25] Mittlerweile hat sich mit dem Autor Giorgio Todde eine weitere sardische Krimiserie auf dem Markt etabliert, der ein gewisser Manierismus zu attestieren ist, die als Rhetorik der Überbietung qualifiziert werden muss: sein Detektiv ist nämlich einer schillernden historischen Persönlichkeit des 19. Jahrhunderts nachgebildet, die durch das Einbalsamieren von Leichen zu lokaler Berühmtheit gelangte, und verfügt über den klinischen Blick seines Schöpfers (eines Arztes).[26]

Ein Charakteristikum der *scuola sarda del giallo* ist ihre unverwechselbare lokale Bindung. Mannuzzus Sassari, Angionis Campidanese, Cagliari im Fall von Giorgio Todde und das Nuorese im Fall von Fois: immer agieren die Detektivfiguren in (vermeintlich) überschaubaren Welten. Dem stehen allerdings ganz unterschiedliche Gattungsmodelle und Erzählmodi gegenüber. Während Toddes *imbalsamatore* ein genuiner Nachfolger Poes ist, der die Machenschaften des Bösen in seinem lokalen Umfeld kraft seines Intellekts durchschaut, ist bei Mannuzzu genau das Gegenteil der Fall: gerade das Lokale wird bei diesem Autor zur Metapher des ganz und gar Undurchsichtigen und beunruhigend Labyrinthischen.[27]

Marcello Fois' Detektivfigur, der avvocato Bustianu, agiert – im Gegensatz zu den Ermittlern der ‚modernen' Serie desselben Autors – bei all der Skepsis, die ihm zu eigen ist, ebenfalls nicht erfolglos. Es scheint so, als ob Fois in der historischen Serie, die ja auch nicht dem Genre des Noir angehört, sich und den Lesern die eine oder andere Wunscherfüllung gestatte, die er in der modernen Serie strikt unterbindet. Doch in diesem Kapitel geht es nicht um eine Typologie des sardischen Kriminalromans, sondern um die kulturelle Übersetzungsleistung, die die drei Romane leisten, sowie um die Formen der Zweisprachigkeit in diesen Texten.

Bustianu, mit vollem Namen Sebastiano Satta, ist eine freie Nachschöpfung einer historischen Figur, des Rechtsanwalts und Dichters gleichen Namens.[28] Sebastiano Satta, Autor der *Canti barbaricini* (1910) und der *Canti del salto e della tanca* (1924 posthum erschienen), ist, formal gesehen, ein sozial engagierter Lyriker klassizistischer Prägung; freilich wird ihm eine solche Etikettierung nicht gerecht, denn sein Prestige als Dichter in seiner

---

[25] Die deutschen Versionen der Bustianu-Trilogie (*Tausend Schritte*, *Himmelsblut* und *Die blaue Zunge*) tragen alle zur besseren Erkennbarkeit (und Vermarktung) den Untertitel „Ein Fall für Avvocato Bustianu".

[26] Bisher erschienen: *Lo stato delle anime* (2002), *Paura e carne* (2003) *L'occhiata letale* (2004), *E quale amor non cambia* (2005) und *L'estremo delle cose*. Näheres zu Todde vgl. Kap. „Cagliari".

[27] Dazu mehr im Kap. „Glokal".

[28] Sebastiano Satta (1867-1914), Rechtsanwalt, Sozialist, Dichter mit dem Lebensmittelpunkt Nuoro, nicht zu verwechseln mit dem Romanautor Salvatore Satta. Zu Sebastiano Satta vgl. Ugo Collu/Angela M. Quaquero (Hg.), *Sebastiano Satta: Dentro l'opera dentro i giorni*, Nuoro: STEF 1988.

Heimatstadt ist untrennbar mit seiner Tätigkeit als Anwalt der Armen und seinem unkonventionellen Lebensstil verbunden. Wie sehr Sebastiano Satta in Nuoro (und generell auf Sardinien) geliebt wurde, illustriert folgender Bericht:

> Alla notizia della morte di Sebastiano Satta pastori e banditi, e insieme a loro i contadini, scesero dai monti per accompagnarlo all'ultima dimora. Il poeta fu popolare e amato fra i Sardi contemporanei, che si dilettavano ad ascoltare anche in pubbliche letture i suoi canti, ispirati agli ideali di uguaglianza e di progresso sociale, ai miti dell'immaginario collettivo: la natura, la donna (sposa e madre-matriarca), l'amore, le leggende tradizionali, il pastore, il bandito, l'odio, la vendetta, il ribellismo e l'attesa di una palingenesi. Sono i temi di una mitica e drammatica identità sarda [...].[29]

Die Figur Bustianu erfüllt also durch ihre Rückbindung an eine Positiv-Figur der barbaricinischen Kultur für die indigenen Leser die Funktion der identitären und affektiven Bindung; ein Abbild der Bronzefigur des historischen Sebastiano Satta ist das Erkennungszeichen, das die äußere Umschlagseite der drei Romane schmückt.[30] Inwiefern Bustianu *poeta* ist, bedarf für die exogenen Leser einer zusätzlichen Information, die Fois sehr elegant gelöst hat und die natürlich auch die indigenen Leser erfreuen kann. Den Platz der Poesie besetzt nämlich in den drei Romanen die Erzählersprache, die immer wieder sich von *action* und *analysis* löst und Passagen lyrischer Prosa enthält, wie sie in einem Detektivroman ganz und gar ungewöhnlich sind. Dazu gehört, dass die Natur, eine lukrezianische Natur, wie Andrea Camilleri im Vorwort zu *sempre caro* schreibt, eine vielleicht ebenso wichtige Rolle spielt wie die Elemente des Plots: „un ‚giallo' non urbano è veramente una perla rara."[31]

Andere Züge dieser Romanserie wirken dagegen wie Versatzstücke aus der Tradition des klassischen Detektivromans mit männlichen Protagonisten: Bustianu ist, wie sein historisches Vorbild, Rechtsanwalt in Strafprozessen und findet sich häufig in der Rolle des Verteidigers der Armen und Rechtlosen. Zu Beginn des ersten Bandes ist er knapp dreißig, fühlt sich jedoch schon alt, lebt unverheiratet mit seiner Mutter und erfüllt in jeder Hinsicht den Charakterzug der Bärbeißigkeit und den Lebensstil des einsamen Junggesellen, die Detektivfiguren der männlichen Tradition auszeichnen:

> Educatamente grezzo. Elegantemente barbarico. Quasi un signore rustico.[32]

---

[29] Giovanni Pirodda, Prefazione, in: Sebastiano Satta, *Canti*, Nuoro: Ilisso 1996 (= Biblioteca sarda 1), S. 9.
[30] Das Foto der Plastik von Costantino Nivola erinnert zugleich an die Bronzefigurinen der Nuraghen-Epoche.
[31] Andrea Camilleri, Prefazione, in: Marcello Fois, *sempre caro*, Nuoro/Mailand: Il Maestrale/Frassinelli 1998, S. X.
[32] Fois, *sempre caro*, S. 54.

Im zweiten Band wird er sich in eine Frau zweifelhaften Rufs („una chiacchierata"[33]) verlieben und sich in Band drei über diese Frau mit seiner Mutter zerstreiten. Seine Fälle löst er zunächst gegen, später mit dem zum Freund gewordenen brigadiere Poli von der Regia Arma dei Carabinieri, meist jedoch sind die staatlichen Autoritäten ebenso wenig hilfreich wie die kirchlichen. Die Lösungen der Rätsel gelingen ihm kraft seiner dichterischen Fähigkeit, die Dinge (die Wörter) an den rechten Platz zu rücken:

> In fondo è come scrivere una poesia, le parole giuste si trovano senza sapere come. I versi si dispongono naturalmente, contro ogni logica, contro ogni previsione. Mai stato uno positivista![34]

Manche dieser Elemente, die Bustianu und sein Handeln so sehr in die Tradition von gattungstypischen Stereotypen stellen, werden den Lesern scheinbar augenzwinkernd angeboten und ermöglichen eine ‚postmoderne' Lesart, die durch Vergnügen und Leichtigkeit gekennzeichnet wird. Gleichzeitig aber handelt es sich um sehr ernsthafte Texte, deren Bemühen um kulturelle Übersetzung jede Beliebigkeit unterläuft.

Zu dieser Ernsthaftigkeit gehört die Sorgfalt, die Fois, ebenso wie Atzeni, aber eben im Gefäß einer popularen Erzählform, in jedem der drei Bände auf die Konstruktion einer jeweils neuen Äußerungssituation und eines jeweils neuen Erzählmodus legt, so wie er sich, unter Berufung auf Atzeni, die Frage der literarischen Kommunikation stellt, die auf Sardinien mit der Frage der Sprachenwahl zusammenhängt:

> Sergio Atzeni [...] risolveva il problema in modo semplice, ma efficace: „sono sardo, sono italiano, sono europeo". Mi sento di sottoscrivere. In primo luogo perché l'attività letteraria vive anche di un atteggiamento compromissorio. A chi parlo se nessuno mi capisce? A quanti parlo se uso un codice troppo ristretto? La lingua non è una specialità culinaria.[35]

Der Einsatz der Sprache(n) als „kulinarische Spezialität" kennzeichnet im Gegensatz zu Fois die Schriften Salvatore Niffois – mit dem Resultat, dass die Romane dieses Autors weniger der kulturellen Übersetzung dienen als vielmehr die sardische Kultur in den Bereich des Exotischen rücken.[36]

Der erste der Bustianu-Romane, *sempre caro* (1998), situiert seinen Handlungzeitraum zwischen 1897 und 1898 und lässt drei Ich-Erzähler auf drei verschiedenen zeitlichen Ebenen auftreten: den Ich-Erzähler der Ebene der Enunziation, der auf die Erzählungen seines Vaters rekurriert („A me me

---

[33] Marcello Fois, *sangue dal cielo*, Nuoro/Mailand: Il Maestrale/Frassinelli 1999, S. 60: „Quella Patusi è una chiacchierata."
[34] Fois, *sempre caro*, S. 54.
[35] Marcello Fois, Il coraggio del presente, in: *La grotta della vipera* 78, 1997, S. 49-51, hier S. 49. Es sei an dieser Stelle daran erinnert, dass es Antonio Gramsci war, der als erster das Trinom „sardo – italiano – europeo" für sich in Anspruch genommen hat.
[36] Salvatore Niffois erster Roman *Il viaggio degli inganni* erschien 2001 bei Il Maestrale in Nuoro. Mittlerweile ist der Autor zu Adelphi gewechselt.

l'ha raccontata così mio padre"[37]) und Bustianu selbst, der ebenfalls als Erzähler zu Wort kommt, so dass Bustianu aus der Außen- und der Innensicht gezeigt werden kann. Es geht um eine düstere Erbschaftsangelegenheit, ein Mord soll einem jungen Knecht, Zenobi Sanna, in die Schuhe geschoben werden, wobei Zenobi bereits zuvor durch einen fingierten Viehdiebstahl in die *latitanza* (die Flucht vor den Autoritäten) gezwungen wurde. Manche der Handlungselemente sind eindeutig durch den *codice barbaricino*, das säkulare Gewohnheitsrecht der Hirten- und Bauerngesellschaft, motiviert.[38] Zenobi, „[s]u bellu de Nùgoro. Il leggendario brigante angelico e crudele"[39], wird wider seinen Willen in diese Rolle gedrängt, weil er die von ihm geliebte Sisinnia schützen will, und wäre da nicht der avvocato Bustianu, dem es gelingt, die wahren Schuldigen zu entlarven, hätte er sein Leben als Bandit beenden müssen...

Der zweite Roman, *sangue dal cielo* (1999), spielt ein Jahr später, also 1899. Die Leser finden sich in diesem Text mit einer ganz anderen Erzählsituation konfrontiert, indem (nahezu) durchgängig Bustianu als homodiegetischer Erzähler spricht und somit breiter Raum für die Innensicht auf diese Figur eröffnet wird. Dieser Erzählmodus erlaubt es auch, die Traumvisionen Bustianus einzuflechten, die ihn bei seiner Suche nach der Wahrheit leiten. Dieses onirische Element, das für exogene Leser nahe an die Poetik des magischen Realismus heranrücken mag, ist für indigene Leser deutbar als ein Verweis auf die in der barbaricinischen Welt große Bedeutung von Träumen, deren intersubjektiv geteilte Szenarien aus einem kollektiven Vorstellungsraum schöpfen. Der Filmemacher Giovanni Columbu hat diesem Phänomen einen Dokumentarfilm (1985) gewidmet, der in einem eindrucksvollen, von Cesare Musatti eingeleiteten Bildband *Visos* [Traumgesichter] dokumentiert ist.[40] Fois hat das anthropologische Phänomen in seinen Text aufgenommen und sich dafür entschieden, es unübersetzt (für exogene Leser unerklärt) zu lassen.

Der von Bustianu zu lösende Fall präsentiert in diesem Band drei Brüder, deren jüngster sich unter Mordverdacht in Haft befindet. Wie schon im ersten Band, gelingt dem avvocato auch diesmal die komplette Aufklärung des Falls; allerdings scheitert er insofern, als der jüngste Bruder, dessen Unschuld am Ende bewiesen werden kann, sich bereits zuvor durch Freitod der Justiz (aber auch seiner Rehabilitation) entzogen hat. Kompliziert wird die Handlung durch die Tatsache, dass Bustianu sich in die junge Tante der drei Brüder, Clorinda Patusi,[41] verliebt.

---

[37] Fois, *sempre caro*, S. 1.
[38] Näheres zum „codice barbaricino" im Kap. „Viehdiebe".
[39] Fois, *sempre caro*, S. 78.
[40] Giovanni Columbu, *Visos*, prefazione di Cesare Musatti, Nuoro: Ilisso 1991. Die Fotos des Bandes sind Aufnahmen aus Columbus gleichnamigem Dokumentarfilm von 1985. Näheres zu Columbu im Kap. „Archipelagoi".
[41] Clorinda war übrigens der Vorname der Ehefrau des historischen Sebastiano Satta.

Diese Liebeshandlung bildet die Brücke zum dritten Roman, *l'altro mondo* (2002), in dem der gnadenlose Kampf zwischen Bustianu und seiner Mutter, die weder Clorinda noch die Verwicklung des Sohns in den neuen Fall akzeptieren kann und will, einen dichten psychologischen Kern darstellt. Der Roman, der von den Jahren 1901/02 erzählt, präsentiert sich narratologisch gesehen wieder in anderer Form. Ein neutraler Erzähler spricht im Präsens und in einer Form, die durch die intensive sprachliche Evokation visueller Eindrücke an den Film als Darstellungsmedium erinnert. Gelegentlich ergreift auch eine kollektive Stimme das Wort – „Za zente. Quello che dice la gente. Quello che pensa la gente"[42] – und kommentiert die Ereignisse und vor allem die Transgression traditionaler Verhaltenscodices, die sich Bustianu und Clorinda erlauben. Diese Form der „communal voice" (Lanser) hat also die Funktion des griechischen Chors inne; sie zielt nicht auf Vereinnahmung der Leser, sondern manifestiert die zensurierende Gewalt einer traditionalen Gesellschaft. Der Fall, den Bustianu gegen alle Vernunft zu lösen unternimmt, ist sehr komplex: die Rede ist von Banditen, die diesmal wirklich Banditen sind, nicht aber für den ersten Mord verantwortlich zeichnen, der die Handlungsmaschinerie in Gang setzt.[43] In den Fall verwickelt sind auch Vertreter der Staatsgewalt, die in der Einsamkeit der sardischen Bergwelt mit chemischen Waffen experimentieren, die für die koloniale Kriegsführung in Afrika bestimmt sind. Sardinien wird somit – eine Spur plakativ – als Schauplatz kolonialer Gewalt gekennzeichnet: als ein Ort, an dem man jene Arbeiten durchführen lässt, die die Natur und das Gewissen verschmutzen.

Bustianu wird also in diesem Band in eine politische Affäre verwickelt und sucht Hilfe bei einem sardischen Abgeordneten, Pais Serra, der, so wie Bustianu selbst, ein historisches Vorbild besitzt und auch in der historischen Realität der Verfasser einer vom Regierungschef Crispi 1894 in Auftrag gegebenen *Relazione dell'inchiesta sulle condizioni economiche e della sicurezza pubblica in Sardegna* (1896) war.[44] Wenn auch in diesem dritten Band Bustianu die intellektuelle Befriedigung der Lösung des Rätsels wieder zuteil wird, so bleibt die Aufklärung des Falls für den avvocato bitter und bietet keinerlei Aussicht auf nachhaltigen politischen Erfolg. Damit nähert sich der dritte Band der Trilogie tendenziell dem ‚modernen' Typus des beunruhigenden Kriminalromans (Schulz-Buschhaus)[45] an.

---

[42] Zitat aus Marcello Fois, *l'altro mondo*, Nuoro/Mailand: Il Maestrale/Frassinelli 2002, S. 44.

[43] Bustianus ‚Besuch' bei der Bande des Dionigi Mariani ist eine freie Abwandlung der historischen Realität: 1894 hatte Sebastiano Satta als Journalist den damals berühmten Banditen Derosas interviewt.

[44] Francesco Pais Serra (1837-1924), Freiwilliger im garibaldinischen Heer, Abgeordneter im nationalen Parlament (1886-1919), links-liberaler Politiker.

[45] Vgl. Ulrich Schulz-Buschhaus, *Formen und Ideologien des Kriminalromans*, Frankfurt a.M.: Athenaion 1975.

Die doppelte Anlage der Bustianu-Trilogie kombiniert also die Machart des seriellen Detektivromans mit all dem Beruhigenden, die dieser Form innewohnt, mit einer anspruchsvollen Erzählform, die den Lesern in jedem Band eine neue Orientierung abverlangt. Marcello Fois hat sein literarisches Projekt selbst als „scrivere bene per molta gente" und Bustianu als sein literarisches *alter ego* bezeichnet.[46]

Seine Texte sind, in dem eingangs zitierten Sinn, *übersetzende* Texte, die das übersetzen, was übersetzbar scheint – oder was der Autor übersetzen will –, und anderes unübersetzt stehen lassen. Unübersetzt bleiben, wie bei Atzeni, die meisten Einschübe von Textteilen in sardischer Sprache, die freilich viel weniger dicht auftreten als in *Bellas mariposas*.

Die Präsenz der ‚anderen' Sprache manifestiert sich auch hier zuerst in Toponymen und Eigennamen. Wenn der Autor in beiden Fällen Akzente setzt – auch dort, wo sie von der italienischen Orthographie nicht verlangt werden – wendet er sich sichtbar an die exogenen Leser, um die korrekte Betonung im Lektüreakt zu garantieren: die Stadt „Nùoro", der Landstrich „Baronìa", die Weinsorte „malvasìa", die Familie „Casùla Pes", „Elène Seddone", die eben keine italienische Èlena ist, sind ebenso viele direkte Adressen an Leser, die des Sardischen nicht mächtig sind.

Die Einschübe auf Sardisch sind im Übrigen ein Phänomen, dem von Band zu Band der Trilogie größere Wichtigkeit zukommt. Auf Sardisch finden sich Einzelwörter, zum Beispiel Anredeformen (*s'abbocà, tzia mê*), affektiv besetzte Wörter (*sa bidda* [das Dorf] für Nuoro, *bisione* [visione] für Traumgesicht, *Zustissia* [Giustizia], *pride* [prete], *Deus*), Sprichwörter (*su dinare non fachet lezze*) und Teile direkter Rede von Figuren der erzählten Welt. Manchmal werden die sardischen Wörter italianisiert: *idee macche* [pazze]. Der Wechsel vom Italienischen zum Sardischen (meist innerhalb eines Satzes) kann in der Trilogie nicht als die literarische Imitation des mündlichen Codeswitching gelten, da davon auszugehen ist, dass die Umgangssprache, die ein Rechtsanwalt rund um 1900 in Nuoro im Gespräch mit ungebildeten Klienten und Klientinnen verwenden konnte, das Sardische und nur das Sardische war. Es handelt sich also um eine schriftliche, rekonstruierte Form des Codeswitching. Die „Sinnlichkeit des Zeichenkörpers"[47] des Sardischen dient dabei der Inszenierung von kultureller Differenz im Sinne von Homi Bhabha[48] und erzeugt (für die Leser) einen hybriden Raum, in dem Verstehensprozesse auf unterschiedlichen Ebenen ablaufen: solche primärer Art, indem Leser auf dem Umweg über das typologisch verwandte Italienisch sardische Einsprengsel übersetzen können (*est mudu* [è

---

[46] Gespräch mit Marcello Fois am Institut für Romanistik der Universität Wien am 29. 9. 2005.
[47] Vittoria Borsò, Zur Einleitung, in: dies./Schwarzer (Hg.), *Übersetzung als Paradigma...*, S. 12.
[48] Bhabha unterscheidet kulturelle Differenz als einen Prozess der Bedeutungsbildung von kultureller Diversität als Objekt empirischen Wissens, in: *The location of culture*, S. 32.

muto]; *Tue la lassas istare a mama mea* [Tu mia madre la lasci stare]), und solche sekundärer Art, wo die Unverständlichkeit der sprachlichen Zeichen eine andere Bedeutung übersetzt, nämlich die kulturelle Diversität und die poetische Valeur, die sie in einem literarischen Text annehmen kann. „Nessuna terra è come un'altra", sagt Bustianu in *sempre caro*.[49]

Der Prozess kultureller Übersetzung eines *translating text* betrifft auch und vor allem die Ebene der Enzyklopädie, um diesen Terminus von Eco zu verwenden, das heißt jenes Wissen, das ein bestimmter Leser/eine Leserin über eine bestimmte Region zur Verfügung hat oder auch nicht. Was für den sardischen Alltagsverstand[50] selbstverständlich ist, kann auf exogene Leser befremdlich wirken oder auch unverständlich bleiben. An diesem Punkt setzt die kulturelle Übersetzung literarischer Texte an, wobei die sprachlichen und literarischen Verfahrensweisen, die den metaphorischen Übersetzungsvorgang garantieren sollen, ästhetisch unterschiedlich gelungen sein können.

Das allertraditionellste dieser Verfahren, Erläuterungen durch eine auktoriale Erzählerstimme, kommt, nicht überraschend, bei Fois nicht zum Einsatz. Vielfach wird dagegen die Figurenrede genützt, um Informationen in das Gespräch sardischer und auch nicht-sardischer Gesprächsteilnehmer einfließen zu lassen. Die Figur des aus der Toskana stammenden brigadiere Poli, der im Lauf der Trilogie zum maresciallo avanciert, verleiht dieser Textstrategie die notwendige narrative Motivation. Poli vertritt einen durch Erfahrung informierten Außenstandpunkt, Bustianu die sardische Selbstsicht. Folgendes Dialogfragment, das für Fois' Vorgangsweise typisch zu nennen ist, stellt Bustianus Auffassung vom italienischen Einigungsprozess jener Polis gegenüber:

> „Penso che le distinzioni vadano fatte, questo sì." Bustianu aveva un tono che poteva sembrare perentorio.
> Il brigadiere Poli gli allungò un altro bicchierino di malvasìa. „A fare le distinzioni, come dice lei, si rischia di non cavare un ragno dal buco. Qui la gente deve capire che se si mette in mano a questi delinquenti, si mette dalla parte sbagliata. Devono capire che fanno parte di una nazione adesso, che non esistono solo loro insomma!"
> „E chi glielo dice? I militari piemontesi? O gli esattori del re?" Le domande di Bustianu restarono in mezzo al salone del Café Tettamanzi.
> „Non mi faccia il populista adesso, ha capito benissimo quello che ho voluto dire", glissò il brigadiere Poli.[51]

Narrativ motiviert sind auch die Gespräche zwischen Bustianu und dem Abgeordneten Pais Serra, die es erlauben, andere Informationsbausteine für die Leser einzubauen:

---

[49] Fois, *sempre caro*, S. 40.
[50] Im Sinne von Gramscis Begriff des *senso comune*.
[51] Fois, *sempre caro*, S. 39.

Übersetzungen zwischen den Kulturen: die Bustianu-Serie von Marcello Fois

> „A proposito delle leggi speciali..." aggiunge Bustianu.
> "Ah", lo interrompe Pais Serra, „allora non so se si è rivolto alla persona giusta, lei sa bene che non sono in linea col governo in carica."
> „Sì, certo, ma molti indicano proprio la sua indagine del '96 alla base dei provvedimenti attuali."
> „Avvocato, alla base ci possono mettere tutto quello che vogliono, ma la mia indagine trattava l'ordine pubblico come l'effetto, non come la causa. Vede avvocato, nella famiglia degli stati, quello italiano è il più giovane, e la cosa buffa è che si comporta da bambino. E la Sardegna, in questa famiglia, rappresenta, nella migliore delle ipotesi, la nonna a carico, mi capisce? Qui c'è tutto da prendere e niente da dare. Queste sono state le mie conclusioni."
> „Sì, certo, l'hanno voluta a tutti i costi la Sardegna e questi sono i risultati."
> „Qui la devo correggere, avvocato, siamo noi che abbiamo chiesto l'unione perfetta, e in tempi non sospetti. Abbiamo mandato tanto di rappresentanti da Carlo Alberto."[52]

Dieses Dialogfragment enthält nicht nur die jeweiligen politischen Meinungen der Sprecher, sondern auch Informationen über Pais Serras *Relazione* sowie über die von ihrem Autor nicht erwünschten politischen Konsequenzen, die Verschärfung der staatlichen Repression auf Sardinien, zumal in der Barbagia.[53] Das Fragment enthält weiterhin ein Urteil über die sardische Politik, die die *unione perfetta* mit Piemont aus dem Jahr 1847 zu verantworten hat. Pais Serra korrigiert in seinen Redeabschnitten die Haltung Bustianus – eine Haltung, die Fois generell den Sarden attestiert – nämlich die Schuld an den historischen Missständen der Insel einseitig und ausschließlich den Interventionen von außen anzulasten.

Nicht immer kann die kulturelle Übersetzung in ästhetischer Hinsicht gleichermaßen überzeugen. Das gilt vor allem für *sempre caro*, wo der Autor an einigen wenigen Stellen über das Ziel hinausschießt, wenn er seine Figuren an Diskursen partizipieren lässt, die am Ende des 19. Jahrhunderts keinerlei Plausibilität besitzen. Ein Beispiel dafür ist eine Abendgesellschaft im Hause des königlichen Staatsanwalts, zu der Bustianu geladen ist. Im Laufe einer allgemeinen, emotionell aufgeladenen Diskussion äußert Bustianu seine politische Einschätzung des italienischen Einigungsprozesses, um mit folgendem Kommentar zu schließen:

> „Forse la sorprenderà di sapere che ritengo un'aberrazione il concetto di identità immobile quale lei sembra attribuirmi. Io sono per un'identità transitoria, in movimento, che trova in se stessa i meccanismi per non lasciarsi annullare..."[54]

Ganz abgesehen von der Tatsache, dass auch die Erfolgsgeschichte des Identitätskonzepts noch recht jung ist, gehört das Schlagwort einer „transitorischen Identität" in das Begriffsinventar poststrukturalistischer und

---

[52] Fois, *l'altro mondo*, S. 159f.
[53] Diese groß angelegte Polizeiaktion unter Mithilfe des Militärs ist unter dem viel sagenden Titel „caccia grossa" in die Geschichte eingegangen.
[54] Fois, *sempre caro*, S. 75f.

postkolonialer Denkschulen und ist auf Bustianus Lippen ganz und gar unwahrscheinlich.[55]

Solche Brüche in der diskursiven Plausibilität sind jedoch selten. Meist nützt der Autor das jeweilige narrative Dispositiv des Romans äußerst geschickt, um lokales Wissen einzuflechten und kontextuell verständlich zu machen. In *sangue dal cielo* erleichtert die homodiegetische Erzählhaltung dieses Vorhaben. Persönliche Erinnerungen des avvocato, aber eben auch sein Nachdenken über den historischen Kontext erlauben es den exogenen Lesern, sich zu orientieren. Bustianus Gedanken kreisen hartnäckig um das ungelöste Rätsel des Falls, der durch einen feinen, aber wahrnehmbaren Faden mit den Missverständnissen zwischen Sarden und Kontinentalitalienern zusammenzuhängen scheint. Im folgenden Textausschnitt meditiert Bustianu über eine seiner Entscheidungen, zugleich aber auch über deren Zusammenhang mit dem historisch-politischen Kontext:

> Dovevo farlo, nonostante Poli insistesse a dire che non era prudente, che non si sa mai come reagisce la gente dalle nostre parti.
>
> Che tante se ne dicono e se ne son dette della *gente di queste parti*: che colpiscano prima di farti aprire bocca; che siano muli irragionevoli; che siano bastardi dimenticati dal consesso dei pensanti; che abbiano pietre al posto del cervello. Ma io non ho mai dovuto imbracciare un'arma in vita mia e la maggior parte di quelli che conosco da queste parti sanno usare meglio la metafora che la carabina o la leppa. O le sanno usare allo stesso modo. Non sorprende che da queste parti la parola conti ancora qualcosa. Quella che si dà. Quella che si toglie.[56]

Ganz en passant unterstreicht Bustianu am Ende seiner Überlegungen die Charakteristika einer Gesellschaft, in der der Oralität ein hoher Stellenwert zukommt.

Die bisher kommentierten übersetzenden Passagen dienen der Informationsvermittlung. Eine ganz zentrale Übersetzungsleistung dieser Texte dient jedoch weniger vordergründig aufklärerischen Zwecken, sondern vielmehr einer literarischen Verschränkung von Kulturen, die tatsächlich einen neuen Raum des Dazwischen, einen textuellen Raum des Palimpsest erschafft.[57] Es handelt sich dabei einerseits um eine Verschränkung von Lyrik und Erzählprosa, andererseits um die Überschreibung kanonischer Texte der italienischen Nationalliteratur aus sardischer Perspektive, aus der Sicht der Texttheorie also um eine Form von Intertextualität. Eine solche litera-

---

[55] Auf diese Stelle angesprochen, verteidigte Fois im Gespräch vom 29.9.05 seine Wortwahl als eine absichtliche Überschreitung der epistemischen Grenzen des von ihm erzählten Universums. Das ist als *intentio auctoris* ernst zu nehmen, obwohl es an meinem Befund nichts ändert: in einer narrativen Welt, die so angelegt ist, dass sie Realismuseffekte erzielt, bedeutet ein solcher punktueller Bruch mit dem Realismus einen punktuellen Einbruch der Romanpoetik.

[56] Fois, *sangue dal cielo*, S. 95f.

[57] Man könnte für diesen Raum Bhabhas Begriff des *third space* bemühen, was ich deshalb nicht tue, weil er mir auf Grund seiner inflationären und häufig verflachenden Verwendung nicht mehr pertinent erscheint.

rische Praxis geht über die Aufgaben der kulturellen Übersetzung hinaus, es handelt sich um einen komplexen Akt der Überlagerung verschiedener Texte und Gattungen.

Die Kritik hat in ihrer Beurteilung der Trilogie zu Recht die Aufmerksamkeit auf die zentrale Rolle der Natur- und Ortsbeschreibungen und deren Qualität, die Vorzüge einer sehr eigenständigen lyrischen Prosa, gelenkt.[58] Programmatisch dafür ist der erste Band, *sempre caro*, dessen Titel eines der berühmtesten Gedichte der italienischen Lyrik, *L'infinito*, zitiert. Leopardis Text eröffnet nicht nur durch das paratextuell erste Wort die Trilogie, er beschließt, in Gedanken rezitiert von Bustianu, Band eins: *e il naufragar m'è dolce...* Die intertextuelle Präsenz von *L'infinito* ist insofern auch narrativ motiviert, als Bustianu seine Gewohnheit eines täglichen kontemplativen Mittagsspaziergangs sein *sempre caro* nennt: eine Gewohnheit, die er auch in Band zwei und drei beibehält.

Sempre caro mi fu quest'ermo colle, / e questa siepe, che da tanta parte / dell'ultimo orizzonte il guardo esclude[59]: diese Gedichtzeilen und ihre Fortsetzung sind aber nicht nur auf der Ebene der Handlung präsent. Sie kennzeichnen vielmehr Bustianus Hang zur melancholischen Kontemplation, für die er vorzugsweise eine erhöhte, einsame Stelle der Nuoro umgebenden Gebirgslandschaft wählt. Bustianu verkörpert in diesen Momenten das lyrische Ich des Leopardi-Textes: Intertextualität als Inkorporation. Gleichzeitig überschreibt der Prosatext, der Bustianus Wahrnehmungen und Reflexionen wiedergibt, die berühmten Gedichtzeilen. Aus der bitteren Süße der Farb- und Formharmonie der umbrischen Landschaft entsteht die Schroffheit der Bergwelt der Barbagia, und aus dem Weltschmerz, den das lyrische Ich bei Leopardi zum Ausdruck bringt, werden die Verbitterung und die kämpferische Unversöhnlichkeit des avvocato. *Sempre caro*-Momente finden sich als rekurrente Textelemente in allen drei Bänden der Trilogie; hier der Passus, der Band eins beschließt:

Ed ecco un'altra estate.

Ed eccomi seduto in cima al colle. Da quassù tutto sembra dolce e dolente. Tutto ritorna di un nìtore impietoso. Ed eccomi ancora a ferirmi di tanta bellezza, quasi stordito, quasi annichilito. Che quest'immensità pare impossibile da raccontare: enormità contro pochezza. Sublime che colpisce al ventre e al petto. Spazio, spazio, spazio sotto al mio sguardo. Spazio troppo esorbitante anche per il mio corpo massiccio. [...] Che questa terra è il mio penare e il mio gioire. Insieme. E mi attrae e mi respinge. Insieme. E la maledico, la maledico poi l'adoro. Donna crudele, madre avvolgente, amante esigente. Sterile e scomposta, buttata sul mare come una mondana fra le coltri. Galleggiante in mezzo al mare come un bastimento alla deriva. Terra come mare. [...] Sono ancorato al mio sedile di roccia come sul ponte di prua di quel bastimento in balìa dei marosi. Imito il suo oscillare col busto come un folle ipnotizzato dalla scia spumosa che asseconda il fendente della ca-

---

[58] Z.B. Valentina Pala, La dimensione spazio-temporale nell'*Altro mondo* di Marcello Fois, in: *Portales* 3-4, 2003/2004, S. 304-308.

[59] Giacomo Leopardi, *Canti*, hg. von Fernando Bandini, Mailand: Garzanti 1975.

rena e sia tentato di proiettarsi contro quel vuoto pieno. Farsi sostener dal niente cromatico, sfuggire a quella stabilità basculante e affidarsi ai flutti... *e il naufragar m'è dolce...*[60]

Der intertextuelle Dialog zwischen Prosatext und Gedicht ist evident: die Unendlichkeit des Blicks und der schweifenden Gedanken, die Absurdität der Schönheit der Welt für ein mit sich und der Welt zerfallenes Ich des Betrachters. Unübersehbar ist aber auch der Gestus der Überschreibung: Aus den ineinander fließenden umbrischen Farben und Formen wird die mediterrane Klarheit (*nìtore impietoso*), aus Leopardis metaphorischem Meer wird das Bewusstsein konkreter Insularität (*gallegiante in mezzo al mare come un bastimento alla deriva*), und aus der subjektiven Unbestimmtheit der Meditation des lyrischen Ich entsteht die Reflexion über eine konkrete historische Situation. Ganz folgerichtig wird die letzte Zeile des Gedichts im Zitat abgeschnitten: als Sinn-Fragment einer nicht zur Gänze übertragbaren Sinn-Einheit.

In doppeltem Sinn kann man hier – und bei den anderen *sempre caro*-Momenten der Trilogie – von einem Palimpsest sprechen: Die Prosa eines popularen Genres überschreibt den hohen Ton der Lyrik, und ein sich programmatisch in einem lokalen Kontext verankernder Autor überschreibt einen Text, der metonymisch für die italienische Nationalliteratur stehen kann. Für die Leser, die indigenen wie die exogenen, ergibt sich so nicht nur die Möglichkeit einer doppelten, sondern die einer verschränkten Lektüre. Indem Leopardi nach Sardinien über-setzt (wird), gewinnt die sardische Literatur italienischer Sprache einerseits die Kontinuität mit der nationalen Literaturtradition, andererseits verfremdet sie diese zu einem hybriden Produkt.

Das gilt auch für andere Passagen, die ähnliche Palimpsest-Effekte erzeugen. *Sangue dal cielo* beginnt mit Abschnitten lyrischer Prosa, die von sintflutartigen Regenfällen über Nuoro erzählen, bei deren Schilderung Marcello Fois auf lyrische Texte von D'Annunzio, Ungaretti und Walt Whitman Bezug nimmt.[61] Nicht zuletzt überschreibt der Autor auch die Gedichte Sebastiano Sattas, des historischen Vorbilds seiner Figur Bustianu. Ganz besonders gilt das für den letzten Band, *l'altro mondo*, in dem die Bergwelt als Zufluchtsort der Banditen und zugleich als Manifestation absurder Schönheit präsentiert wird. Sebastiano Satta, der in der historischen Realität Gedichte wie *Notte tra i monti*, *Notte nel salto*, aber auch *La bardana* und *Il bandito* geschrieben hat, begleitet als intertextueller Schatten Bustianu und seinen treuen Begleiter Zenobi auf ihrem gefährlichen Weg zu einem geheimen Treffen mit der Bande des Dionigi Mariani. Bustianu überwältigt in dem hochgelegenen Tal, das die Banditen als Zufluchtsort gewählt haben, eine Wahrnehmungsweise, die unerwartet und plötzlich wie

---

[60] Fois, *sempre caro*, S. 111f.
[61] Ich danke Marcello Fois, der diesen intertextuellen Zusammenhang bei unserem Gespräch kommentiert hat.

eine Epiphanie über ihn einbricht. Die ihn umgebende Natur verwandelt sich in eine Vision:

> La giornata si è messa al bello, tutto odora di buono, anche la fuliggine acre che esala dalle braci, anche il lardo che trasuda infilzato dagli spiedi, anche il letame fumante espulso dei cavalli, anche la grassa densità delle bacche sperrate dei ginepri. In quell'aria aperta, illimpidita dagli spruzzi di un vento strigile, le cose sono cose: le cime dei cespugli sono perfettamente separate dallo sfondo, agli uccelli si contano le piume pintate ad una ad una, sul tronco del leccio si può leggere una storia scritta in ognuno dei nodi, la linea dentata della cima del farigliione è precisa di mano fermissima, ogni filo d'erba è una miniatura in smalto.[62]

Die Verwandlung der Realität – eines Räuberlagers in einem abgeschiedenen Tal – verzaubert Bustianu, den Dichter, und hebt ihn für einen Moment aus seiner Gegenwart heraus. Doch Bustianus zweite, die dichterische Realität bleibt nicht für sich stehen wie die Gedichte Sebastiano Sattas, sie wird zurückbezogen auf die erste Realität:

> „Non è bellissimo?" chiede a un certo punto.
> Farina si guarda intorno. „Che cosa è bellissimo"? chiede a sua volta.
> Bustianu imposta un sorriso che pare un cenno di lamento. „Tutto", risponde allargando le braccia e guardandosi intorno.
>
> Farina prova a seguire lo sguardo di Bustianu, inutilmente si sforza di percepire il paradiso rinchiuso nella forra, lo stesso che pare percepire s'abbocau.[63]

Vergebens: Farina ist kein Dichter, und ihm wird keine Epiphanie zuteil. Auch diese letzte Episode in ihrer lyrisch-narrativen Verknüpfung ist das Resultat eines *übersetzenden* Textes: Fois überträgt die ein wenig gealterten klassizistischen Verse Sebastiano Sattas in eine lyrische Prosa unserer Zeit, er konfrontiert Leser mit dem Lyrischen, die vielleicht nie einen Gedichtband in die Hand nehmen würden, und er thematisiert zugleich die Partikularität und Subjektivität der lyrischen Kontemplation.

Kulturelle Übersetzungsvorgänge verlaufen in den Bänden der Bustianu-Trilogie in mehrere Richtungen: von einem lokalen Wissen zu einem anderen, von einer Textgattung zu einer anderen, von älteren Texten zum neuen Text, vom Italienischen zum Sardischen und retour. Sie zeugen von der komplexen Äußerungssituation dieser Texte ebenso wie vom Bewusstsein des Autors, in einem Echoraum zu arbeiten, in dem jede Evokation des Lokalen vielfachen Widerhall erzeugt. Das entspricht dem Begriff von Weltliteratur, wie er in den letzten Jahren konzipiert wurde, unter anderem (in kritischem Anschluss an Goethe) von Homi Bhabha: „The study of world literature might be the study of the way in which cultures recognize

---

[62] Fois, *l'altro mondo*, S. 44.
[63] Fois, *l'altro mondo*, S. 45f.

themselves through their projections of ‚otherness'."[64] Weltliteratur in diesem Sinn besteht aus *übersetzenden* Texten.

---

[64] Bhabha, *The location of culture*, S. 12.

Nuoro

Nuoro ist ein sardischer Mythos, der, in Verbindung mit der legendären „costante resistenziale sarda" (Giovanni Lilliu), das Eigene repräsentiert auf einer Insel, die so häufig mit dem Fremden leben und paktieren musste. Zum Mythos dieser Stadt hat ihre Lage im Herzen der inneren Teile der Insel beigetragen, aber auch die Literatur, ganz prominent natürlich Grazia Deledda, wobei die literarischen Texte den ursprünglich ‚romantischen' zu einem ‚schwarzen' Stadtmythos verschoben haben.

Die heute knapp 40.000 Einwohner zählende Hauptstadt einer der vier administrativen Provinzen Sardiniens war über viele Jahrhunderte nicht mehr als ein Dorf, dessen Bewohner, so wie die der umliegenden Dörfer, sich in halbnomadische Hirten und sesshafte Ackerbauern teilten. Den Anstoß zu einer im regionalen Kontext privilegierten Entwicklung gab 1779 die Einrichtung der Diözese Galtellì-Nuoro (mit Sitz in Nuoro), die unter anderem den Aufbau verschiedener kirchlicher Bildungseinrichtungen nach sich zog. Bereits die piemontesischen Verwaltungsbeamten des späten 18. Jahrhunderts wussten über eine auffällige Ballung von Gewalttätern und Räubern rund um die damals 3000 Seelen zählende Kleinstadt zu berichten; die proto-mafiose Form von Klientelismus, die die Interessen von jenseits der Gesetze agierenden *outlaws* mit jenen bestimmter städtischer Patrizier (sardisch *prinzipales*) verbindet, scheint sich, vor dem Hintergrund der bitteren Armut des Großteils der Bevölkerung, schon damals ausgebildet zu haben. 1836 wird Nuoro zur Stadt erhoben. Das 19. Jahrhundert ist durch den Dauerkonflikt geprägt, den die piemontesischen zentralstaatlichen Reformen für die Hirten- und Bauerngesellschaft der Barbagia bedeuteten. Das so genannte *Editto delle chiudende* (1820), das im Vorfeld der *fusione perfetta* mit Piemont einen modernen Begriff von (Grund-) Eigentum einführen sollte, führte in der Praxis dazu, dass die alten kommunalen Weidegründe, oft aber auch Brunnen, Wasserstellen, Wege und Straßen von wenigen, im lokalen Kontext mächtigen Familien in Besitz genommen wurden, ein Prozess, der sich über Jahrzehnte hinzog und der Hirtenwirtschaft und den kleinen Bauern schweren Schaden zufügte. Diese explosive Gemengelage hatte in Nuoro und Umgebung mehrere Volksaufstände zur Folge, die von Piemont und später vom jungen Italien mit militärischer Gewalt unterdrückt wurden. Der berühmteste dieser Aufstände ist *su connottu* von 1868, in dessen Namen (*su connottu* = das Bekannte) die politische Forderung einer Rückkehr zum alten sardischen Gewohnheitsrecht anklingt; zu diesem Zeitpunkt zählte Nuoro etwa 5.000 Einwohner.[1]

---

[1] Ausführlich zur Stadtgeschichte: Raimondo Turas, Nuoro, in: Manlio Brigaglia (Hg.), *La Sardegna*. Vol. 1 *La geografia, la storia, l'arte e la letteratura*, Cagliari: Edizioni della Torre 1982, S. 248-254.

1867, ein Jahr bevor die Aufständischen einige Parzellierungspläne im Rathaus von Nuoro verbrennen sollten, wird Sebastiano Satta, später Rechtsanwalt und *poeta vates*, geboren; 1871 erblickt Grazia Deledda, spätere Nobelpreisträgerin, das Licht der Welt. Die noch immer sehr kleine Stadt (7.000 Einwohner um 1900) gilt zur Jahrhundertwende, zumindest auf Sardinien, als „piccola Atene": und in der Tat, so isoliert Grazia Deledda in ihrem sozialen Kontext als unverheiratete junge Schriftstellerin auch sein musste, ihr Generationskollege Sebastiano Satta steht in einer ganzen Reihe von Dichtern, die auf der sardischen Tradition der Dichterwettkämpfe aufbauen und auf Sardisch dichten, sowohl in der Form des traditionellen oralen Extemporierens bei Festen als auch schriftlich fixiert.[2]

Nuoro ist also das Zentrum der im Jargon des jungen Italien so genannten *zona delinquente*, ist Schauplatz von Volksaufständen, geplagt von endemischer Armut und gezeichnet von mangelnden Bildungschancen, zugleich aber auch eine „piccola Atene": das mag erstaunen, vor allem im Kontext eines literarischen Felds auf Sardinien, das Giovanni Pirodda, einer der besten Kenner der Literaturgeschichte Sardiniens, für das 19. Jahrhundert als kulturell retardiert bezeichnet.[3] Nicht weniger erstaunen kann die kontinuierliche Linie bedeutender Schriftsteller und Schriftstellerinnen, die in dieser kleinen Stadt geboren wurden: Salvatore Satta (geb. 1902), Maria Giacobbe (geb. 1928), Marcello Fois (geb. 1960). Nimmt man den aus der unmittelbaren Umgebung stammenden Salvatore Niffoi (geb. 1950 in Orani) dazu, dann rundet sich das Bild der Kontinuität des „sardischen Athen" gebührend ab.[4] Die heute wichtigsten Literaturverlage Sardiniens, Il Maestrale und Ilisso, haben ihren Sitz ebenfalls in Nuoro.

Aus den genannten Faktoren erklärt sich, warum Nuoro, eine Stadt, die sich weder durch eine hervorragende historische Rolle noch durch architektonische Schönheit auszeichnet, die symbolische Hauptstadt der Insel und ein Hoch-Ort sardischer Identitätskonstruktionen ist, die den romantischen Mythos des Banditen und des ungebundenen Hirtenlebens mit dem Stolz auf literarische und künstlerische Tradition vermengen. Auf einer Insel, die in viele kleinräumige Lokalkulturen mit stark ausgebildetem Campanilismus zerfällt, auf einer Insel, in der die beiden größten Städte, Cagliari und Sassari, einander dezidiert den Rücken kehren, gibt es Konsens über eines: Nuoro lebt im Herzen aller Sarden und Sardinnen. So formuliert beispielsweise Salvatore Mannuzzu:

---

[2] Näher dazu bei Giovanni Lilliu, L'ambiente nuorese nei tempi della prima Deledda, in: *Studi Sardi* XXII, 1971/72, S. 753-783.

[3] Giovanni Pirodda, L'attività letteraria tra Otto e Novecento, in: Luigi Berlinguer/Antonello Mattone (Hg.), *Storia d'Italia. Le Regioni: La Sardegna*, Turin: Einaudi 1998, S. 1083-1122, hier S. 1083: "Nel corso dell'Ottocento, prima della costituzione dello stato unitario, il quadro letterario sardo registrava una notevole povertà di esperienze moderne."

[4] Kommentar des fiktiven Bustianu bei Fois: „Che stagione quella! Poi vanno a dire *Atene Sarda*. Far West dovevano dire!", in: *sempre caro*, Nuoro/Mailand: Il Maestrale/Frassinelli 1998, S.25.

> E bisogna riscontrare le notevoli differenze esistenti dentro l'isola – forse più che altrove. Tra le Barbagie e la Gallura, per esempio; o tra le Barbagie e l'area cagliaritana. *Le* Sardegne, allora, e non *la* Sardegna? Ma non dimentichiamo una frase di Salvatore Satta, dal *Giorno del giudizio*: tutti i sardi guardano a Nuoro come alla loro seconda patria. Probabilmente continua a esser vero.[5]

Mannuzzu, der selbst seinen Lebensmittelpunkt in Sassari hat („tronfo sassarese"), bezieht sich auf folgenden Satz aus Sattas Roman:

> [...] e poi, se volete saperlo, ogni sardo, per quanto si ritenga superiore, persino i tronfi sassaresi e gli spagnoleschi cagliaritani, guarda a Nuoro come alla sua seconda patria.[6]

Und so wie Nuoro die zweite Heimat jedes Sarden ist, ist *Il giorno del giudizio*, Sattas posthum erschienenes Meisterwerk, nicht nur der Anlass für einen der vielen denkwürdigen *casi* der italienischen Literaturgeschichte, sondern auch das Grundbuch und Referenzwerk für die gegenwärtigen sardischen Autoren: „il libro indimenticabile, unico, il libro che ricopre con la sua ombra un intero versante, dicendo parole irripetibili e definitive"[7]. Das ist der Grund, warum es hier an dieser Stelle seinen Platz findet, auch wenn es dem Zeitpunkt seiner Entstehung nach nicht in den Rahmen dieses Buchs fällt.

---

[5] Salvatore Mannuzzu, Finis Sardiniae (o la patria possibile), in: Berlinguer/Mattone (Hg.), *La Sardegna*, S. 1240f.
[6] Salvatore Satta, *Il giorno del giudizio*, Milano: Adelphi 1979, S. 126.
[7] Mannuzzu, Finis Sardiniae, in: Berlinguer/Mattone (Hg.), *Sardegna*, S. 1228.

Stadt im Urteil 1: *Il giorno del giudizio*

Salvatore Satta war ein namhafter Rechtsgelehrter, und das juristische Denken sowie das Nachdenken über das Recht und die Rechtssprechung überhaupt ist innig mit seiner literarischen Schreibweise verbunden, was unter anderem in der titelgebenden Metapher seines literarischen Hauptwerks zum Ausdruck kommt.

> Salvatore Satta, geboren 1902 in Nuoro als Sohn eines Notars, studierte die Rechtswissenschaften in Pavia, Pisa und Sassari. Seine Vorbereitung auf den Rechtsanwaltberuf wird von einer Lungenkrankheit unterbrochen, die ihn zu einem zweijährigen Aufenthalt in einer Heilanstalt bei Meran zwingt. Frucht dieser Jahre auf einem ‚Zauberberg' ist ein erstes Romanmanuskript, *La Veranda* (1928), das beim Premio Viareggio (Sektion „inediti") durchfällt; Satta widmet sich daraufhin ausschließlich seiner juristischen Karriere, die ihm Professuren an renommierten italienischen Universitäten einbringt und ihn zu einem angesehenen Experten für die Zivilprozessordnung werden lässt. Im Alter, 1970, beginnt er an jenem Roman zu schreiben, der posthum zu einem Longseller werden sollte: *Il giorno del giudizio*, 1977 bei Cedam in Padova und 1979 bei Adelphi erschienen. Erst im Adelphi-Katalog wird der Text zu jenem Erfolg, der unter anderem durch Übersetzungen in alle großen europäischen Sprachen belegt ist, darunter auch ins Deutsche (1980 bei Insel, übersetzt von Joachim A. Frank). In der Bugwelle dieses Erfolgs werden auch *La Veranda* (1981 bei Adelphi) und *De profundis*, eine Meditation über den Zweiten Weltkrieg (1980, ebenfalls bei Adelphi; Erstpublikation 1945) verlegt bzw. wieder aufgelegt.

Gegenstand der Verhandlung in *Il giorno del giudizio* sind die Lebensformen und die Mentalität der Nuoresen, Gegenstand der literarischen Beschwörung sind die Räume der Stadt und die ihnen eingeschriebenen Bedeutungen; der Handlungszeitraum erstreckt sich etwa von 1900 bis 1920, greift aber manchmal weiter in die Vergangenheit zurück. Der Text präsentiert sich als Äußerung eines Ich-Erzählers, der auktorial über den Text verfügen kann und nicht nur die individuelle und kollektive Vergangenheit erinnert, sondern im Rückblick auch Urteile fällt, über die Stadtbewohner ebenso wie über die Familie des Notars Sanna, in der der Autor seine eigene Familie abgebildet hat. Hart ins Gericht geht der Erzähler mit der Figur des Vaters.[8]

---

[8] Dass die Publikation des Romans bei den Lesern in Nuoro zunächst nicht nur Zustimmung auf sich zog, kann man bei Giovanna Cerina nachlesen; sie berichtet von Reaktionen der Gekränktheit, der verletzten Familienehre, aber auch von Aneignungen der verschiedenen ‚Teilgeschichten' durch die orale Stadtkultur, von deren Einver-

Was aber ist ein Urteil? Was tut einer, der ein Urteil fällt? Bereits viele Jahre vor der Niederschrift seines Romans hat Salvatore Satta dafür Worte gefunden, die auf den Roman vorausdeuten und darauf insistieren, dass jedes Urteil zugleich ein Urteil über denjenigen ist, der es ausspricht:

> Chi ha letto l'opera dei nostri poeti ha capito l'importanza che il giudizio ha nella vita dei Sardi: giudici e giudicati si alternano sulla scena della poesia e del romanzo, così come si alternano sulla scena della vita. E chi giudica gli altri sa giudicare prima di tutti se stesso: onde una dirittura di giudizio che si esaspera in rigidità, onde una severità, che tradisce una fondamentale mancanza di pietà.[9]

Das Urteil ist aber nicht nur Ausdruck einer – pirandellianisch gedacht – lebensfeindlichen Festschreibung des Lebendigen, sondern auch ein kreativer Sprachakt, eine Äußerungsform, die in Sattas Auffassung ganz offensichtlich immer schon mit der literarischen Kreation verschwistert zu denken ist. So liest man in einem rechtstheoretischen Aufsatz von 1952:

> [...] il giudizio, lo *jus dicere*, meravigliosa parola che esprime ad un tempo il conoscere e creare, l'atto veramente creativo della conoscenza, il trovare il diritto non fuori di noi, ma in noi.[10]

Diese Auffassung kann auch für den Ich-Erzähler des Romans gelten, der als Richter über seine Stadt, seine Familie und sich selbst auftritt, der (er-) kennt und in Sprache fasst. Die Urteilsfindung erfolgt im Rückblick auf eine Welt, die es in der im Roman geschilderten Form nicht mehr gibt; sie konstatiert also einen unwiederbringlichen Verlust. Die doppelte Einstellung zur erzählten Welt – Urteil und Klage – erzeugt eine ganz spezifische Äußerungssituation, die die ironische Distanz einer Thomas Mann'schen Prosa mit der Emotion tiefer innerer Beteiligung zu verbinden weiß.

Das erzählende Ich situiert sich auf der Zeitebene der Enunziation, die die Zeit des Urteils ist, und berichtet von Lebensgeschichten, die fünfzig und mehr Jahre zurückliegen. Ganz ähnlich wie in Rousseaus Autobiographie *Les Confessions*, erlaubt die rückblickende Allwissenheit der Erzählinstanz einen prophetischen Ton, der bei allem Tun der Nuoresen dessen Vergeblichkeit und letztlich das Scheitern der individuellen Lebenspläne vorwegnimmt.[11] Dazu kommt, dass der Fluss der Erzählung häufig durch Reflexionen auf der Gegenwartsebene unterbrochen wird. Der Erzähler kommentiert

---

leibung in die städtische *memoria*. Giovanna Cerina, „Il giorno del giudizio": una lettura „privata", in: dies., *Deledda e altri narratori. Mito dell'isola e coscienza dell'insularità*, Cagliari: CUEC 1992, S. 131-142. Ein „Berufungsurteil" („giudizio d'appello") über einige Figuren in Sattas Roman und v.a. deren historische Vorbilder formuliert Gianni Pititu, *Nuoro nella Belle Epoque*, Cagliari: AM&D 1998.

[9] Salvatore Satta, Spirito religioso dei Sardi, in: *Il Ponte* 9-10, 1951, S. 1334f.
[10] Salvatore Satta, La vita della legge e la sentenza del giudice, in: ders., *Il mistero del processo*, Mailand: Adelphi 1994, S. 45.
[11] Zum prophetischen Tonfall vgl. die Analyse von Gabriella Contini, Il primo capitolo de „Il giorno del giudizio", in: Ugo Collu (Hg.), *Salvatore Satta giuristascrittore*, Cagliari: STEF 1990, S. 175-184.

nicht nur den Schreibprozess, sondern auch das eigene Altern, den Weg, der den Schreibenden zum Tod führen wird. Mehrfach thematisiert er die Schwierigkeit seines Vorhabens (und dazu gehört die Unmöglichkeit eines definitiven Urteils):

> Ho riletto dopo qualche giorno (scrivere non è il mio mestiere [...]) le cose che ho buttato giù senza troppo pensarci, e mi sono reso conto di quanto sia difficile fare la storia, se non addirittura impossibile. [...] forse la vera e la sola storia è il giorno del giudizio, che non per nulla si chiama universale.[12]

Das Urteil, das am Tag des Jüngsten Gerichts gesprochen wird, ist definitiv, Spruch einer Instanz, gegen die es keine Berufung gibt, ist das endgültig zur Form gewordene Leben. Die Position des Weltenrichters kann sich der Ich-Erzähler aber nicht anmaßen, weshalb er sich als „lächerlichen Gott" empfindet und bezeichnet:

> Come in una di quelle assurde processioni del paradiso dantesco sfilano in teorie interminabili, ma senza cori e candelabri, gli uomini della mia gente. Tutti si rivolgono a me, tutti vogliono deporre nelle mie mani il fardello della loro vita, la storia senza storia del loro essere stati. [...] E forse mentre penso la loro vita, perché scrivo la loro vita, mi sento come un ridicolo dio, che li ha chiamati a raccolta nel giorno del giudizio, per liberarli in eterno dalla loro memoria.[13]

Diese Zeilen verraten die komplexe Schreibmotivation und deren ebenso komplexe Legitimation; unübersehbar ist der Ich-Erzähler in vergleichbarer Weise zum Schreiben ‚beauftragt' wie die „custodi del tempo" in Atzenis *Passavamo sulla terra leggeri*.[14] Er *muss* gleichsam schreiben, um die Lebensspuren jener, die in der großen Geschichte keine Spuren hinterlassen, aufzubewahren, um über sie ein Urteil zu fällen, vielleicht aber auch zu gewinnen: auf diese Weise könne nämlich der Erzähler seine Figuren von der Last der Erinnerung befreien, einer Last, die nach seinen Worten auch schwer auf ihm selbst ruht. Erzählen, um ein kollektives Gedächtnis zu begründen und zugleich die Subjekte von der Erinnerung zu befreien – ein solches Erzählvorhaben ist nicht frei von Widersprüchen und mag mit der Selbst-Autorisierung zum richtenden Schreiben zu tun haben: eine Selbst-Autorisierung, die die Figur der ‚Beauftragung' annimmt. Diese Widersprüchlichkeit verleiht jedenfalls dem Status und der Funktion der Erinnerung jene Ambivalenz, die den Roman zu einem zutiefst modernen macht, trotz der vordergründigen Anleihen des Autors beim traditionellen Erzählen des 19. Jahrhunderts:[15] „ein Meisterwerk der modernen Literatur, vielleicht der Literatur

---

[12] Satta, *Il giorno del giudizio*, S. 54f.
[13] Satta, *Il giorno del giudizio*, S. 103.
[14] Atzeni scheint übrigens diese Bezeichnung – „custodi del tempo" – bei Satta gefunden zu haben, der über Donna Vicenza (die Mutter) Folgendes schreibt: „Essa rimase nella vecchia casa, custode del tempo, con i due più piccoli, con Ludovico e Giovanni che erano stati scartati." *Il giorno del giudizio*, S. 215.
[15] Vgl. dazu Vittorio Spinazzola, „Il giorno del giudizio" e l'impossibilità di giudicare, in: Collu (Hg.), *Salvatore Satta giuristascrittore*, S. 69-76.

schlechthin, über die Einsamkeit", schreibt George Steiner in seinem Vorwort zu einer Neuausgabe des Romans.[16]

Derjenige, der das Leben der anderen aufzeichnet und somit dem Urteil auch der Leser preisgibt, ist also göttlich und lächerlich zugleich. Deutlich spürt und artikuliert Satta, „dessen Beruf nicht das (literarische) Schreiben ist", die Anmaßung, die einer auktorial verfahrenden Ich-Erzählung innewohnt, ironisiert und thematisiert sie hier und an vielen weiteren Stellen, wodurch dem (literarischen) *jus dicere* die richterliche Legitimität wieder abgesprochen wird.

Die unvermeidlich urteilende Erinnerung beschwört zwei eng miteinander verknüpfte Realitäten: die Familie, Don Sebastiano, den Vater, Donna Vicenza, die Mutter und die Reihe der Brüder, deren jüngster, wieder ein Sebastiano, ein Selbstporträt des Autors als Kind ist; die zweite, die erste einfassende Realität ist die der Stadt Nuoro und ihrer Bewohner, die alle das Recht auf ihre jeweilige Geschichte bekommen, vom Apotheker bis zum Totengräber, vom Bischof bis zur Prostituierten.

Die ersten drei Kapitel des Romans entfalten eine dichte Beschreibung der topologischen und sozialen Beschaffenheit Nuoros. Der erste Ort außerhalb des Hauses der Familie, an den die Leser geführt werden, ist der Friedhof („*sa 'e Manca*, quella di Manca, come si chiamava"), und die erste soziale Realiät, mit der sie vertraut gemacht werden, sind die Leichenzüge mit ihren nach der sozialen und geschlechtlichen Hierarchie gestaffelten feierlichen Glockenschlägen („nove per gli uomini, sette per le donne, più lenti per i notabili"). Zugleich aber wird mitgeteilt, dass in dieser Stadt nichts ephemerer sei als die Toten – kaum begraben, schon vergessen, bereits die nächste Generation kennt die Vornamen der vorangegangenen nicht mehr... Diese Bereitschaft zum Vergessen, die mangelnde *memoria*, auf die der Erzähler mehrfach zurückkommt, ist auf merkwürdige Weise mit der Zentralität des Friedhofs und der Präsenz des Todes, die den ganzen Text prägen, korreliert; der Tod gewinnt dadurch etwas unchristlich-Endgültiges. Mannuzzu hat das in seinem Essay mit dem von ihm konstatierten Traditionsverlust der Sarden in Zusammenhang gebracht:

> Se il tema è il lutto delle radici, la Sardegna offre un esempio di non comune levatura [...] con *Il giorno del giudizio* di Salvatore Satta. Libro nel quale il luogo centrale del mondo è Nuoro; e il luogo centrale di Nuoro è il suo cimitero; e i vivi son tutti morti.[17]

Wohlgemerkt: von der Trauer um verloren gegangene Wurzeln, nicht von der Suche nach Wurzeln ist hier die Rede. Verloren gehen, wie Satta in seinem Roman schreibt, unter anderem auch die schönen Dinge, Einrichtungsgegenstände beispielsweise, deren Schönheit nicht bewusst wahrgenommen und daher nicht geschätzt wird:

---

[16] George Steiner, Un millennio di solitudine, in: Salvatore Satta, *Il giorno del giudizio*, Nuoro: Ilisso 1999 (= Bibliotheca sarda 34).
[17] Mannuzzu, Finis Sardiniae, S. 1238.

> La morte è eterna ed effimera in Sardegna non solo per gli uomini ma anche per le cose.[18]

Der Romanbeginn stellt die Erzählung also unter das Zeichen des Verlusts, des Vergessens und des Todes, mit anderen Worten: des fatalen Wirkens der Zeit. Auch das scheint zunächst paradox, denn die Stadt, die von ihrem auf einer Anhöhe gelegenen Friedhof überblickt werden kann, wird als ein Ort präsentiert, an dem das Immergleiche – *su connottu* – rituell zelebriert wird: die häuslichen Arbeiten wie das Brotbacken, die jahreszeitlichen Tätigkeiten wie das Weinkeltern im Haus der *prinzipales*, die Kaffeehausrunde der müßigen Männer, der Kirchgang der Frommen, die Organisation des Viehdiebstahls durch die mächtigen *pastori*-Familien. Und doch schreibt sich in diese traditionale Welt die Zeit, und mit ihr die Veränderung, auf unheimliche Weise ein. Die Veränderung kommt, das macht der Erzähler bereits im ersten Kapitel deutlich, immer von außen, und sie ist durchwegs fatal:

> Poi c'era un'altra cosa che i nuoresi non avevano avvertito: che la città o borgo che fosse non erano soltanto loro, ma erano la gente venuta di fuori, dal remotissimo continente, il sottoprefetto, il comandante della guarnigione, il capitano dei carabinieri, il presidente del tribunale; impiegati, va bene, ma attraverso loro Nuoro non era più o non era soltanto Sardegna, era un frammento dell'Italia, comunicava con l'Italia, e gli orizzonti si facevano più vasti. [...] In breve, i nuoresi si trovarono amministrati, rappresentati, dagli estranei, e in fondo non se ne dolsero. Era un fastidio di meno.[19]

Mit subtiler Ironie macht der Autor an Stellen wie dieser deutlich, wie die Selbstzufriedenheit und Verschlossenheit der Einheimischen den kapitalistischen Interessen der *continentali* – zum Beispiel jener, die die sardischen Wälder abholzen und zu Geld machen – zuarbeiten, wie die alteingesessenen Stadtbewohner die Zeichen der Zeit nicht lesen können und ihrem ökonomischen Ruin entgegenträumen.[20] Das gilt nicht nur für den Umgang mit den Vertretern des fernen Zentralstaats, sondern selbst für das Verhältnis zu den jungen Männern der umliegenden Dörfer, die Ambition zeigen und nach Nuoro ziehen, um sozial aufzusteigen:

> Quelli che facevano politica, i candidati, erano tutti dei paesi: di Orune, di Gavoi, di Olzai, di Orotelli, persino di Ovadda, quei minuscoli centri (*biddas*, ville) lontani quanto le stelle l'uno dell'altro, che guardavano a Nuoro come alla capitale; paesi di pastori, di contadini, di gente occupata a contare le ore della giornata, ma i cui figli avevano scoperto l'alfabeto, questo mezzo prodigioso di conquista, se non altro di redenzione dalla terra arida, avara.[21]

---

[18] Satta, *Il giorno del giudizio*, S. 15.
[19] Satta, *Il giorno del giudizio*, S. 21. Bustianu, die Detektiv-Figur in Fois' Romantrilogie, ist also als ein Gegenentwurf zu dieser kollektiven Apathie-Haltung zu verstehen: er ist einer, der sich leidenschaftlich einmischt; vgl. Kap. „Übersetzungen".
[20] Diesen Dekadenzprozess der Klasse der *prinzipales* schildert ganz ähnlich Grazia Deledda in ihrer Autofiktion *Cosima* (1937).
[21] Satta, *Il giorno del giudizio*, S. 18.

Das Gesetz des Handelns liegt also bei den Zuwanderern, und machtvoller noch manifestiert es sich in der Historie, die mit dem Eintritt Italiens in den Ersten Weltkrieg auch in Nuoro einen nie wieder rückgängig zu machenden sozialen Einschnitt und einen Wandel der Mentalität erzeugt. Doch die toten Söhne der Stadt und die Kriegsheimkehrer, die die Schützengräben und die weite Welt erlebt haben, spielen erst ganz zu Ende des Romans eine Rolle, zeitgleich mit der allmählichen Auflösung der Familie Sanna. Zunächst – im zweiten Kapitel – wird die Macht der Tradition vorgeführt, in einer zugleich topologischen und soziologischen Beschreibung der Stadt. Das Kapitel beginnt mit einer Anleihe bei einem illustren Autor, der mit milder (Selbst-) Ironie herbeizitiert wird:

> Nuoro non era che un nido di corvi, eppure era, come e più della Gallia, divisa in tre parti.[22]

Der ärmste Stadtteil, in dem die Häuser meist nur ebenerdig sind, ist Sèuna, das Viertel der *contadini* mit den abends vor den Häusern abgestellten Ochsenkarren. Getrennt von den Bauern wohnen die *pastori*:

> [...] nessun pastore penserebbe mai di abitare a Sèuna, dove si troverebbe degradato e spaesato. I pastori si raccolgono tutti nella parte opposta, nell'altro paese nel paese, che si chiama San Pietro, sebbene nessuna chiesa vi sia di questo nome.[23]

San Pietro und seinen Bewohnern widmet Satta einen langen Textteil, in dem mit literarischen Mitteln jener Verhaltenskodex und jene Wertvorstellungen vorgestellt werden, die Antonio Pigliaru in seiner klassischen Studie als *codice barbaricino* beschrieben hat.[24] Schließlich spricht der Ich-Erzähler vom dritten Stadtteil, der der soziale Ort des Notars Sanna und von seinesgleichen ist:

> [...] San Pietro finisce dove comincia il lungo Corso appena lastricato di Nuoro, simbolo della terza Nuoro, la Nuoro del tribunale, delle scuole, dell'episcopo, di Don Sebastiano, di Don Gabriele, di Don Pasquale, dei ‚signori', ricchi o poveri che fossero.[25]

In dieser dreigeteilten Stadt findet nicht nur jeder Stand, sondern finden auch die Geschlechter ihren Ort (die Frauen im Innern der Häuser), und diese mittelalterliche Segregation der Bewohner ist Bestandteil einer (vermeintlich) unumstößlichen Ordnung, die ungeschriebene, die gelebte und verkörperte Tradition, mit einem historischen Schlagwort: *su connottu*. Was in der Mentalität der Nuoresen so fest verankert ist, so absolut unhinterfragbar scheint, erodiert aber durch den Kontakt mit der Außenwelt, durch den Um-

---

[22] Satta, *Il giorno del giudizio*, S. 26.
[23] Satta, *Il giorno del giudizio*, S. 31.
[24] Zu Pigliaru und dem *codice barbaricino* vgl. Kap. „Viehdiebe".
[25] Satta, *Il giorno del giudizio*, S. 38. Eine gute Vorstellung von dem – vergleichsweise bescheidenen – Wohlstand der Häuser dieses Stadtteils kann man sich heute in der zum Museum ausgestalteten Casa Deledda machen.

gang mit den *continentali* und den ehrgeizigen jungen Männern, die aus den Dörfern in die Stadt ziehen. Symbolisch für das Bröckeln der alten Ordnung steht jener Moment, in dem ein skrupelloser Politiker die Seunesen aus ihrer politischen Unschuld herausreißen und für seine Zwecke missbrauchen will,[26] oder als die jungen Männer die ungeschriebenen Grenzen der Stadtviertel nicht mehr respektieren und die traditionelle Tracht ihres Standes ablegen:

> Come tutte le città che si evolvono, Nuoro produceva ogni giorno più gente che non aveva nulla da fare. Il borgo pastorale continuava a vivere la sua vita tenebrosa a San Pietro, il borgo contadino di Sèuna restava immobile nel suo colore di acquamarina: costoro non appartenevano più né all'uno né all'altro, e il segno infallibile era che il costume cominciava a sparire. 'Insignoriccati', come si diceva [...].[27]

Die Geschichte der Stadt wird also vom Ich-Erzähler als die eines äußerst ambivalenten Fortschritts erzählt, eines Fortschritts, der unverkennbare Züge der Dekadenz trägt. Dennoch wird der Ausgangspunkt der Entwicklung – das traditionelle Nuoro der Jahrhundertwende von 1900 – keinesfalls nostalgisch verbrämt, im Gegenteil, es dominieren gerade am Anfang die Farbe schwarz sowie äußerst düstere Lichtverhältnisse. Im Zentrum einer Insel gelegen, die ganz allgemein laut Satta durch ihre „demoniaca tristezza" gekennzeichnet ist, ist Nuoro eine Stadt, die ihren in dunklen Häusern weggeschlossenen Patriziertöchtern gleicht:

> [...] quelle donne ricche e pallide che sognavano e intristivano nella clausura, e apparivano qualche volta dietro i vetri come fantasmi, o uscivano per andare alla Messa. [...] Nuoro era per i nuoresi una di quelle grandi e tristi donne [...].[28]

In einem außerordentlich schönen Panoramablick auf die Stadt, der ihre Einbettung in die damals unverbaute Landschaft schildert, verwendet Satta in sanft rhythmisierter Prosa jene rhetorische Figur, die als *pars pro toto* für den ganzen Roman stehen kann: die antithetische Zuspitzung eines semantischen Kontrastpaars, dessen positiver Pol zugleich zurücknehmend eingeschränkt wird (eine sehr individuelle Aneignung der Figur des Oxymorons)[29]:

> Nuoro è situata nel punto in cui il monte Orthobene (più semplicemente il suo Monte) forma quasi un istmo, diventando altipiano: da un lato l'*atroce* valle di Marreri, segnata dal passo dei ladri, dall'altro la *mite, se qualcosa può essere mite*

---

[26] Ein böses Porträt des jungen Sozialismus. Über Ricciotti Bellisai bzw. sein historisches Vorbild Menotti Gallisay informiert Pititu, *Nuoro nella Belle Epoque*, S. 144ff. Menotti Gallisay trug im Volksmund den Titel „su babbu 'e sos poveros" [il padre dei poveri].
[27] Satta, *Il giorno del giudizio*, S. 157.
[28] Satta, *Il giorno del giudizio*, S. 19f.
[29] Zum Oxymoron bei Satta vgl. Cristina Lavinio, *Narrare un'isola. Lingua e stile di scrittori sardi*, Rom: Bulzoni 1991, S. 133ff. Lavinio diskutiert nicht die Asymmetrie des Oxymorons, die aber für Sattas Verwendung dieser rhetorischen Figur kennzeichnend ist.

in Sardegna, valle di Isporòsile, che finisce in pianura, e sotto la grande guardia dei monti di Oliena, dilaga fino a Galtellì e al mare.[30]

Die großen semantischen Gegensatzpaare, die Sattas Text durchziehen – Leben und Tod, Dynamik und Statik, Männer und Frauen – werden auf ganz ähnliche Weise aufgebaut und in ihrer Gegensätzlichkeit zugleich abgeschwächt, immer zum ‚negativen' Pol hin. Don Sebastiano beispielsweise, der seine Frau mit dem grausamen Satz „tu stai al mondo soltanto perché c'è posto" zum Schweigen zu bringen pflegt, muss gegen Ende des Romans, als alter Mann, zur Kenntnis nehmen, dass dieser Satz auch für ihn Gültigkeit bekommt.[31]

In gewisser Weise scheint der Satz auf ganz Nuoro als städtische Gemeinschaft zuzutreffen. Die Zahl von Müßiggängern, eingeschworenen Junggesellen, unverheirateten alten Frauen, Bettlern, Verrückten und anderen marginalisierten Existenzen, denen der Ich-Erzähler seine Aufmerksamkeit widmet, ist bemerkenswert hoch; die Nutzlosigkeit ihrer jeweiligen Existenz spiegelt das gesamte städtische Leben in seiner Statik und Enge. Schlechter aber noch als diesen Figuren ergeht es jenen, die die Statik aufbrechen, ihren sozialen Status verbessern und Nuoro hinter sich lassen wollen: sie scheitern auf tragische Weise. So geschieht es Pietro Catte, der die Erbschaft seiner Tante im Handumdrehen in Mailand an einen Betrüger verliert und lediglich nach Nuoro zurückkehrt, um sich an einem öffentlichen Ort zu erhängen, und so ergeht es der jungen Peppeddedda, die den bescheidenen Traum hegt, Lehrerin werden zu wollen, sich bei der Ausbildung auf dem Festland die Tuberkulose holt (wie einst der Autor selbst) und fern der Heimat stirbt. Für solche Schicksale hat Don Sebastiano einen anderen schrecklichen Satz bereit: „Tu vai cercando pane migliore di quello di grano", ein Satz, der sein Urteil über die Hybris solcher Lebenspläne enthält und der zugleich ein vom Sohn internalisiertes Urteil des realen Vaters über den Autor wiedergibt.[32]

Nuoro ist also eine Falle, der man nicht entkommen kann, ein Adelstitel, den man durch Geburt erwirbt, der Nabel der Welt, das Ende der Welt, ein verlorenes Paradies, dessen Zentrum ein Friedhof ist, und vieles andere mehr: so will es „il libro indimenticabile" mit seinen „parole irripetibili e definitive" (Salvatore Mannuzzu). Es ist ein Kernstück der literarischen Konstruktion sardischer Identität und prä-textueller Ausgangspunkt vieler wieterer Bücher, vor allem solcher, die Nuoro thematisieren und die alle, wenn

---

[30] Satta, *Il giorno del giudizio,* S. 29 (Hervorhebung B.W.).
[31] Der Satz soll in Nuoro zu Beginn des 20. Jahrhunderts sprichwörtlich gewesen sein, so Neria De Giovanni, La rivolta di Cassandra. Tipologia del personaggio femminile nell'opera creativa di Salvatore Satta, in: Collu (Hg.), *Salvatore Satta giuristascrittore,* S. 77-101, hier S. 77. Gabriella Contini macht im gleichen Band darauf aufmerksam, dass der Satz just deswegen für sardische Leser weniger grausam klinge als für exogene Leser: S. 181.
[32] Vgl. dazu Ugo Collu, *La scrittura come riscatto. Introduzione a Salvatore Satta,* Cagliari, Edizioni della Torre 2002, S. 57.

auch oft mit anderer Wertung, als das bei Satta der Fall ist, die Auswirkungen der Zeit auf einen Mythos, der als solcher unwandelbar zu sein scheint, diskutieren.

Stadt im Urteil 2: *Maschere e angeli nudi*

Eines dieser Bücher ist *Maschere e angeli nudi* (1999), ein Text, der einen früheren autobiographischen Versuch Maria Giacobbes, *Piccole cronache* (1961), weiter- und umschreibt. Auch *Maschere e angeli nudi* ist, ganz ähnlich wie *Il giorno del giudizio*, die Rekonstruktion einer Kindheit und ihres Raums. Ähnlich wie Satta, der sein Berufsleben „auf dem Kontinent" verbracht hat, weiß sich auch die um eine Generation jüngere Autorin durch Jahrzehnte des Lebens in der (freiwillig gewählten) Emigration getrennt von der Stadt ihrer Kindheit und schreibt aus großem zeitlichen Abstand.

> Maria Giacobbe wurde 1928 als eines der vier Kinder des Ingenieurs und politischen Aktivisten Dino Giacobbe geboren. Ihre Kindheit fiel in die Zeit des Faschismus, der Vater, bekannt als Antifaschist, floh im Herbst 1937 aus Sardinien, um sich den Internationalen Brigaden in Spanien anzuschließen, die Mutter, ebenfalls Antifaschistin, blieb mit den Kindern in Nuoro. Maria Giacobbe wurde nach Kriegsende zunächst Lehrerin. Ihre Erfahrungen als Dorfschullehrerin in der Barbagia schildert sie in *Diario di una maestrina*, für das sie 1957 den Premio Viareggio „Opera Prima" erhielt. Seit 1958 lebt sie in Dänemark und schreibt mittlerweile auf Dänisch und auf Italienisch. Sie ist Trägerin zahlreicher dänischer und italienischer Literaturpreise und engagierte Menschenrechtskämpferin. Ihre italienischsprachigen Werke sind fast alle in Sardinien angesiedelt: *Piccole cronache* (1961), *Il mare* (1967), *Gli arcipelaghi* (1995, literarische Vorlage für den Film *Arcipelaghi* von Giovanni Columbu), *Pòju Luàdu* (2005). Zwei ihrer frühen Bücher wurden ins Deutsche übersetzt: *Meine sardischen Jahre* (1958, = *Diario di una maestrina*, übersetzt von Adelheid Lohner) und *Erinnerungen an einen Sommer* (1969, = *Il mare*, übersetzt von Inge Foihsner).

Die erzählte Zeit von *Maschere e angeli nudi* sind die ersten zehn Lebensjahre der Autorin, also die Zeitspanne von 1928 bis 1938; der Text setzt ungefähr dort ein, wo *Il giorno del giudizio* die Nuoreser Chronik beendet hatte. In diesem Jahrzehnt hatte sich der Faschismus auf Sardinien im politischen und alltäglichen Leben durchgesetzt, auch wenn man davon ausgehen kann, dass das auf der Insel im Wesentlichen erst nach dem Marsch auf Rom – also später als in anderen italienischen Regionen – der Fall war.

Dino Giacobbe, der Vater der Autorin, war ein Nuoreser Exponent des *Partito sardo d'Azione*, der 1921 als ‚sardistische' Partei aus Vorläufer-

Stadt im Urteil 2: Maschere e angeli nudi 93

organisationen der Kriegsheimkehrer gegründet worden war. Ein Großteil der Mitglieder dieser Partei, darunter auch bekannte Parteiführer, fusionierte im April 1923 mit dem *Partito nazionale fascista*, unter anderem in der illusionären Hoffnung, die sardistischen Forderungen in der mächtigen nationalen Partei durchsetzen zu können; die Zeit des so genannten *sardofascismo*, in der Exponenten der alten Partei die Geschicke der faschistischen Partei auf Sardinien zumindest mitbestimmten, dauerte bis 1927.[33]

Dino Giacobbe gehörte, wie sein Parteifreund Emilio Lussu, zu jenen Vertretern des *Partito sardo d'azione*, die die Fusion nicht mittragen wollten; in der frühen Kindheit Marias fand er daher aus politischen Gründen als Ingenieur keine Arbeit mehr. Im Herbst 1937 verlässt er Sardinien heimlich, seine Frau und die Kinder im prekären Schutz des familiären Clans zurücklassend. In Spanien kommandiert er eine (zahlenmäßig kleine) „batteria sarda", wird nach dem Abzug der Internationalen Brigaden in einem französischen Lager interniert, ihm gelingt die Flucht in die USA, wo er bis Kriegsende lebt. Im September 1945 kehrt er nach Sardinien zurück.[34]

Nuoro, die Stadt, der Dino Giacobbe aus politischen Gründen den Rücken kehrt, ist kein Zentrum des Faschismus auf Sardinien. Noch bei den nationalen Wahlen im April 1924 gewinnt, bereits gegen die Einschüchterungsversuche der politischen Gegner, der *Partito sardo d'Azione*.[35] Die Wende kommt, wie in ganz Italien, 1926, dem Jahr des Mussolini-Putsches, aber auch dem Jahr, in dem vom faschistischen Regime eine vierte Provinz auf Sardinien eingerichtet wird, zu deren administrativem und politischen Zentrum Nuoro bestimmt ist. Das bringt der Stadt ökonomische und beschäftigungspolitische Vorteile und lässt sie die Entwicklung von einem Agrar- zu dem Verwaltungszentrum nehmen, das sie heute noch ist. Anfang der dreißiger Jahre zählt Nuoro 9000 Einwohner. Die Präfekten, die vom Regime in die neue Provinz entsandt werden, empfinden ihre Aufgabe als Mission *in partibus infidelium*; die lokalen Faschisten werden nicht vom Gedanken an die faschistische Revolution bewegt, sondern bleiben eingebunden in die traditionellen familiären und klientelaren Verbände, gegen die die Ideologen aus Rom einen schweren Stand haben (ich folge hier der Darstellung des Historikers Luciano Marrocu). Im Übrigen gilt, was Salvatore Satta über die traditionell dem ‚Fortschritt' (der gesellschaftlichen Veränderung)

---

[33] Vgl. dazu Manlio Brigaglia, La Sardegna dall'età giolittiana al fascismo, in: Berlinguer/Mattone (Hg.), *La Sardegna*, S. 501-632.

[34] Über die Zeit der Emigration informiert seine Tochter Simonetta Giacobbe, *Lettere d'amore e di guerra. Sardegna – Spagna (1937-39)*, Cagliari: Editrice Dattena 1992, sowie er selbst in: Sardismo e antifascismo. Incontro-dibattito con l'Ing. Dino Giacobbe, in: Carlino Sole (Hg.), *L'Antifascismo sardo. Testimonianze di protagonisti*, Cagliari, STEF 1971, S. 87-130.

[35] Vgl. Raimondo Turas, Nuoro, in: Brigaglia (Hg.), *La Sardegna*. Vol. 1, S. 253, und Luciano Marrocu, Il ventennio fascista (1923-43), in: Berlinguer/Mattone (Hg.), *La Sardegna*, S. 633-713, hier S. 644, ferner Santina Sinni, Sardismo e fascismo a Nuoro dal 1919 al 1929, in: Luisa Maria Plaisant (Hg.), *La Sardegna nel regime fascista*, Cagliari: CUEC 2000, S. 149-161.

mit Misstrauen begegnende städtische Bevölkerung festgehalten hat; Simonetta Giacobbe, Maria Giacobbes Schwester, berichtet im Rückblick:

> I fascisti locali erano, con qualche eccezione, professionisti e impiegati appena giunti dai paesi vicini, animati da una irrefrenabile vocazione di fare carriera, sentimento che il buon gusto nuorese non apprezzava. Rappresentavano la nuova classe piccolo-medio borghese che avanzava con protervia in un ambiente pastorale che fino a quel momento aveva conservato una sua arcaica nobiltà [...].[36]

Wenn Marrocu schreibt, dass die Verfolgung der Antifaschisten in Nuoro, jedenfalls nach der Auffassung der Parteisekretäre, eher lau erfolgt sei,[37] so stellt sich das im autobiographischen Rückblick Maria und auch Simonetta Giacobbes anders dar. Dino Giacobbe wurde mehrfach verhaftet und misshandelt, auch seine Frau Graziella wurde im Sommer 1937 einmal festgenommen. Jedenfalls waren gerade der Sommer 1937 und die Wochen vor der Emigration Dino Giacobbes eine Zeit squadristischer Übergriffe.[38]

Maschere e angeli nudi handelt, unter anderem, von dem als traumatisch erlebten Verschwinden des Vaters aus der familiären Realität, präsentiert also eine kindliche Sicht der Verquickung politischer und privater Ereignisse. Das Buch ist, ebenso wie *Il giorno del giudizio*, durch den großen zeitlichen Abstand zwischen dem erzählenden und dem erlebenden Ich gekennzeichnet. Allerdings: während der kleine Sebastiano in Sattas Roman nur eine unter vielen Figuren ist, sind es die Wahrnehmungen, Gefühle und Gedanken des Kindes, die im Zentrum von Giacobbes Buch stehen, gelegentlich unterbrochen von den Kommentaren der erwachsenen autobiographischen Erzählerin. In dieser Hinsicht steht das Buch eher der autofiktionalen Schrift *Cosima* (1937) nahe, in der Grazia Deledda unter dem titelgebenden Decknamen und in der distanzierenden dritten Person ihre Lebensgeschichte von der Kindheit bis zu jenem Zeitpunkt erzählt, zu dem sie Nuoro und der Insel den Rücken gekehrt hat. Deleddas Bildungsroman, der eine Selbst-Bildung zum Inhalt hat, zieht zugleich eine Art kultureller Bilanz über die eigene Herkunftskultur; auch in diesem Text spielt die Stadt Nuoro eine zentrale Rolle.[39]

Doch auch im Vergleich zu *Cosima* lässt sich neben Gemeinsamkeiten wieder ein gravierender Unterschied ausmachen: Maria, das erlebende Ich in *Maschere e angeli nudi*, wird nur bis zum elften Lebensjahr verfolgt. Das ermöglicht der Autorin die Rekonstruktion einer ausschließlich kindlichen

---

[36] Simonetta Giacobbe, *Lettere d'amore e di guerra*, S. 17.
[37] Luciano Marrocu, Il ventennio fascista, S. 674: „Osservato dal punto di vista dei ‚federali' che si succedono nel corso degli anni trenta, il problema sembra essere quello di una prefettura decisamente tenera (quando non connivente) nei confronti degli ambienti antifascisti."
[38] So auch zu lesen in der Einleitung zu Dino Giacobbe, *Sardismo e antifascismo*, S. 89-91.
[39] Zu Maria Giacobbes Verhältnis zu Grazia Deledda vgl. Verf., Das Meer überschreiten (überschreiben), aus Liebe. Grazia Deledda und Maria Giacobbe, in: Ingrid Bauer/Christa Hämmerle/Gabriella Hauch (Hg.), *Liebe und Widerstand. Ambivalenzen historischer Geschlechterbeziehungen*, Wien: Böhlau 2005, S. 110-124.

Perspektive und die Einführung einer unbestechlichen und zugleich naiven Beobachterin des familiären und städtischen Geschehens. Trotz der großen zeitlichen Distanz zum Erzählten erzeugt dieses narrative Dispositiv in vielen Passagen den Eindruck großer Unmittelbarkeit, der mit den reflexiven – und das heißt vermittelnden – Passagen der erwachsenen Ich-Erzählerin abwechselt.

Maria, das kleine Mädchen, besitzt die Nachdenklichkeit und den luziden Blick, der manche Kinder zu Richtern werden lässt. Mit diesem Blick beobachtet sie die Eltern, die anderen Familienmitglieder und das Geschehen in der Stadt. In einem Selbstkommentar zur Neuausgabe ihres Romans *Il mare* bei Il Maestrale hat Maria Giacobbe auf die Wichtigkeit hingewiesen, die kindliche und heranwachsende Figuren für sie besitzen. Die Ablehnung der Welt der Erwachsenen berge ein utopisches Potential, das die Schriftstellerin freisetzen möchte und das sie sich wiederholt durch die narrative Konstruktion einer kindlichen Sehweise zunutze gemacht hat.[40] Dieses Potential, das man auch als die Geburt des kritischen Denkens in einem Individuum betrachten kann, ist der Protagonistin von *Maschere e angeli nudi* zu eigen und wird durch die sozialen und politischen Umstände vollends zur Entfaltung gebracht, denn das Mädchen erlebt die verstörende Unvereinbarkeit der traditionalen Gesellschaft, die gerade durch eine schwere politische Krise erschüttert wird, mit dem Wertesystem der Eltern, die durch ihre Bildung und Charakterstärke sich außerhalb dieser Welt positionieren.

Auf der einen Seite stehen die Eltern, bewunderte und geliebte Vorbildfiguren:

> Babbo e mamma quei libri li avevano letti ed erano, insieme a tante altre cose, una parte del loro mondo. Babbo e mamma non erano pedanti né bigotti. Erano delle persone desiderose di capire il loro tempo e di vivere con coerenza. E mi volevano bene.[41]

Auf der anderen Seite das Kind, das die Eltern und damit auch sich selbst als ‚anders als die anderen' erfährt:

> Figli di perseguitati politici libertari, eravamo degli esiliati in un mondo che si era piegato alla rassegnazione mediocre e redditizia degli schiavi e che, nella sua umiliazione, non era avaro di vendette contro i ribelli. E i figli dei ribelli.
>
> Figli d'intellettuali progressisti di cultura europea, assorbivamo però le nostre prime fondamentali impressioni da un ambiente ancora imbevuto di cultura arcaica conservatrice.
>
> Figli di ‚liberi pensatori' nemici dei pregiudizi e delle superstizioni, muovevamo i nostri primi passi in un mondo retto ancora da rigide regole tribali e da divieti il

---

[40] „Storia del romanzo *Il mare*", in: *Il mare*, Nuoro: Il Maestrale 2001, S. 7-16.
[41] Maria Giacobbe, *Maschere e angeli nudi, Ritratto d'un infanzia*, Nuoro: Il Maestrale 1999, S. 73. Folgende Lektüren der Eltern werden genannt: Gandhi, Tagore, Nietzsche, Kant, Schopenhauer, Freud, Strindberg, Pirandello und Ibsen.

cui senso in gran parte era andato perduto e che non di raro erano diventati pregiudizio e superstizione...[42]

Hier spricht, mit der Allwissenheit des Rückblicks, die Erzählerin. Literarisch eindrucksvoller sind die Passagen, in denen das Kind seinen (noch) unbestechlichen Blick auf seine Umwelt wirft, auch auf das städtische Leben: das alte und große Haus des Familienclans im Viertel der *prinzipales*, das Landgut der Familie vor den Toren der Stadt, das frühsommerliche Fest der Novene für San Francesco di Lula[43], „unsere" Kirche (Madonna del Rosario), die Figur des Priesters, die Präsenz des Todes und des Friedhofs, das hierarchisch gestufte Läuten der Totenglocken, die barbaricinischen Legenden und Sagen, die Schule und die Lehrerinnen, die soziale Hierarchie der *prinzipales* und ihrer Bediensteten, die ritualisierte Geschenksökonomie, die diese Wirtschaftsform begleitet. All das steht, in nicht unähnlicher Weise, auch in *Cosima* und *Il giorno del giudizio* zu lesen und schreibt ein literarisches Stadtbild intertextuell fort, dokumentiert die Beharrlichkeit, mit der eine Gesellschaft an ihren Traditionen und an ihrer Mentalität festhält. Doch das fatale Wirken der Zeit, das Salvatore Satta in seinem Roman mit prophetischer Stimmlage beschwört, hier, bei Maria Giacobbe, hat es seine gefährlichen Früchte zur Reife gebracht und das Neue in der Welt der Nuoresen zu einer explosiven Mischung werden lassen: das Neue, das der Faschismus, aber auch die „europäische Kultur" der Eltern bedeuten.

Das Kind befindet sich inmitten dieser widersprüchlichen und in ihrer Widersprüchlichkeit unerklärten kulturellen Traditionen und Werte und versucht, die verschiedenen Welten in seinem Kopf zu vereinen, zum Beispiel den Katholizismus und den Faschismus:

> Come credere in un Dio creatore che non si sapeva come e da chi fosse stato creato? [...] un Dio giusto ma che permetteva ai fascisti di maltrattare delle persone buone e giuste come mio padre e mia madre e concedeva ai fascisti una vita nell'allegria e nell'abbondanza [...].
>
> Su Gesù invece non avevo motivi di dubbio e la mia simpatia per lui, per quel Gesù di cui mamma qualche volta mi parlava, era incondizionata. Gesù passeggiava in campagna, come facevamo anche noi, insieme a gente povera e buona e avevo detto „beati i giusti perché di loro è il regno dei cieli."
>
> Se Gesù aveva detto così, significava che amava la giustizia e detestava l'ingiustizia e che perciò doveva essere antifascista e non poteva essere d'accordo con Dio suo padre che proteggeva i fascisti e non li puniva delle loro cattiverie, mentre a noi lasciva mancare anche i soldi per pagare la bolletta della luce e dell'acqua.[44]

---

[42] Giacobbe, *Maschere*..., S. 74.
[43] Dieses kirchliche und zugleich populare Fest wird vom 1.-10. Mai begangen. In *Cosima*, dem Intertext zu dieser Stelle in Maria Giacobbes Buch, wird in ähnlich warmen Farben der Erinnerung die Novene der Madonna del Monte beschrieben.
[44] Giacobbe, *Maschere*..., S. 36f.

Stadt im Urteil 2: Maschere e angeli nudi 97

In der Familie stellt sich die Gleichzeitigkeit des Ungleichzeitigen weniger konfliktuell, aber doch auch sehr widersprüchlich im Lebensstil der verschiedenen Generationen dar. Die Großmutter, die, so wie Donna Vincenza bei Satta, das Haus schon lange nicht mehr verlässt, hat gleichwohl alle Fäden eines weitläufigen Haushalts und seiner Expositur, dem *podere* auf dem Land, fest in der Hand. Sie verkörpert für die kleine Maria das alte Nuoro und seine sich unerschütterlich glaubende und gebende soziale Ordnung:

> Abitavamo allora nella grandissima, vecchia casa di famiglia, che era circondata di cortili, legnaie, stalle e fatiscenti casette che solo i ragni e i fantasmi popolavano, e dove mia nonna materna regnava su una tribù di figlie, nipoti, persone di servizio e i due figli più giovani ancora celibi.[45]
>
> [...]
>
> Guardavo, ascoltavo e osservavo in silenzio nonna che ordinava che si offrisse da bere e da mangiare al pastore che era appena arrivato. E osservavo, registrando, che la domestica metteva un piatto, qualche posata e un bicchiere in un angolo del tavolo di cucina. Senza tovaglia. Per gli uomini di campagna dunque non si usava tovaglia. Così era.[46]

Das Kind nimmt beobachtend die Ordnung einer hierarchischen sozialen Realität zur Kenntnis, die in ihrer ‚zeitlosen' Gültigkeit beruhigend wirkt („così era"), die als Alltagsrealität gegeben und nicht zu hinterfragen ist, die, mit Gramsci gesprochen, zu einem Teil des Alltagsverstands geworden ist.[47] Maria beobachtet – ebenso „schweigend" – aber auch die Mutter, die sich generationell zwischen den Fronten befindet und der alten sozialen Konfiguration der *prinzipales* nicht mehr ungebrochen angehört. Als Zeichen dafür steht, dass sie Zigaretten raucht und Lippenstift verwendet; folgenreicher freilich äußert sich ihr Dissens in der Entscheidung, sich eine politische Meinung zu erlauben:

> Mamma era, per i suoi tempi e ancora di più in rapporto alla piccola città di provincia in cui era nata e in cui le persecuzioni politiche la condannavano a vivere, una donna eccezionalmente colta, nutrita di ottime e numerose letture, modernamente e coraggiosamente impegnata nei problemi politici e morali della sua epoca. Ma era anche figlia e nipote di generazioni e generazioni di *prinzipales* per i quali l'accettazione e la fedeltà a ruoli e rituali prefissati da secoli o millenni non potevano essere messe in discussione.[48]

Mit ihrer unbeugsamen politischen Überzeugung repräsentieren die Eltern in gewisser Weise ebenso den Einbruch der Moderne in die Welt der *prinzipales* wie die Faschisten, die die alte Sozialordnung auf skandalöse Weise nicht respektieren, ja sogar die sakrosankten Grenzen des Hauses verletzen.

---

[45] Giacobbe, *Maschere...*, S. 15.
[46] Giacobbe, *Maschere...*, S. 96.
[47] „Così era" ist aus dem Rückblick des schreibenden Ich mit Kritik verbunden – ‚natürlich' konnte diese Verhaltensweise dem damaligen Kind erscheinen.
[48] Giacobbe, *Maschere...*, S. 25.

Zutiefst verunsichert, betrachtet das Kind seine ureigene Welt unmittelbar nach einer der zahlreichen Verhaftungen des Vaters, die von einer Hausdurchsuchung begleitet wurde, die vor allem der elterlichen Bibliothek galt, aber auch das Kinderzimmer nicht verschont hat:

> Ma ora babbo non c'era. Nessuno me l'aveva detto, ma io sapevo „che babbo era stato arrestato". E le *Mille e una notte* con la sua bella copertina semistrappata era in mezzo al pavimento, su un mucchio di altri libri e carte fra i quali quegli uomini avevano cercato qualcosa che non trovavano.[49]

So kommt der Faschismus in Nuoro und auch anderswo bis in die Kinderzimmer, und so wird die Bedeutung von Büchern klar, wie im Übrigen auch die des Radios, das Opernmelodien, aber auch den verbotenen Sender „Issì Ns Cotasir" überträgt. Dass die Politik das Private nicht privat bleiben lässt, erfährt das kleine Mädchen als Trauma in dem Moment, als der Vater sich für die Emigration und das Engagement im Spanischen Bürgerkrieg entscheidet:

> [...] babbo, l'uomo che senza il minimo dubbio era per me *il migliore del mondo*, quello del cui amore mai avevo dubitato, nella scelta tra *me* e la „necessità di difendere la libertà, la giustizia e la propria dignità d'uomo", dimostrò di preferire, *la libertà, la giustizia e la dignità* e se ne andò *per sempre*, lasciandomi in un mondo nemico e offensivo, dove senza di lui la tristezza e la mancanza di speranza divennero il sapore costante di quasi ogni ora.[50]

Die Fähigkeit, diese „verletzende und feindliche Welt" mit unbestechlichem Blick zu beobachten und zu beurteilen, hat das Kind aber bereits vorher erworben; es weiß, dass auch die Welt der *nonna* nicht durchgehend gerecht organisiert ist, dass zum Beispiel junge Mädchen, die im Haus in einem Dienstverhältnis stehen, vor Nachstellungen nicht sicher sind, dass sie nicht immer „respektiert" werden:

> In che cosa questa mancanza di rispetto consistesse, impiegai molti anni a capirlo. [...] Ma „sapevo" che certe *offese* gravissime *erano state fatte* anche sotto il nostro tetto a delle ragazze povere che avevano lavorato per noi. Sapevo che nonna, che mamma ne avevano sofferto molto. Che la donna, la ragazza, offesa era scomparsa dalla mia, dalla nostra vita. [...] Sapevo che l'offensore, il vero colpevole, era ancora tra noi, perché lui nella casa ci abitava per diritto di nascita e neppure nonna, pur avendo tanta autorità poteva, o voleva, scacciarlo.[51]

Maria beobachtet weiterhin die flächendeckende soziale Kontrolle, die die bösen Zungen ausüben – *za zente, quello che dice la gente*, wie es bei Marcello Fois heißt – und die eine Instanz bilden, vor der jede Form des Außerordentlichen als Transgression denunziert wird, auch der Erfolg der berühmtesten Tochter der Stadt, Grazia Deledda:

---

[49] Giacobbe, *Maschere*..., S. 90.
[50] Giacobbe, *Maschere*..., S. 84. Hervorhebungen der Autorin.
[51] Giacobbe, *Maschere*..., S. 84. Hervorhebungen der Autorin. „Offesa" ist ein zentraler Terminus des *codice barbaricino*.

Stadt im Urteil 2: Maschere e angeli nudi 99

> Grazia Deledda la conoscevano tutti e, anche se „le avevano dato il premio Nobel", che da come se ne parlava sembrava essere una cosa importante, molti dicevano che „non tutto quello che aveva scritto era vero". Che „aveva esagerato."[52]

Maria, die im ehemaligen Haus der Familie Deledda, dem heutigen Museo Grazia Deledda, schöne Stunden ihrer Kindheit verbringt,[53] vermag dieses kollektive Urteil zu distanzieren und als Ausdruck einer Mentalität des Neids zu erkennen – auch weil sie das nivellierende Korrektiv, das die Anweisung „non bisogna mai esagerare" zum Ausdruck bringt, am eigenen Leib erlebt hat. Sie kann Urteile als ungerechtfertigt erkennen, urteilt aber selbst über die, die ihr am nächsten stehen: die Eltern, zumal über den bewunderten und schmerzlich vermissten Vater; das, wenn auch sehr diskret formulierte, Urteil über den Vater ist ein weiterer Zug, den dieses Buch mit *Il giorno del giudizio* teilt. Denn der Vater hat eine Wahl getroffen, die – so kohärent sie auch sein mag – andere Opfer als nur das seine, persönliche, nach sich zieht:

> Lì [in Spagna] avrebbe rischiato la vita. E ciò era grave e terribile per lui, anche nei riguardi dei suoi quattro bambini, noi, che stava condannando alla condizione di orfani e paria.
>
> Un destino che quei bambini non avevano scelto e che lui si stava prendendo la responsabilità di dar loro.[54]

Maschere e angeli nudi ist eine Nuoreser *Spoon River Anthology*, ebenso wie *Il giorno del giudizio*.[55] Die *nonna*, die Eltern, *za zente*, der faschistische Schuldirektor und der kinderfreundliche Pedell, der Pfarrer und seine alte Schwester, der hünenhafte freundliche *servo* der Großmutter und der Polizist, der täglich das Haus kontrolliert, all das war einmal Nuoro und bleibt es in der Erinnerung der alt gewordenen Autorin: jener Ort, an dem sich ihr die Widersprüchlichkeit und auch die Schönheit der Welt zum ersten Mal enthüllte, jener Ort, dem sie in der (gewählten) Emigration verbunden bleibt und der das Zentrum ihres Schreibens darstellt, oder, wie sie selbst formuliert, „un centro-ombelico al quale tenersi. Un centro che non è più geografico ma psicologico".[56]

Aus der Sicht eines Individuums also: der Nabel der Welt; im Kontext der literarischen Tradition Sardiniens auch jener symbolische Ort, der für alle Sarden eine zweite Heimat bietet, und zwar eine, in der sich die „de-

---

[52] Giacobbe, *Maschere...*, S. 161.
[53] Eine der Tanten Maria Giacobbes hatte das Haus, nach der Übersiedelung Grazias nach Rom, von der Familie Deledda erworben.
[54] Giacobbe, *Maschere...*, S. 197.
[55] Maria Giacobbe hat selbst einmal Sattas Roman mit der berühmten *Anthology* verglichen: s. Lo scrittore e i suoi personaggi, in: Ugo Collu (Hg.), *Salvatore Satta e il giorno del giudizio*, seconda edizione riveduta e ampliata, Cagliari: STEF 1989, S. 27-34, hier S. 27.
[56] Maria Giacobbe, Paesaggi, personaggi, letteratura e memoria, in: *Quaderni bolotanesi* 23, 1997, S. 21-30, hier S. 27.

moniaca tristezza" Sardiniens (Salvatore Satta) angemessen manifestiert. Das gilt für *Maschere e angeli nudi*, und das gilt ebenso für das nächste Buch in der Reihe der schwarzen Nuoreser Stadt-Porträts.

Stadt im Urteil 3: *Nulla*

Marcello Fois, Autor der Bustianu-Trilogie[57], ist ein deutlich vielseitigerer Schriftsteller, als sein Ruf als Mitglied des Gruppo 13 und Spezialist für das Genre des *noir* vermuten lassen; ein Beispiel dafür ist der im Untertitel als „Roman" deklarierte Text *Nulla* von 1997.[58] Auch wenn der Text hat bei Il Maestrale eine zweite Auflage erreicht hat, ist er doch weit entfernt von den Verkaufszahlen, die Fois' Kriminalromane in Italien und im Ausland erreichen.

Nulla, sagt der Klappentext,

> è una cittadina di provincia. Secondo le ultime stime ha un'estensione che copre tutta l'Italia, e un numero di abitanti pari ad oltre due terzi dell'intera popolazione nazionale. Nulla ha confini brulicanti e incerti. È un ammasso di periferie senza centri.[59]

Nulla ist also ein allegorischer Ort, der für die globalisierte (anonymisierte) italienische Stadtperipherie schlechthin steht; zugleich meint die Allegorie aber auch eine ganz konkrete Stadt, wie der Autor in seinem kurzen Nachwort festhält:

> [...] mentirei se negassi che tanto di quel Nulla (l'ambiente, il linguaggio, certe descrizioni) può essere tradotto Nùoro. È gioco forza: è il posto dove sono cresciuto, è il posto che amo di più al mondo. È il mio centro.[60]

Die Anonymisierung des romanesken Raums bei Fois findet ihr Gegenstück in dem Roman *Gli arcipelaghi* von Maria Giacobbe, der ebenfalls sorgfältig von konkreten Ortsangaben freigehalten wird, obwohl er andererseits für jeden Leser, der mit der sardischen Realität auch nur ein wenig vertraut ist, unverkennbar in einem der Dörfer in der Umgebung von Nuoro spielt.[61] Die allegorische Sinnebene, die „Nulla" – „Trezene" in Maria Giacobbes Roman – als *pars pro toto* für die Welt setzt, wird möglich vor dem Hintergrund jener literarischen Reihe, die Nuoro bereits als symbolischen Ort festgeschrieben hat – „Nuoro come metafora", um den Titel eines berühmten Interviews mit Leonardo Sciascia abzuwandeln.

---

[57] Vgl. Kap. „Übersetzungen". Zur Person des Autors vgl. S. 67.
[58] Seit dem bei Einaudi erschienenen Roman *Memoria del vuoto* (2006) hat der Autor wohl beim Publikum die Festlegung auf eine bestimmte Gattung hinter sich gelassen.
[59] Marcello Fois, *Nulla*, Nuoro: Il Maestrale 1999, Klappentext ohne Autorenangabe. Erstausgabe 1997.
[60] Fois, *Nulla*, S. 107.
[61] Vgl. Kap. „Archipelagoi".

Stadt im Urteil 3: Nulla 101

In den 90er Jahren des 20. Jahrhunderts – dem Handlungszeitraum des Textes – hat sich Nuoro zu einer Stadt entwickelt, die nur mehr wenig mit dem Ort zu tun hat, den Grazia Deledda, Salvatore Satta und Maria Giacobbe in ihren jeweiligen Erinnerungsbüchern schildern. Die Einwohnerzahl hat sich, vor allem durch Zuwanderer aus den umgebenden Dörfern, im Vergleich zu den dreißiger Jahren vervierfacht; vom Viertel Sèuna ist baulich so gut wie nichts geblieben, und das Viertel der *prinzipales* ist zu dem kleinen Kern eines Stadtgebildes geworden, das durch den erhöhten Wohnungsbedarf und die Bauspekulation sich hässlich und unförmig nach allen Seiten ausbreitet;[62] Marcello Fois thematisiert diesen urbanistischen Wildwuchs zum Beispiel in *Dura madre* (2001), dem letzten Band der ‚modernen' Trilogie. In *Nulla* wird der Bauboom am Rande der Legalität und dessen ästhetisch wenig befriedigendes Resultat außerordentlich lapidar charakterisiert:

> A Nulla, proprio nel centro del nulla, ci sono dei quartieri dove è indispensabile essere prosaici. Ci sono case, che non significano nient'altro che spazi su spazi. Esasperazioni del possibile abitabile.[63]

Seit der Zeit des Faschismus ist Nuoro ein Verwaltungs- und Schulzentrum geblieben, die Landwirtschaft spielt mittlerweile nur mehr eine untergeordnete Rolle, Arbeitslosigkeit (vor allem der Frauen und der jungen Bevölkerung) und eine nie restlos beherrschte Kriminalität und Gewaltbereitschaft kennzeichnen das lokale Leben.[64]

Auf diese reale Stadt – und zugleich auf alle städtischen Peripherien Italiens – bezieht sich Fois' *Nulla*, ein Nicht-Ort, wie der Name bereits andeutet, gekennzeichnet durch Traditionsverlust und Perspektivenlosigkeit. Wenn der Text als Roman gelesen werden soll, wie die Gattungsangabe auf der ersten Umschlagseite vorschlägt, so wird dieser Roman durch seinen Handlungsraum gebildet, nicht durch die Kontinuität der Protagonisten und Protagonistinnen. Der Text gliedert sich nämlich in sechzehn schlicht durchnummerierte Prosastücke, die jeweils einen Fall von Selbstmord – oder sollte man sagen Freitod? – in den Mittelpunkt stellen. Die Figuren, die ihrem Leben ein Ende setzen, sind zwischen fünfzehn und siebzig Jahre alt (das Lebensalter wird zu Beginn des Kapitels angegeben); sie enthüllen sich für die Leser manchmal in der Ich-Perspektive, manchmal aber auch in der Perspektive der Stadtbewohner (*za zente*); welche der beiden Perspektiven schwärzer ist, ist schwer zu entscheiden.[65] Jedem Kapitel wird als Motto ein

---

[62] Ein Beispiel: am 30. April 2007 meldete die Tageszeitung *Unione Sarda* den bevorstehenden gerichtlich angeordneten Abbruch einiger Häuser der ‚wilden' Siedlung Testimonzos.
[63] Fois, *Nulla*, S. 9.
[64] Vgl. Raimondo Turtas, Nuoro, S. 254.
[65] Der junge und begabte sardische Autor Flavio Soriga hat ein Jahr nach Fois' Roman einen Text veröffentlicht, der strukturell und inhaltlich nahe, für mein Urteil ein wenig zu nahe, an *Nulla* angelehnt ist: *Diavoli a Nuraiò* (2000).

Literaturzitat vorangestellt, das als Paratext eine Erklärungshilfe für den jeweiligen ‚Fall' anbietet; die sechzehn Autoren, die auf diese Weise dem Text ihre Stimme leihen, repräsentieren die Weltliteratur und betonen damit auch die allegorische Ausweitung von „Nirgendwo" auf „Überall". Überraschend mag es sein, unter den Autoren der Mottos den Heimito von Doderer zu finden; nicht überraschend hingegen sind Zitate aus Edgar Lee Masters *Spoon River Anthology* und aus *Il giorno del giudizio*. Die Erstausgabe von *Nulla* trug übrigens den in der zweiten Auflage eliminierten Untertitel „una specie di Spoon River".[66] Aus Sattas Roman wird eine jener Stellen zitiert, die die Endgültigkeit des Todes in Nuoro thematisieren:

> Quando muore qualcuno è come se muoia tutto il paese. [...] Poi, quando l'ultima palata ha concluso la scena, il morto è morto sul serio, e anche il ricordo scompare.[67]

Das alte Nuoro – jenes, das bei Grazia Deledda, bei Satta und zum Teil auch noch bei Maria Giacobbe geschildert wird – ist nur in einem einzigen Abschnitt in der Erinnerung eines siebzigjährigen Selbstmörders präsent:

> Quando sono nato questo era un paese di farabutti, e di prepotenti. Era un paese di belle menti e di malelingue. Era un paese di belle donne astute. Era un paese di storie paesane, di curati saccenti, calzolai proverbiali, banditi feroci.
>
> Un posto dove un matrimonio si festeggiava per una settimana. Dove c'erano regole non scritte, ma indiscutibili: il sangue, la parentela, l'olio santo, il silenzio.[68]

Das Kernstück der Identität dieses alten Nuoro war seine Sprache, das logudoresische Sardisch:

> Era bello sentirne il linguaggio, un po' latino, un po' spagnolo.[69]

Mit der Sprache – „nella lingua c'è l'anima" – ist für den alten Mann die Seele seiner Stadt verloren gegangen. Das ist freilich nicht das Problem der jungen Selbstmörder und Selbstmörderinnen, die in den anderen Textabschnitten auftreten. Die Figuren verkörpern, als Folge des Traditionsverlusts, aber auch als Folge einer sich globalisierenden Wirtschaft, arbeits- und orientierungslose Jugendliche, Drogensüchtige, Kriminelle und solche, deren spezifische Art der Marginalisierung das Leben in einer Kleinstadt zur Hölle machen kann: das unförmig dicke Mädchen, der Junge, der seine Homosexualität leben möchte. Vieles davon repräsentiert tatsächlich die kleinstädtische ‚globalisierte' Realität von „Nirgendwo" und „Überall", manches aber auch den konkreten Ort Nuoro. Dieser manifestiert sich nicht nur in der gelegentlichen Einflechtung sardischer Wörter und Syntagmen, sondern auch in der Schilderung sozialer Realitäten und herrschender Mentalitäten: die Geschlechterverhältnisse („apparecchia la tavola per i tuoi fratelli!"), der

---

[66] Marcello Fois, *Nulla (una specie di Spoon River)*, Nuoro: Il Maestrale 1997.
[67] *Il giorno del giudizio*, zit. bei Fois, *Nulla*, S. 31.
[68] Fois, *Nulla*, S. 96.
[69] Fois, *Nulla*, S. 97.

Druck der öffentlichen Meinung, die lückenlose Überwachung durch den Familienclan, Neid als Grundeinstellung, Insularität als Gefühl der Auswegslosigkeit:

> Vent'anni. E l'infelicità totale nell'anima.
> Il sentirsi mille volte soli.
> Mille volte isolati.
>
> I più isolati. In quell'isola che è bagnata dall'inquietudine turbolenta. Scossa dalla miseria di una sensibilità ricca. Ricchissima.[70]

Der einzige Lebensabschnitt, der von diesem Gefühl der negativ konnotierten Insularität frei zu sein scheint, ist die Kindheit, an die sich ein junger Selbstmörder („uno dei tre o quattro ragazzi più belli della città") erinnert wie an ein verlorenes Zentrum des Daseins und des Ich:

> Camminando all'indietro forse sembrava vivibile solo l'infanzia a-geografica. Dove l'unico posto possibile è quel Nulla. Come una mappa senza punti di riferimento, senza la rosa dei cardinali.[71]

Im Rückblick der Adoleszenten und jungen Erwachsenen wird die „infanzia a-geografica" dann freilich auf einen konkreten Ort im Netz der Räume festgelegt, zum Beispiel auch vom Autor selbst, wenn er bekennt, die Stadt seiner Kindheit und Jugend sei der Ort, den er auf der Welt am meisten liebe. Das ist nicht selbstverständlich, man kann dem Ort seiner Herkunft auch mit weniger positiven Gefühlen gegenüberstehen. Doch Nuoro ist eben nicht nur eine beliebige Kleinstadt, sondern ein Mythos, ein Ort, der gerade nicht der Orientierungspunkte entbehrt, der durch mündliche und schriftliche Formen der *memoria* geradezu überdeterminiert ist. Vergangenheit und Gegenwart schreiben sich auf diese Weise buchstäblich in die Vorstellungen ein, die Bewohner und Emigranten von der Physiognomie dieser Stadt haben. Nuoro ist eine beschriftete Stadt, ein Stadt-Palimpsest. Diese Arbeit der Überdeterminierung leistet die Literatur, die vergangene Realität, auch sinnliche Eindrücke vergangener Realität, tradieren und evozieren kann (während jeder Film, der in Nuoro spielt, mit der radikalen Veränderung des Stadtbildes zurande kommen muss).

Und Nuoro ist, wie bereits aus Sattas Roman ersichtlich wurde, eine Falle, allerdings eine, in der die jungen Menschen in Fois' Text freiwilligunfreiwillig bleiben, oder genauer, die sie freiwillig als Gefängnis konstruieren:

> Ma ceppi invisibili, simboli di una prigionia *che non avete scelto, ma che avete coltivato*, carcerieri di voi stessi, più crudeli, più disumani di qualunque carceriere, vi tengono ancorati a quella porzione di terra.[72]

---

[70] Fois, *Nulla*, S. 23.
[71] Fois, *Nulla*, S. 16.
[72] Fois, *Nulla*, S. 24f., Hervorhebung B.W.

Diese Verschiebung der Schuldzuweisung von außen nach innen, genauer vielleicht: eine Pluralisierung der Schuldzuweisung, ist signifikant; sie bringt einmal mehr das Credo des Autors zum Ausdruck, der die Opferrolle, die die Sarden sich selbst häufig zuschreiben und die ihnen ebenso oft von außen zugeschrieben wird, ablehnt. Sein Text spricht den Nuoresen Handlungsfähigkeit zu und mutet ihnen Verantwortung zu, auch dort, wo soziale und regionale Strukturen das individuelle Unglück zu determinieren scheinen. Im literarischen Mythos mag Nuoro das „schwarze Herz" Sardiniens[73] sein, doch liegt es, so deutet es der düstere, aber nicht trostlose Text von Fois an, in der Hand der Menschen, das ‚Gefängnis' zu dekonstruieren, die Stadt als Lebens- und Aktionsraum zu entdecken und dem Mythos eine neue Facette zu verleihen.

---

[73] San Pietro, das Viertel der *pastori*, wird bei Satta als „cuore nero" Nuoros bezeichnet: *Il giorno del giudizio*, S. 31.

Viehdiebe

Sebastiano Satta, Dichter und historisches Vorbild von Fois' literarischer Figur Bustianu, ist der Sänger des *salto* und der *tanca*: *salto* bedeutet Weideland[1], eine *tanca* ist hingegen ein Stück eingezäunten, agrarisch genutzten Lands. Sebastiano Satta ist auch der Sänger der Menschen, die diese Landschaft bevölkern, unter denen die Figur des Banditen von einer ganz besonderen Aura umgeben ist:

> Rosso il turbine venta
> Sugli stazzi d'Alà:
> Le cagne rignan forte...
> Rosso il turbine venta...
> È nato in mala sorte,
> Alla morte s'avventa
> Chi amare mi vorrà![2]

Der todgeweihte, einsame, unter einem schwarzen Stern geborene Bandit ist eine Figur der historischen Realität und zugleich der Träger eines gewaltigen mythischen Potentials. Ein Gutteil der von Sardinien handelnden narrativen Literatur, der Spielfilme und zuletzt auch ein von der RAI produzierter zweiteiliger Fernsehfilm[3] ziehen ihre zu Topoi geronnenen Handlungselemente aus jenem Stoffreservoir, das der Filmkritiker Sergio Naitza nicht zu Unrecht den „sardischen Western"[4] nennt: Viehdiebstahl und Konflikte um Weiderechte, Mord, Blutrache, Flucht vor dem Gesetz, Banditenleben und Entführungen, dies alles vor dem Hintergrund der mehr oder minder unberührten, überwältigend schönen (und filmisch verlockenden) Bergwelt des Inneren Sardiniens. Diese narrativen Bausteine ergeben starke und vormoderne Plotstrukturen, die traditionell, kommerziell oder auch ästhetisch anspruchsvoll, ja sogar avantgardistisch inszeniert werden können. Die soziale und kulturelle Realität, auf der dieses sardische Großnarrativ beruht, ist die traditionale Hirtengesellschaft der Barbagia mit ihrer ganz eigenen Sozialordnung, die einer der großen Intellektuellen Sardiniens, Antonio

---

[1] Vgl. Giovanni Piroddas Anm. zu *salto*: "La parola è usata in Sardegna per esprimere la distesa di più tanche ed ovili", in: Sebastiano Satta, *Canti*, hg. von G. P., Nuoro: Ilisso 1996, S. 264. *Salto* bewahrt also eine der weniger häufigen Bedeutung des lateinischen *saltus*: Viehtrift („familias in saltibus habere", vgl. *Der kleine Stowasser*, Wien: Hölder-Pichler-Tempsky 1970, S. 438).

[2] Sebastiano Satta, Il bandito, in: *Canti*, S. 193. Erstpublikation der *Canti del salto e della tanca* 1924.

[3] *L'ultima frontiera* (2006), Regie: Franco Bernini, Drehbuch: Franco Bernini und Marcello Fois.

[4] Intervista a Sergio Naitza, in: *Close-Up.it* (http://www.close-up.it), 5.3. 2007.

Pigliaru, in seinem diskurseröffnenden Werk *La vendetta barbaricina come ordinamento giuridico* (1959) behandelt hat.

Vom Mythos und von der Realität der Banditen: anthropologische und andere Diskurse

Antonio Pigliaru[5], gelernter Jurist und autodidaktischer Anthropologe, hat mit der *Vendetta barbaricina* und anderen Schriften, die sich um dieses Werk gruppieren, die erste große anthropologische Studie der traditionalen Gesellschaft des Inneren Sardiniens vorgelegt. Er studierte diese Bevölkerungsgruppe in den 50er Jahren des 20. Jahrhunderts. Wie noch zu diskutieren sein wird, hat auch sie sich dem radikalen und auf Sardinien als höchst ambivalent erlebten Modernisierungsschub der zweiten Jahrhunderthälfte nicht entziehen können, so dass Pigliarus Ergebnisse zunächst einmal historisch relevant sind. Eine auch nur oberflächliche Vertrautheit mit der „cronaca nera" des Sardiniens unserer Tage lehrt aber, dass nicht wenige Denkmuster des von Pigliaru so genannten „codice barbaricino", eines Verhaltens- und Wertekatalogs, residual im Denken und Handeln von Individuen vorhanden sind.

Pigliarus programmatischer Titel, *La vendetta barbaricina come ordinamento giuridico*, gibt präzise an, worum es in diesem Buch geht: um ein ungeschriebenes Gewohnheitsrecht mit einem Rechte- und Pflichtenkatalog. Die titelgebende *vendetta*, die bis zur Blutrache reichen kann und es auch häufig tut, ist kein Recht, sondern eine Pflicht: Ein Individuum oder eine Familie, dem oder der Unrecht angetan wurde, muss sich rächen, und zwar angemessen zum Ausmaß der *offesa* (der Beleidigung): „si unu mi offennet, l'offennu, est lozicu" [se uno mi offende è logico che l'offenderò].[6] Dieses Gewohnheitsrecht kennt ethische Werte (das gegebene Wort, der mündliche Vertrag, das Gastrecht, der Schutz der Frauen und das Verbot, den Nachbarn zu bestehlen, weiterhin die Ächtung des Denunzianten) und Pflichten, deren oberste die *vendetta* ist: Wer sich nicht wehrt, ist der öffentlichen Schande preisgegeben und designiertes Opfer weiterer Übergriffe. Im letzten Teil seiner Studie hat Pigliaru seine Ergebnisse zu einem „Codex" strukturiert und zusammengestellt, wohl wissend, dass diese Abstraktion zugleich eine Festschreibung enthält, wie sie einem mündlich überlieferten Rechtsbestand nicht zu eigen sein kann. Aus dem obersten Prinzip – der Pflicht zur Rache nach erlittener *offesa* – leiten sich alle weiteren Prinzipien ab; flankiert werden sie von einem Katalog der *offese* und einer Regelung über die Angemessenheit der Rache.

---

[5] Antonio Pigliaru (1922-1969), Professor für Staatsrecht an der Universität Sassari, Gründer der legendären sardischen Kulturzeitschrift *Ichnusa*.
[6] Antonio Pigliaru, *Il banditismo in Sardegna. La vendetta barbaricina*, Nuoro: Il Maestrale 2000, S. 109.

Pigliaru hat dieses Gewohnheitsrecht, wie er selbst darstellt, aus vier verschiedenen Quellentypen gewonnen: aus der journalistischen Gerichtschronik und aus Gerichtsakten, aus Sprichwörtern und Popularliteratur, aus literarischen Schriften von Sebastiano Satta und Grazia Deledda und schließlich aus Interviews, die er durchgeführt, transkribiert und aus dem Sardischen übersetzt hat. Eines dieser Interviews wird hier wiedergegeben, weil es den von der modernen rechtlichen Auffassung so unterschiedlichen Eigentumsbegriff der barbaricinischen Gesellschaft illustriert, und weil die hier und im nächsten Kapitel analysierten Filme und Texte alle mit diesem spezifischen Eigentumsbegriff zusammenhängen:

> D.: Insomma tu che non hai sangue freddo e non sei un prete e non sei uno come (...) se ti offendono ti vendichi. – R.: Se uno mi offende, io l'offendo. – D.: Ma quand'è che uno ti offende? – R.: Secondo; dipende; per esempio se uno mi ruba la capra da latte. – D.: Se uno ti ruba una capra? – R.: No; se uno mi ruba la capra da latte (=mannalitza)[7]. – D.: Ma per esempio se uno ti ruba il gregge, ti offende? – R.: Se uno mi ruba il gregge, non mi offende; secondo, secondo chi è, mi offende; e secondo come ruba e perché ruba. – D.: Ma solo se te lo ruba – R.: Solo se me lo ruba, non mi vendico, rubo il suo; o troverò il modo di riscattarlo; o di aggiustarmi altrimenti; e poi rubare è rubare in casa; e poi rubare, peggio per chi non sa difendere le sue cose. – D.: In definitiva, 500 pecore valgono per voi meno di una capra? – R.: Non è che valgono meno; è che chi mi ruba 500 pecore, mi ruba 500 pecore ma chi mi ruba la capra da latte lo fa perché mi vuole offendere; come quando uno mi ruba il maiale da casa [...].[8]

Dieser kasuistische Eigentumsbegriff, der sich an der Intention des Diebs oder Räubers orientiert und gewisse Fälle, die von der staatlichen Rechtssprechung als Diebstahl eingestuft werden, nicht als *offesa* auslegt und andere, nach der herrschenden Rechtssprechung geringere Vergehen als unentschuldbare Beleidigungen qualifiziert, ist nicht mit dem staatlichen italienischen Recht vereinbar. Gerade diese Unvereinbarkeit des säkularen Gewohnheitsrechts und der (historisch gesehen) aufgepfropften Rechtsstaatlichkeit ist eine der Ursachen für das sardische Banditentum, wie Pigliaru gezeigt hat: Wer nach dem „codice barbaricino" handelt, kommt nahezu zwangsläufig mit dem Gesetz in Konflikt, und um sich diesem Gesetz zu entziehen, bietet sich die *latitanza*, die Flucht in die Berge, an. Die Grenzen zwischen dem *latitante* und dem *bandito* sind daher fließend. Doch handelt es sich beim „codice barbaricino" nicht um den Verhaltenskodex einer Verbrecherorganisation wie zum Beispiel der Mafia, sondern um eine historisch entstandene Form sozialer Ordnung:

> La comunità barbaricina è così una comunità umana, insediata in un'area culturale originaria, ma appunto entro quell'area (lo studio della cui struttura generale spetterebbe di rigore all'antropologo), essa è una semplice comunità umana. Non è anzi altro che una comunità umana, e per questo i suoi confini definiscono

---

[7] Ziege, die die Milch für den familiären Konsum gibt.
[8] Pigliaru, *La vendetta*, S. 129.

un'area culturale, una cultura ovvero un complesso sistema di vita (di vita etica), in sé perfettamente enucleato e, riguardato in se medesimo, non aberrante.[9]

Der „codice barbaricino" regelt also die Formen der Konfliktbewältigung einer regionalen Kultur und ist somit Ausdruck einer Lebensform, nicht eines abweichenden Sozialverhaltens. Wie das Zitat deutlich macht, erhebt Pigliaru für sich nicht den Anspruch, Anthropologe zu sein; dass sein Buch aber nach wie vor als Grundlagenwerk für die Ethnologie Sardiniens verstanden wird, kann man zum Beispiel bei Giulio Angioni nachlesen, der Kulturanthropologie an der Universität Cagliari lehrt.[10]

Der Konflikt zwischen zwei unterschiedlichen Rechtssystemen, einem säkularen Gewohnheitsrecht und dem staatlichen, gesatzten Recht, ist eine der Ursachen des *banditismo sardo*, dessen Geschichte von an- und abschwellenden Wellen der Bandenbildung gekennzeichnet ist. Einer der Höhepunkte ist am Ende des 19. Jahrhunderts auszumachen, als vor dem Hintergrund der Konflikte zwischen den *pastori* und den Grundeigentümern und eingebettet in eine allgemeine ökonomische Krise das Phänomen in Sardinien neue, bis dahin nicht gekannte Ausmaße annahm. Die Eskalation der Konflikte hat mit dem lange anhängigen Verhältnis zu den zentralstaatlichen Ordnungskräften zu tun. Bereits vor der *fusione perfetta* und der Abschaffung des Feudalrechts in der Mitte des 19. Jahrhunderts betrachteten die piemontesischen Vizekönige das Banditentum ausschließlich als ein Problem der öffentlichen Sicherheit, dem mit militärischer Repression zu begegnen war. Diese Einstellung der Vertreter der Staatsmacht, die die sozialhistorischen, ökonomischen und kulturellen Wurzeln des Banditentums völlig ausblendet, setzt sich auch in den letzten Jahrzehnten des Königreichs Sardinien und in den ersten Jahrzehnten des jungen Italien fort und findet ihren Niederschlag in Strafexpeditionen, der Proklamation von Ausnahmezuständen und in summarischer Rechtssprechung, Maßnahmen, die die Solidarität der barbaricinischen Gesellschaft mit den *latitanti* naturgemäß nicht verringerten, sondern steigerten.[11]

Die Banditenführer rund um 1900 liefern den Stoff für den Mythos, auf dem zum Beispiel der Bustianu-Zyklus von Marcello Fois aufbaut. Während dieser Schriftsteller mit literarischen Mitteln ein höchst differenziertes Bild vom Leben und der Motivation der Banditen entwirft, widerstehen nicht alle Intellektuellen der Verlockung einer romantisierenden Lektüre des Phänomens. So auch nicht Eric Hobsbawm. Die sardischen Banditen sind als populare Mythen, nicht aber als historische Figuren in dem von ihm entworfenen Typus des „Sozialrebellen" wieder zu erkennen:

---

[9] Pigliaru, *La vendetta*, S. 58.
[10] Giulio Angioni, Sardegna 1900: Lo sguardo antropologico, in: Luigi Berlinguer/Antonello Mattone (Hg.), *Storia d'Italia: Le regioni dall'Unità a oggi: La Sardegna*, Turin: Einaudi 1998, S. 1125-1152.
[11] Vgl. Mario Da Passano, La criminalità e il banditismo dal Settecento alla prima guerra mondiale, in: Berlinguer/Mattone (Hg.), *La Sardegna*, S. 421-497.

> Das Sozialbanditentum, ein allgemeines und eigentlich gleichbleibendes Phänomen, ist wenig mehr als ein lokaler und endemischer Protest der Bauern gegen Unterdrückung und Armut: ein Racheschrei gegen die Reichen und die Unterdrücker, ein vager Traum, ihnen Schranken zu setzen, eine Wiedergutmachung persönlichen Unrechts. Seine Ziele sind bescheiden: die Bewahrung einer traditionellen Welt, in der die Menschen gerecht behandelt werden, nicht etwa eine neue und vollkommenere.[12]

Hobsbawm, der die interessegeleitete Geschäftsverbindung der *outlaws* mit lokalen Machtträgern nicht vollkommen leugnet, neigt doch dazu, ausschließlich den Robin-Hood-Typus für sein Porträt des „idealtypischen Sozialbanditentums"[13] heranzuziehen. Das gilt auch für seine zweite Studie zu diesem Thema, *Die Banditen* (im englischen Original 1969 erschienen):

> Es ist das besondere Merkmal der Sozialbanditen, daß Feudalherr und Staat den bäuerlichen „Räuber" als Verbrecher ansehen, während er jedoch weiterhin innerhalb der bäuerlichen Gesellschaft bleibt und vom Volk als Held, Retter, Rächer und Kämpfer für Gerechtigkeit betrachtet wird. Vielleicht hält man ihn sogar für einen Führer der Befreiung, jedenfalls für einen Mann, den man zu bewundern hat, dem man Hilfe und Unterstützung gewähren muß.[14]

Hilfe und Unterstützung war den sardischen Banditen von Seiten der Bevölkerung aber auch deshalb zu gewähren, weil diese sich anderenfalls Rache und Vergeltung ausgesetzt hätte. Das verhindert keineswegs die lokalen Mythen- und Legendenbildung und die Überhöhung einzelner Figuren zu vorbildhaften Helden. In der zitierten Stelle wie in anderen trennt Hobsbawm nicht scharf zwischen der sozialhistorischen Realität und den popularen Narrativen, die sich um diese Realität ranken. Seine Studie erlaubt es allerdings, das Phänomen des Banditentums als eines zu beschreiben, das in vorindustriellen Agrargesellschaften auf mehreren Kontinenten aufgetreten ist, und zwar just zu dem Zeitpunkt, als diese Gesellschaften unter dem Druck der Moderne in Krise gerieten. Hobsbawm selbst schreibt – zur Erinnerung: am Ende der 60er Jahre –, dass in Europa das Banditentum „sich nur im Hochland Sardiniens einigermaßen am Leben" halte[15], trotzdem rekurriert er aber nicht auf die Quellen, die ihm zum Studium dieses spezifischen Phänomens zur Verfügung hätten stehen können, und er schreibt auch ohne Kenntnis der Arbeiten Pigliarus.[16] Das wird man nicht nur auf Sprachbarrieren zurückführen können, sondern auch auf die Anlage seiner beiden Studien, die von dem Ziel der vergleichenden Studie eines Typus – eben des Robin-Hood-Typus – geleitet werden und nicht oder kaum

---

12   Eric J. Hobsbawm, *Sozialrebellen. Archaische Sozialbewegungen im 19. und 20. Jahrhundert*, Neuwied/Berlin: Luchterhand 1962 (engl. *Primitive Rebels*, 1959), S. 18.
13   Hobsbawm, *Sozialrebellen*, S. 29.
14   Eric J. Hobsbawm, *Die Banditen*, Frankfurt a.M: Suhrkamp 1969 (engl. *Bandits* 1969), S. 11.
15   Hobsbawm, *Die Banditen*, S. 19.
16   Er erwähnt immerhin den Film *Banditi a Orgosolo*, der in diesem Kapitel noch ausführlich besprochen wird.

auf eigene Quellenforschung zurückgreifen. Dadurch entfällt auch eine sorgfältige Kontextualisierung der verschiedenen Phänomene, und Hobsbawms ‚universalisierender' Ansatz führt nahezu unvermeidlich zu jenem Banditen-Narrativ, das dem Wunsch-Typus der popularen Räuberlegenden entspricht.

„Robin Hood ist denn auch unser Held und wird es bleiben"[17] – in diesem Sinn wurden Hobsbawms einschlägige Texte auch lange Zeit von jenen sardistischen Intellektuellen gelesen, denen der Banditenmythos, gerade weil er sich mit dem Topos der „costante resistenziale sarda" (Giovanni Lilliu) nur allzu gut verbindet, sehr gelegen kam. Die Historiographie, die sich unter anderem auf die Ergebnisse der Kulturanthropologie stützen kann, hat mittlerweile einen gelasseneren Blick entwickelt und beschreibt das Phänomen des *banditismo sardo* als Folge von Armuts- und Unrechtsverhältnissen, wobei sich Elemente des Sozialrebellentums mit krimineller Energie, hoher Bereitschaft zu physischer Gewalt und proto-mafioser Verfilzung mit örtlichen Machtträgern verbinden.[18]

Einen Blick auf die öffentliche (Un-) Ordnung der Insel zur Zeit der Jahrhundertwende von 1900 werfen die verschiedenen *inchieste* und Abhandlungen über die Kriminalität in Sardinien, die zum Teil von der italienischen Regierung in Auftrag gegeben wurden, die erste davon bereits 1868. Die späteren Schriften situieren sich im epistemischen Feld des Positivismus und der positivistischen Anthropologie, deren Nähe zu rassistischen und Verwandtschaft mit kolonialistischen Diskursen heute außer Zweifel steht. Im konkreten Fall handelt es sich um eine Rede, die aus den Bewohnern einer Region (Sardinien) eine Rasse (die rassisch unterlegenen Sarden) konstruiert[19], wobei dieser Diskurs schon zum Zeitpunkt seiner Entstehung Einsprüche und Widersprüche erzeugt hat. Ich werde aus der Fülle der einschlägigen Schriften, die im Rahmen der Meridionalismus-Debatte um 1900 gerade über Sardinien publiziert worden sind, nur die Antagonisten Niceforo und Pais Serra herausgreifen und diskutieren, um die wichtigsten Diskurslinien zu benennen, die sich, trotz aller Widersprüche, manchmal auch kreuzen und von einem einigermaßen kohärenten epistemischen Feld Zeugnis ablegen.

Alfredo Niceforos mittlerweile berühmt-berüchtigte Untersuchung mit dem Titel *La delinquenza in Sardegna* (1897) wurde im Auftrag der Società geografica italiana und der Società romana di antropologia erstellt und tritt mit allen Ansprüchen positivistischer Wissenschaftlichkeit auf. Niceforo praktizierte wie sein Vorgänger Cesare Lombroso die Schädelvermessung

---

[17] Hobsbawm, *Die Banditen*, S. 199.
[18] Vgl. Mario Da Passano, La criminalità e il banditismo, in Berlinguer/Mattone (Hg.), *La Sardegna*, bes. S. 464ff.
[19] Vgl. Gaetano Riccardo, L'antropologia positivista italiana e il problema del banditismo in Sardegna. Qualche nota di riflessione, in: Alberto Burgio (Hg.), *Nel nome della razza. Il razzismo nella storia d'Italia. 1870-1945*, Bologna: Il Mulino 2000 (zuerst 1999), S. 95-103.

als empirisches Instrument der Kriminologie.[20] Obwohl selbst aus dem Süden, nämlich aus Sizilien stammend, ist er der Theoretiker der rassischen Unterlegenheit der Bevölkerung des Mezzogiorno und der Inseln. Für seine Theorie bieten ihm Sardinien und insbesondere die Barbagia eine willkommene Anwendungsmöglichkeit; Niceforo ist die Wortprägung „zona delinquente" für die vom Banditentum besonders betroffenen Gebiete zuzuschreiben. Diese „Zone" beschreibt der Autor in einer Sprache, die auf zeittypische biologistische Metaphorik zurückgreift:

> Esiste in Sardegna una specie di plaga moralmente ammalata che ha per carattere suo speciale la rapina, il furto e il danneggiamento. Da questa zona, che chiameremo *zona delinquente* e che comprende il territorio di Nuoro, quello dell'alta Ogliastra e quello di Villacidro, partono numerosi bacteri patogeni a portare nelle altre regioni sarde il sangue e la strage.[21]

Als Erklärungsmuster für das Phänomen der gewaltbereiten Kriminalität – die Niceforo nicht erfunden, sondern vorgefunden hat – bemüht er rassistische Ideologeme, vor allem jenes der Rassenmischung, das er durch Schädelmessungen wissenschaftlich zu fundieren beansprucht. Über die Sarden, insbesondere über die Sarden der „zona delinquente", kommt er zu einem Urteil, das strukturell einem zentralen Element des orientalistischen Diskurses, wie ihn Edward Said beschrieben hat, analog ist: die Sarden seien ein essentiell statisches und zur Veränderung unfähiges Volk (so wie die europäischen Kolonialherren die ‚orientalischen' Völker mit Vorliebe als statische Gesellschaften zu sehen gewillt waren)[22]:

> [...] non adattabilità della razza, impossibilità di progredire, di evolversi. [...] razza assolutamente priva di quella plasticità che fa mutare ed evolvere la coscienza sociale.[23]

Diese gesellschaftliche und kulturelle Statik, die im orientalistischen Diskurs meist nostalgisch gefärbt und als exotischer Reiz geschätzt wird, nimmt bei Niceforo ausschließlich abwertende Konnotationen an, kann aber in der Rezeption seiner Gedanken ‚romantisch' ins Positive gewendet wer-den. Im expositorischen Teil seiner Abhandlung diskutiert der Autor neben den „individuellen Faktoren" wie Aggressivität und anderen ‚rassischen' Merkmalen auch „kontextuelle Faktoren" aus den Bereichen Ökonomie, Infrastruktur und Sicherheitspolitik, bei denen aus seiner Sicht auch der italienische Zentralstaat zu den Defiziten der Insel beigetragen hat. Auch sein Reformvorschlag – Föderalismus statt Zentralstaat[24] – mutet unerwartet aufge-

---

[20] Alfredo Niceforo (1876-1960), Kriminologe und Anthropologe, Autor u.a. von *L'Italia barbara contemporanea* (1898) und *Italiani del Nord e Italiani del Sud* (1898).
[21] Alfredo Niceforo, *La delinquenza in Sardegna*, Palermo: Remo Sandron 1897. Im Original Hervorhebung gesperrt gedruckt.
[22] Vgl. Edward Said, *Orientalism*, New York: Vintage Books 1979.
[23] Niceforo, *La delinquenza in Sardegna*, S. 58 bzw. 59.
[24] Niceforo, *La delinquenza in Sardegna*, S. 205: "La Sardegna non ha dunque nulla da aspettare dal nostro stato accentratore; essa deve tutto attendere dalla federazione."

klärt an, hat aber weder in der damaligen Politik noch in der langlebigen Rezeption seines Pamphlets jemals an Bedeutung gewonnen.

In der Rezeption bleiben die diskursiven Elemente der erblichen Prädisposition zur Gewalttätigkeit, der Unfähigkeit zur Entwicklung ethischer Standards und der kulturellen Statik als Topoi präsent und werden, je nach Autor, positiv angeeignet oder abgelehnt. *La delinquenza in Sardegna* ist ein Text, auf den noch heute nicht wenige sardische Autoren in ihren literarischen Texten intertextuell reagieren, meist ohne den Titel oder den Autor zu nennen, was allein schon auf den lokalen Bekanntheitsgrad schließen lässt. Unter anderem auf Niceforo bezieht sich in den 20er Jahren des 20. Jahrhunderts Antonio Gramsci in einer der letzten Schriften, die er vor seiner Verhaftung 1926 fertig stellen konnte: *Alcuni temi della quistione meridionale*. In dieser Abhandlung, mit der der Autor der Politik der damaligen kommunistischen Partei eine Wendung zu geben hoffte und die Bauern des Südens als Allianzpartner für die Arbeiter aus Norditalien vorschlug, referiert er, unter Nennung der einschlägigen Autoren, die gängigen rassistischen Stereotype, die die Süditaliener als halbbarbarisch, arbeitsscheu und untüchtig darstellen und dekonstruiert den Anspruch auf Wissenschaftlichkeit, der von diesen Autoren und namentlich von Niceforo erhoben worden ist.[25]

Doch bereits vor Gramsci, ja ein Jahr vor Niceforo, hat ein anderer Sarde, Francesco Pais Serra – jener Pais Serra, der in Fois' Roman *l'altro mondo* seinen Auftritt hat – im Auftrag der Regierung eine *Relazione* über seine im Jahr 1894 durchgeführte *Inchiesta sulle condizioni economiche e della sicurezza pubblica in Sardegna* verfasst, die die endemische Kriminalität mit Argumenten erklärt, die eine sozialhistorische Sehweise neben die zeittypische Auffassung von „natürlicher" Prädisposition stellt:

> Perché la conformazione naturale, la fierezza indomita dei pastori dell'alta montagna, la indipendenza sospettosa delle prime popolazioni, che impedirono gli incrociamenti con le colonie che tentavano stabilirsi lungo la marina; la lotta fra l'agricoltura e la pastorizia nomade, doveva lasciar traccia indelebile nel carattere degli abitanti, e lasciare in essi un lievito selvaggio, che non poteva essere attenuato se non da un lungo governo civile.[26]

Interessant ist, dass Pais Serra im Gegensatz zu Niceforo auf der genetischen Separiertheit der Bevölkerung der Barbagia insistiert; Aussagen wie „die argwöhnische Unabhängigkeit der Urbevölkerung" ermöglichen es, eine diskursive Linie zur „costante resistenziale sarda" Lillius zu ziehen. Andere Aussagen deuten wiederum auf Pigliarus kulturanthropologische Auffassung vom „codice barbaricino" voraus. In der Erläuterung, die Pais Serra zu

---

[25] Antonio Gramsci, Alcuni temi della quistione meridionale, in: *Scritti politici III*, hg. von Paolo Spriano, Rom: Editori Riuniti 178, S. 243-265.
[26] Francesco Pais Serra, *Relazione dell'inchiesta sulle condizioni economiche e della sicurezza pubblica in Sardegna*, Rom: Camera dei Diputati 1896, S. 45. Zur Person des Autors vgl. S. 72 (Anm. 26) dieses Buchs.

den barbaricinischen Eigentumsdelikten gibt, ist die Argumentationslinie Pigliarus bereits ganz deutlich angelegt:

> Ove nell'animo del malfattore non solo, ma agli occhi della popolazione pacifica, il reato non assume carattere di fatto per sè stesso immorale e odioso, ma è considerato un fatto lecito, e quasi onesto, o almeno simile ad una impresa guerresca, il potere sociale e la forza della repressione, ne rimangono paralizzati [...].[27]

Die Reformvorschläge des Abgeordneten Pais Serra zielen auf die vermehrte Aufnahme von Sarden in den öffentlichen Dienst und ein Ende der Praxis, die Versetzung von Beamten nach Sardinien als Disziplinarinstrument zu verwenden, und münden in den nicht nur im damaligen Italien utopischen Vorschlag, Machtpositionen auf der Insel nicht nach politischen Kriterien zu besetzen. Eine direkte politische Folge der *Relazione* ist das erste Ausnahmegesetz für die Region Sardinien, das 1896 beschlossen wird und die langlebige Neigung des italienischen Staates zu regional gültiger Ausnahmegesetzgebung begründet.[28] Eine Mäßigung der polizeilichen und militärischen Interventionen hatte Pais Serras Schrift nicht zur Folge, im Gegenteil, die Jahre unmittelbar nach ihrem Erscheinen sind von den zum Teil menschenverachtenden Praktiken der „caccia grossa" gegen die Banditen gekennzeichnet.[29]

Das Phänomen des Banditentums begleitet als endemischer Faktor die weitere Geschichte der Insel und produziert wiederholt Figuren, die die Mythenbildung anregen, wie den legendären Graziano Mesina.[30] Der *banditismo* nimmt dabei unter dem Einfluss der radikalen ökonomischen Veränderungen in der zweiten Hälfte des 20. Jahrhunderts, zu denen auch der Luxustourismus an der Costa Smeralda gehört, neue Formen an. Als spektakulärste dieser neuen Formen hat sich der *sequestro di persona* als (vermeintlich) ,typisch sardische' Form der organisierten Kriminalität herausgebildet.[31] Obwohl die Fälle gewerbsmäßiger Entführung zum Zweck der Erpressung

---

[27] Pais Serra, *Relazione...*, S. 45.
[28] Vgl. Mario Da Passano, La criminalità e il banditismo, in Berlinguer/Mattone (Hg.), *La Sardegna*, S. 496.
[29] Zu diesen Praktiken gehörten staatliche Geiselnahmen: die Festnahme der Familienangehörigen der Flüchtigen, darunter auch Frauen und Kinder, sollte die *latitanti* unter Druck setzen und das Schweigen der Verwandten brechen.
[30] Mesinas Geschichte beginnt typisch: Nach einem kleinen Konflikt mit dem Gesetz im Alter von 18 Jahren (1960) ergreift er die Flucht. In der Folge für eine Entführung verantwortlich, die wiederum eine *vendetta* generiert, ist der Schritt zum *latitante-bandito* getan. Mehrfach verurteilt, gelingen ihm mehrfach spektakuläre Fluchten aus dem Gewahrsam der Justiz. 2004 wurde er vom Staatspräsidenten nach insgesamt 40 Jahren Haft begnadigt. Mesina verkörpert im kollektiven Gedächtnis den Typus des *balente*.
[31] Vgl. Sandro Ruju, Società, economia, politica dal secondo dopoguerra a oggi (1944-98), in: Berlinguer/Mattone (Hg.), *La Sardegna*, S. 777-992, hier S. 873.

von Lösegeld in den letzten Jahrzehnten drastisch zurückgegangen sind, gibt es sie vereinzelt weiterhin.[32]

Unbestritten lebendig geblieben ist der Mythos des Banditen, getragen und produziert von Literatur und Film, aber auch von Intellektuellen wie Eric Hobsbawm, Giangiacomo Feltrinelli und anderen, deren Neigung zu sozialer Romantik in der sardischen Realität eine Stütze fand und die wiederum durch ihre Schriften und Präsenz eine mythisierende Tendenz der sardischen Identitätskonstruktionen fördern. Gegenstimmen dazu, die vor politischer Romantik warnen und dem Respekt vor dem Gesetz und dem Prinzip der Rechtstaatlichkeit das Wort reden, erheben sich aber ebenso. Vor allem der Schriftsteller Salvatore Mannuzzu, der lange Jahre den Beruf des Richters ausgeübt hat, argumentiert seit Jahrzehnten gegen eine verharmlosende Auffassung vom sardischen Banditentum. Immer wieder betont er, dass erstens die Kriminalität auf Sardinien heute dieselben Probleme produziere wie auch anderswo in Europa (Straßendiebstahl, Drogenhandel, Korruption) und dass zweitens – gegen Hobsbawm gewendet – die ‚traditionelle' Kriminalität vom Typus des Banditentums keine Form des ‚edlen' Räubertums gewesen sei. Vielmehr habe sich die alte Kriminalität mit den Angeboten des rasanten Modernisierungsschubs nach 1945 zu einem unheilvollen Amalgam verbunden, aus dem das Phänomen des *sequestro di persona* hervorgegangen sei:

> Si trattava di una società pre-moderna: con regole minime, però resistenti – come quelle particolari solidarietà. Una società pre-moderna con forti *fas* e forti *nefas*. Ma poi tra gli anni '50 e '60 – proprio quando Pigliaru scriveva – è avvenuta la collusione con la modernità. Allora ha avuto luogo il *Finis Sardiniae*. [...] È così che il vecchio codice [...] impazzisce.[33]

Die hässliche Seite des Banditentums – die Bereitschaft zur Verletzung der Persönlichkeitsrechte anderer und die gewinnorientiert egozentrische und nicht ‚edle' Handlungsmotivation – zu benennen, ohne die sozialen und kulturellen Wurzeln des Phänomens zu verdecken, das ist laut Mannuzzu die Aufgabe von Intellektuellen. Kritische literarische Verarbeitungen des Phänomens, wie zum Beispiel Marcello Fois' rezenter Roman *Memoria del vuoto* (2006), arbeiten gewiss auch an dem literarischen Mythos weiter, der sich seit den Tagen Sebastiano Sattas und Grazia Deleddas um die Figur des Banditen rankt, können ihm aber eine neue Lesart hinzufügen. Es ist aber ein Film, der zum Ausgangs- und Referenzwerk aller neueren fiktionalen Verarbeitungen des Banditen-Mythos geworden ist, ein Film, der nicht von

---

[32] Der Viehzüchter Titti Pinna wurde beispielsweise vom 19. September 2006 bis zu 29. Mai 2007, als ihm die Flucht gelang, in einer Art Kellergrube unter einem Schafstall bei Sedilo in Ketten gefangen gehalten; Lösegeldforderungen waren gestellt worden.

[33] Salvatore Mannuzzu, Il codice violato, in: *Società sarda* 2, 1996, S. 21-26. Zum selben Thema und vom selben Autor: Neo-banditismo, terrorismi, eccetera. Storia giudiziaria e storia civile, in: *Quaderni bolotanesi* 12, 1986, S. 33-36.

einem Sarden gedreht wurde und doch eine Art Gründungsmanifest für das neue sardische Kino geworden ist, in ähnlicher Weise, wie Sattas Roman *Il giorno del giudizio* für die neuere Literatur Sardiniens den Angel- und Referenzpunkt darstellt.

Banditi a Orgosolo. Ein Beginn

Der Film *Banditi a Orgosolo*[34] (1961), Sieger des „Premio Opera Prima" bei den Filmfestspielen von Venedig desselben Jahres, hat seinen festen Platz in der italienischen Filmgeschichte. Sein Regisseur, Vittorio De Seta, wird von Gian Piero Brunetta im Kapitel „Nouvelle vague italiana" angeführt,[35] der Film sei „ein Werk, das es verdiene, im Pantheon der größten Meisterwerke des filmischen Dokumentarismus zu figurieren"[36], wobei es sich um einen Spielfilm mit dokumentarischen Zügen handelt. Lino Micciché widmet dem Regisseur ein eigenes Kapitel seiner Filmgeschichte.[37] Aus sardischer Sicht ist *Banditi a Orgosolo* der erste der vielen auf Sardinien gedrehten Filme, der der sardischen Realität, hier der Realität um 1960, gerecht wird: der Film darf als ‚adoptiert' gelten und ist zum Gründungsakt des neuen sardischen Kinos geworden.[38] Freilich hat der Dokumentarfilm mit sardischer Thematik eine Geschichte, die ebenso lang ist wie die Filmgeschichte selbst, sie reicht von einigen Streifen der *opérateurs* Lumière über Dokumentarfilme und *cinegiornali* des Istituto Luce während des Faschismus bis hin zu den staatlich geförderten Dokumentarfilmen der Zeit nach 1945, ganz zu schweigen von den zahlreichen ethnographischen Filmprojekten, die von in- und ausländischen Institutionen getragen wurden.[39]

De Seta, 1923 in Palermo geboren, trat zunächst als Dokumentarfilmer mit sizilianischen Themen hervor. Das Interesse für archaische Lebens- und Arbeitswelten, das bereits die auf Sizilien gedrehten Streifen kennzeichnete, führte De Seta in der Folge nach Sardinien, und zwar in jenen Teil, den Sal-

---

[34] Orgòsolo, die Betonung liegt auf der zweiten Silbe.
[35] Gian Piero Brunetta, *Cent'anni di cinema italiano*, Bd. 2: *Dal 1945 ai giorni nostri*, Rom/Bari: Laterza 2000 (zuerst 1991), S. 212-216.
[36] Brunetta, *Cent'anni di cinema italiano*, Bd. 2, S. 257: „un'opera degna di stare nel Pantheon dei massimi capolavori del documentarismo cinematografico".
[37] Le solitudini di Vittorio De Seta, in: Lino Micciché, *Cinema italiano: gli anni '60 e oltre*, Venedig: Marsilia 1995 (= 5., erweiterte Ausgabe), S. 219-224.
[38] Ein Spezialfall ist der Stummfilm *Cainà*, gedreht unter der Regie des Neapolitaners Gennaro Righelli, der viele Jahre als verschollen galt, bis er 1992 wieder gefunden und von der Cineteca Sarda in Zusammenarbeit mit der Cineteca del Friuli restauriert worden ist. Vgl. dazu Verf., Cainà von Gennaro Righelli (1922). Eine sardische Medea-Variation, in: Yasmin Hoffmann/Walburga Hülk/Volker Roloff (Hg.), *Alte Mythen – neue Medien*, Heidelberg: Winter 2006, S. 109-122.
[39] Vgl. Gianni Olla, Per una storia del documentario in Sardegna, in: Giuseppe Pilleri (Hg.), *La Sardegna nello schermo. Film, documentari, cinegiornali. Catalogo ragionato*, Cagliari: CUEC 1995, S. 25-34.

vatore Mannuzzu so bildhaft mit „hic sunt leones" bezeichnet: die Barbagia. *Pastori di Orgosolo* (1957, 10 min.) und *Un giorno in Barbagia* (1958, 10 min.) waren die ersten Resultate dieser Begegnung mit Sardinien; 1961 folgte die Filmfiktion *Banditi a Orgosolo* (98 min.).[40]

Das Schafzüchterdorf Orgosolo in der Provinz Nuoro ist ein historisches Zentrum des sardischen Banditentums. Der Heimatort Graziano Mesinas hat als Schauplatz blutiger, manchmal jahrelang dauernder *faide* (Clanfehden, sard. *disamistade*) Berühmtheit erlangt. Das Dorf wurde mittlerweile vielfach von Ethnologen ‚beforscht' und avancierte zu einem touristischen Faszinationsort, wozu auch die bekannten *murales* (Wandmalereien mit politischen Sujets) beigetragen haben. Diese Öffnung des dörflichen Lebens, in diesem Fall eine direkte Folge des eigenen Mythos, hat die Lebensformen und auch den „codice barbaricino" zutiefst verändert. Als De Seta das erste Mal nach Orgosolo kam, konnte von einer solchen Öffnung noch nicht die Rede sein. Der Regisseur, der mit seiner Familie im Rahmen der Dreharbeiten fast ein Jahr im Dorf und den umgebenden Bergen verbrachte, kommt zu folgendem, von Respekt getragenem Urteil über die Orgolesi:

> Non so se posso azzardarmi a dare un giudizio sugli orgolesi. Dopo tanti mesi mi sembra di aver compreso poco di questo enigmatico paese. Ammettiamo anche che siano „cattivi", nel senso etimologico del termine: „prigionieri".[41]

In dieser in sich geschlossenen Welt dreht De Seta mit Mitteln, die für die Zukunft zumindest einer wichtigen Ausrichtung des neueren sardischen Films vorbildhaft sein werden: mit einer kleinen Crew, mit Laienschauspielern und mit einem Drehbuch, das flexibel gehandhabt und während der Dreharbeiten von den Darstellern weiterentwickelt werden kann:

> È stata la gente del posto a guidarci, ad aiutarci a costruire dall'„interno" una narrazione vera e propria, non un film documentario, non un film-verità.[42] La sceneggiatura l'abbiamo tutta svolta sul posto, sequenza per sequenza, scena per scena.[43]

Das sind Prinzipien, die die filmischen Arbeiten von Giovanni Columbu und Piero Sanna prägen werden. Ein nicht zu vernachlässigender Unterschied ist allerdings im Umgang mit der Sprachenfrage zu beobachten. Während Columbu und Sanna situationsadäquat das Sardische mit dem Italienischen abwechseln lassen, hört das Publikum von *Banditi a Orgosolo* die *pastori* Italienisch sprechen, obwohl die Darsteller während der Dreharbeiten Sardisch gesprochen haben:

---

[40] De Seta ist der Regisseur weiterer dreier Spielfilme. Zu De Seta vgl. Goffredo Fofi/Gianni Volpi, *Vittorio De Seta. Il mondo perduto*. Turin: Lindau 1999 (= Storia orale del cinema italiano).

[41] Brief aus Orgosolo datiert mit dem 29.8.1960, abgedruckt in: Fofi/Volpi (Hg.), *Vittorio de Seta*, S. 68.

[42] Conversazione con Vittorio De Seta, in: Fofi/Volpi (Hg.), *Vittorio de Seta*, S. 26.

[43] Vittorio De Seta, Le ragioni di un film, in: *Ichnusa* 42, 1961, S. 13-18, hier S. 16.

> Poiché lo sforzo mnemonico provocava imbarazzi e incertezza mi risolsi ben presto a spiegare il senso di ciò che si doveva dire e ad esortare gli attori a trovare loro le parole adatte, in dialetto sardo.[44]

De Seta, dessen Film mehrfach in eine Linie mit *La terra trema* (1948) gestellt worden ist, mag durch den kommerziellen Misserfolg von Viscontis Film, zu dem nach der communis opinio der Filmgeschichte die Verwendung des sizilianischen Dialekts entscheidend beigetragen hat, davon abgehalten worden sein, das Sardische als Filmsprache zu verwenden. Die Sprachenwahl bei De Seta in den 60er Jahren des 20. Jahrhunderts und, kontrastiv dazu, die Sprachenwahl bei Columbu und Sanna zu Beginn des neuen Jahrtausends zeigt aber auch, dass das Sardische, allen Schwierigkeiten zum Trotz, an kulturellem Prestige gewonnen hat (wozu eben auch die Filme der beiden genannten Regisseure ihren Beitrag leisten).

Banditi a Orgosolo, eine Filmfiktion, die mit den ästhetischen Mitteln des Dokumentarfilms gestaltet wird, situiert sich in einem Kontext, der vom Boom des Dokumentarfilms in der Nachkriegszeit und den Nachwirkungen der Ästhetik des Neorealismus geprägt ist. De Seta, der von sich sagt, dass das französische *cinéma-vérité* mit seiner methodologischen Strenge ihn in Verlegenheit gebracht habe,[45] verbindet die dokumentarischen Qualitäten seines Films mit dem Prinzip des Autorenkinos und der Einführung eines starken fiktionalen Plots. So gesehen, ist der Film am ehesten mit den ersten Filmen Pasolinis verwandt – auch Pasolinis Filmdebüt *Accattone* fällt in das Jahr 1961 und teilt mit *Banditi a Orgosolo* einige Züge: die Verwendung von Laienschauspielern, das Drehen am Originalschauplatz, das Interesse für eine nicht-hegemoniale Kultur und narrative Strukturen, die an Mythen anknüpfen. Nicht zuletzt wählten beide Regisseure den Schwarz-Weiß-Film. Auf Farbe zu verzichten, bedeutet in den frühen 1960er Jahren auch eine ästhetische Entscheidung, die einen Film im Bereich des damals neuen europäischen Autoren-Kinos situiert.

Die Geschichte, die De Seta erzählt, kann man als Bebilderung des „codice barbaricino" begreifen. Inszeniert wird ein Konflikt zwischen Gewohnheitsrecht und staatlichem Recht, der den Wechsel vom Hirtenleben zur *latitanza* und in weiterer Folge zum Banditenleben unvermeidlich macht und dem Geschehen etwas von der Tragik griechischer Dramen verleiht. Michele Jossu hat sich vom *servo pastore* zum Besitzer einer kleinen Herde emporgearbeitet. Einer Gruppe von Viehdieben, die in seinem Weideland Zuflucht sucht, gewährt er zwar nicht das Gastrecht, doch er verrät sie auch nicht an die Carabinieri, so einem starken Verbot der barbaricinischen Gesellschaft Folge leistend. Dadurch gerät er aber selbst bei den Ordnungshütern in Verdacht. Da ihm jedes Vertrauen in die staatliche Gerechtigkeit fremd ist, entzieht er sich der möglichen Festnahme durch die Flucht in die Berge. Ein zum gleichen Zeitpunkt verübter Mord an einem Carabiniere

---

[44] De Seta, Le ragioni di un film, S. 16.
[45] Conversazione con Vittorio de Seta, in: Fofi/Volpi (Hg.), *Vittorio de Seta*, S. 21.

wird ihm in der Folge in die Schuhe geschoben, und sein Schicksal scheint besiegelt. Die filmisch eindrucksvollsten Sequenzen zeigen Michele, wie er gemeinsam mit dem kleinen Bruder Peppeddu seine Herde in einem Gewaltmarsch über die Berge treibt, wie die erschöpften und dürstenden Tiere verenden und Michele sein Schicksal stoisch annimmt. Die letzte Sequenz inszeniert einen Viehraub, den Michele in seiner neuen Identität als Bandit verübt (in der Logik dieser Filmerzählung und des „codice barbaricino" verüben muss).

Um diese spezifische Logik für ein exogenes[46] Publikum verständlich zu machen, nützt De Seta vor allem zu Beginn seines Films die didaktischen Möglichkeiten des Dokumentarischen. Ein klassisches Mittel der filmischen Vermittlung ist die Off-Stimme, die die Filmbilder für die Zuseher kommentiert.

Die Eingangssequenz des Films muss auf das exogene Publikum – zum Beispiel die Filmkritiker des Festivals in Venedig – notwendig ganz anders wirken als auf das indigene (sardische) Publikum, das mit der Realität der Schafzucht einigermaßen vertraut ist. Was sieht ein exogenes Publikum? Der Film beginnt mit der Panoramaaufnahme einer Gebirgslandschaft, in die der Titel eingeblendet wird. Die folgenden Vorspann-Texte legen sich über Aufnahmen, die von Hundegebell und anderen ländlichen Geräuschen begleitet werden und unter anderem einen Mann mit einem Gewehr zeigen, der mit der traditionellen Hirtenjacke (*sa mastruca*) bekleidet ist, bei der das lange Schaffell nach außen hängend getragen wird: eine ‚wilde' Erscheinung. Es folgt ein schneller Wechsel von Halbtotalen, Totalen und Nahaufnahmen, die bewaffnete Männer zeigen, die in einem Versteck lauern, Hunde, die in raschem Lauf bergab jagen, ein totes Schaf, das an den Beinen zusammengebunden und geschultert wird, ein Lagerfeuer, an dem Fleisch gebraten wird. Die Konnotationen ‚Wildheit' und ‚Archaik' werden vermittelt. Der Hirt Michele, der der Protagonist des Films sein wird, taucht mehrfach auf, ohne dass seine Rolle im Geschehen eindeutig klar würde. Aus der späteren Handlung wird rückwirkend erschließbar, dass Michele unfreiwillig Zeuge des Viehdiebstahls geworden ist. Doch das können die Zuschauer an dieser Stelle noch nicht wissen, und De Seta will es ihnen offensichtlich auch noch nicht explizieren, es geht vielmehr um die Präsentation einer Lebensform. Noch wurde kein Wort gesprochen, der diegetische Ton beschränkt sich auf Geräusche und Tierstimmen. Während der Einstellungen, die die Diebe rund um das Lagerfeuer zeigen, setzt eine Stimme aus dem Off ein, die folgende Erklärung abgibt:

> Questa storia accade oggi, in Sardegna, nel paese di Orgosolo. Questi pastori sono di Orgosolo. Il loro tempo è misurato su quello delle migrazioni stagionali, della ricerca del pascolo, dell'acqua. L'anima di questi uomini è rimasta primitiva. Quello che è giusto per la loro legge non lo è per quella del mondo moderno. Per

---

[46] Ich rekurriere hier auf die Unterscheidung zwischen dem exogenen und dem indigenen Leser/Publikum, die ich im Kap. „Übersetzungen" eingeführt habe.

loro contano solo i vincoli della famiglia, della comunità, tutto il resto è incomprensibile, ostile. Anche lo Stato che è presente con i carabinieri, le carceri. Della civiltà moderna conoscono soprattutto il fucile. Il fucile serve per cacciare, per difendersi, ma anche per assalire. Possono diventare banditi da un giorno all'altro, quasi senza rendersene conto.

Dieser Text, den man als eine Kurzversion des „codice barbaricino" auffassen kann, die nicht einer gewissen ‚orientalisierenden' Sicht entbehrt, besitzt die Funktion kultureller Übersetzung und soll die exogenen Zuschauer in den fremden Kontext einführen, in den die Filmhandlung eingebettet ist. De Seta verwendet dieses aus dem Dokumentarfilm stammende Mittel nur an dieser einen Stelle; in weiterer Folge werden notwendige Verständnishilfen in den Dialog der Figuren verlegt. Ein Beispiel dafür ist die Sequenz, die Michele im Dorf zeigt, wo er seinem Freund Gonario erklärt, dass er nun vor den Carabinieri fliehen müsse. Dies bedarf der Erklärung, denn für die Zuschauer ist es ja zweifelsfrei ersichtlich geworden, dass Michele weder Viehdieb noch Mörder ist:

> Michele: Io me ne torno alle pecore.
> Gonario: Ma dove sono rimaste?
> Michele: Al Sopramonte, con mio fratello.
> Gonario: È meglio che le lasci. Se no ti prendono subito.
> Michele: Non, non le lascio. Tutti quelli che hanno fatto così le hanno perdute.
> [...]
> Gonario: Facciamo così, senti. Vado a Nuoro da un avvocato. Gli racconto il fatto. Forse ci dà un consiglio.
> Michele: Beh, se tu vuoi andare vacci pure. Ma io non mi voglio costituire. Lo so come vanno a finire queste cose. Prima che fanno il processo e tutto il resto, chissà quanto ne passa di tempo. E la famiglia intanto, chi la campa? Loro?

Dialoge wie dieser informieren nicht nur über die Inkompatibilität der staatlichen Gerechtigkeit mit dem popularen Rechtsempfinden, sondern auch über die für einen *pastore* faktische Unmöglichkeit, sich dem langsamen Geschehen der staatlichen Rechtssprechung anzuvertrauen.

Das Publikum wird nicht nur über Dialoge, sondern auch durch die Bilder informiert; De Seta verwendet, wie Brunetta schreibt, die Kamera als Ausdrucksmittel für ein Kollektiv.[47] Die Einstellungsfolgen wechseln zwischen narrativen Teilen, die die Handlung vorantreiben, und deskriptiven, die die Handlung unterbrechen und dokumentarischen Charakter haben. Gezeigt werden die wichtigsten Tätigkeiten der Hirtengesellschaft: das halbnomadische Leben der Männer und der Knaben bei der Herde, die Käseerzeugung, das Handwerkszeug der Hirten; die Frauen, die im Dorf leben, die Kinder versorgen, Brot backen, Holz sammeln und unter anderem den *latitanti* das Überleben sichern, indem sie ihnen Kleidung und Lebensmittel bringen. Zur dokumentarischen Qualität des Films gehört auch

---

[47] Brunetta, *Cent'anni di cinema italiano*, Bd. 2, S. 256.

das Arbeiten mit Laiendarstellern, deren Gesichter und Bewegungen nicht der *mainstream*-Ästhetik von filmischer Schönheit gehorchen; eindrucksvoll wirken sie vor allem durch ihr stoisch anmutendes *underacting*, was vor allem für Michele und den jungen Peppeddu gilt. Ein weiteres wichtiges Element des Dokumentarischen ist die Landschaft, die in langen, ruhigen Einstellungen präsentiert wird. Generell arbeitet De Seta in diesem Film häufig mit langen Einstellungen, deren Langsamkeit die ‚Wildheit' der Landschaft, aber auch die Archaik der menschlichen Gesellschaft, die in dieser Landschaft angesiedelt ist, zeigt. Der gebirgige Charakter des Raums wird im Übrigen dazu genützt, Dinge, Tiere und Menschen in Obersicht und Untersicht zu zeigen; so sieht man Schafherden manchmal von oben, als ob man auf eine Ameisenstraße blicken würde, dann sieht man sie wieder in der Froschperspektive von unten, wenn die Kamera die vorbeitrappelnden Füße der Tiere fokussiert. Die Obersicht trägt häufig dazu bei, die Verlorenheit der Menschen in der weitläufigen und weitgehend menschenleeren Landschaft zu betonen.

All diese Elemente des Dokumentarischen sind mit den narrativen Teilen so verbunden, dass sie den Handlungsverlauf emotional und visuell intensivieren, ohne ihn mechanisch zu unterbrechen.[48] Ein typisches Spielfilmelement ist beispielsweise die Einführung der Figur des kleinen Bruders (Peppeddu): ein Kind in existentieller Not ist ein sicheres Mittel der Sympathiesteuerung; die Identifikation der Zuseher mit einem solchen kindlichen Protagonisten erfolgt gleichsam automatisch. Folgerichtig werden manche der Verfolgungsjagden zwischen den Carabinieri und den Brüdern aus der Perspektive Peppeddus gefilmt.

Banditi a Orgosolo wurde und wird auf Sardinien als jener Film diskutiert, der den ersten ernsthaften filmischen Versuch darstellt, sardische Realitäten auf der Leinwand zu zeigen. Interessant in diesem Zusammenhang sind zwei Artikel, die noch 1961 in der Zeitschrift *Ichnusa* erschienen sind und aus der Feder Antonio Pigliarus und des damals jungen Salvatore Mannuzzu stammen.

Pigliarus Rezension ist überwiegend positiv – „De Setas These ist in ihren Grundzügen korrekt und muss verteidigt werden"[49], wobei seine Kritik sich hauptsächlich auf den Sachverhalt richtet, dass Micheles Schicksal einen Fall konstruiert, der nicht gänzlich mit der barbaricinischen Auffassung von Schuld und Unschuld in Einklang zu bringen sei:

> Il limite della tesi desetiana è quello romantico, come si è pure osservato: il fatto cioè che De Seta, per raccontare una storia complessivamente vera, prenda la via di un concetto di „innocenza" tipicamente europeo ed ottocentesco, non barbari-

---

[48] Miccichè wirft De Seta – meiner Meinung nach zu Unrecht – „un atteggiamento ai limiti della contemplazione" vor (Miccichè, *Cinema italiano*, S. 220). Aus heutiger Sicht macht gerade dieser Widerstand eines aus dem Dokumentarfilm kommenden Regisseurs gegen die Konventionen des herkömmlichen narrativen Films die Schönheit von *Banditi a Orgosolo* aus.
[49] Antonio Pigliaru, Premessa, in: *Ichnusa* 42, 1961, S. 10-12, hier S. 10: „la tesi di De Seta è fondamentalmente valida, e va difesa."

cino. L'innocenza barbaricina è piu complessa ed implicante (sotto il profilo sociologico); è l'innocenza dentro una cultura che non considera riprovevoli certi comportamenti e che anzi esige certi comportamenti.[50]

In Hobsbawms Begrifflichkeit übersetzt, trage die Figur Michele also einige Züge des ‚universalen' Sozialbanditen. Diese Lesart ist nicht ganz von der Hand zu weisen. Die Sympathiesteuerung des Films funktioniert nachweislich so, dass die Zuschauer dazu angeleitet werden, für Michele Partei zu ergreifen. Allerdings hat De Seta in der Schlusssequenz die „innocenza barbaricina" sehr sorgfältig dargestellt: Der Bandit und Viehräuber Michele handelt, wie er handeln muss, doch bedeutet das zugleich eine existentielle Katastrophe für den Hirten, dem seine Herde weggetrieben wird.

Salvatore Mannuzzu, der damals noch mit dem Pseudonym Giuseppe Zuri firmierte, beantwortet die Frage nach der tragischen Schuld oder Unschuld Micheles mit dem Hinweis auf den historischen und kulturellen Kontext:

[Michele trage keine Schuld] nella misura dell'offesa che egli, non in quanto Michele Iossu, ma come appartenente a tale mondo, quotidianamente riceve, e che è la condizione storica del suo essere „bandito".[51]

Banditi a Orgosolo wurde insgesamt von der sardischen Gesellschaft äußerst positiv aufgenommen[52] – ganz im Gegensatz zu der Verfilmung von *Padre Padrone* (1976) durch die Brüder Taviani – und ist, wie bereits angedeutet, ein Referenzwerk des ‚sardischen' Films geworden und bis heute geblieben. Seit den 1960er Jahren gibt es eine ganze Reihe von Filmen, die von sardischen und auch nicht-sardischen Filmemachern gedreht worden sind und sich dem Phänomen des *banditismo* und des *sequestro di persona* widmen; allerdings jonglieren diese Filme häufig mit den zu Stereotypen geronnenen Handlungselementen des Genres, das Naitza den „sardischen Western" nennt, und sind weit entfernt von den ethischen und ästhetischen Ansprüchen De Setas. Von diesem Urteil kann man auch Gianfranco Cabiddus Erstlingsfilm *Disamistade* (1988) nicht ausnehmen.

Die stereotype Entwicklung des Genres ändert sich erst wieder mit dem ‚neuen sardischen Kino', das durchaus seine urbane Seite hat,[53] aber mit einigen Filmen der barbaricinischen Thematik verbunden bleibt. Dabei wird die ‚archaische' Thematik in eine avantgardistische Form gegossen (Columbu, Mereu), oder aber ein filmischer Gegendiskurs zum Großnarrativ des tragischen Banditen entwickelt (Sanna).

---

50 Pigliaru, Premessa, S. 11.
51 Giuseppe Zuri [= Salvatore Mannuzzu], Banditi a Orgosolo, in: *Ichnusa* 44, 1961, S. 70-75, hier S. 74.
52 Dazu Antioco Floris: „[…] un film che, pur con qualche distinguo, gli intellettuali, la comunità orgolese e più in generale quella sarda accettano e nel quale si riconoscono." A. Floris, Cultura e lingua della Sardegna nel cinema di inizio millennio, in: *Annali della Facoltà di Scienze della Formazione dell'Università di Cagliari*, vol. XXVI, 2003, S. 149-174, hier S. 154.
53 Zu Cabiddus weitaus interessanterem Film *Il figlio di Bakunìn* und zu anderen Filmen, die sich von der barbaricinischen Thematik abwenden, vgl. das Kap. „Cagliari".

Dekonstruktion des Mythos im Film:
La Destinazione, von Piero Sanna

La Destinazione ist das Filmdebüt eines Mannes, der zum Zeitpunkt der Fertigstellung des Streifens 58 Jahre alt war und nach wie vor seinem Hauptberuf nachging. Sanna stellt damit einen *caso* der Filmgeschichte dar, so wie Salvatore Satta ein *caso* der italienischen und der sardischen Literaturgeschichte ist.

> Piero Sanna wurde 1943 im Dorf Benetutti (Provinz Sassari) geboren. Als junger Mann wählt er wie viele seiner Generationsgenossen aus dem italienischen Süden die Binnenemigration und durchläuft die Ausbildung zum Carabiniere; seinen Dienst hat er im Wesentlichen in Mailand versehen. Dort besucht er in den 1970er Jahren neben seiner Berufstätigkeit eine Filmhochschule und lernt Ermanno Olmi kennen, für den er gelegentlich als Regieassistent arbeiten kann. In den Jahren 1999-2001 dreht er mit Unterstützung der RAI seinen ersten Film: *La Destinazione* (Kinostart 2002). Zur Zeit arbeitet er an einem neuen Filmprojekt mit barbaricinischer Thematik (*Ovadduthai*).

Sanna verkörpert jene Cinephilie, wie sie vom sizilianischen Regisseur Giuseppe Tornatore in *Nuovo Cinema Paradiso* (1989) als generations- und milieutypisch inszeniert worden ist. Er entwickelt seine Kinoleidenschaft in der Kindheit bei den Samstagsvorstellungen des Pfarrkinos in Benetutti[54], einem Dorf, das administrativ zur Provinz Sassari zählt, geographisch jedoch in der Nähe von Nuoro situiert ist. Von dieser Kindheit bis zu *La Destinazione* führt ein weiter Weg, der Sanna zu einem Carabiniere machte, der darauf stolz ist, einen Kinofilm gedreht zu haben, „ohne je eine Stunde Dienst versäumt zu haben".[55] Dass dieser Regisseur dem Banditenmythos mit kritischer Haltung begegnet, sollte nicht überraschen; überraschen können vielmehr die Differenziertheit seines Zugangs und vor allem die ästhetische Qualität eines Erstlingsfilms.

Um das Verhältnis des Films zu *Banditi a Orgosolo* und zum Genre des „sardischen Western" genauer zu bestimmen, ist es notwendig, auf den Plot ein wenig einzugehen. *La Destinazione* erzählt von zwei jungen Männern, die sich während der Ausbildung zum Carabiniere anfreunden. Costantino, Sohn eines sardischen *pastore*, wird in der Folge in die Provinz Trentino/Südtirol geschickt (und sein Schicksal nicht mehr weiter verfolgt), Emilio aus Rimini hingegen wird in ein Gebirgsdorf im Inneren Sardiniens ent-

---

[54] Vgl. *L'Unione Sarda*, 6.11.2002, Destinazione Barbagia. Un carabiniere racconta il malessere dell'Isola.
[55] *L'Unione Sarda*, Destinazione Barbagia: „Senza mai togliere un'ora di servizio al lavoro. E col sostegno dell'Arma, che ha creduto nel progetto."

sandt. Die Einführung der Figur dieses jungen Romagnolo erlaubt es Sanna, einen frischen Blick von außen auf das Dorfleben zu konstruieren (ähnlich wie auch der sardische Kriminalroman, zum Beispiel bei Fois, aber auch bei Mannuzzu, wiederholt die Einführung einer Außenperspektive genützt hat). Emilio, der jüngste in der örtlichen Gruppe der Carabinieri, erfährt privat und beruflich die Alterität der Gesellschaft, in die er hineingeraten ist: Die Liebe zu dem Mädchen Giacomina gestaltet sich als schwierig und gefährlich (Emilio wird von jungen Männern des Dorfs verprügelt), und die Aufklärung des Mords an dem Schafzüchter Tanda ist nur anfangs von Erfolg gekrönt.

Abb. 4: La Destinazione – Emilio...   Abb. 5: ...Giacomina

Tanda überrascht zwei Männer des Dorfs beim Versuch des Diebstahls seiner Herde und wird dabei getötet, sein Sohn Efisio kann jedoch den Mörder erkennen. Wie dieser Junge sich allmählich dazu entschließt, zuerst seiner Mutter, später auch dem Gericht seine Beobachtung mitzuteilen, illustriert den Konflikt zwischen dem ungeschriebenen Verhaltenskodex und der staatlichen Gerechtigkeit. Sehr eindrücklich schildert der Film die emotionale Last und diffuse Bedrohung, die auf Efisio und seiner Mutter ruhen; Sanna verzichtet dabei auf die genretypische Lösung des Konflikts, die die *vendetta*, ausgeführt etwa vom erwachsenen Cousin Efisios, verlangen würde. Nach einer nun wieder sehr genretypischen Verfolgungsjagd durch Wald- und Felsgebirge, bei der Emilio eine entscheidende Rolle spielen kann, wird der Mörder verhaftet. Wenige Monate später wird er allerdings vom Gericht wegen mangelnder Beweislage (Aussage eines Kindes) wieder aus der Haft entlassen.

Ab dem Zeitpunkt seiner Rückkehr gewinnt der Film eine tragische Note und eine emotionale Intensität, die der erste Teil, der dem Zusammentreffen zweier Kulturen durchaus auch komische Noten abgewinnt, nicht hätte erwarten lassen. Emilio ist desilliusioniert und packt seinen Koffer; seine Vorgesetzten haben seine Versetzung beantragt, um ihn zu schützen. Efisio, der Sohn des Mordopfers, hält dem Druck nicht stand und erhängt sich, während seine Mutter und Schwester am Ritual des *iscrevamentu* (der Kreuzabnahme während der Karwoche) teilnehmen. Diese Sequenz ist, unter anderem durch den Einsatz der diegetischen Musik, von großer Dichte und Eindringlichkeit (ich werde am Ende des Kapitels auf sie zurückkommen).

Der Film hat also zwei Seiten. Er erzählt die Geschichte einer Desillusion und er inszeniert einen Fall persönlicher Tragik. Emilio, der lebenslustige Romagnolo, der ohne ideologisches Sendungsbewusstsein, aber mit der Bereitschaft zu ernsthaftem Einsatz, nach Sardinien gekommen ist, wird schmerzhaft aufgeklärt – er erfährt die Grenzen der Rechtsstaatlichkeit und die Macht der gesellschaftlichen Barrieren, die ihn von Giacomina trennen. Efisio, ein Junge an der Schwelle zur Pubertät, wird zwischen der Pflicht zur *omertà* und der Möglichkeit, auf die Justiz und ihre Gerechtigkeit zu setzen, aufgerieben und in den Tod getrieben.

La Destinazione ist von einem guten Kenner der sardischen Filmszene, Antioco Floris, als „direktes Gegenteil der Weltsicht, die De Seta in *Banditi a Orgosolo* zeigt"[56], bezeichnet worden. Diese Auffassung möchte ich in der Folge differenzieren. *La Destinazione* ist sowohl eine Hommage an *Banditi a Orgosolo* als auch seine Dekonstruktion. Piero Sanna arbeitet, wie sein großer Vorgänger, mit kleiner Crew an Originalschauplätzen (Benetutti, Nuoro, Mamoiada), macht die Montage selbst, verwendet mit wenigen Ausnahmen Laienschauspieler, und seine Thematik ist ein Konflikt aus dem Kontext des „codice barbaricino", wenn auch die Handlungszeit in der unmittelbaren Gegenwart der Filmproduktion zu verorten ist.[57] Einzelne Einstellungen und Sequenzen kann man intramedial direkt auf *Banditi a Orgosolo* zurückbeziehen, so zum Beispiel die Szene, in der die Carabinieri die Papiere eines *pastore* kontrollieren. Auch Sannas Film hat eine stark dokumentarische Komponente, die der sardischen Folklore gilt: gezeigt wird ein Umzug der *mamuthones* und der *insokatores*[58] zur Karnevalszeit, ein *ballo tondo*[59] anlässlich einer Hochzeit, die traditionelle Totenwache im Haus des ermordeten Tanda und vor allem das bewegende Ritual des *iscrevamentu* als Teil der religiösen Folklore. Eine Stärke seines Films ist es, dass die folkloristischen Darbietungen nicht illustrativ eingesetzt, sondern narrativ eingebunden werden: die Karnevalsmasken werden dazu benützt, eine Konfrontation zwischen Tandas Mörder und dem Sohn des Ermordeten herbeizuführen, und das

---

[56] „Il film di Sanna sembra invece rappresentare l'esatto opposto di quella visione del mondo proposta da De Seta in *Banditi a Orgosolo*", Antioco Floris, Fra tradizione e modernità: il nuovo cinema di Sardegna, in ders. (Hg.), *Nuovo Cinema in Sardegna*, Cagliari: aipsa edizioni 2001, S. 31-60, hier S. 48. Floris hat diese Auffassung in zwei weiteren Aufsätzen bekräftigt (s. Bibliographie).

[57] Wobei ein archaisierender Zugang durchaus festzustellen ist: keine einzige Figur benützt ein Mobiltelefon, in den Büros der Carabinieri stehen keine Computer, und die Dorfstraßen sind nicht mit Autos voll geparkt...

[58] Diese traditionellen Masken gehören zum Karnevalsbrauch von Mamoiada, wobei die *mamuthones* in Rolle und Funktion den österreichischen „Schiachperchten" vergleichbar sind.

[59] Traditioneller sardischer Tanz, bei dem sich Männer und Frauen zu einem Kreis formieren.

iscrevamentu wird thematisch und musikalisch mit dem Selbstmord Efisios und der Auffindung seiner Leiche durch die Mutter eng geführt.

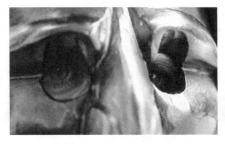 

Abb. 6: Der Mörder unter der Maske…   Abb. 7: …und Efisio ohne Maske

Anders als bei De Seta, bei dem der Einsatz der Filmmusik ganz traditionell der Spannungserzeugung und der Steigerung emotionaler Momente dient, hat Piero Sanna der Filmmusik seine besondere Aufmerksamkeit gewidmet. Die extradiegetische Musik ist Mauro Palmas zu verdanken, einem sardischen Komponisten, der zum Beispiel den vielschichtigen musikalischen Kommentar zum 1992 wieder gefundenen und in der Folge restaurierten Stummfilm *Cainà* gestaltet hat. Für *La Destinazione* hat er eine stark mit Leitmotiven durchsetzte, leicht und beschwingt wirkende Musik komponiert. Ihre Melodien und Rhythmen geben einen mild ironischen Kontrapunkt zu einigen Sequenzen, die nach der Logik der Handlung als ‚ernst' und betont ‚männlich' markiert sind. Das gilt vor allem für das Körpertraining der angehenden Carabinieri zu Beginn des Films, das tänzerisch inszeniert und musikalisch kommentiert wird – fast möchte man an Claire Denis' *Beau Travail* denken –, und es gilt für die genretypischen Verfolgungsjagden. Sowohl die Welt der staatlichen Ordnungshüter als auch jene, in der der „codice barbaricino" gilt, verlieren dadurch jedes Pathos.

Umgekehrt verwendet Sanna die diegetische Musik gleichsam als Pathosformel zur Intensivierung von emotionalen Momenten. Diese handlungsbegleitende Musik prägt das Ende des Films, bei dem der tendenzielle Unernst in tiefen Ernst umschlägt, der doch wieder an *Banditi a Orgosolo* anzuknüpfen scheint.

Dieses Filmende besteht aus vier Sequenzen: der Predigt des Pfarrers vor den versammelten Frauen des Dorfs, der Kreuzabnahme, die mit der Auffindung der Leiche Efisios parallel geschnitten wird, einem letzten Treffen zwischen Costantino und Emilio, und dem ein Westernklischee zitierenden Abgang Emilios aus dem Dorf. Das Thema der auf Sardisch gehaltenen (und in italienischen Untertiteln übersetzten) Predigt ist das Leid der Mater dolorosa, der Pfarrer spricht dabei mehrfach die Lebenserfahrung der anwesenden Frauen und Mütter an. Eine Madonnenstatue wird mit einem schwarzen Mantel bekleidet, und die Kamera fokussiert das Gesicht der Mutter Efisios, die sich darauf erhebt und die Kirche verlässt. In diesem Moment setzt ein mehrstimmiges, (in der Fiktion) von den Mädchen des Dorfs gesungenes Miserere[60] ein, das den Gang der Mutter bis zur Auffindung der Leiche ihres Sohnes begleitet, wobei in Parallelmontage in eindringlichen Nahaufnahmen die Kreuzabnahme einer Christusstatue gezeigt wird. In dem Moment, als die Mutter des toten Sohnes ansichtig wird, hört die Musik abrupt auf.

Abb. 8: Efisios Mutter   Abb. 9: Die Kreuzabnahme

Die letzte Sequenz, in die die Abspanntexte eingeblendet werden, zeigt Emilio, wie er sich von seinen Kollegen verabschiedet, und zu Fuß und allein über die einsame Straße am Dorfausgang entschwindet – ein klassisches Westernende, hier aber begleitet von dem vom selben Chor gesungenen, mehrstimmigen *attitu*, einer sardischen Form der Totenklage, die traditionell von Frauen gesungen wird. Dieser Klagegesang kann zwar genau genommen nicht mehr als diegetisch gelten, doch er setzt bruchlos das Miserere der vorangehenden Sequenz fort. Bild und Ton sprechen die Gefühle der Zuseher dabei intensiv an.

Der Zweiteiligkeit des Einsatzes der Filmmusik – ironisierender Kommentar und Pathosformel – entspricht ein Bruch in der inhaltlichen Konzeption des Films, den man nicht unbedingt als ‚Fehler' qualifizieren muss, sondern vielmehr als Ausdruck der Suche nach einem heiklen kulturellen Kompromiss auffassen kann. Einerseits dekonstruiert Sanna die mythische Grundstruktur und tragische Ausweglosigkeit, die De Setas *Banditi a Orgosolo* auszeichnet. Dazu trägt bereits der doppelte Perspektivenwechsel bei: der als jung, unbeschwert und fröhlich gezeichnete Protagonist kommt nicht nur von außen, sondern ist auch noch Carabiniere. Die strukturelle Rolle des ‚Banditen' besetzen der Mörder Tandas und sein Komplize, die sich beide auf der Flucht vor den Ordnungshütern in die klassische Höhle zurückziehen. Ihr Handeln wird im Film keineswegs als Folge unverschuldeter Zwänge dargestellt, und zwei ‚sardischen' Figuren, nämlich der Mutter und der Freundin des Mörders, fällt es zu, diesen hart

---

[60] Ein Miserere ist ein Bußgebet, das in die Karfreitagsliturgie integriert wird. Sanna verwendet dabei Aufnahmen des Frauenchors „Su Veranu" aus Fonni (Provinz Nuoro).

zu kritisieren (selbstverständlich ohne ihn zu verraten). Die *vendetta* nach schwerer *offesa* unterbleibt, wobei die Möglichkeit zur Selbstjustiz ausdrücklich gezeigt wird – Efisios Cousin bekommt den Mörder einmal vor seinen Gewehrlauf, verzichtet aber darauf zu schießen. Efisio und seine Mutter entschließen sich schließlich zur Zusammenarbeit mit den Carabinieri und dem Gericht. Anders gesagt: die Vertreter des Rechtsstaats werden als Partner der Bürger und nicht als Schergen der Repression gezeigt, und der barbaricinischen Gesellschaft wird die Fähigkeit zur Veränderung zugeschrieben.

Allerdings: der Rechtsstaat, wenn er auch nicht scheitert – es gibt keine substantiellen Verfehlungen seiner Vertreter –, erweist sich als unfähig, seine Schutzfunktion auszuüben. Sanna hat auch hier wieder darauf verzichtet, auf das Handlungsschema der *vendetta* zurückzugreifen – der Mörder rächt sich nicht direkt an der Familie, die ihn vor Gericht gebracht hat. Der Film zeigt vielmehr indirekte Formen der Gewaltausübung und Einschüchterung, an denen der Junge schließlich zerbricht.

Das Scheitern der Figur des Detektivs oder des Polizisten ist bekanntlich ein gängiges Merkmal des modernen und auch vieler postmoderner Kriminalromane. Sannas Film rückt freilich gegen Ende die Figur Emilios an den Rand und das Geschehen rund um Efisios Tod in die Mitte. Durch filmische Mittel – die Parallelmontage des *iscrevamentu* und der Auffindung der Leiche und das Miserere, das dazu erklingt – wird dieses Geschehen intensiviert und religiös konnotiert: Efisio, der den Namen eines frühchristlichen sardischen Märtyrers trägt, rückt in eine Parallele zu Christus. Den gesamten Verlauf des Films kann man als ein anfängliches Abrücken vom Mythos (des Banditen, der Handlungszwänge des „codice barbaricino") und als eine schlussendliche Rückwendung zum Mythos (des Opferlamms) beschreiben. Diese Bewegung drückt sich auch im Kontrast zwischen (unterschwelliger) Komik und Tragik, Ironie und Pathos aus, der den Film kennzeichnet.

Es ist vermutlich nicht falsch, den Film als den Ausdruck einer Kompromissbildung[61] zu deuten: zwischen Sannas Identität als Mitglied einer nationalen militärischen Organisation und seiner Identität als Sarde, zwischen dem Willen zur Aufklärung und einer Filmästhetik, in der die ästhetischen Reize des Archaischen das Neue überlagern. Das verleiht dem Film seine Ambivalenz, aber auch seine Qualität: zum Beispiel im Vergleich zu dem sehr viel ‚glatteren', routiniert-professionellen Fernsehfilm *L'Ultima frontiera*, der eine ähnliche Thematik, allerdings in die Zeit um 1900 zurückverlegt, behandelt. „Ich bin nur ein Carabiniere, der einen Film gedreht hat, und

---

[61] Ich verwende den Begriff „Kompromissbildung" in freier Abwandlung des Freudschen Begriffs, wie er etwa in der *Traumdeutung* verwendet wird. Was bei Freud als „Mittelvorstellung", als Ergebnis der Überlagerung zweier Vorstellungskomplexe in der Traumarbeit bezeichnet wird, bezeichnet hier eine (bewusste) Überlagerung zweier kultureller Wertekomplexe. Vgl. Sigmund Freud, *Die Traumdeutung*, Frankfurt a.M.: Fischer 1981, S. 484.

nicht ein Regisseur", betont Sanna in einem Interview.⁶² Das ist ein Bescheidenheitstopos, den man aber auch anders lesen kann: Sanna hat seinen Film mit einer Lebenserfahrung gedreht, die verschiedene Wertvorstellungen in sich zu vereinen hat und die deren Konflikt kreativ zu nützen versteht.

Abb. 10: Emilios Abgang

---

⁶² Intervista a Piero Sanna, in: *Close-Up.it* (http://www.close-up.it), 5.3. 2007: „sono solo un carabiniere che ha fatto un film e non un regista."

Archipelagoi

Heute beflügeln Inseln die Träume von Erholungssuchenden, die dem vom Meer umschlossenen Raum einen größeren Erholungs- und Erlebniswert zuschreiben als ähnlichen Landschaften, ähnlichen Meeresstränden und ähnlichen touristischen Infrastrukturen auf dem Festland. Immer noch beflügeln Inseln die Träume von Militärstrategen und erzeugen militärische Realitäten, die sich, ebenso wie die touristischen, in Zahlen und Fakten darstellen lassen. So beanspruchen die so genannten *servitù militari* auf Sardinien prozentuell mehr Fläche als in allen anderen italienischen Regionen (über 35.000 Hektar Land) und beherbergen Strukturen und Infrastrukturen des italienischen Militärs und der NATO,[1] sind regionale Arbeitgeber und zugleich Ziel heftiger Proteste. Letztere betreffen besonders die gewaltigen Waffenarsenale der NATO im Maddalena-Archipel im Nordosten und die terrestrischen und maritimen Schießübungsgelände bei Capo Teulada im Südwesten.

Die massive militärische Präsenz auf der Insel ist der Ausdruck ihrer strategischen Bedeutung für den Mittelmeerraum, die sich historisch bis in die Zeit vor Christi Geburt zurückverfolgen lässt und jene Abfolge von Invasionen nach sich gezogen hat, die die Geschichte Sardiniens geprägt haben. Freilich teilt Sardinien dieses Schicksal mit anderen mediterranen Inseln, zum Beispiel mit Sizilien. Ein klassischer Text zu dieser immer wieder fatalen Offenheit von Inseln ist der Essay *Come si può essere siciliani?* von Leonardo Sciascia, der sich explizit nicht nur auf seine Heimatinsel, sondern auch auf Sardinien und Korsika bezieht:

> Condizione geografica e vicissitudini storiche hanno fatto sì, insomma, che le difficoltà di vita degli isolani diventassero diversità e che tali diversità venissero ingigantite e generalizzate – e di fatto, oggettivamente, accresciute – dagli „altri": e fino a diventare negativo pregiudizio.[2]

Dem historisch gewachsenen Vorurteil der „anderen" entspreche eine ebenso historisch gewachsene insulare Mentalität:

> [I siciliani] avvertono con diffidenza il contrasto tra il loro animo chiuso e la natura intorno aperta, chiara di sole, e più si chiudono in sé, perché di questo aperto, che da ogni parto è il mare che li isola, cioè che li taglia fuori e li fa soli, diffidano, e ognuno è o si fa isola da sé, e da sé si gode – ma, appena, se l'ha – la sua poca gioia; da sé, taciturno, senza cercare conforti, si soffre il suo dolore, spesso disperato.[3]

---

[1] Vgl. die offizielle Website der Regione Autonoma della Sardegna, Link „Servitù militari": http://www.regione.sardegna.it (6.6.2007).

[2] Leonardo Sciascia, Come si può essere siciliani? in: *Fatti diversi di storia letteraria e civile*, Palermo: Sellerio 1989, S. 9-13, hier S. 10.

[3] Sciascia, Come si può essere siciliani?, S. 12.

Der Topos der verinnerlichten, der psychischen Insularität ist in der sardischen Tradition ebenso verankert wie in der sizilianischen. So schreibt Antonio Gramsci knapp vor seinem Tod an eine für ihn ganz besondere „Andere", nämlich an seine russische Frau Iulka, im Januar 1937:

> Io credo che tu abbia sempre saputo che in me c'è difficoltà grande, molto grande a esteriorizzare i sentimenti e ciò può spiegare molte cose ingrate. Nella letteratura italiana hanno scritto che se la Sardegna è un'isola, ogni sardo è un'isola nell'isola [...].[4]

Der Topos der psychischen Insularität findet seine fiktive Verkörperung in nicht wenigen literarischen Figuren der neueren sardischen Literatur, zum Beispiel bei Salvatore Mannuzzu und bei Marcello Fois. Nun haben aber gerade diese Autoren – wenn auch nicht nur sie – beispielhaft dazu beigetragen, Sardinien zu ‚öffnen', seine kulturelle Insularität als Teil eines dialogischen Prozesses zu verstehen, bei dem der genannte Topos – die Verschlossenheit der Sarden, die von der Selbst- und der Fremdsicht gleichermaßen bekräftigt wurde und wird – eine nicht unwichtige Rolle spielt. Dieses Thema kehrt auch in der intellektuellen Reflexion von Soziologen und Anthropologen wieder.

Kulturelle Insularität

Ausgangspunkt gegenwärtiger Reflexionen sind nicht nur die geographische Insularität und deren historische Folgen, die sich in einer spezifisch sardischen Mentalität niederschlügen, sondern auch der kritische Dialog mit jahrzehntelangen Konstruktionen sardischer Identität in den intellektuellen Zirkeln der Insel. Es ist hier nicht die Ort, die Geschichte dieses Diskurses im Detail nachzuzeichnen;[5] es sei nur auf einige diskursive Linien verwiesen, die eine gewisse Wirkmächtigkeit im Prozess der Selbstdeutung erlangt haben. Dazu gehört das Narrativ der Invasionsgeschichte, die Metapher der Kolonisation, die gelegentlich allzu leichtfertig und verallgemeinernd verwendet wurde, der Topos der „costante resistenziale sarda" und jener der „nazione mancata". Alle diese Narrative und Topoi arbeiten einer ‚orientalisierenden' Sicht der Unveränderlichkeit des sardischen Wesens und sardischer Gesellschaftsstrukturen zu und definieren die sardische Identität im Wesentlichen negativ und reaktiv.[6] Der Kern historischer Wahrheit, der ihnen keineswegs abzusprechen ist, wird durch die eindimensionale Dar-

---

[4] Antonio Gramsci, *Lettere dal carcere*, hg. von Sergio Caprioglio und Elsa Fubini, Turin: Einaudi 1975, S. 880f.
[5] Zu diesem Thema stehen gute Zusammenfassungen zur Verfügung, z.B. bei Leonie Schröder, *Sardinienbilder. Kontinuitäten und Innovationen in der sardischen Literatur und Publizistik der Nachkriegszeit*, Bern etc.: Peter Lang 2001.
[6] Dazu neuerdings: Tatiana Cossu, Dell'identità al passato: il caso della preistoria sarda, in: Giulio Angioni/Francesco Bachis/Benedetto Caltagirone/Tatiana Cossu (Hg.), *Sardegna. Seminario sull'identità*, Cagliari: CUEC/ ISRE 2007, S. 119-126.

stellung der nationalen Geschichte als kollektiver Passionsgeschichte ideologisiert und zu einem diskursiven Element, das das Denken und Handeln von Individuen zu prägen imstande ist.

In den vorausgehenden Kapiteln wurde mehrfach gezeigt, auf welche Weise einige der sardischen Schriftsteller und Schriftstellerinnen wie auch Filmemacher diesem reaktiven Geschichtsbild mittlerweile ein anderes, differenziertes Narrativ entgegenstellen. Aus der akademischen Diskussion, wie sie unter dieser neuen Perspektive seit etwa zwei Jahrzehnten geführt wird, will ich nun zwei Stimmen beispielhaft zu Wort kommen lassen.

Die erste gehört dem Soziologen Alberto Merler, der sich seit Jahren mit dem Thema der Insularität und der Rolle der mediterranen Inseln im europäischen Einigungsprozess und im Mittelmeerraum auseinandersetzt,[7] und das nicht nur in akademischen Zirkeln, sondern auch in der Kulturzeitschrift *Quaderni Bolotanesi*. Diese 1975 gegründete Zeitschrift, die zunächst der lokalen Geschichte und Folklore des Orts Bolòtana (Provinz Nuoro) gewidmet war, hat sich im Lauf der Zeit zu einem in Sardinien prominenten Diskussionsforum entwickelt, das Beiträge aus einem breiten Spektrum kulturwissenschaftlicher Disziplinen beherbergt.

Merlers Ausgangspunkt ist eine Diskussion der Semantik der Begriffe ‚Insel' und ‚Insularität', in der sich geographische Gegebenheiten und Prozesse kultureller Deutung durchdringen und überlagern, um einen ‚Ort' zu konstruieren, der mehrfach überdeterminiert ist. Merler greift zwar nicht auf die neue Kulturgeographie im Gefolge von David Harvey[8] zurück, kommt aber im Wesentlichen zu ähnlichen Ergebnissen, was die kulturelle Konstruiertheit von Raumbegriffen anbelangt. Das Wort Insel eröffne eine semantische Breite, die von dem Pol positiv und negativ konnotierter Abgeschlossenheit bis zu dem Gegenpol der positiv und negativ konnotierten Offenheit reicht. Immer jedoch bezeichne das Wort in seiner denotativen und in seinen übertragenen Bedeutungen eine Form der Alterität,[9] die, so möchte ich hinzufügen, in der Selbstsicht und in der Fremdsicht als irreduzibel imaginiert wird. Insularität bedeutet also gerade nicht Isolation, sondern so etwas wie eine geographische und symbolische Affirmation der Alterität, die in der Konfrontation und im Austausch mit anderen regionalen und überregionalen Identitäten hergestellt wird.

---

[7] Alberto Merler lehrt an der Universität Sassari, wo er das ISC (Istituto di Studi Comparativi sull'Insularità e lo Sviluppo Composito) leitet.

[8] Harvey hat mit seiner Auffassung von der sozialen Konstruiertheit von *places* (Orten) und *spaces* (Räumen) einen entscheidenden Anstoß für eine kulturwissenschaftliche Orientierung der Geographie gegeben; vgl. David Harvey, *Justice, Nature and the Geography of Difference*, Cambridge (Mass.)/Oxford: Blackwell Publishers 1996.

[9] Alberto Merler, Insularità. Declinazioni di un sostantivo, in: *Quaderni Bolotanesi* 16, 1990, S. 155-164.

In einem anderen Artikel führt Merler seine Auffassung von Inseln als „Teilen eines relationalen Systems"[10] weiter aus. In der Relationalität dieses Systems kommt den Figuren des Reisenden und des Migranten hohe Wichtigkeit zu. Eine politische Folgerung, die der Autor aus seinen Studien zieht, ist ein Plädoyer für verstärkte Zusammenarbeit der mediterranen Inseln, wobei aus der kritischen Beobachtung dieses Prozesses ein Modell für das Miteinander der Kulturen in der Europäische Union entstehen könnte:

> La comunicazione inter-insulare fra diversità riconosciute (o bio-diversità delle culture umane) appare così come il futuro del nostro mondo fatto di tanti modi di essere umanità.[11]

Eine Konzeption von Insularität, der die Auffassung von „Inseln als relationalen Systemen" zugrunde liegt, eignet sich somit hervorragend für eine kulturwissenschaftliche Analyse. Freilich ist damit noch kein Begriff von der Besonderheit einer bestimmten Insel, zum Beispiel Sardiniens, gewonnen. Damit beschäftigt sich seit Jahrzehnten der Schriftsteller und Kulturanthropologe Giulio Angioni.[12]

Angionis „interne Anthropologie"[13] widmet sich der Erforschung seiner Heimatinsel zunehmend im Zeichen relationaler Insularität. Der Autor hat dazu mit Monographien, aber auch mit Artikeln in Standardwerken beigetragen.[14] Den aktuellen Stand seiner Reflexion dokumentiert sein Beitrag „Identità" in einem 2007 erschienenen Sammelband.[15] Angioni kann sich dabei auf Antonio Pigliaru berufen, wenn er schreibt:

> Come suggeriva già quarant'anni fa, anticipando in qualche modo lo sguardo cosmopolita di Ulrich Beck, un sardo intelligente che risponde al nome di Antonio Pigliaru, occorre evitare sia l'etnicismo ristretto (lui scriveva regionalismo chiuso) sia il cosmopolitismo di maniera, cioè sradicato e quindi forse inservibile come supporto al comprendere e all'agire.[16]

Im weiteren Verlauf seines Essays diskutiert der Autor die spezifische Stellung, die eine Mittelmeerinsel wie Sardinien im heutigen globalen Zusammenhang einnimmt: als ‚arme' Peripherie des wohlhabenden und sich auf

---

[10] Alberto Merler, Le isole, oltre i mari. Prospettive dell'insularità plurima nei percorsi migratori, in: *Quaderni Bolotanesi* 18 (1992), S. 153-176, hier S. 154: „parte di un sistema relazionale".

[11] Alberto Merler, L'Europa in cui siamo. La Sardegna nell'Europa delle Europe, in: *Quaderni Bolotanesi* 27, 2001, S. 67-75, hier S. 75.

[12] Zur Person Angionis vgl. S. 183 dieses Buchs.

[13] Vgl. Umberto Cardia, Antropologia „interna" e narrativa di Giulio Angioni, in: *La grotta della vipera* 52-53, 1990, S. 56-57.

[14] Z.B. der Beitrag Sardegna 1900: Lo sguardo antropologico, in: Luigi Berlinguer/Antonello Mattone (Hg.), *Storia d'Italia. Le Regioni dall'Unità a oggi: La Sardegna*, Turin: Einaudi 1998, S. 1125-1152.

[15] Giulio Angioni, Identità, in: *Sardegna. Seminario sull'identità*, S. 11-22.

[16] Angioni, Identità, S. 11f.

Kulturelle Insularität 133

demokratische Traditionen berufenden Teils der Menschheit. Er stellt dabei wichtige Fragen, deren Beantwortung er bewusst offen lässt:

> È abbastanza sicuro che i sardi oggi nel mondo si sentono e si qualificano come occidentali? O prevalgono i dubbi e le incertezze? È abbastanza certo che in Sardegna ci si sente Nord del mondo, mondo civile mondo libero, parte dei paesi ricchi, mentre c'è tutta un'altra parte da cui anche i sardi si sentono e vogliono sentirsi diversi, che è quella che chiamiamo terzo mondo, paesi poveri, Sud, popoli in sviluppo e così via?[17]

Damit wird die spezifische Situation europäischer Peripherien als Monumente historischer Dominanzverhältnisse angesprochen.[18] Sardinien, ein „Ort identitären Unbehagens",[19] produziert dabei nach Angionis Beobachtung nicht nur wertvolle Traditionen, sondern auch Werte und Haltungen, die von einem Standpunkt aus, der das globale Ganze zu bedenken beansprucht, als Unwerte zu bezeichnen seien: nicht jede Form der Diversität sei für sich genommen bereits ein ‚Gut'.

In Hinblick auf die kulturelle Diversität lässt sich Angionis Denken mit Homi Bhabhas Konzeption kultureller Differenz in Einklang bringen. Bhabha fasst die kulturelle Diversität als epistemologisches und empirisches Objekt, das von der kulturellen Differenz zu unterscheiden ist, der die Prozesshaftigkeit eingeschrieben ist.[20] Jede Form von verfestigter Diversität führt in dieser Sicht zum Musealisierung einerseits und zum unversöhnlichen Konflikt andererseits. Angioni plädiert in seinem Essay leidenschaftlich dafür, das kulturelle Erbe Sardiniens nicht in ein reales oder imaginäres Museum zu stellen, sondern es im Akt seiner Fortschreibung und Neuverhandlung zu bewahren. Wie schwierig und schmerzhaft dieser Prozess sein kann, davon legen Angionis literarische Texte Zeugnis ab.[21]

Die relationale Konzeption von Insularität und die damit verbundene Bereitschaft zum Dialog und die Aufmerksamkeit für Anregungen von außen sind in den urbanen Kulturen Cagliaris und Sassaris in hohem Maße erwartbar. Den kreativen Künsten ist es dabei vorbehalten, diesen Dialog nicht nur auf der Inhaltsebene, sondern auch im Bereich der Formensprache zu führen, und das kann auch bei Texten und Filmen der Fall sein, die sich die an der Oberfläche immer gleichen Plotstrukturen, die der „codice barbaricino" generiert, zu eigen machen. Auf dieser Ebene kommt es nicht nur zu Kompromissbildungen, wie im Fall von Piero Sannas Film *La Destinazione*, sondern manchmal auch zu einer hybriden und überaus interessanten Mischung von Archaik in der Form von mythischen Narrativen mit einer modernen und experimentellen Formensprache. Das möchte ich nun anschlie-

---

[17] Angioni, Identità, S. 14f.
[18] Vgl. dazu Wolfgang Müller-Funk/Birgit Wagner, Diskurse des Postkolonialen in Europa, in: dies. (Hg.), *Eigene und andere Fremde. ‚Postkoloniale' Konflikte im europäischen Kontext*, Wien: Turia + Kant 2005, S. 9-30.
[19] „un luogo di disagio identitario", Angioni, Identità, S. 17.
[20] Vgl. Homi Bhabha, *The location of culture*, London/New York: Routledge 1994, S. 32ff.
[21] Vgl. dazu das Kap. „Glokal".

ßend an Maria Giacobbes Roman *Gli Arcipelaghi* (1995) und seiner Verfilmung durch Giovanni Columbu (*Arcipelaghi*, 2001) zeigen, deren Ästhetik auf eine je medienspezifische Art und Weise aus der Insel-Metapher abgeleitet ist. An dieser Stelle sei aber auch auf den Filmemacher Salvatore Mereu verwiesen, der sich seinerseits auf eine höchst originelle Weise mit der barbaricinischen Welt auseinandersetzt. Das gilt vor allem für seinen ersten Film, den Kurzfilm *Miguel* (1999), in dem die Begegnung eines Fremden mit den Einheimischen als Burleske mit surrealistischen Stilelementen gezeigt wird, die an das Werk des frühen Buñuel erinnern.[22]

Gli arcipelaghi, Roman von Maria Giacobbe

Der Titel von Maria Giacobbes[23] Roman ist wortwörtlich und zugleich auch metaphorisch zu verstehen. Auf der wortwörtlichen Ebene kann er sich auf die Erfahrung beziehen, dass dem Schiffsreisenden, der von Civitavecchia nach Olbia fährt, Sardinien sich zunächst als Archipel von kleinen Inseln präsentiert:

> La nave continuava il suo corso nel lunghissimo fiordo, e mano mano che vi s'addentrava, si scopriva che quella che era sembrata una costa frastagliata ma compatta era tutta una serie d'arcipelaghi le cui isole e isolette quando ci si avvicinava e cambiava la prospettiva, cambiavano aspetto e dimensioni e insieme alle loro diversità rivelavano le insospettate distanze che le separavano.[24]

Diese Textpassage im letzten Viertel des Romans trifft die Leser nicht unvorbereitet, denn mittlerweile hat sich für sie herausgestellt, dass der Roman ein Dutzend verschiedener Erzählstimmen alternieren lässt, die, metaphorisch gesehen, einen Archipel individueller und höchst unterschiedlicher Erinnerungen rund um ein und denselben Vorfall bilden: Inseln der Erinnerung also. Doch schon der erste Absatz des Romans arbeitet mit dem Wortfeld ‚Insel':

> Dopo tanto spazio di mare, così azzurro che le creste circolari delle onde vi spiccavano con la ferma grazia di atolli, apparvero i contorni dell'isola, rosei come una cicatrice recente, bordati d'una frangia di spuma. Deserti, sembravano vergini, inviolati.[25]

Diese Insel erhält im Text keinen Namen, die Erzählung kann also überall dort spielen, wo geographische Insularität gegeben ist. Viele der Eigenna-

---

[22] Auf *Miguel* (30 min.) folgt Mereus Episodenfilm *Ballo a tre passi* (2003), dessen einzelne Episoden von höchst unterschiedlicher Qualität sind. Die in meinen Augen gelungenste Episode, „Inverno", die vom Sterben eines alten Mannes erzählt, spielt im urbanen Milieu.
[23] Zu Maria Giacobbe vgl. S. 94 dieses Buchs.
[24] Maria Giacobbe, *Gli archipelaghi*, Nuoro: Il Maestrale 2001 (zuerst Il Vascello 1995), S. 207.
[25] Giacobbe, *Gli archipelaghi*, S. 9.

men und Toponyme, die Erwähnung finden, scheinen die Handlung durch ihren Rückbezug auf griechische Mythen noch zusätzlich zu ‚entorten': der jugendliche Protagonist heißt Oreste (der wie sein griechisches Pendant mit der Verpflichtung zur Rache ausgestattet wird), seine Schwester heißt Cassandra (und tatsächlich ist sie hellsichtig, ohne in ihrer Familie Gehör zu finden), eine Nebenfigur trägt den Namen Astianatte (die wie der trojanische Astyanax als Kind einem unverdient harten Schicksal ausgesetzt ist). Die Handlung spielt in einem Dorf namens Dolomé (das wohl einfach semantisch ‚Schmerz' konnotieren soll), dem die nahe gelegene Kleinstadt Trezene zugeordnet wird. Troizen, die Stadt auf der Peloponnes, ist der Schauplatz der Phädra-Tragödie, übrigens auch ein Ort, an dem ein Sohn, nämlich Theseus' Sohn Hippolytos, unverschuldet zum Opfer wird.

Auf diese Weise wird der Roman durch ein Netz intertextueller Verweise an die griechischen Mythen zurückgebunden und dadurch mit zeitloser Gültigkeit ausgestattet. Daneben wird der Handlungsort aber mit zahlreichen Hinweisen versehen, die in ihrer Gesamtheit eindeutig auf Sardinien verweisen, obwohl das Sardische als Sprache – mit einer einzigen Ausnahme, soweit ich sehe[26] – nicht verwendet wird. Dennoch, auf Sardinien verweisen mache der Eigennamen (Solinas, Flores), weiterhin die Pflanzenwelt: *peri selvatici* (oder *perastri*: Wildbirnen), *olivastri* (Oleaster) sowie der strauchartige *lentisco* (pistacia lentiscus). Dazu tritt auch die Rolle, die der „codice barbaricino" als Handlungsmotor spielt, und einige intertextuelle Verweise, vor allem auf Sattas Roman *Il giorno del giudizio*. Das folgende Zitat, eine Variante zu Sattas mittlerweile kanonischer Stadtschilderung, erlaubt es, Trezene eindeutig mit Nuoro gleichzusetzen:

> La Trezene vecchia è divisa in due metà, come le due metà di una pesca. In mezzo alle due metà, come il letto asciutto di un torrente, c'è il Corso.[27]

In Zusammenhang mit Trezene/Nuoro findet übrigens ein sardisches Toponym Erwähnung, das ebenfalls in Sattas Roman eine symbolische Rolle spielt, nämlich das Tal von Isporòsile.[28]

In dieser klassisch-griechischen und zugleich sardischen Umgebung hat Maria Giacobbe eine Geschichte verortet, die die Handlungsvorschriften des „codice barbaricino", ganz ähnlich wie in De Setas Film, als unausweichliche Handlungszwänge darstellt und damit auf den griechischen Begriff von Tragik rekurriert. Auslöser des Geschehens ist einmal mehr ein Viehdiebstahl. Die Diebe, eine Il Falco genannte Figur und zwei Komplizen, treiben die zwanzig Kühe des Züchters Antonio Flores nachts über die Berge, um sie auf einen bereitgestellten Lastwagen zu verladen. Dabei werden sie vom

---

[26] Die im Text weder durch Kursivdruck noch durch Anführungszeichen hervorgehobene soziale Kategorie der *prinzipales*: *Gli arcipelaghi*, S. 116.
[27] Giacobbe, *Gli arcipelaghi*, S. 168.
[28] „la mite, se qualcosa può essere mite in Sardegna, valle di Isporòsile", heißt es bei Salvatore Satta, *Il giorno del giudizio*, Mailand: Adelphi 1979, S. 29; "un giardino bellissimo in cima alla valle di Isporòsile, *Gli arcipelaghi*, S. 167.

zwölfjährigen Giosuè Solinas, der allein bei seinen Tieren auf der Weide ist, gesehen. Flores, der Bestohlene, ein tatkräfiger Mann, folgt den Spuren der Kühe, zwingt den Jungen, ihm seine Beobachtung zu erzählen, und stellt die Diebe, noch bevor sie die Tiere verladen können. Im Zustand der Betrunkenheit beschließen die Missetäter, Giosuè, der die Regel der *omertà* verletzt hat, eine Lektion zu erteilen, wobei Falco jede Angemessenheit der Rache vermissen lässt und den Jungen bestialisch ermordet. Dadurch wird die Familie Solinas, die Mutter, die Großmutter, Oreste (Giosuès Zwillingsbruder) und seine beiden Schwestern, nicht nur in tiefes Leid gestürzt, sondern auch von der *offesa* entehrt. Der Vater Giosuès, ein notorischer Trinker, kommt als Rächer der Familienehre nicht in Frage, der Polizei gelingt die Aufklärung des Falls nicht. Die Wiederherstellung der Ehre – mit anderen Worten die *vendetta* – nimmt nun die Mutter in die Hand, die die Täter ausforscht und ihren zwölfjährigen Sohn Oreste dazu anhält, Falco in der Nacht des Festes des Sant'Antonio Abate[29] zu erschießen. Der zweite Teil des Romans erzählt von dem Versuch, jeden Verdacht von Oreste abzulenken, von dessen Aufenthalt im Haushalt der dottoressa Rudas in Trezene sowie von seiner Verhaftung und dem anschließenden Prozess.

Diese Geschichte ist als Plot eine Mustergeschichte aus dem Geltungsbereich des „codice barbaricino"; dass sie zugleich eine Reflexion über dessen Sozialordnung enthält, ist ihrer komplexen Erzählform zu verdanken, die in einem zweiten Schritt zu analysieren sein wird. Zunächst aber möchte ich das gleichsam reibungslose Funktionieren der Maschinerie des „codice" zeigen. Der Diebstahl der Kühe entspricht dem kasuistischen barbaricinischen Eigentumsbegriff: während er für die beiden Komplizen, die zu dem Eigentümer Antonio Flores in keinem engen Verhältnis stehen, ‚erlaubt' ist, ist er von Seiten Falcos, eines Nachbarn und Schützlings des Bestohlenen, als schwere *offesa* einzustufen:

> Rubare è umano, gli uomini hanno sempre rubato e sempre ruberanno, peggio per chi è sciocco e si lascia derubare; ma tradire no, tradire chi ti crede amico e ti ha fatto del bene, mordere la mano della quale hai mangiato e bevuto, questo perdio non è da uomo, è da serpe.[30]

Flores, der Bestohlene, verhält sich ebenso ganz nach den traditionellen Regeln. Nachdem er die Diebe gestellt hat, genügt es ihm, sein Vieh wieder in seinen Besitz zu bringen, und er verzichtet auf Anzeige bei der Polizei. Allerdings: den Täter Falco hat er trotz seiner Gesichtsmaske erkannt und spuckt ihm vor den Augen der Komplizen ins Gesicht. Dieser Akt, der

---

[29] Dieses Fest beginnt am Vorabend des 17. Januar, traditionell werden an diesem Abend große Feuer entzündet; es endet am Faschingsdienstag mit Maskenumzügen wie jenem besonders berühmten von Mamoiada (der in Sannas Film *La Destinazione* die im letzten Kapitel beschriebene Rolle spielt).

[30] Giacobbe, *Gli arcipelaghi*, S. 122. Vgl. Antonio Pigliaru, *La vendetta barbaricina*, Nuoro: Il Maestrale 2000, Abschnitt „Il codice della vendetta barbaricina", 14 a). Vgl. auch das von Pigliaru transkribierte Interview eines Informanten, zitiert auf S. 107 dieses Buchs.

Flores' legitime Rache darstellt, bedeutet wiederum für Falco eine schwere *offesa* und löst jenen Gefühlszustand aus, in dem dieser den Jungen Giosuè ermorden wird:

> E quello sputo fu la causa della tragedia che seguì perché il tempo che aveva perduto e che ci aveva fatto perdere, il Falco poteva anche sopportarlo, sono gli incerti di queste imprese: se riescono riescono, se non riescono pazienza. Ma un'offesa, e per di più meritata, come quella, l'aveva fatto impazzire d'umiliazione.[31]

Die Familie Solinas, die ihren Sohn auf so tragische Weise verloren hat, ist nicht nur in Trauer, sondern auch entehrt – vor allem deswegen, weil der Mann der Familie, der Vater, zur *vendetta* nicht imstande ist. So empfindet etwa Cassandra, die halberwachsene Tochter, den Statusverlust ihrer Familie:

> Da un anno, da quando Giosuè era stato ucciso e i suoi assassini circolavano impuniti per il paese, la nostra famiglia era appestata di lutto e di disonore. Così era, e così era sempre stato nel mondo per chi, come noi, nasceva sotto una stella cattiva.[32]

Maria Giacobbe gleitet über die Unfähigkeit der staatlichen Organe, den Mord aufzuklären und die Täter zu bestrafen, mit wenigen Worten hinweg: der scheiternde Detektiv des modernen Kriminalromans interessiert sie nicht. Stattdessen dreht sie weiter an der Maschinerie des barbaricinischen Ehrenkodex. Der Figur der starken Mutter bleibt es vorbehalten, die *vendetta* zu planen und durch die Hand des Sohnes Oreste auszuführen; Oreste handelt dabei wie von der Mutter ferngesteuert, oder besser: wie von ihr besessen („Mamma è come una maga"[33]).

Die bisher referierten und auf den „codice barbaricino" zurückbezogenen Handlungselemente füllen die ersten beiden, längeren Teile des Romans. Die Teile drei und vier sind Orestes Flucht nach Trezene und der Figur der dottoressa Rudas gewidmet, in deren Haus er vorübergehend Unterschlupf findet; sie handeln im Wesentlichen von einer rückblickenden Beurteilung und Bewertung von Orestes Tat. Sie machen explizit, was implizit durch die Erzählform bereits in den Teilen eins und zwei an die Leser kommuniziert wurde.

Die Inseln der Erinnerung, aus denen sich der Roman zusammensetzt, bestehen aus vorwiegend homodiegetisch erzählten Passagen, die insgesamt zwölf Erzählstimmen zugeordnet werden können. Heterodiegetisch wird zum Beispiel von Lorenzo erzählt, dem Ehemann der dottoressa Rudas, der als Mailänder die Außensicht repräsentiert.

Die Form der literarischen Vielstimmigkeit, die Maria Giacobbe ersonnen hat, stellt eine interessante Variante zu der pluralen Stimme („communal

---

[31] Giacobbe, *Gli arcipelaghi*, S. 110.
[32] Giacobbe, *Gli arcipelaghi*, S. 132.
[33] Giacobbe, *Gli arcipelaghi*, S. 146.

voice") dar, wie sie von Susan S. Lanser beschrieben worden ist. Gewiss handelt es sich auch hier um ein „Kollektiv von Stimmen, die die narrative Autorität teilen", dennoch zielt diese Polyphonie nicht darauf ab, „einander gegenseitig zu autorisieren".[34] Die Stimmen sind Ausdruck eines Kollektivs, doch sie verbinden sich nie zu einem Chor. Dass „jeder Sarde eine Insel auf der Insel" bilde, dieses Diktum Gramscis wird hier in der narrativen Form umgesetzt. Die Stimmen erklingen weder mit- noch gegeneinander, sondern jede für sich, als „Archipele der Erinnerung", die eine „räumliche Gleichzeitigkeit" bilden, wie gegen Ende des Romans formuliert wird.[35]

Die Erzählstimmen sprechen mit Ausnahme der dottoressa Rudas und ihres Mannes alle von einem Standpunkt innerhalb der barbaricinischen Wertewelt, doch sie situieren sich in ihr nicht alle auf dieselbe Weise. Einige von ihnen artikulieren den Wunsch, aus ihrer Welt herauszutreten und mit anderen ‚Welten' in Kontakt zu treten. Wenn im allerersten Erzählfragment, das Lorenzo zugeordnet ist, davon die Rede ist, „die Insel" sei mehr oder minder im Zustand der homerischen Welt,[36] so scheint das die ‚orientalisierende' Sicht auf kulturelle Insularität zu bekräftigen. Doch die je nach Sprecher naiv oder reflektiert geäußerten Wünsche nach einem Kontakt mit den ‚anderen' widerlegen diese Sicht. Der Junge Giosuè, der als *pastore* lange Zeit allein mit seinen Tieren verbringen muss, träumt davon, zur Marine zu gehen; seine Schwester Cassandra befindet sich in einem Gemütszustand innerer Emigration, auch ihrer Familie gegenüber. Als die Mutter nach Giosuès Tod im Kreis der Frauen die traditionelle Totenklage anstimmt, empfindet Cassandra die tiefe Ambivalenz ihrer Situation:

> I versi li inventava su momento come un'invasata. A me mi faceva paura e ribrezzo. E anche vergogna. Tutto quel mondo, dove si uccideva, si rubava, si cantava per i morti e contro i vivi, dove l'odio metteva radici che soffocavano ogni altra possibilità di vita, mi faceva paura e ribrezzo. E anche vergogna. Mi pareva terribile doverne far parte sentirmene così estranea e nemica.[37]

Die Männer, die durch den Militärdienst auf dem „continente" Erfahrungen gewonnen haben, treten allein dadurch in eine kritische Distanz zu ihrer Herkunftskultur. Zu ihnen gehört einer der beiden Komplizen Falcos, und zu ihnen gehört der Sohn des bestohlenen Viehzüchters Flores. Dieser junge

---

[34] Susan S. Lanser, *Fictions of Authority. Women writers and narrative voice*, Ithaca/New York: Cornell University Press 1992, S. 21: „By communal voice I mean a spectrum of practices that articulate either a collective voice or a collective of voices that share narrative authority. […] a practice in which narrative authority is invested in a definable community and textually described either through multiple, mutually authorizing voices or through the voice of a single individual who is manifestly authorized by a community."

[35] „[…] un arcipelago di ricordi che affiorano ad altezze e con superfici diverse in un'acqua liscia, uniforme, orizzontale. Più che una successione d'eventi in un fiume che scorre, una contemporaneità anche spaziale." *Gli arcipelaghi*, S. 209.

[36] „Nell'isola è ancora come ai tempi d'Omero […]", *Gli arcipelaghi*, S. 11.

[37] Giacobbe, *Gli arcipelaghi*, S. 72.

Mann, der von seinem Vater auf Grund mangelnder Virilität verachtet wird, versucht sich seine eigenen Werte zu schaffen:

> In un'altro posto, in un'altra vita, sarei bravo anch'io.[38]

Eine Reflexion über die Geschlechterordnung Rolle – eine wichtige und oft vernachlässigte Form der Auseinandersetzung mit der barbaricinischen Kultur – durchzieht als Subtext den ganzen Roman, wobei vor allem die Konstruktionen von Männlichkeit im Mittelpunkt der Aufmerksamkeit stehen. ‚Männer' handeln als solche richtig, wenn sie den Geboten des „codice barbaricino" folgend, ihre Familie und ihr Eigentum schützen können und in letzter Konsequenz zur Selbstjustiz schreiten. Diesem Männlichkeitsbild entsprechen im Roman der Viehzüchter Antonio Flores und – Lucia Solinas, die starke Mutter, die Rächerin. Die jungen Männer, die das traditionelle Männlichkeitsbild als schmerzhaften Zwang erleben – vor allem der Sohn Flores' – zeigen als Figuren die Brüche und Brüchigkeit des herrschenden Männlichkeitsideals.

Einen Sonderfall stellt dabei die Figur des Oreste dar. Im Gegensatz zu seinem Bruder Giosuè ist er derjenige, der zu Hause bei den Frauen bleibt:

> [...] Oreste qui, seduto insieme a noi donne accanto al camino, come una vecchia senza onore e senza speranza.[39]

Durch seine Tat, die er, wie bereits beschrieben, als verlängerter Arm seiner Mutter ausführt, ausführen muss, gewinnt er männliche Ehre, die ihm später, als er sich den Folgen seiner Tat und der Verhaftung stellen muss, eine Stütze wird. Im Haushalt der dottoressa Rudas, wo ihm eine Weile Zuflucht gewährt wird, übernimmt er die Aufgaben eines Hausmädchens, ohne dass dies für seine Selbstsicht problematisch würde:

> Era come se, nonostante la sua modestia e mansuetudine, avesse una certezza nascosta ma incrollabile della propria valentia e virilità.[40]

Seine ungewollte „valentia" verhilft ihm also zu einer Aneignung des barbaricinischen Männlichkeitsideals. Andererseits lernt er in dem neuen sozialen Ambiente, in dem er in Trezene lebt, eine alternative Form von in sich ruhender Männlichkeit in Gestalt von Lorenzo, des Ehemanns der Ärztin, kennen:

> Un giorno venne anche il dottor Lorenzo. Era giovane e bello e mi parve molto gentile. Credo che fosse l'uomo più bello e più gentile che io abbia mai visto. Era anche il primo uomo che mi parlava da moltissimo tempo.[41]

Insgesamt präsentiert der Roman gleichsam neben und unter der herrschenden Geschlechterhierarchie der barbaricinischen Gesellschaft eine Krise der alten Verhaltensvorschriften, die zugleich eine Krise der

---

[38] Giacobbe, *Gli arcipelaghi*, S. 47.
[39] Giacobbe, *Gli arcipelaghi*, S. 70.
[40] Giacobbe, *Gli arcipelaghi*, S. 182.
[41] Giacobbe, *Gli arcipelaghi*, S. 171.

Männlichkeit ist. Maria Giacobbes Roman erzählt also neben dem reibungslosen Funktionieren der psychosozialen Maschinerie des „codice barbaricino" auch von der Erosion, dem dieses „komplexe Lebenssystem" (Pigliaru) unterworfen ist: und zwar nicht durch auktoriale Einmischung einer Erzählstimme, die die Autorin zu vertreten hätte, sondern durch die nebeneinander ausgebreiteten „Inseln der Erinnerung" der Figurenstimmen. Diese äußerst geglückte formale Lösung erfährt gegen Ende des Romans eine gewisse Abschwächung, als nämlich die Figur der dottoressa Rudas und ihr Identitätskonflikt in den Mittelpunkt rückt. Als Sardin, die in Mailand studiert hat und ein aufklärerisches Bild von ihrer Tätigkeit als Ärztin besitzt, ist sie nur widerstrebend bereit, Oreste in ihrer Familie aufzunehmen; sie empfindet ihre Rolle dabei als eine unfreiwillige Leistung von *omertà*, die Oreste vor gerichtlicher Verfolgung schützen soll. Ihr innerer Konflikt wird anlässlich ihrer Aussage bei dem Gerichtsverfahren gegen Oreste breit ausgefaltet; die Reflexionen der jungen Ärztin machen explizit, was bisher implizit – durch die Form des Romans, durch die virtuose Handhabung der Vielstimmigkeit – mitgeteilt wurde. Der unvermeidlich didaktische Zug, den der Roman gegen Ende dadurch erhält, ist aus meiner Sicht eine ästhetische Schwäche eines ansonsten sehr anspruchsvollen Romanprojekts.

Maria Giacobbe, die Autorin im (freiwillig gewählten) dänischen Exil, ist sich im Übrigen der Dialog- und Vermittlungsposition, in der sie sich als Erzählerin zwischen zwei Welten befindet, sehr bewusst:

> Nella nostra epoca di migrazioni planetarie, con la conseguente comparsa nella scena mondiale d'un numero crescente di scrittori multiculturali e poliglotti, la riflessione sulla tenacia di certi legami con una tradizione che magari si credeva di aver superato, e sul ruolo che anche come connotazione stilistica questa tradizione può avere in un'opera letteraria moderna, mi pare abbia un interesse che va oltre la mia persona […].[42]

Wie sich die „stilistische Konnotation der Tradition" in der Verfilmung des Romans *Gli arcipelaghi* bemerkbar macht, wirft eine Reihe von neuen Fragen auf, die einerseits in Zusammenhang mit den spezifischen Eigenschaften des Mediums Film, andererseits mit der titelgebenden Insel-Metapher zu erörtern sein werden.

Arcipelaghi, Film von Giovanni Columbu

Die intermedialen Beziehungen zwischen Text und Film sind in diesem Fall besonders komplex, denn bereits Maria Giacobbe bezieht sich in ihrem Roman auf Columbus ‚dramatisierten' Dokumentarfilm *Visos* (1985), so dass es eine Film-Text-Film-Relation zu bedenken gilt. Der Film *Visos* sowie der

---

[42] Maria Giacobbe, Paesaggi, personaggi, letteratura e memoria, in: *Quaderni Bolotanesi* 23, 1997, S. 21-30, hier S. 28.

Arcipelaghi, Film von Giovanni Columbu 141

Bildband, der ihn begleitet,[43] zeigen Traumsequenzen, die kollektiv geteilten Trauminhalten der barbaricinischen Welt entsprechen und die von Columbus Mitarbeitern, den „cercatori di sogni", im Zuge von Befragungen erhoben wurden. Die Befragten spielen ihre Träume, zu denen andere Männer und Frauen Details und Korrekturen beisteuern, im Rahmen der sieben Episoden des Films nach („Sette sogni raccolti nel mondo pastorale sardo", so lautet der Untertitel). Zu dieser „choralen" Form des Träumens äußert sich der Psychoanalytiker Cesare Musatti in seinem Vorwort zum Buch:

> Ma come? Il sogno di una singola persona viene corretto da altri individui, i quali ne parlano come se anch'essi, contemporaneamente a quel primitivo narratore, avessero assistito – per proprio conto – alle stesse scene? Così da correggerne il testo, al modo come più testimoni presenti ad un fatto, possono discuterne i particolari?
>
> Non era tuttavia così alla lettera. E non c'era da invocare telepatie o altri fenomeni simili. Il fattore comune che consente appunto alle varie persone di disputare, non va ricercato nel singolo sogno, ma piuttosto nello stesso mondo onirico: riproducente un'identica maniera, comune a tutti, di pensare e di sentire le vicende della vita.[44]

Die Träume in Maria Giacobbes Roman besitzen ebenfalls die Funktion, die „onirische Welt" einer bestimmten Gesellschaft zu illustrieren. Lucia Solinas, die starke Mutter-Figur und eigentliche Repräsentantin der Mentalität ihres Dorfes, wird von nächtlichen Visionen heimgesucht und geleitet; ebenso die Großmutter und Cassandra. Oreste, der im Traum den Mord wiederholt, zu dem ihn seine Mutter angestiftet hat, kombiniert in Anschluss an die im Traum verfremdete Mordszene zwei Trauminhalte, die exakt zwei Sequenzen des Films *Visos* entsprechen: die Scham erzeugende Vision seiner unbekleideten Füße, auf die sich die zensurierenden Blicke der Dorfgesellschaft richten, sowie die befreiende Vision des Flugs.[45]

So führen von Giacobbes Roman Spuren zurück zu Columbus Traumfilm, während ihr Text seinerseits die literarische Vorlage für den Film *Arcipelaghi* (2001) bildet.

---

[43] Giovanni Columbu, *Visos*. Vorwort von Cesare Musatti, Nuoro: Ilisso 1991. Vgl. das Kap. „Übersetzungen".
[44] Cesare Musatti, Le fonti comuni del pensiero fantastico, in: *Visos*, S. 6.
[45] Vgl. Giacobbe, *Gli arcipelaghi*, S. 164.

> Giovanni Columbu, geb. 1949 in Nuoro, hat Architektur in Mailand studiert, wo er bis 1979 lebte. Nach seiner Übersiedlung nach Cagliari arbeitet er als Regisseur für die RAI, um schließlich den Sprung zum freien Filmemacher zu wagen. Neben seinen Dokumentarfilmen (z.B. *Dialoghi trasversali* 1981, *Visos* 1985, *Storie brevi* 2005, *Fare cinema in Sardegna* 2007) ist *Arcipelaghi* (2001) sein bisher einziger Spielfilm. Gegenwärtig arbeitet er an einem neuen Projekt mit dem Arbeitstitel *Su Re* [Der König].

Der national und international beachtete Spielfilm *Arcipelaghi*[46] bedient sich einer ausgesprochen experimentellen Bild- und Tonsprache. Der Herausforderung, die die Vielstimmigkeit der „Archipele der Erinnerung" der Romanvorlage für den Regisseur darstellte, ist er mit einem genuin filmischen Mittel, der Montage, gerecht geworden. Auch der Film folgt der Gedankenwelt und den Assoziations- und Erinnerungsketten der Hauptfiguren. Im Analogie zu Akiro Kurosawas Film *Rashomon* (1950), der in den Filmkritiken häufig als Vergleich zu Columbus Film herangezogen wurde,[47] montiert der Regisseur die Erinnerungsfragmente, indem er von einer Art Rahmenhandlung, Orestes Gerichtsverfahren, ausgehend die Aussagen der Zeugen und des Angeklagten durch die subjektiven Erinnerungen der jeweiligen Sprecher und Sprecherinnen unterbricht. Das Spiel mit mehreren Zeitebenen – die des Gerichtsverfahrens, die des Viehdiebstahls und des damit zusammenhängenden Mords an Giosuè und die dritte Ebene der *vendetta* – führt bei Columbus Film allerdings zu einem radikal fragmentierten Montageverfahren, das an die Zuseher hohe Ansprüche stellt. Stellenweise wird ein Erzählmodus entwickelt, den man als filmisches Gegenstück zum inneren Monolog bezeichnen kann: auf der Leinwand sieht man die Handlungen der sich erinnernden (stummen) Figur, während ihre Stimme aus dem Off die Gedanken wiedergibt.

Der Film beginnt ebenfalls mit einer Off-Stimme, nämlich der des Richters, die die Zeugen eindringlich zur Wahrheit mahnt. In der Folge wird so gut wie jede der Aussagen vor Gericht durch ihre Gegenüberstellung mit dem assoziativen Strom der Erinnerungen der Lüge überführt, freilich nur für die Zuseher, nicht für die Gerichtsakten. Der filmische Übergang vom Gerichtssaal zu den verschiedenen Orten des zweifachen Mordgeschehens wird gelegentlich – und ästhetisch überzeugend – dadurch unterstützt, dass sich die aufeinander folgenden Filmsequenzen in der Tonspur überlappen. Diegetische Geräusche, die zu den Erinnerungssequenzen gehören,

---

[46] Columbu hat 2003 mit *Arcipelaghi* den Preis *Bimbi belli* des von Nanni Moretti organisierten Sacher Festivals gewonnen; der Film wurde bei internationalen Festivals in Kopenhagen und Toronto und bei mehreren Festivals in den USA gezeigt.

[47] Zum Beispiel von Sergio Naitza in seiner Filmrezension für die *Unione Sarda* vom 4.11.2001.

Arcipelaghi, Film von Giovanni Columbu

erklingen bereits während der Gerichtssaalszenen und weisen so auf die subjektive Erinnerung einer bestimmten Figur hin. Die Urteilsverkündung des Richters – Freispruch für Oreste – erklingt hingegen zum Teil in der Kirche von Dolomé/Ovodda[48], wo die Mutter, Lucia Solinas, und der aus der Haft entlassene Oreste vor dem Altar und vor der emblematischen Skulptur eines Heiligen Georgs (des Drachentöters) gezeigt werden.

Abb. 11: Oreste vor Gericht   Abb. 12: Der Heilige Georg

Die Titelmetapher – Archipele der Erinnerung – wird also auch im Film konsequent umgesetzt, indem die Erinnerungen nicht nur in ihrer Subjektivität, sondern auch in ihrem Widerspruch zu der vom Richter eingeklagten ‚Wahrheit' in Szene gesetzt werden: jede Erinnerung besitzt ihre Wahrheit, keine aber ist die Wahrheit. Und die Aussagen bei Gericht sind Lügen, und zwar nicht nur durch die Affirmation des Unwahren, sondern auch durch Auslassungen und Verschweigen.

Eine Ausnahme ist dabei allerdings zu machen. Als Lucia Solinas, die das Netz von Alibis für Oreste gesponnen und eine ganze Flut von Lügen in Umlauf gesetzt hat, die Unschuld ihres Sohnes beteuert, spricht sie die Wahrheit. Sie ist nämlich, wie der Film im Unterschied zur Romanvorlage zeigt, die Akteurin der *vendetta*. Dem Grundgesetz der Archipele der Erinnerung und der Ästhetik der fragmentierten Montage folgend, zeigt Columbu auch die Erschießung von Predu s'istranzu[49] in zwei Versionen. Zunächst folgen die Zuseher den Erinnerungen Orestes. In der Karnevalsnacht sieht man ein eingeschüchtertes Kind, das aus dem Schutz der Dunkelheit mehrfach die Pistole auf den vom Antonius-Feuer ausgeleuchteten Predu richtet und dann den Arm wieder senkt; daraufhin ertönt ein Schuss, und Oreste zuckt zusammen. Alle Erzählkonventionen der Filmmontage weisen somit auf Oreste als Täter hin. Erst gegen Ende taucht der Film einmal mehr in den Erinnerungsstrom der Mutter ein. Zu diesem Zeitpunkt gewinnt eine Sequenz Bedeutung, die vorher nebensächlich erscheinen konnte, nämlich die Vorbereitung der Tatwaffen im Haus Solinas. Tatsäch-

---

[48] Der Film wurde zum Großteil in dem Dorf Ovodda (Provinz Nuoro) gedreht.
[49] Die Romanfigur Falco trägt im Film diesen Namen: Pietro lo straniero (der nicht aus dem Dorf gebürtig ist? Er spricht Sardisch wie alle anderen.)

lich werden dabei *zwei* Pistolen in Detailaufnahmen gezeigt und wandern durch die Frauenhände der Familie. In der Sequenz, die Lucias Erinnerung an den Tathergang folgt, ist es zweifelsfrei sie selbst, die die Pistole auf Predu richtet und auch abdrückt: Orestes Anwesenheit bei der Mordszene stellt sich als Ablenkungsmanöver heraus.

Diese wichtige Veränderung des Tathergangs ist nicht die einzige inhaltliche Veränderung, die Columbu in seiner kreativen Transformation von Maria Giacobbes Romanvorlage vorgenommen hat. Die Figur der dottoressa Rudas und ihr Identitätskonflikt wird ganz in den Hintergrund gedrängt – dieser ins Innere einer intellektuellen Figur verlegte Komplex wäre mit der Ästhetik der fragmentierten Montage auch schwer vereinbar gewesen; die räsonierende Figur der Cassandra fällt wohl aus demselben Grund weg. Die Darstellung einer ‚Krise der Männlichkeit', die, wie ich gezeigt habe, einen wichtigen Subtext des Romans bildet, verschwindet nicht zur Gänze, rückt aber sehr in den Hintergrund; Frauenfiguren – vor allem die Mutter, aber auch die Großmutter – gewinnen dafür an Stärke.

Abb. 13: Lucia Solinas　　　　　　　　　　Abb. 14: Die Großmutter

Lucia Solinas wird durch diese Neugewichtung und durch die überzeugende Darstellung durch Pietrina Menneas zu einer wahren „dura madre" der Barbagia[50]. Die Kritik an der traditionellen Geschlechterordnung mag dadurch etwas entschärft werden; die Geschlechterordnung wird weniger in Frage gestellt als in Zusammenhang mit dem Funktionieren des „codice barbaricino" *gezeigt*:

> [Farsi giustizia da sé] Non è solo un comportamento tipico di ambienti sardi e barbaricini. La vendetta per un torto subito, al di là dalle convenzioni sociali, appartiene alla dimensione intima dell'individuo. È una reazione che in Sardegna si coniuga con figure femminili molto forti. Spesso dietro uomini che si espongono in prima persona ci sono donne dietro di loro che tramano.[51]

In dem eben zitierten Interview erhebt Columbu, völlig zu Recht, für seinen Film jenen Anspruch auf ‚Universalität' seiner (Film-) Geschichte, der auch

---

[50]　…und lässt Assoziationen zu Marcello Fois' Roman *Dura Madre* (2001) zu.
[51]　Interview mit Giovanni Columbu: La Sardegna della vendetta e dei rimorsi, http://www.tamtamcinema.it (13.5.2004).

Arcipelaghi, Film von Giovanni Columbu 145

schon Maria Giacobbes Romankonzeption gekennzeichnet hatte. Allerdings, in seinem Fall handelt es sich um eine Universalität, die aus dem Konkreten erwächst. Ein Film, der nicht im Studio, sondern an Originalschauplätzen gedreht wird, spricht unvermeidlich die „Sprache der Realität" (in Abwandlung eines Lieblingstheorems Pasolinis)[52]. Alle jene Verfahren, die Maria Giacobbe zur ‚Entortung' ihres Romans eingesetzt hat – die Rückbindung an den griechischen Mythos, der sparsame Umgang mit Verweisen auf ‚typisch' sardische Realitäten – werden von der Filmtechnik gleichsam durchgestrichen oder zumindest in Klammern gestellt.

Der Drehort von Dolomé *ist* ein reales Dorf (Ovodda), und Trezene *ist* Nuoro. Einen visuellen Ruhepunkt in der bewegten und häufig mit Detailaufnahmen und Halbtotalen arbeitenden Montage des Films bilden die wiederkehrenden Panoramaaufnahmen, die einen Blick über die Dächer des von moderner Skyline unberührten Dorfs Ovodda vor dem Hintergrund der Berge zeigen.

Abb. 15: Ovodda/Dolomé

Die einzige Panoramaaufnahme von Nuoro anlässlich der Ankunft von Oreste im Hause der dottoressa Rudas zeigt hingegen einen Blick über die Neubauviertel der Stadt, ein dissonantes Bild im Rahmen dieses Films, der die Präsenz der Moderne ansonsten auf Bilder fahrender oder parkender Autos beschränkt. Die folkloristischen Elemente – vor allem das Antonius-Fest, aber auch eine Karfreitagsprozession – werden, wie bei Piero Sanna, ausschließlich funktional zur Handlung eingesetzt, verweisen aber trotzdem auf eine ganz bestimmte Folklore, die Maskenumzüge der *mamuthones* und die von einer auf Sardisch gesungenen Litanei begleitete Prozession (auf die

---

[52] Vgl. Pier Paolo Pasolini, La lingua scritta della realtà, in: *Empirismo eretico. Saggi*, Mailand: Garzanti 1981, S. 198-226.

narrative Integration und ästhetische Funktion dieser folkloristischen Elemente wird noch zurückzukommen sein).

Ein sehr konkretes Element des Films ist auch die Sprache, genauer: die beiden Sprachen, Sardisch und Italienisch, die, wie bei Sanna, situationsadäquat zum Einsatz kommen. Vor Gericht wird italienisch gesprochen (mit Ausnahme jenes emotional geladenen Moments, als der Richter Oreste die Wahrheitsfrage auf Sardisch stellt), die dörflichen Figuren sprechen untereinander Sardisch (im Film italienisch untertitelt).

> [...] mentre giravo, mi sono reso conto che le persone erano diverse quando parlavano in italiano, tornavano ad essere se stesse e spontanee quando si esprimevano nella loro lingua. La voce cambiava, diventava più profonda e forte. Cambiava anche il viso. Il fatto è che l'identità linguistica è legata a quella personale. Il nostro film capostipite è quello di De Seta, *Banditi a Orgosolo*. Il film è in italiano ma la cosa curiosa è che molti se lo ricordano in sardo. In realtà è stato doppiato successivamente ma era stato girato in sardo. Quindi tutto il linguaggio corporeo sardo è rimasto e questo ha contribuito alla produzione dell'immaginario spettatoriale secondo cui il film è in lingua sarda.[53]

So wie De Seta, arbeitet auch Columbu mit Laienschauspielern, deren ausdrucksvolle Gesichter und deren Körpersprache den Film nicht nur im Konkreten des anthropologischen Dokuments verankern, sondern sich auch vom Mainstream-Schönheitsideal des italienischen und erst recht des Hollywood-Kinos abheben. Die Konkretheit einer Regionalkultur ist dabei für den Regisseur eine Figuration des Universalen.

Abb. 16: Predu s'Istranzu...   Abb. 17: ...und sein Komplize

Das gilt auch für die in der barbaricinischen Kultur verankerte *vendetta*-Geschichte. Von Sardinien zu erzählen habe den Vorteil, dass Gewalt ungeschminkter sichtbar und gezeigt werden könne als in anderen Kulturen, so Columbu.[54] Dabei ist anzumerken, dass die Figuren der Auflehnung gegen den „codice barbaricino", die Maria Giacobbes Roman kennzeichnen, im

---

[53] Intervista a Giovanni Columbu, http://www.close-up.it (5.3.2007).
[54] Aus einem Gespräch der Verf. mit Columbu im Mai 2007.

Film nicht im Vordergrund stehen, so wie auch die ‚Krise der Männlichkeit', von der der Roman erzählt, weitgehend ausgespart bleibt.

Die Auseinandersetzung mit der traditionalen Kultur verlagert sich somit hauptsächlich in den Bereich der Filmästhetik: Columbu erzähle eine ‚alte' Geschichte in einer für das Genre absolut ‚neuen' Filmsprache, schreibt Antioco Floris.[55] Das gilt gerade und besonders für jene Sequenzen, die folkloristische Phänomene wie das Antonius-Fest und den Karfreitagsumzug darstellen. Dazu muss man sich vergegenwärtigen, dass ein Gutteil der von der Insel oder von außen stammenden Dokumentarfilmer mit Vorliebe gerade die sardischen Feste aufzeichnen, wobei die Resultate zwischen den Polen Tourismuswerbung einerseits und anthropologischen Interessen andererseits zu verorten sind.[56] Keines dieser Ziele steht in *Arcipelaghi* im Vordergrund. Zuallererst sind die Feste für den Verlauf der Geschichte relevant, also narrativ motiviert. Und zweitens sind es gerade die Festsequenzen, in denen Columbus Filmästhetik des Fragmentarischen und der assoziativen Montage zu voller und eindringlicher Entfaltung gelangt.

Das möchte ich beispielhaft an der Sequenz der Karfreitagsprozession zeigen. Sie steht im Kirchenjahr im Zeichen der Trauer und der Buße, und im Film im Zeichen der Reue des Antonio Flores. Flores, der die Verfolgung der Viehdiebe so männlich-tatkräftig in die Hand genommen hat, findet es andererseits legitim, das Kind Giosuè einzuschüchtern und zu bedrohen, um zu einer für ihn wichtigen Information zu gelangen, und er hat es verabsäumt, Giosuè hinterher vor der erwartbaren Rache zu beschützen: Flores hat Grund zur Reue.

Ausgangspunkt der Sequenz ist die Vernehmung Flores' im Gerichtssaal. Während die Kamera sein Gesicht fokussiert, greift der Ton auf die nächste Sequenz voraus, man hört die Litanei, die die *confraternita* (die Gesellschaft der Laienbrüder) bei der Prozession singt. Die nächsten Einstellungen zeigen die Prozession der Büßer mit ihren traditionellen Gewändern, Flores trägt das Kreuz, und es ertönt der Wechselgesang von Solostimme und Chor. Schnitt zurück in den Gerichtssaal: der Richter bezichtigt Flores der Lüge, dieser antwortet auf Sardisch (mit einer Lüge). Die nächsten Einstellungen wechseln in den filmischen ‚inneren Monolog' von Flores' Erinnerungen: man sieht einen großen, blauen Mond am Nachthimmel, der schon an früherer Stelle als Chiffre für die Einsamkeit und Angst des Kindes Giosuè eingeführt worden ist, man sieht Giosuè und die Szene der Einschüchterung, und schließlich wieder den das Kreuz tragenden Flores, der im inneren Monolog gegen die Stimme seines Gewissens jede Mitschuld an dem grausamen Tod des Jungen abzuwehren versucht – eine

---

[55] „ […] racconta una storia vecchia di disamistade, già sentita mille volte, ma lo fa utilizzando uno stile moderno, assolutamente innovativo nel genere": Antioco Floris, Fra tradizione e modernità: il nuovo cinema di Sardegna, in: ders. (Hg.), *Nuovo cinema in Sardegna*, Cagliari: aipsa edizioni 2001, S. 31-60, hier S. 33.

[56] Vgl. Salvatore Pinna, Scorci di realtà. La produzione documentaristica, in: Floris (Hg.), *Fra tradizione e modernità*, S. 77-105.

Selbsttäuschung, die in Widerspruch zu der Büßerhaltung des Kreuzträgers steht. Dies alles wird in einer raschen Folge von Totalen (Prozession) und Detailaufnahmen gezeigt und durch den Wechsel von diegetischer (Litanei) und extradiegetischer Musik unterstrichen.

Abb. 18: Flores bedroht Giosuè...   Abb. 19: ...und trägt das Kreuz

Flores' Erinnerungsstrom wird dadurch in Bild und Ton als ‚Archipel' inszeniert: er kommuniziert nicht mit dem Richter, und auch im inneren Selbstgespräch klaffen Lücken und Zonen der Dunkelheit.

Der Mond als Symbol erinnerte schon in Maria Giacobbes Roman an den Blutmond, der Federico García Lorcas andalusische Welt nicht erhellt, sondern bedrohlich ausleuchtet. So ist es, um nur ein Beispiel zu nennen, die Figur der Luna, die die Liebenden in der Nacht der *Bluthochzeit* verfolgt und ihnen den Tod verheißt:

> ¿Quién se occulta? ¿Quién solloza
> por la maleza del valle?
> La luna deja un cuchillo
> abandonado en el aire,
> que siendo acecho de plomo
> quiere ser dolor de sangre.[57]

[Wer verbirgt sich? Wer schluchzt verborgen im Gestrüpp des Tals? Der Mond hat ein Messer in der Luft vergessen, das aus bleiernem Hinterhalt sich in Schmerz und Blut verwandeln will.]

Auch bei Maria Giacobbe werden die Mondstrahlen in der Wahrnehmung Giosuès zu einer schneidenden und zugleich blendenden Waffe:

> La luna infilava la sua spada lucente nella capanna. Una spada che era un serpente bianco e silenzioso. Strisciava nella polvere, gli lambiva i piedi, lo cercava, lo illuminava. Dove nascondersi? Dove fuggire?[58]

Die sprachliche Metapher, die Lorca und Giacobbe verwenden, kann nicht ohne weiteres in die visuelle Sprache der Filmbilder übersetzt werden. Die Lösung, die Columbu dafür gefunden hat, ist wieder eine genuin filmische.

---

57 Federico García Lorca, *Bodas de sangre*, Madrid: Cátedra 1986, S. 144.
58 Giacobbe, *Gli arcipelaghi*, S. 24.

Arcipelaghi, Film von Giovanni Columbu 149

Der unrealistisch große, blaue Vollmond, der Giosuès letzte Nacht begleitet, taucht als bildliches Leitmotiv an mehreren Stellen auf und signalisiert immer den gewaltsamen Tod.

Abb. 20: La luna

Die insistente Wiederholung von Einstellungen ist generell eine Praxis, die Columbu mehrfach anwendet, und die der fragmentarischen Zerrissenheit ein Einheit stiftendes Wiederholungsmuster gegenüberstellt.

Columbus Film ist ein Beispiel für eine gelungene Politik der Form. Fasst man Insularität als symbolische Affirmation der Alterität, die im Dialog mit der ‚Außenwelt' hergestellt wird, wie eingangs in diesem Kapitel vorgeschlagen, so wird der Dialog hier in die Formensprache verlegt. Filmische (intramediale) Referenzen führen nicht nur zu *Banditi a Orgosolo*, sondern auch zu den Filmen des surrealistischen Buñuel, zu Pasolini und zu Akiro Kurosawa, aber auch zum amerikanischen Western: Die Schlusssequenz des Freispruchs ist handlungsintern eine logische Folge lokaler Werte und Denkmuster, zugleich aber auch ein indirektes Zitat von John Fords *The man who shot Liberty Valance* (1962).[59]

---

[59] Vgl. Floris, Fra tradizione e modernità, S. 46f.

Cagliari

Cagliari bietet, im Gegensatz zu den inneren Teilen der Insel, keine Projektionsfläche für Widerstandsmythen; es teilt mit anderen mediterranen Hafenstädten ein wechselvolles Schicksal, das von Invasionen, geborgtem und eigenem Hauptstadtglanz und ethnischer Durchmischung gekennzeichnet ist. Dass eine solche Stadt ein ambivalentes Bild von sich selbst konstruiert, das auf ähnlich ambivalente Fremdbilder trifft, kann nicht überraschen.

Der von mächtigen, weißen, mittelalterlichen Tortürmen flankierte alte Stadtkern (*su Casteddu*/Castello) baut sich in der Form eines hellen Dreiecks über dem Hafenviertel La Marina auf; gewaltige Ficus-Bäume mit ausladenden Stämmen und Luftwurzeln zieren die beiden Enden der von Palmen gesäumten Hafenpromenade; Flamingos bevölkern die weitläufigen Lagunen und flachen Strandseen im Osten und Westen der Stadt; Hitze und Mückenplage können im langen Sommer drückend werden. Erinnert das an Afrika? So jedenfalls will es ein hartnäckiges Stereotyp, das Cagliari als ‚afrikanische' Stadt beschreibt, mit all den Konnotationen, die der Zuschreibung ‚afrikanisch' anhaften. In gewisser Hinsicht kann dieses Stereotyp auch überraschen, denn *eine* Episode mediterraner Geschichte, die für andere Inseln wie Sizilien oder Mallorca eine so große Rolle gespielt hat, fehlt auf Sardinien: nämlich die arabische Invasion und die Prägung durch die arabischsprachige muslimische Kultur. Dennoch aber gibt es das Stereotyp ‚afrikanische' Stadt, und Kontur gewinnt es unter anderem als Abgrenzung von Sassari, dem in der internen Städtekonkurrenz die Rolle des ‚kulturellen Nordens'[1] zukommt: Stereotypen beruhen bekanntlich häufig auf der Konstruktion binärer Oppositionen.

Aus der Außensicht entfaltet sich diese ‚afrikanische' Konnotation der Stadt im Rahmen der Reiseliteratur. Ein in diesem Zusammenhang selten genanntes Beispiel ist Isabelle Eberhardt. Im Winter des Jahres 1900 sitzt die junge Frau – dieselbe, die als literarische und existentielle Nomadin den Süden der ehemaligen Kolonie Algerien für die französische Literatur erschlossen hat – im Botanischen Garten von Cagliari und notiert in ihrem Tagebuch:

> Paysage tourmenté, collines aux contours rudes, rougeâtres ou grises, fondrières profondes, chevauchées de pins maritimes et de figuiers de Barbarie, gris et mornes. Verdures luxuriantes, presque déconcertantes en ce milieu d'hiver. Lagunes salées, surfaces d'un gris de plomb, immobiles et mortes, comme les *chotts* du

---

[1] Zum ‚kulturellen Norden' und ‚Süden' als Koordinaten einer symbolisch aufgeladenen Geographie vgl. Birgit Wagner, Europa von Süden her gesehen. Andere Europaängste, andere Europalüste, in : Hubert Christian Ehalt (Hg.) *Schlaraffenand?Europa neu denken*, Weitra : Bibliothek der Provinz 2005, S. 198-216.

> Désert. Puis, tout en haut, une silhouette de ville, escaladant la colline ravinée et ardue [...] Casernes en tout semblables à celles d'Algérie.[2]
>
> [Eine gemarterte Landschaft, Hügel mit rauen Konturen, rötlich oder grau, tiefe Schlammlöcher, lange Reihen von mediterranen Pinien und grauen und trübseligen Feigenkakteen. Üppiges Grün, das mitten im Winter fast verstörend wirkt. Salzlagunen, bleigraue Oberflächen, unbewegt und tot, wie die Schotte in der Wüste. Darüber dann die Silhouette der Stadt, die sich über den zerfurchten und steilen Hügel hinaufzieht [...]. Kasernen, die ganz genau so aussehen wie in Algerien.

Isabelle Eberhardts Tagebuch enthält gleich zu Beginn diese und drei andere Eintragungen aus Cagliari, die sich auf den Zeitraum vom 1. bis zum 29. Januar 1900 erstrecken. Die junge Schriftstellerin ist in einem Moment existentieller Krise „zufällig [...in] dieser kleinen sardischen Stadt gestrandet",[3] der Aufenthalt bietet ihr einen Moment des Nachdenkens zwischen zwei längeren Lebensabschnitten in Algerien, dem Land, das sie als Heimat erwählt hat und dessen Menschen und Religion ihr Herz gehört. Daher ist es psychologisch plausibel, dass sie die Spuren ‚Afrikas' in der mediterranen Hafenstadt zu finden glaubt, zu finden wünscht und auch findet:

> Figures barbues et bronzées, yeux enfoncés profondément sous les sourcils épais, physionomies méfiantes et farouches, tenant du Grec montagnard et du Kabyle, par un étrange mélange de traits. Les femmes, beauté arabe, grands yeux très noirs langoureux et pensifs [...]. Chansons infiniment tristes ou refrains devenant une sorte d'obsession étrangement angoissante, cantilènes rappelant à s'y méprendre ceux de là-bas, de cette Afrique que tout, ici, rappelle à chaque pas et fait regretter, plus intensément.[4]
>
> [Bärtige, wettergegerbte Gesichter, Augen, die tief unter dichten Augenbrauen verborgen liegen, misstrauische und wilde Gesichtszüge, durch eine seltsame Mischung griechischen Bergbewohnern und Kabylen verwandt. Die Frauen, von arabischer Schönheit, große, sehr dunkle, schmachtende und nachdenkliche Augen [...]. Unendlich traurige Gesänge, deren Refrain zu einer seltsam beängstigenden Obsession wird, Klagelieder, die zum Verwechseln denen von unten gleichen, jenem Afrika, an das hier alles auf Schritt und Tritt erinnert und die Sehnsucht steigert.]

Gewiss wird Isabelle Eberhardt nicht zufällig, sondern durch die ungewöhnliche biographische Konstellation ihres nomadischen Daseins „auf Schritt und Tritt" an ‚Afrika' erinnert; sie ist aber nicht die einzige, der diese Analogie überzeugend erscheint. Auch in den Selbstbildern, die von der Stadt gezeichnet werden, ist die ‚afrikanische' Analogie häufig zu finden.

---

[2] Isabelle Eberhardt, *Journaliers*, Paris, Joëlle Losfeld, 2002, S. 13f. Übers. aus dem Frz. B.W.

[3] „je suis venu [sic] échouer par hasard [...] dans cette petite ville sarde", *Journaliers*, S. 10 und 13. Cagliari hatte zu dieser Zeit etwa 50.000 Einwohner, vgl. Francesco Artizzu, Cagliari, in: Manlio Brigaglia (Hg.), *La Sardegna*. Vol. 1: *La geografia, la storia, l'arte e la letteratura*, Cagliari: Edizioni della Torre, 1982, S. 234-240, hier S. 239.

[4] Eberhardt, *Journaliers*, S. 15.

Das hat nicht nur mit der natürlichen Topographie, der Flora, der Fauna und dem Klima zu tun, sondern in erster Linie mit der Stadtgeschichte und deren Sedimenten im Lebensgefühl ihrer Bewohner und Bewohnerinnen.

„Figuiers de Barbarie": eine afrikanische Stadt

Für die Feigenkakteen verwendet Isabelle Eberhardt das assoziationsreichere französische Wort *figuiers de Barbarie*: Feigen aus einer barbarischen/ fremden Welt. Ungeachtet der Tatsache, dass diese Pflanze in allen Trockengebieten rund um das Mittelmeer wächst, wird mit ihrer französischen Bezeichnung ein Ton angeschlagen, der ‚außereuropäische' Vorstellungen als Echo nach sich zieht. So evoziert Sergio Atzenis posthum erschienener Erzählband *I sogni della città bianca*[5] schon im Titel die weiße Stadt schlechthin, nämlich Algier. Historisch ist Cagliari seit seiner Gründung stets in friedlichem und nicht-friedlichem Kontakt mit der afrikanischen Küste gestanden; Seeleute, Händler und Piraten sind die Figuren, die sich den Cagliaritani über die Jahrhunderte präsentierten. Das heutige Tunesien ist die in der Luftlinie nächstgelegene Festlandküste; in jüngster Vergangenheit landen nicht nur auf Lampedusa vor Sizilien, sondern auch an der Südküste Sardiniens Boote mit illegalen afrikanischen Migranten.

Cagliari ist heute im Städtegefüge Italiens eine mittelgroße Stadt von etwa 200.000 Einwohnern, das benachbarte Quartu Sant'Elena, eine eigene Gemeinde, die urbanistisch mit der Inselhauptstadt verschmilzt, besitzt noch einmal 60.000 Einwohner. Die aktuelle Stadt-Konfiguration sowie der ‚Genpool' der Cagliaritani ist das Resultat einer äußerst wechselvollen Geschichte, die sich als *pars pro toto* der Geschichte Sardiniens lesen lässt: als Geschichte einer Folge von Fremdherrschaften und der Erfahrung der Fremdbestimmung, die über Jahrhunderte mit der kulturellen und sprachlichen Hegemonie ausländischer Herrschaftseliten einherging, die jedoch – das sei noch einmal betont – nie aus dem arabischen Raum stammten.

Die erste Gründung[6] eines urbanen Gefüges im weiten, einen großen Naturhafen bietenden Golfo degli Angeli erfolgte wahrscheinlich durch die Phönizier, aus deren Sprache der Name der Stadt stammt: Karales oder Karalis (ein Name, mit dem sich heute Bars und Geschäfte schmücken). Während der Herrschaft der Karthager war die Stadt bereits ein wichtiges Handelszentrum. 238 vor Christus wird sie von den Römern erobert und erlebt dann Jahrhunderte relativer Stabilität und Prosperität als römische Provinzstadt, als deren größtes Bauwerk ein Amphitheater erhalten geblieben ist. Wie auch anderswo, ist es eine Zeit der Latinisierung, später der

---

[5] *I sogni della città bianca*, Nuoro: Il Maestrale 2005. Der Band enthält ein informatives Nachwort des Herausgebers Giuseppe Grecu.
[6] Spuren menschlicher Besiedelung durch Bevölkerungsgruppen aus vor-nuraghischer und aus der Nuraghen-Zeit reichen bis ins dritte Jahrtausend vor Christus, vgl. Artizzu, Cagliari, in: Brigaglia (Hg.), *La Sardegna*, Bd.1, S. 234.

Christianisierung. In der Völkerwanderung wird Cagliari von den Vandalen erobert, im Frühmittelalter ist es die Hauptstadt des byzantinischen Sardiniens. Die Bevölkerung siedelt, um sich vor Piraten zu schützen, hauptsächlich auf dem Burgberg; Elitesprache ist das Griechische. In dem Maße, wie sich die Repräsentanten der byzantinischen Herrschaft zurückziehen, geht die Macht im Mittelalter an die einheimischen Richter-Familien über; Herrschaftssprache bleibt das Griechische. Um die Stadt besser verteidigen zu können, wird sie auf die Inseln und Halbinseln der Lagune von Santa Gilla verlegt, inmitten der Strandseen und Sümpfe; das alte Karalis auf dem Hügel wird zu dieser Zeit verlassen. Das Richterreich von Cagliari ist Teil der Geschichte der Judikate, jener im Rückblick so positiv besetzten Epoche der Eigenverwaltung und politischen Autonomie. Allerdings dauert diese Phase für das Judikat von Cagliari kürzer als in anderen Teilen der Insel (von ca. 900 bis 1258), wobei auch diese Epoche von zahlreichen Angriffen durch Piraten gekennzeichnet ist, die Menschen und Güter verschleppen.

Im 13. Jahrhundert kommt es zur neuerlichen Ansiedlung auf dem Burgberg: Castel di Castro di Calari, gegründet von der mächtigen Seefahrer- und Handelsnation der Pisaner; das ist zugleich der erste italienisch geprägte Abschnitt cagliaritanischer Geschichte. Die Pisaner bauen wieder auf dem Burgberg und machen ihre Stadt-Festung mit den bis heute erhaltenen Türmen und Stadtmauern zu einer blühenden Handelsmetropole. 1324 wird Cagliari von den Aragonesen erobert, die das Katalanische als Herrschafts- und Elitesprache mitbringen, die Stadt heißt nunmehr Caller. Nach der vollständigen Einverleibung Sardiniens in das spanische Weltreich wird Cagliari der Sitz der Vizekönige, das Katalanische wird allmählich vom Kastilischen abgelöst. 1720, nach dem kurzen österreichisch-habsburgischen Zwischenspiel, fällt Sardinien an Piemont, und Cagliari wird die Peripherie eines neuen Zentrums und Sitz der piemontesischen Vizekönige; ab diesem Zeitpunkt beginnt sich das Italienische als Elitesprache durchzusetzen. Dem 19. Jahrhundert verdankt Cagliari einige große städtische Arterien, Boulevards und Promenaden nach dem Vorbild europäischer Großstädte, dazu zählt auch die Neugestaltung der Bastionen auf den alten Stadtmauern. Im Zweiten Weltkrieg nimmt die Stadt unter der Bombardierung durch die Alliierten, der viele historische Gebäude zum Opfer fallen, schweren Schaden. Heute leidet sie, wie viele Städte des italienischen Südens, unter rasanter und zum Teil ‚wilder' Urbanisierung, die zu den üblichen hässlichen und schlecht gebauten Neubausiedlungen am Stadtrand sowie zu einigen völlig überlasteten Verkehrsarterien geführt hat; de facto bildet Cagliari mit Quartu Sant'Elena eine urbanistische Einheit. Die Restaurierung der baufälligen Teile der historischen Viertel schreitet zögerlich, aber doch voran; die jüngeren Repräsentationsbauten sind ästhetisch anspruchsvoller als die Architektur der Zeit des Wiederaufbaus.

Zum Stadtbild von Cagliari gehören die mächtigen Fähren der Schifffahrtslinie Tirrenia, die zweimal täglich, manchmal auch öfter, im Hafen direkt vor dem Stadtkern einlaufen. Sie symbolisieren das mobile

„Figuiers de Barbarie": eine afrikanische Stadt 155

Band, das die Stadt so lange mit verschiedenen Festländern verbunden hat und verbindet: heute vor allem mit dem italienischen Festland, ursprünglich aber mit dem afrikanischen Kontinent. Die realen und imaginären Verbindungslinien mit Afrika und dem Vorderen Orient sind vielfältig und durchaus ambivalent besetzt: von der (nobilitierenden) Hypothese einer mesopotamischen Herkunft der Ur-Sarden über die Phönizier und ihre die Phantasie der Sarden bis heute beflügelnde Kultur bis hin zu den Generationen von Piraten aus dem arabischen Raum, die die Küsten heimsuchten.[7] Die jüngsten Ankömmlinge, afrikanische Wirtschaftsmigranten, sind bisher nicht so zahlreich, dass sie schwerwiegende Ressentiments auslösen würden. Der Antirassismus sei, schreibt der Anthropologe Francesco Bachis, eine Eigenschaft, die sich die Sarden in ihrer Identitätskonstruktion zuschreiben (etwa im Unterschied zum italienischen Norden); allerdings könne beobachtet werden, dass zwischen der eigenen Emigrationserfahrung im 20. Jahrhundert (Wirtschaftsmigration nach Norditalien und in den Norden Europas) und jener der Afrikaner und Afrikanerinnen von heute ein qualitativer Unterschied gemacht werde.[8]

Was also heißt es vor diesem historischen Hintergrund, wenn zum Beispiel in der Literatur immer wieder vom ‚afrikanischen' Charakter Cagliaris die Rede ist? Es ist nahe liegend zu vermuten, dass es sich dabei um eine ambivalente Selbstzuschreibung handelt, bei der historische Diskurse, Beobachtungen, Gefühle, Abgrenzungswünsche, Selbstgefälligkeit und Selbstironie eine schillernde Mischung eingehen. Beispiele dafür finden sich sowohl in der Literatur über Cagliari sowie auch in der Literatur aus Cagliari.

Grazia Deledda, die mit 29 Jahren das erste Mal aus dem heimischen Nuoro nach Cagliari fährt, schildert im Jahr 1936 diese ‚Fahrt ins Freie' aus dem autobiographischen Rückblick als Ankunft in einem ‚orientalischen' Wunderland, aus dem auch gleich der dazugehörige Märchenprinz hervortritt:

> [...] Uccelli mai veduti, grandi, con le ali iridate, si sollevarono dallo stagno, come sorgessero dall'acqua, e disegnarono sul cielo una specie di arcobaleno: forse era un miraggio: mai a lei parve un lieto auspicio. E la prima persona che vide, quando il treno si fermò in una stazione che pareva, col suo giardino di palme e in fondo un arco di quel luminoso cielo smeraldino, un'oasi civilizzata, fu un giovane vestito di un color marrone dorato, con due meravigliosi baffi dello stesso colore e gli occhi lunghi, orientali.[9]

---

7   ... und die bis in das frühe 19. Jahrhundert andauern und erst mit der französischen Besetzung von Algier ein Ende fanden.
8   Francesco Bachis, Alcune note su identità e processi di razzizzazione, in: Giulio Angioni et al. (Hg.), *Sardegna. Seminario sull'identità*, Cagliari: CUEC 2007, S. 59-69.
9   Grazia Deledda, *Cosima*, Mailand: Mondadori 2000 (= Reihe Scrittori del Novecento), S. 129. Wenig später wird das Stereotyp im Text bekräftigt:„Cosima aveva sempre più l'impressione di trovarsi in una città orientale" (S. 131).

Der mandeläugige Prinz ist der zukünftige Ehemann der Autorin (ein Römer). Interessant ist, wie sich bei Grazia Deledda, einer Tochter der Barbagia, das Stereotyp der orientalischen Stadt mit der Konnotation der Zivilisiertheit verbindet („un'oasi civilizzata"), während bei den cagliaritanischen Autoren häufig das Gegenteil der Fall ist, wie die (sehr unterschiedlichen) Texte von Sergio Atzeni und Giorgio Todde lehren.

Sergio Atzeni, Wahl-Cagliaritaner,[10] hat der Stadt in seinen Romanen, aber auch in kürzeren Erzähltexten sehr viel Raum gegeben. Seine Stadt-Geschichten setzen in den 1980er Jahren ein, also noch vor der Publikation seines ersten erfolgreichen Romans (*Apologo del giudice bandito*, 1986), manche wurden in Zeitschriften publiziert, viele das erste Mal posthum in dem Band *I sogni della città bianca*. Im Interview mit Gigliola Sulis beschreibt der Autor, wie er beim Schreiben von dem Gefühl getrieben wurde, eine Lücke zu füllen und der Stadt eine eigene Stimme zu verleihen:

> [R]accontare Cagliari è stato uno dei motivi che mi ha spinto a cercare di scrivere racconti. Avevo notato che nei giornali, in televisione, quando si prendevano descrizioni di Cagliari, o di alcune zone di provincia, si finiva sempre per citare autori non sardi, come se non ci fosse una descrizione di Cagliari o del Campidano nella nostra letteratura. C'è molto di più sulla Barbagia, mentre sul Sud c'è pochissimo.[11]

I sogni della città bianca enthält einige Texte, die später als Erzählkerne in den Romanen entfaltet worden sind, und sie experimentieren mit verschiedenen Gattungen: *noir*, *splatter*, historische Erzählung, *science fiction* und Märchen. Stilistisch präsentieren sie sich einheitlicher und sind bereits vom typischen Atzeni-Ton geprägt, einer Schreibweise zwischen Ironie und Ernst, nervös, elliptisch, urban. Die Handlungsschauplätze liefern eine Anthologie städtischer Miniaturen: Castello, La Marina, Sant'Avendrace, der Stadtstrand Poetto, die Neubauviertel und Vorstädte, Quartu Sant'Elena, das über der Stadt thronende Gefängnis Buon Cammino. Das Stereotyp vom ‚afrikanischen' Cagliari kommt an einer einzigen Stelle zur Sprache und wird deutlich als kolonialistisches Diskurselement markiert:

> La città di un tempo: metà Algeri, metà Siviglia. Avamposto di frontiera.[12]

Als Statthalter ‚Afrikas' fungiert außerdem die Figur des alten Ibrahim, der einem Abschnitt von fünf Erzählungen den gemeinsamen Titel gibt: *Frammenti di informazioni attorno alla vita dell'arabo Ibrahim*. Ibrahim, eine proteische Figur, taucht in diesen Texten mit gegeneinander verschobenen Identitäts-Bruchstücken auf: als Liebhaber, Vergewaltiger, Gauner, Dieb, ehemaliger Kämpfer des Algerien-Kriegs, Folterer und Barkeeper. Seine Operationsgebiete sind Cagliari, Algerien und Tetouan in Marokko, er ist

---

[10] Zu Atzeni vgl. die Kap. „Fälschungen" und „Übersetzungen".
[11] Gigliola Sulis, La scrittura, la lingua e il dubbio sulla verità. Intervista a Sergio Atzeni, in: *La grotta della vipera* 66-67, 1994, S. 34-41, hier S. 38.
[12] Atzeni, I sogni della città bianca, S. 195.

Algerier oder auch Mauretanier, immer aber haben seine dunklen Machenschaften mit Cagliari zu tun, und sein schillerndes Prestige eilt ihm auch in dieser Stadt voraus. Er stellt, in ähnlicher Weise wie die Figur des Alì in *Apologo del giudice bandito*, ein Bindeglied zum Maghreb dar, ein Bindeglied, das auf das Postulat einer geteilten südmediterranen Mentalität hinweist. Die elliptische und fragmentarische Erzählweise, die es den Lesern nicht gestattet, zu einem ‚beruhigten' Bild der Figur zu kommen, unterstreicht die latent unheimliche Seite dieser ‚afrikanischen' Schlagseite Cagliaris.

In seinen Romanen hat Atzeni das Stadtbild nach zwei Seiten hin entwickelt. Das urbane, moderne Cagliari prägt die Erzählung *Bellas mariposas* und den Roman *Il quinto passo è l'addio*, die historische Entwicklung der Stadt und das aus dieser Geschichte resultierende mediterrane Völkergemisch wird in den historischen Fiktionen *Apologo del giudice bandito* und *Passavamo sulla terra leggeri* präsentiert. Der Autor vermeidet in den historischen Fiktionen das Stereotyp Afrika, um vielmehr auf Prozesse der Völkermischung zu insistieren. Karales/Cagliari wird von ihm als die Stadt des Sündenfalls inszeniert, als Einfallstor für den Geldhandel, die Schriftkultur und die Sklavenhaltung, als Ort der Verbreitung von Epidemien und Prostitution: mit anderen Worten, als jener Ort, an dem der Fortschritt als Phänomen des Austauschs mit den Anderen das Füllhorn seiner ambivalenten Gaben ausschüttet.

Eine konsequent durchgezogene, leitmotivische Verwendung des Stereotyps der ‚afrikanischen' Stadt findet sich hingegen in der Serie von Kriminalromanen, die sich um die Figur des Efisio Marini ranken. Ihr Schöpfer, Giorgio Todde, ist ein neuerer Vertreter der „scuola sarda del giallo" und ein erfolgreicher Serienroman-Autor.[13] Die vier Titel der Efisio Marini-Serie stellen die Figur eines Amateur-Detektivs in den Vordergrund. Efisio Marini ist Arzt, hat ein Verfahren zum ‚Versteinern' von Leichen entwickelt und lebt und arbeitet im 19. Jahrhundert in Cagliari und Neapel. Sein Eingreifen in verschiedenen Mordfällen führt immer zu einer Lösung des detektivischen Rätsels, die seinem medizinischen Können und seinem analytischen Scharfsinn zu verdanken sind, ganz nach dem klassischen Sherlock Holmes-Schema. Doch nicht diese sehr traditionelle Handlungsstruktur der Romane steht hier zur Diskussion, sondern die Darstellung von Cagliari, in diesem Fall des Cagliari des 19. Jahrhunderts.

Giorgio Todde neigt in seiner Schreibweise ebenso wie bei den Handlungsstrukturen zur Wiederholung des Bewährten, wenn auch durchaus Aparten, was seinen Texten eine gewisse manieristische Qualität

---

[13] Giorgio Todde, geb. 1951, ist in seinem ersten Hauptberuf Augenarzt und lebt in Cagliari. Seine Bücher wurden bereits in mehrere Sprachen übersetzt, darunter auch ins Deutsche (von Susanne van Valxem und Monika Cagliesi für die Serie Piper). Ich beziehe mich hier auf die Serie von Kriminalromanen, die aus folgenden Einzeltiteln besteht: *Lo stato delle anime* (2002, dt. *Der Tod der Donna Milena*), *Paura e carne* (2003, dt. *Das Geheimnis der Nonna Michela*), *L'occhiata letale* (2004, dt. *Die toten Fischer von Cagliari*), *E quale amor non cambia* (2005) und *L'estremo delle cose* (2007).

verleiht. Leitmotivisch tauchen die minimal variierten Figurencharakteristika, die immer gleichen anatomisch-physiologisch-chemischen Daten zu Efisio Marinis Einbalsamierungspraktiken und eben auch die Stadt-Topoi auf. Letzteres ist im ersten Roman der Serie, *Lo stato delle anime*, noch zurückhaltend der Fall, da der größte Teil der Handlung in einem Bergdorf spielt, deutet sich aber bereits an:

> Il vento da sud non smette mai questo mese e porta una polvere rossa sulla città dall'altra parte del mare.[14]

Der Südwind, der den roten Wüstensand aus der Sahara mit sich führt, gewinnt in den folgenden Bänden die Strahlkraft eines Symbols, das für die unheimliche, orientalische, metonymisch eben für die ‚afrikanische' Seite von Cagliari zu stehen hat:

> [...] lentamente arriva da sud una nuvolaglia africana, melanconica e fatale che copre la città alta, oscura quella bassa e rende il golfo colore del fango. Di colpo una pioggia calda e gialla sporca ogni cosa. Un soffio innaturale fa sudare tutti per strada e nelle case.[15]
>
> Un vento caldo, quasi da fumo, gli arriva addosso e lo indebolisce. Lui pensa che questo è il fiato immenso dell'Africa vicina che arriva sino a qua e allora si arrende.[16]
>
> Tutto, da queste parti, è determinato e indirizzato dal vento che porta nuvole tossiche, stanchezza e malattie oppure le caccia via. I malanni arrivano da meridione, brezze dolciastre, con l'aria piena di veleni sospesi in particelle invisibili.[17]

Melancholie, Fatalität, Schlamm, Schmutz, Hitze, Schwäche, Gift, Müdigkeit, Krankheit, (Un-) Heimlichkeit: das sind Elemente des orientalistischen Diskurses, der ja bekanntlich eine Dekadenz-Geschichte erzählt. Edward Said hat in seiner viel zitierten Studie unter anderem darauf hingewiesen, dass der „moderne Orient" an der Orientalisierung seiner selbst mitschreibe und mitbaue.[18] In Analogie dazu lässt sich festhalten, dass Giorgio Todde Anteil an der diskursiven Selbst-Orientalisierung seiner Heimatstadt hat. Dazu gehört auch das Bild, das er von ihren Einwohnern zeichnet, die er als Lotophagen und von Lebensangst besessene Schlemmer qualifiziert:

> È una città di paurosi. [...] Vorrebbero mangiare fiori di loto [...].[19]
>
> Questa è una città di teste sottomesse... un popolo di sottomessi... Hanno paura anche di guardarsi intorno... Non è un posto da eccezioni...[20]

---

[14] Giorgio Todde, *Lo stato delle anime*, Nuoro/Mailand: Il Maestrale/Frassinelli 2002, S. 161.
[15] Giorgio Todde, *Paura e carne*, Mailand: Frassinelli 2003, S. 83.
[16] Giorgio Todde, *L'occhiata letale*, Nuoro: Il Maestrale 2006, S. 54. Erstausgabe 2004 bei Frassinelli.
[17] Todde, *L'occhiata letale*, S. 205.
[18] Edward Said, *Orientalism*, New York: Vintage Books 1979, S. 325.
[19] Todde, *Paura e carne*, S. 3.
[20] Todde, *L'occhiata letale*, S. 162.

> Io voglio capire e non finire come quelli della mia città addormentati dall'odore del pesce arrosto come se l'esistenza fosse un'unica, lunghissima digestione.²¹
>
> Efisio è fermo al bastione di Santa Croce e, col respiro veloce perché sente la stretta dei cattivi pensieri, sta in attesa che scompaia l'ultimo frammento del sole e poi cercherà l'anestesia del cibo e del vino come tutti in città.²²

Giorgio Toddes insistenter Gebrauch des Stereotyps der ‚afrikanischen' Stadt erlaubt es, das Funktionieren dieses Stereotyps abschließend genauer zu analysieren. In der Auffassung Homi Bhabhas sind Stereotypen wichtige diskursive Strategien des Kolonialismus, die etwas festschreiben möchten, das sich gleichwohl dieser Festschreibung entzieht. So entsteht zwischen dem, was als ‚immer schon' bekannt gilt, und der Obsession, genau dieses vermeintlich Bekannte unentwegt neu behaupten zu müssen, eine Bewegung, die von tiefer Ambivalenz gekennzeichnet ist.²³ In der Festschreibung Cagliaris auf das Stereotyp der ‚afrikanischen' Stadt artikuliert sich mithin ein Geschichtsbewusstsein, das die Unterwerfung der Stadt unter verschiedene historische Herren als symbolische Prostitution verarbeitet und mit kolonialistischen Repräsentationen in Verbindung bringt, für die ‚Afrika' als Signifikant stehen kann. Das Cagliari der hier zitierten Autoren ist ‚afrikanisch', weil ihr Stadtbild von Ambivalenz gekennzeichnet ist und zwischen den Polen Faszination und (Selbst-)Abwertung schwankt, und weil diese Pendelbewegung durch ein orientalistisches ‚Afrika'-Stereotyp zum Ausdruck gebracht werden kann.

Ambivalenz schließt Liebe keineswegs aus, und das gilt auch für Giorgio Todde. Der bisher letzte Band der Marini-Serie endet mit Efisios Heimfahrt von Neapel nach Cagliari. Seine gebrochene Liebe zu seiner Heimatstadt – eine der möglichen Lesarten für „l'amore che non cambia" des Romantitels – deklariert sich im letzten Kapitel. Es beginnt mit der von den Stadtrerpäsentationen Algiers her bekannten topischen Schilderung des Auftauchens der „weißen Stadt" auf dem Horizont:

> È tornato.
>
> Dalla nave ha visto il bianco della città prima che ci fosse davvero qualcosa da vedere. Ha incominciato a vederlo all'ora degli ultimi sogni e quando ha aperto gli occhi l'immagine gli è rimasta. È uscito dalla cabina e ha continuato a vederlo, il bianco, anche se non c'era ancora.²⁴

Was die Figur Efisio vor ihrem inneren Auge sieht und die Leser imaginieren können, muss eine Filmkamera als Abbild einer Wirklichkeit visualisieren. Filmhistorisch ergibt sich hier über ein visuelles Zitat die Möglichkeit, Cagliari mit Algier zu assoziieren. Es gibt zahlreiche Filme, die die

---

21 Giorgio Todde, *E quale amor non cambia*, Nuoro Mailand: Il Maestrale/ Frassinelli 2005, S. 71.
22 Todde, *E quale amor non cambia*, S. 114.
23 Homi Bhabha, *the location of culture*, London/New York: Routledge 1994, bes. S. 66-70.
24 Todde, *E quale amor non cambia*, S. 245.

Ankunft im oder die Abfahrt aus dem Hafen von Algier mit üppigen Einstellungsfolgen zelebrieren; wenn es auch sehr viel weniger Filme gibt, die Cagliari zeigen, so können auch sie die bewegliche Schiffs-Perspektive auf die Stadt nützen, wodurch im Kinobild tatsächlich eine visuelle Analogie zwischen den „weißen Städten" hergestellt wird.

Cagliari im Film: Enrico Pau, Gianfranco Cabiddu, Giovanni Columbu

Die Ankunft im Hafen, ein filmischer Topos, wird in dem bisher einzigen Spielfilm, dessen Handlungsschauplatz ausschließlich Cagliari ist, eher beiläufig in Szene gesetzt: die Rede ist von *Pesi leggeri* (2001) des Regisseurs Enrico Pau. Die Hafensequenz dient der Einführung einer kontinentalitalienischen Figur, einer jungen Frau namens Sara, die als Lehrerin nach Sardinien kommt und somit die auch in der sardischen Literatur so häufige Einflechtung einer Fremdperspektive ermöglicht. Die Zuseher bekommen eine Teilaufnahme des Fährschiffs der Tirrenia-Linie zu sehen, das mächtige Heck schiebt sich langsam an die Mole heran. Man sieht Sara auf dem Schiffsdeck, dann wird in subjektiver Einstellung, ihrer Blickrichtung folgend, zuerst die Hafenpromenade fokussiert, schließlich schwenkt die Kamera in einer Panoramaaufnahme in Richtung Castello und rückt dadurch das Dreieck der „città bianca" in den Blick der Zuseher.

Abb. 21: Ankunft des Fährschiffs   Abb. 22: Saras Blick

Pesi leggeri ist keineswegs der erste Film, der kinematographische Bilder von Cagliari festhält. Ein fiktionaler Film, der zumindest teilweise in Cagliari spielt, ist Gianfranco Cabiddus Verfilmung von Sergio Atzenis polyphonem Roman *Il figlio di Bakunìn*.[25]

---

[25] Eine Studie zum Verhältnis von Text und Film bietet Antioco Floris, *Le storie del figlio di Bakunìn. Dal romanzo di Sergio Atzeni al film di Gianfranco Cabiddu*, Cagliari: aipsa edizioni 2001.

Gianfranco Cabiddu, geb. 1953 in Cagliari, hat in Bologna mit einer ethnomusikologischen Arbeit promoviert und in Rom seine ersten beruflichen Erfahrungen mit Film und Theater gewonnen. Als Regisseur drehte er eine ganze Reihe von zum Teil ethnographischen Dokumentarfilmen (darunter *S'Ardia*, 1993, und *Passaggi di tempo – Il Viaggio di Sonos 'e Memoria*, 2005) und zwei Spielfilme. Der erste, *Disamistade* (1988), erzählt von den barbaricinischen Kernthemen *vendetta* und Banditentum. Der zweite, *Il figlio di Bakunìn* (1997), spielt zum Großteil im Milieu der Bergarbeiter und gilt gerade wegen der Erschließung dieser sozialen Dimension als der Beginn des neuen sardischen Kinos.

Il figlio di Bakunìn erzählt, so wie seine literarische Vorlage, in Erinnerungsfragmenten einer Vielzahl von Figuren das, was sich posthum über das Leben einer lokalen Legende herausfinden lässt: über Tullio Saba, Sohn eines anarchistischen Schusters, Bergarbeiter, Streikführer, Stalinist, Soldat, Straßensänger, Politiker des PCI, Charmeur und Verführer der Frauen, Betrüger und Heiliger. Nur das letzte Drittel des Films, das Tullios Leben nach dem Zweiten Weltkrieg zeigt, spielt in der sardischen Hauptstadt.

Um das zerbombte Cagliari der späten vierziger Jahre wieder auferstehen zu lassen, wählt der Regisseur eine Mischung von inszenatorischen Verfahren und Ausschnitten aus historischen Dokumentarfilmen. Den Wechsel von Farbe zu Schwarz/Weiß vermag er dabei sehr geschickt zu nützen, um die Grenze zwischen Fiktion und Dokumentation verfließen zu lassen. Als Beispiel dafür möchte ich eine kurze Sequenz analysieren, die – auf der Ebene des Plots – davon erzählt, wie Tullio mit der zu diesem Zeitpunkt gerade aktuellen Freundin Carla der Prozession des Heiligen Efisio durch die Hafenpromenade (Via Roma) beiwohnt.

Zunächst sieht man Tullio in Farbe auf den Trümmern eines zerstörten Hauses, das für die Zuschauer in der Logik der Handlung eine Bombenruine darstellt. Von einem schwarzen GI begleitet, singt Tullio *Smoke gets in your eyes* für das Mädchen Carla. Die folgenden Einstellungen – immer noch in Farbe – zeigen Tullio und Carla abends am Strand, die beiden küssen sich. Darauf wechselt der Film zu Schwarz/Weiß, in einer Totalen sieht man Tullio und Carla, wie sie in der Menschenmenge in der Via Roma der Prozession zusehen – der Farbwechsel suggeriert Dokumentarismus, obwohl die Aufnahmen in den neunziger Jahren gedreht wurden und Teil der Filmfiktion sind –, daran schließen sich Schwarz/Weiß-Einstellungen an, die tatsächlich aus einem alten Dokumentarfilm über die Sagra di Sant'Efisio stammen und den Heiligen in seinem „cocchio" (Gehäuse) durch die Via Roma begleiten. Auf diese Weise wechseln in Cabiddus Film historisch/dokumentarische, rekonstruiert/gestellt-dokumentarische und aktuelle Bilder von Cagliari einander ab.

In der sardischen Filmkritik wurde Cabiddus Film unter anderem deshalb als eine „Scheidelinie"[26] empfunden, weil er von der ‚Zeitlosigkeit' der barbaricinischen Plotstrukturen abweicht und konkret von sardischer Geschichte handelt: vom *ventennio nero* bis in die 1950er Jahre. So zeigt der Film eben auch nicht *ein* Cagliari, sondern eine Stadt im historischen Wandel.

Wechselt man vom Spiel- zum Dokumentarfilm,[27] so lassen sich eine ganze Reihe von Arbeiten über Cagliari nennen. Während im Werk des bekannten Dokumentarfilmers Fiorenzo Serra die Stadt eher sporadisch visualisiert wird[28], sind aus der jüngeren Vergangenheit einige Titel zu verzeichnen, so etwa *Cartolina* (1978) und *Cagliari* (1989) von Cabiddu, *La Volpe e l'Ape* (1996) von Enrico Pau und schließlich *Storie Brevi* (2005) von Giovanni Columbu.

Der 33 Minuten lange Dokumentarfilm *Storie Brevi* ist unter anderem deshalb interessant, weil er ein dezidiert anderes Stadtbild erzeugt, als es die literarischen Texte mit ihrer Vorliebe für das Stereotyp der ‚afrikanischen Stadt' tun. Die Vergleichsparameter liegen eben nicht zwingend nur im Maghreb. Wenn, wie Sergio Atzeni in *I sogni della città bianca* schreibt, Cagliari „halb Algier, halb Sevilla" ist, so hat sich Columbu für die Sevillaner Hälfte entschieden und zeigt eine Stadt, die von den theatralischen Inszenierungen des mediterranen Katholizismus geprägt wird.

Storie Brevi wurde von der Stadtverwaltung in Auftrag gegeben, Columbu hat mit seinem Film den Hermes-Preis 2005 gewonnen.[29] Als Auftragswerk hat der Film auch Werbezwecken zu dienen; der Regisseur hat allerdings mit der ihm eigenen Poesie einen Reigen von Episoden montiert, die ein sehr individuelles Stadtbild transportieren. Gezeigt werden Feste, Kircheninnenräume, sportliche Veranstaltungen im Freien und eine Reihe von solitären Stadtwanderern. Die katholische Seite Cagliaris mit ihrem Erbe spanisch-barocker Theatralität wird in etwa der Hälfte der Episoden thematisiert: die Karfreitagsprozession vor der Kathedrale, rituelles Glockenläuten, die Sagra di Sant'Efisio (das viertägige Stadtfest zu Ehren des Märtyrers, bei dem folkloristische und kirchliche Elemente zu

---

[26] Floris, *Le storie del figlio di Bakunìn*, S. 54: „Lo spartiacque del cinema sardo".
[27] Vgl. Salvatore Pinna, Scorci di realtà. La produzione documentaristica, in: Antioco Floris (Hg.), *Nuovo cinema in Sardegna*, Cagliari: aipsa edizioni 2001, S. 77-105.
[28] Vgl. Gianni Olla (Hg.), *Fiorenzo Serra, regista*, Cagliari: CUEC 1996 (= Filmpraxis. Quaderni della cineteca sarda N° 3). Fiorenzo Serra hat in den 1940er, 1950er und 1960er Jahren über 60 Dokumentarfilme gedreht, einen Teil davon für das Dipartimento di Scienze Antropodemologiche der Universität Sassari.
[29] Premio Internazionale di Comunicazione Turistica Hermes 2005: bester Dokumentarfilm. Columbu hat den Film mit denkbar einfachen Mitteln gedreht, selbst die Kamera geführt und selbst geschnitten. Zur Person des Regisseurs vgl. S. 142 dieses Buches.

einem eindrucksvollen visuellen Spektakel verschmelzen)[30], weiterhin eine Episode, die der Restauration von Kirchengemälden gewidmet ist, sowie eine andere, die in der Sakristei der Kirche San Michele eine junge Frau beim Musizieren zeigt. Auch der Karnevalsumzug beginnt in einer Kirche, der Chiesa di Santa Restituta[31].

Abb. 23: Chiesa di San Michele   Abb. 24: Chiesa di Santa Croce

Die barocken Kirchenfeste und die hybride Mischung von Volksfrömmigkeit und Schaulust werden durch die assoziative, rhythmisch bewegte Montage als gelebte und gefühlte Stadt-Identität, nicht als die touristischen Spektakel gezeigt, die sie in Wirklichkeit auch sind. Das kann man kritisieren, es entspricht aber jedenfalls Columbus Innensicht auf die Stadt, die eben gerade keine touristische sein will. Dafür spricht auch die Wahl der Farben und der meteorologischen Bedingungen. Der Regisseur bevorzugt grau-blaue, wolkenverhangene Tage, und nur ganz selten bricht die mediterrane Luminosität durch. Auch die beiden Episoden, die dem Stadtstrand Poetto gewidmet sind, zeigen ein fahles Wintermeer.

Besondere poetische Qualität besitzen jene Episoden, die einsame Stadtwanderer in Szene setzen: eine Photographin auf ihrem Rundgang durch die Antiquitätengeschäfte der Altstadt, ein Postbote – gespielt von Giorgio Todde –, der die Post im Stadtteil Castello austrägt, ein singender Lebensmittelhändler, der mit dem Einkaufswagen durch das Hafenviertel eilt, um seine Ware zuzustellen. In dieser wie auch in der Episode, die den Jazz-Musiker Paulo Fresu[32] auf dem Bastione San Remy zeigt, insistiert die Montage auf Einstellungen von Frauen und Männern, die zuhören, in ihrer Arbeit innehalten, an ein Fenster oder in eine Tür treten: so dass jeweils durch die musikalischen Fragmente eine Stadt-Gemeinschaft geschaffen wird.

---

[30] Sant' Efisio erlitt als Christ den Märtyrertod im Jahr 303 n. Chr., davon berichtet die *Passio Sancti Ephysii*, die in der Vatikanischen Bibliothek aufbewahrt wird. Sein Fest wird vom 1.-4. Mai gefeiert, der Heilige wird dabei in seinem Gehäuse („cocchio") durch die Straßen der Stadt und bis in das 30 km südlich gelegene Nora geführt, wo er der Legende nach enthauptet wurde.

[31] Auch diese Heilige ist eine frühchristliche Märtyrerin.

[32] Paolo Fresu, geb. 1961 in Berchidda, ist Jazztrompeter und Komponist von internationalem Renommee.

Abb. 25: Paolo Fresu, Bastione San Remy...　　Abb. 26: ...und eine Zuhörerin

Storie Brevi kombiniert also den Gestus des Dokumentarischen mit seminarrativen Inszenierungen; die Episode mit der Photographin, deren Kamera mehrfach im Detail gezeigt wird, trägt zu der selbstreflexiven Brechung der dokumentarischen ‚Authentizität' bei. Das Stadtbild, das in diesem Film konstruiert wird, ist ein radikal subjektives. Es entspricht keineswegs den Parametern des Werbefilms, spart aber auch vieles aus (die hässlichen Neubauviertel und ihre soziale Realität ebenso wie die neueren Repräsentationsbauten), um anderes, wie die katholische und die populare Stadtkultur, zu privilegieren.

Das neue Cagliari der Vorstädte, des sozialen Wohnbaus und der städtischen Verkehrsadern zeigt hingegen der narrative Film *Pesi leggeri*. Nach Jahrzehnten von Filmen über oder aus Sardinien, in denen die Plots immer wieder aus dem Stoffreservoir des „sardischen Western" (Sergio Naitza) oder aus den Romanvorlagen Grazia Deleddas gewonnen wurden, haben Enrico Pau und Antonello Grimaldi die ersten im urbanen Ambiente angesiedelten Spielfilme in Sardinien gedreht. Grimaldis *Un delitto impossibile* (2001) ist die Verfilmung des Romans *Procedura* von Salvatore Mannuzzu und spielt in Sassari, Paus im gleichen Jahr in die Kinos gelangter Film in Cagliari. Während Grimaldis Filmgeschichte, der literarischen Vorlage entsprechend, in ein bürgerlich-akademisches Milieu eingebettet ist, setzt Enrico Pau auf das städtische Milieu von Marginalisierten, sozialen Randfällen und halbkorrupten Geschäftemachern.

Enrico Pau, geb. 1956 in Cagliari, ist nach einem Studium der *lettere* als Autodidakt zum Filmemacher geworden und hat bisher neben dem Spielfilm *Pesi leggeri* (2001) einen Kurzfilm, *La Volpe e l'Ape* (1996) und Dokumentarfilme (*Storie di Pugili* 1998, *L'Anatema di Aquilino*, 2004) gedreht. Sein zweiter Spielfilm, *Jimmy della collina* (nach dem gleichnamigen Roman von Massimo Carlotto), ist 2008 in die Kinosäle gelangt.

Pesi leggeri spielt im Milieu der Boxer, ihrer Trainer und Manager, in Sportclubs, Wettbewerbshallen, Bars und Nachtclubs und sehr häufig in den Straßen der Stadt. Der Boxsport, dem Pau bereits den Dokumentarfilm *Storie di Pugili* gewidmet hatte, besitzt in Cagliari viele Praktikanten und Anhänger, hat die Stadt doch mehrfach Europa- und Weltmeister in verschiedenen Gewichtsklassen hervorgebracht; er stellt ein spezifisches popularkulturelles Element dieser urbanen Kultur dar.

Abb. 27: Ninos Training

Abb. 28: Nino und Giuseppe

Der Film verfolgt gleichzeitig zwei Handlungsstränge, nämlich den Wettstreit zwischen den beiden jungen Hoffnungen der lokalen Szene, Nino und Giuseppe, und eine Reihe von scheiternden Liebesbeziehungen. Der attraktive Nino, der mit seiner mittellosen Familie in einer kleinen Neubauwohnung lebt, soll von seinem Manager Claudio zum italienischen Meister aufgebaut werden. Sein aggressiver Konkurrent Giuseppe stammt hingegen aus einem Dorf des Campidanese, er wird mit Nino nicht nur um den Sieg, sondern auch um Ninos Freundin Maddi streiten; Maddi arbeitet in einem Friseurgeschäft, setzt ihre Hoffnung aber auf einen Erfolg als Sängerin, sie tritt abends in einem Nachtclub auf. Claudio, der Manager, hat eine gescheiterte Karriere als Boxer hinter sich, arbeitet neben seiner Tätigkeit als Sportmanager auch als Immobilienmakler und wird als Figur männlicher *midlifecrisis* inszeniert; seine Beziehung zu Sara (der jungen Frau, die man zu Beginn des Films aus dem Fährschiff steigen sieht) leidet unter seinem Gefühl, im Leben gescheitert zu sein, und endet dementsprechend rasch.

Neben diesen Hauptfiguren steht eine ganze Reihe von Nebenfiguren: Ninos Mutter, die nicht an die Karriere des Sohns glauben kann, die beiden Trainer Melis und Trudu, und Perso, das alte Faktotum aus der Sportschule von Melis, sowie der andeutungsweise als Homosexueller gezeichnete Tanzlehrer, der in einer Dependance der Sportschule Kurse in lateinamerikanischem Tanz gibt, was dem Film über kurze Strecken eine komische Note verleiht. Die Geschichten all dieser Figuren, vor allem aber die der männlichen Figuren, sind, mit Verga gesprochen, *storie di vinti*, Geschichten vom Leben gezeichneter, früh müde gewordener Verlierer und junger Männer, deren Chance auf Erfolg und Glück marginal ist. Die älteren Männer – Claudio, Melis und Trudu – spielen im Hintergrund ein kleines schäbiges Spiel, bei dem es um Sportbetrug und Erpressung geht. Der finale

Wettkampf zwischen Nino und Giuseppe endet – plangemäß, wenn auch letztlich überraschend – mit dem Sieg Ninos, für Claudio aber mit einer großen Enttäuschung, denn sein Schützling wendet sich in einer unerwarteten Schimpftirade gegen ihn, in der er den Manager an seine eigene gescheiterte Sportkarriere erinnert.

Die Sprache des Films ist das Italienische, in das gelegentlich kleine Sätze und Halbsätze im cagliaritanischen Sardisch eingeflochten werden, was im Ambiente der Boxschule plausibel ist und durch die Kürze der Einschübe auch keiner Übersetzung für das exogene Publikum bedarf. Die Filmhandlung spielt im Winter; so wie Columbu vermeidet auch Pau das strahlende Blau und zeigt vorzugsweise verhangene Himmel, grau-blaue Farben und fahle Lichtverhältnisse.

Das Drehbuch, das von Aldo Tanchis und Enrico Pau geschrieben wurde, teilt den Plot in viele kurze Sequenzen, die immer wieder den Reigen der Figuren und ihrer Beziehungen durchspielen; das hat einen raschen Wechsel der Schauplätze zur Folge.

Abb. 29: Maddi fährt   Abb. 30: Nino fährt

Die Montage der Sequenzen folgt dabei der Chronologie der Handlung. Im Gegensatz zu Columbus Vorgangsweise in *Arcipelaghi*, die kunstreich auf visuelle und akustische Assoziationen setzt und den Erinnerungsbildern und Vorstellungen der Figuren folgt, ist das Grundprinzip bei Pau die einfache und rasche Aneinanderreihung von Episoden, in denen die Figuren von außen fokussiert werden. Das entspricht dem gängigen Montageschema des europäischen Episodenfilms, der auf eine Gruppe von Figuren setzt, die ein Beziehungsgeflecht bilden.

Ein überzeugendes Strukturelement in Paus Montage ist der regelmäßige Wechsel von Paarszenen, die die Interaktion von zwei Figuren zeigen und im Dialog hörbar machen, und solchen, die einzelne Figuren in den Vordergrund stellen und von einer sanft melancholischen extradiegetischen Musik[33] begleitet werden. Spielen die ersteren meist in Innenräumen und treiben die Handlung voran, so bieten letztere die Gelegenheit zu visuellen Stadtflanerien und reflexiven Pausen.

---

[33] Die Filmmusik stammt von Giovanni Venosta, der unter anderem die Filmmusik zu mehreren Filmen von Silvio Soldini beigesteuert hat.

So wird die gesamte Filmhandlung leitmotivisch von Einstellungen unterbrochen, die Nino in Bewegung zeigen: Nino beim Lauftraining – er läuft über den Poetto oder auf Straßen, die auf einen der Hügel hinaufführen –, Nino auf seinem Mofa, meist in der Peripherie der Stadt, zwischen Quartu, den *stagni* von Molentargius und der autobahnähnlichen Osteinfahrt. Die Einsamkeit des Jungen, von dem verlangt wird, dass er sein Privatleben seiner Karriere opfern soll, kommt dadurch ebenso zum Ausdruck wie die Melancholie, die die städtische Peripherie ausstrahlt.

Nino ist aber nicht der einzige einsame Stadtwanderer. Auch Maddi sieht man auf dem Mofa durch die Stadt kurven und Giuseppe durch die Lagunen von Santa Gilla streifen. Den alten Perso, der im Nebenjob Rosenverkäufer ist, verfolgt die Kamera bei seinen nächtlichen Runden durch die Gassen und Bars der Innenstadt, Claudio bei nächtlichen Autofahrten. Alle diese Bewegungen einzelner Menschen durch den städtischen Raum durchbrechen die Handlung als filmische Meditationen über die Einsamkeit und über das Scheitern von Kommunikation; all diese Figuren scheinen Nicht-Orte im Sinn von Marc Augé[34] zu bevorzugen.

Abb. 31: Nicht-Ort

Pesi leggeri ist von der sardischen Filmkritik sehr positiv aufgenommen worden, wobei zu Recht die Innovation hervorgehoben wird, die dieser Film in der sardischen Filmgeschichte bedeutet, nämlich die kinematographische Eroberung des urbanen Raums. So schreibt etwa Antioco Floris:

> È questo, credo, l'aspetto più interessante di *Pesi leggeri*, il considerare la città in qualche modo protagonista del film. Il film richiama, per certi versi, un modello narrativo che è lo stesso utilizzato da Wenders in *Lisbon Story* [...]. È proprio la città con il suo ambiente e carattere urbano a costituire le premesse di un nuovo modello estetico.[35]

---

[34] Vgl. Marc Augé, *Non-lieux. Introduction à une anthropologie de la surmodernité*, Paris: Seuil 1992.

[35] Antioco Floris, Fra tradizione e modernità: il nuovo cinema di Sardegna, in: ders. (Hg.), *Nuovo cinema in Sardegna*, S. 31-60, hier S. 39f.

Bisher hat dieses Modell allerdings noch keine Nachfolge gefunden, es sei denn in Paus neuem Film *Jimmy della collina*, der noch nicht in den Verleih gelangt ist. Dafür hat der Film eine Nach-Schrift nach sich gezogen, nämlich den gleichnamigen Roman von Aldo Tanchis. Es handelt sich um den nicht so häufigen Fall, wo ein Drehbuchautor nach Fertigstellung des Films seine Geschichte einem Medienwechsel unterzieht und zu einem Roman umschreibt. Dieser „romanzo nato a rovescio"[36] folgt im Wesentlichen dem Handlungsverlauf des Films, wobei der Autor die Korruptions- und Erpressungsgeschichte im Sportmilieu ausbaut und die Figur Claudio um viele Facetten anreichert und in das Zentrum stellt.

Für diesen Roman bilden die beiden Kapitel „Sbentiare (1)" und „Sbentiare (2)"[37] einen Rahmen, indem sie die Figur des melancholischen Spaziergängers gleichsam als Motto hervorheben:

> Sei melanconico? Depresso? O hai bevuto troppo? Prendi l'auto, la moto o la bici e bai a sbentiai.
> Meglio se in spiaggia. Meglio se d'inverno. Meglio se di pomeriggio. Meglio se da solo. Vattene a sbentiare: lascia che il vento si porti via i fumi dell'ubriacatura o della tristezza.[38]
> Fu tutto questo a portare Claudio sulla spiaggia, quella mattina di giugno – a sbentiare.[39]

Tanchis' Roman bietet auch eine Re-Literarisierung des filmischen Topos von der Ankunft im Hafen. Saras Annäherung an die Stadt wird den Lesern als eine mit den Mitteln der Literatur nachgeahmte Kamerafahrt dargeboten:

> La rotta cambiò e il blu cupo si calmò nell'azzurro profondo disegnato attorno alla costa. Sara guardò verso i grigi, i marroni e i verdi scuri dell'isola che si avvicinava – e che a sua volta la guardava.
>
> Vide quindi in lontananza la geometria della città, le costruzioni sedute in gradinata a guardare chi arriva dal mare. In pochi minuti la città scivolò tutta in avanti. Le braccia del porto si chiusero sul traghetto. [40]

Faszinierend ist es, wie in Tanchis' Text das literarische Stereotyp der ‚afrikanischen' Stadt wieder auftaucht, das im Film, außer in der Sequenz der Ankunft im Hafen, keine Rolle gespielt hatte. Der Wind, der dem Strandgänger zum inneren und äußeren Auslüften empfohlen wird, darf nämlich kein afrikanischer sein:

> Non però il vento caldo, africano, che ti fa venire la callella [svogliatezza] e t'ammoscia tutto. No, un bel maestrale, che ti scoperchia sa conca [la testa] e ti spazza via tutti i cattivi vapori.[41]

---

[36] So Aldo Tanchis im Nachwort zu seinem Buch: *Pesi leggeri*, Nuoro: Il Maestrale 2001, S. 302.
[37] *Sbentiare* (italienisiert) für das cagliaritanisch-sardische Verb *sbentiai*: ital. *svaporare*.
[38] Tanchis, *Pesi leggeri*, S. 7.
[39] Tanchis, *Pesi leggeri*, S. 277.
[40] Tanchis, *Pesi leggeri*, S. 66f.

Und Claudio in seiner Villa auf dem Poetto fühlt – bei geeigneter Wetterlage – die physische Nähe der afrikanischen Küste:

> Si era messo a piovere forte. Una pioggia malsana, mista a sabbia. Le auto avanzavano caute, con i fari accesi, come intimorite da quell'acqua ispida.
> Arrivato a casa si lasciò andare sulla poltrona davanti alla veranda. Se avesse aperto la porta e avesse attraversato la strada, sarebbe arrivato sulla spiaggia bianchissima – ma ingrigita dalla pioggia – e se poi avesse attraversato la spiaggia, sarebbe arrivato al mare. Se avesse attraversato il mare, l'Africa. [42]

Wenn er (Claudio) die andere Richtung, die Richtung nach Norden nähme, käme er in ungefähr gleicher Entfernung nach Sassari, der in vieler Hinsicht ‚anderen' Stadt Sardiniens, von der Salvatore Mannuzzu erzählt.

---

[41] Tanchis, *Pesi leggeri*, S. 7.
[42] Tanchis, *Pesi leggeri*, S. 99.

Glokal

In den vorangehenden Kapiteln habe ich verschiedene Formen der Öffnung, des Dialogs und der kulturellen Übersetzung beschrieben, die die aktuelle sardische Kultur im Bereich der Literatur und des Films kennzeichnen, und habe diskutiert, wie sich diese Öffnung in sehr unterschiedlichen Bereichen, nämlich der urbanen Kultur einerseits und der traditionsstarken barbaricinischen Welt andererseits, beobachten lässt – womit sich zumindest eine häufige Vorannahme falsifizieren lässt, die der Darstellung der urbanen Kultur ein prinzipiell höheres Dialogpotential zuschreibt. Die dialogischen Prozesse – und ihre fiktionale Darstellung – finden in der „Weltgesellschaft", so wie sie Ulrich Beck[1] definiert, unausweichlich und überall statt, wenn auch nicht überall auf die gleiche und auf gleichen Chancen beruhende Weise.

In diesem letzten Kapitel werden literarische Texte im Zentrum stehen, deren Autoren von einem geschärften Bewusstsein der Globalisierungsprozesse geprägt sind, ohne deswegen auf die lokale Partikularität ihres Schreibstandpunkts verzichten zu wollen – mit anderen Worten: Autoren, die sich den Phänomenen der Glokalisierung programmatisch stellen.

Der Terminus ‚glokal' erweist sich insofern als hilfreich, als er eine Konzeption in einem Wort verdichtet, die von der gegenseitigen Durchdringung und Abhängigkeit der Globalisierung und des Lokalen ausgeht. Überlegungen dazu stammen aus dem Bereich der Soziologie, der Anthropologie und der Cultural Studies. Der Begriff selbst geht, wie man bei Roland Robertson nachlesen kann, in Analogiebildung auf einen japanischen Neologismus zurück, der ursprünglich die Anpassung landwirtschaftlicher Techniken an lokale Bedingungen bezeichnete, und ist heute ein Marketing-Modewort global agierender ökonomischer Akteure geworden.[2]

Glokalisierung verweist laut Robertson auf die Tatsache, dass „das sogenannte Lokale zu einem großen Maß auf trans- oder super-lokaler Ebene gestaltet wird. Anders ausgedrückt, geschieht ein Großteil der Förderung des Lokalen in Wirklichkeit von außen und von oben".[3] Diese Tatsache hat Lawrence Grossberg in einem den Cultural Studies verpflichteten Zusammenhang[4] als die Produktion von Orten bezeichnet, die sich häufig als gutes Geschäft herausstellt (ein für Sardinien zutreffendes Beispiel ist die Tourismusindustrie mit all ihren Haupt- und Nebenzweigen). Die ökonomischen

---

[1] Ulrich Beck (Hg.), *Perspektiven der Weltgesellschaft*, Frankfurt a.M..: Suhrkamp 1998.
[2] Roland Robertson, Globalisierung: Homogenität und Heterogenität in Zeit und Raum, in: Beck (Hg.), *Perspektiven der Weltgesellschaft*, S. 192-220, hier S. 197f.
[3] Robertson, Globalisierung, in: Beck (Hg.), *Perspektiven der Weltgesellschaft*, S. 193.
[4] Ich beziehe mich auf einen Vortrag, den Lawrence Grossberg am 13. 12. 2000 in Wien gehalten hat und der unter anderem der „politics of place-production" gewidmet war; vgl. auch Grossberg, Globalization and the ‚Economization' of Cultural Studies, in: *The Contemporary Study of Culture*, Wien: Turia + Kant 1999, S. 23-46.

und kulturellen Zusammenhänge zwischen dem Globalen und dem Lokalen können dabei nicht einfach nach einem Aktion-Reaktion-Modell konzipiert werden, denn, so Robertson, homogenisierende und heterogenisierende Tendenzen durchdringen einander wechselseitig.[5] Ganz ähnlich hat das im Übrigen Stuart Hall formuliert, wenn er schreibt, dass „das Globale und Lokale einander wechselseitig neuorganisieren und umgestalten".[6] Halls Ausführungen stehen dabei in Zusammenhang mit der Diskussion des Postkolonialismus und denken den Machtfaktor mit, der zwischen hegemonialen und nicht hegemonialen Kulturen hierarchische Beziehungen erzeugt; für Sardinien mit seiner semi-kolonialen Vergangenheit ist das in hohem Maß relevant. Die „gegenseitige Neuorganisation" ergibt sich sowohl aus der Tatsache, dass lokale Aneignungsformen globaler Kulturgüter als widerständige Leistungen oder als kreative Praktiken gesehen werden können, als auch aus der nicht minder wichtigen Tatsache, dass globale Akteure (zum Beispiel der Film- und Medienindustrie) lokale Partikularitäten als Marktfaktoren einkalkulieren.

Für eine Kultur wie die sardische, die in vielfacher Weise auf der Eigenständigkeit des Partikularen beharrt, greift das Konzept des Glokalen in mancher Hinsicht besser als die „Dynamiken der Enträumlichung" und die „globalen ethnischen Räume" (*ethnoscapes*), von denen der Anthropologe Arjun Appadurai spricht.[7] Es geht in der Kultur dieser Insel weniger um das Phänomen der Diaspora und eine durch rezente Immigration hervorgerufene Hybridisierung – obwohl es beides auch gibt –, sondern vielmehr um die Verwandlungen des Lokalen, denen dieses im Prozess der Globalisierung unterworfen wird. Diese Um- und Neugestaltung des Lokalen kann – abhängig vom konkreten Kontext – positiv oder negativ gewertet werden: als Traditionsverlust, als Kapitalisierung und Musealisierung von Kulturgütern oder auch als Möglichkeit, nicht nur größere Märkte zu erreichen, sondern auch größere kulturelle Ausstrahlung zu erlangen. Übertragen auf den Bereich der kulturellen Produktion heißt das zum Beispiel, dass man solche Texte, solche Filme als glokal bezeichnen kann, denen gerade, weil sie auf dem Partikularen beharren und die Fähigkeit besitzen, es ästhetisch einem indigenen sowie einem exogenen Publikum zu kommunizieren, universale Bedeutung zukommt.

Das gilt für viele der in diesem Buch untersuchten Texte und Filme, die sich auf unterschiedliche Weise ‚öffnen' und dem Dialog von ‚innen' und ‚außen' stellen. Diese Öffnung kann, muss aber nicht, explizit thematisiert

---

[5] Robertson, Globalisierung, in: Beck (Hg.), *Perspektiven der Weltgesellschaft*, S. 196.
[6] Stuart Hall, Wann war der ‚Postkolonialismus'? Denken an der Grenze, in: Elisabeth Bronfen/Benjamin Marius/Therese Steffen (Hg.), *Hybride Kulturen. Beiträge zur angloamerikanischen Multikulturalismusdebatte*, Tübingen: Stauffenburg 1997, S. 219-246, hier S. 228.
[7] Arjun Appadurai, Globale ethnische Räume. Bemerkungen und Fragen zur Entwicklung einer transnationalen Anthropologie, in: Beck (Hg.), *Perspektiven der Weltgesellschaft*, S. 11-40.

werden. In Sardinien sind es zwei Autoren, die zugleich auf unterschiedliche, aber jeweils einschlägige Berufserfahrungen zurückgreifen können, nämlich der Jurist Salvatore Mannuzzu und der Anthropologe Giulio Angioni, die sich in ihren literarischen und theoretischen Schriften auf produktive und programmatische Weise mit dem Prozess der Globalisierung und ‚glokalen Phänomenen' auseinandersetzen.

Salvatore Mannuzzus enigmatische Erzählpoetik oder die Leerstelle der Identität

Salvatore Mannuzzus erste Berufskarriere als Jurist hat ihn von Sassari nach Rom in die höchsten juristischen und politischen Institutionen Italiens geführt; seine zweite Karriere als national und international erfolgreicher Schriftsteller beginnt zwar nicht erst mit seiner Rückkehr nach Sardinien, nimmt aber ab diesem Zeitpunkt ihren Aufschwung.

Salvatore Mannuzzu, 1930 in Pitigliano (Grosseto) als Sohn einer sardischen Familie geboren, übte von 1955 bis 1976 den Beruf des Richters in Bosa (Provinz Sassari) und in Sassari aus. Danach wurde er dreimal als unabhängiger Kandidat auf der Liste des PCI in das italienische Parlament gewählt. Sein erster Roman *Un Dodge a fari spenti* erschien noch während der Ausübung des Richteramts 1962 unter dem Pseudonym Giuseppe Zuri, seine Gedichte wurden in namhaften Zeitschriften gedruckt (Buchausgabe unter dem Titel *Corpus* 1997 bei Einaudi). Mit dem Roman *Procedura* (1988) gewinnt der Autor den Premio Viareggio. Es folgt eine Reihe von weiteren Romanen: *Un morso di formica* (1989), *Le ceneri del Montiferro* (1994), *Il terzo suono* (1995), *Il catalogo* (2000), *Alice* (2001), *Le fate dell'inverno* (2004). Mannuzzu hat zahlreiche Essays zu Themen aus den Bereichen Politik, Recht und Kultur verfasst, darunter einen Band mit Meditationen über die Rechtskultur Italiens (*Il fantasma della giustizia*, 1998). Seine literarischen Arbeiten wurden in viele Sprachen übersetzt; auf Deutsch liegen nur zwei Übersetzungen vor: *Der Fall Valerio Garau* (= *Procedura*), übers. von Moshe Kahn, und *Der Biß einer Ameise*, übers. von Sigrid Vagt, beide bei Hanser.

Mannuzzu hatte noch während seiner Berufstätigkeit als Richter und Abgeordneter einen diskreten Bekanntheitsgrad als Dichter, politischer Essayist und Erzähler erreicht; sein literarischer Ruhm beginnt jedoch 1988 mit der Publikation von *Procedura*, einem Gründungstext der schon mehrfach erwähnten „scuola sarda del giallo". Das hat gewiss damit zu tun, dass ein Kriminalroman sehr viel mehr Leser zu erreichen pflegt als lyrische Texte, es hängt aber auch mit der Zurückhaltung zusammen, die sich der Autor während seiner Laufbahn als Richter auferlegt hatte. So schreibt er in einem im distanzierenden Modus der dritten Person verfassten Rückblick auf seine beiden Berufe über sein literarisches Schreiben:

> Si trattava dunque d'un impegno non compatibile con il mestiere di giudice, che prendeva anch'esso anima e corpo. O può anche darsi che l'incompatibilità non fosso soltanto materiale.
> [...]
> non può dimenticarsi che M. ha trascorso una lunga parte della sua vita, dal 1955 a 1976, scrivendo: però sentenze. Si ha idea di che cosa sia lo stile forense? e in particolare di che cosa fosse all'epoca in cui iniziava quella carriera?[8]

Mannuzzu benennt in dieser Selbstdarstellung die doppelte Prägung, die sein Schreiben durch die Ausübung des Richter-Berufs erfahren hat: durch ein verinnerlichtes Berufsethos und durch den Umgang mit der Juristensprache Latein. Der vielfach beobachteten literarischen Zwei- oder Mehrsprachigkeit der neueren sardischen Literatur in italienischer Sprache fügt er somit eine Variante hinzu, in der neben Einschüben aus dem Englischen und Französischen vor allem solche aus dem Lateinischen dominieren; die Auswirkungen der klassischen Sprache reichen aber auch in die Grammatik und Stilistik hinein.[9]

Italienisch, Latein, Französisch und Englisch: das ist eine sehr (alt-) europäische Form der literarischen Horizontöffnung. Dem entspricht Mannuzzus literarischer Referenzraum, der ein Lektürehorizont der internationalen Moderne ist; der Autor nennt Proust, Kafka, Eliot, Montale, Gadda, und „Gramsci [...] mitigato da Freud"[10]. Seine Schreibweise ist eine dezidiert urbane[11], das Milieu seiner Fiktionen ist das städtische Bürgertum, und mutatis mutandis kann man ihn als den Svevo seiner Heimatstadt Sassari bezeichnen. Seine Figuren werden ausnahmslos als problematische und selbstreflexive Individuen gezeichnet, sie sind alle auf die eine oder andere Weise Liebende, und das hetero- wie das homosexuelle Begehren stehen im Mittelpunkt der Fiktionen.

---

[8] Salvatore Mannuzzu, La vergogna, in: Maria Teresa Serafini (Hg.), *Come si scrive un romanzo*, Mailand: Bompiani 1996, S. 89-104, hier S. 91 und 95.

[9] „Presto il Nostro cominciò ad avvertire il bisogno (estetico o politico?) d'una semplificazione; che in pratica si dimostrava tutt'altro che facile. Per giungervi, egli traduceva o sottoponeva a perifrasi il latino e, fuori dalla terminologia tecnica, ogni altro reperto linguistico; intanto risolveva le subordinate con i due punti o il punto e virgola. Di qui la sovrabbondanza di questi segni d'interpunzione che rimane nella sua scrittura; di qui l'eccesso di superstiti relative, ablativi assoluti e gerundi." Mannuzzu, La vergogna, in: Serafini (Hg.), *Come si scrive un romanzo*, S. 95f.

[10] Mannuzzu, La vergogna, in: Serafini (Hg.), *Come si scrive un romanzo*, S. 95.

[11] Das wurde bei der internationalen Tagung „Con anima, a tempo. Viaggio nella scrittura di Salvatore Mannuzzu" im Oktober 2004 in Sassari, organisiert von Aldo Maria Morace, mehrfach unterstrichen. Der Tagungsband ist noch nicht erschienen.

Der Autor, dessen große Romane bei dem ‚nationalen' Literaturverlag Einaudi erschienen sind, scheint also auf den ersten Blick eher der literarischen Internationale als der Frage der sardischen Identität verpflichtet zu sein. Dass diese aber dennoch der (dunkle) Boden all seiner Texte ist, die sich hartnäckig, wenn auch meist unterschwellig, mit den Phänomenen der Globalisierung beschäftigen, wird in diesem Kapitel diskutiert. Die narrativen Texte seit *Procedura* lassen sich dabei aus meiner Sicht in zwei Perioden gliedern, deren erste im Zeichen der privaten und kollektiven Trauerarbeit steht, die ein privates Trauma und der vom Autor konstatierte Verlust von Identität nach sich ziehen, während die zweite – ab dem 2000 erschienenen Roman *Il catalogo* – dieselbe Trauer fortschreibt, sie aber spielerisch auflöst, indem mediale und andere Phänomene der Globalisierung und deren Auswirkungen auf den lokalen Kontext und die in ihm verankerten Individuen in den Vordergrund gestellt werden.[12]

Die erste Phase steht darüber hinaus expliziter als die zweite im Zeichen des Detektivromans, dessen Schemata und Traditionen Mannuzzu sich sehr produktiv angeeignet hat, als Strukturformen, die zur Variation und De-Formation einladen:

> [L]e sue storie sono molto costruite (troppo, lo rimproverava la Ginzburg). [...] si può convenire che le forme del Nostro sono chiuse. Egli predilige i generi letterari, meglio se di consumo. *Procedura* e *Il terzo suono* sono dei gialli.[13]

Das Genre des Kriminalromans eignet sich bekanntlich auch dazu, Handlungsmuster in reale urbane oder regionale Räume zu implantieren, und es besitzt, wie vielfach festgestellt wurde, eine gewisse Affinität zum kritischen Realismus, die sich mit den Merkmalen des Gattungstypischen und der Gattungsparodie ausgezeichnet vereinen lässt.[14] Diese Affinität zum kritischen Realismus mag damit zusammenhängen, dass die genuin detektivische Tätigkeit, das Spurenlesen, einen genauen Blick auf die Materialität und Formensprache der Welt voraussetzt. Das Spurenlesen schafft lokales Wissen, wie Carlo Ginzburg in seinem *Spie*-Aufsatz formuliert hat,[15] ein in der konkreten Realität eines geokulturellen Raums verankertes Wissen. Ein idealer Spurenleser kennt sein Habitat so gut wie Nestor Burma die Pariser *arrondissements* oder wie Fois' Serienheld Bustianu die Stadt Nuoro und ihre Umgebung. Die Lesbarkeit der Spuren setzt Vertrautheit und Wiedererkennbarkeit voraus. Doch Mannuzzu lässt seine Detektive in einer Welt

---

[12] Mannuzzu bestätigt in einem Interview die Wendung, die sein Schreiben ab *Il catalogo* genommen hat: Giuseppe Marci, Evocare anime (e fatti di minore importanza). Intervista a Salvatore Mannuzzu, in: *La grotta della vipera* 90, 2000, S. 25-30.

[13] Mannuzzu, La vergogna, in: Serafini (Hg.), *Come si scrive un romanzo*, S. 101.

[14] Vgl. zum Beispiel Hubert Pöppel (Hg.), *Kriminalromania*, Tübingen: Stauffenburg 1998, Einleitung des Hg. S.12.

[15] Carlo Ginzburg, Spie. Radici di un paradigma indiziario, in: Aldo Gargani (Hg.), *Crisi della ragione. Nuovi modelli d rapporto tra sapere e attività umane*, Turin: Einaudi 1979, S. 57-106.

agieren, die trotz ihrer ‚Kleinheit' ihre Vertrautheit und damit auch ihre Lesbarkeit verloren hat, und er dekonstruiert die Strukturen des Kriminalromans gleichsam von innen:

> Infatti il giallo è un atto di fede nella realtà. Mentre i miei libri, gialli e no, marciano solo a congetturare ipotesi; l'approccio è induttivo, mai deduttivo. È vero, mi piace costruire una storia dalle tracce: da segni confusi e incerti, da quel che ne è rimasto – che ne rimane; e andando a ritroso.[16]

Paradigmatisch dafür stehen die Romane *Un morso di formica* (1989) und *Il terzo suono* (1995).

Die beiden Romane verhalten sich zueinander wie Varianten eines Textes, zu dem es keinen Urtext gibt. Beide konstruieren auf je eigene Weise ein Geflecht verschiedener Beziehungsgeschichten. *Un morso di formica* bietet drei sehr ähnliche, in wichtigen Aspekten aber unterschiedliche Varianten desselben Plots an, zu denen *Il terzo suono* die „Extremvariante"[17] darstellt: extrem wohl auch deswegen, weil die Handlung in die Gattung des Kriminalromans überführt wird, während die Varianten eins bis drei in *Un morso di formica* den Genres Tagebuch, Briefroman und Roman-im-Roman zuzuordnen sind.

Worum kreisen diese Varianten, die in ihrer ‚Mitte' einen leeren Raum des Textes aussparen? Der Handlungsschauplatz ist immer derselbe, die Feriensiedlung Tamerici an der sardischen Nordwestküste gegenüber der ehemaligen Gefängnisinsel Asinara; die Figuren sind immer dieselben, eine vom Zufall zusammengewürfelte Gruppe von Urlaubern: der Triestiner Schriftsteller Piero Weiss, der im Haus seines ihm nahezu unbekannten Neffen Urlaub macht; dieser auf Sardinien lebender Neffe namens Sergio; Piero Weiss' Frau Miriam, die in manchen Varianten mitspielt, in einer hingegen die Adressatin von Pieros Briefen ist; andere Urlauber, eine zweite Miriam und ihre Familie; ein neapolitanischer Fürst und seine Frau; ein Sarde, der mit einer japanischstämmigen Amerikanerin verheiratet ist; ein Pianist und seine farbige Freundin; eine Triestiner Jugendliebe Pieros. ‚Sardisch' sind in dieser touristischen Welt nur Sergio, der homosexuelle Barkeeper Scarpa sowie die ermittelnden Carabinieri und Polizeibeamten in der Variante des *Terzo suono*. Mit dem touristischen Milieu wird eine der Schnittstellen aufgerufen, die eine Region wie Sardinien mit der Außenwelt verschränken und durch diese Verschränkung zugleich nachhaltig verändern.

Piero, der Erzähler der Varianten eins bis drei und das Mordopfer der vierten Variante, wird einmal als „frivolo und tetro" bezeichnet,[18] beide Adjektive könnten das gesamte Mikro-Milieu von Tamerici bezeichnen: ein beliebiges Milieu mit oberflächlichen Beziehungen, kleinen Sommerlieben,

---

[16] Intervista a Salvatore Mannuzzu, in: *La grotta della vipera* 90, 2000, S. 27.
[17] „la variante estrema": Mannuzzu, La vergogna, in: Serafini (Hg.), *Come scrivere un romanzo*, S. 101.
[18] Salvatore Mannuzzu, *Il terzo suono*, Turin: Einaudi 1995, S. 76.

kleinen Intrigen und Eitelkeiten, Eifersüchteleien, Nichtigkeiten – vor dem Hintergrund scheinbar grundloser, abgründiger Traurigkeit. Die große Geschichte spielt in diesen Episoden nur eine geringe Rolle, nur in *Il terzo suono* wird, ähnlich wie es Godard in seinen frühen Filmen getan hat, ein medial vermittelter Kriegsschauplatz außerhalb Italiens eingeblendet: als düstere Folie, die die abgründige Traurigkeit der kleinen Beziehungsgeschichten nicht erklärt, die ihr fremd bleibt.

Die realpolitische Gewalt, von der auf diese Weise flüchtig die Rede ist, hat keine Auswirkungen auf das sommerliche Tamerici. Dort gibt es andere, ‚private' Formen von Gewalt und Tod: eine Ameise wird zertreten, eine Kröte wird mit Rasierwasser übergossen und verbrannt, ein Kormoran wird erledigt, ein alter Hund namens Zero stirbt (in einer denkwürdigen Szene: die aber nur in einer Variante ‚wahr' ist). Menschen sterben an Krebs und bei Autounfällen. Piero, der Schriftsteller, scheint das Mordopfer in der „extremen Variante" des *Terzo suono* zu sein, in beiden Romanen endet Sergio durch Freitod.

Die Trauer manifestiert sich für die Leser unter anderem in der Beiläufigkeit, mit der Fragmente sardischer Realität in den Text einfließen. Die Schönheit der Bucht mit dem Blick auf Asinara kontrastiert mit dem herabgekommenen Zustand der Villa Weiss, die wie viele Nachkriegsbauten nicht schön, sondern hässlich altert; der idyllische Friedhof über dem Meer täuscht ein Heil vor, das ein heillos schmutziger kleiner Strand dementiert, die Trostlosigkeit der Betonterrasse von Scarpas Bar entspricht der sozialen Haltlosigkeit ihrer jungen Besucher. Für den Verlust, den die Zerstörung eines lokalen *patrimonio* darstellt, hat Mannuzzu in seinem Essay *Finis Sardiniae* ein melancholisches Bild gefunden:

> Se si cerca una referenza della Sardegna, una sola tra le mille disponibili, alla fine vien da pensare a certi strani convogli ferroviari che continuano ad arrivare in quei porti dal Continente. Di tanto in tanto, con oscura regolarità: sbarcano dai traghetti, si avviano sui vecchi binari. E cominciano i loro viaggi da un capo all'altro dell'isola: compiendo lunghi giri oziosi; sostando – imprevedibilmente, irragionevolmente – in piccole stazioni sperdute, venendo dimenticati là. Trasportano merci misteriose; ma poi si capisce di quali misteri si tratti nel decifrare le scritte e i simboli che ingialliscono, logorandosi per le intemperie, sulle fiancate dei vagoni: ‚Rifiuti industriali pericolosi', ‚Rifiuti tossici', ‚Rifiuti ospedalieri', ‚Scarti sanitari'.[19]

Die Lastzüge, die Sondermüll vom ‚Kontinent' zur Endlagerung nach Sardinien bringen, stehen als Chiffre für die hierarchisch strukturierten Beziehungen, die die Insel, die Jahrhunderte lang Funktionen einer europäischen Kolonie erfüllt hat, mit dem ‚Festland' verbinden.[20] Die Bewohner dieses

---

[19] Salvatore Mannuzzu, Finis Sardiniae (o la patria possibile), in: Luigi Berlinguer/Antonello Mattone (Hg.), *Storia d'Italia. Le Regioni dall'Unità a oggi: La Sardegna*, Turin: Einaudi 1998, S. 1225-1244, hier S. 1225.

[20] Vgl. die Chiffre des gefährlichen Industrieabfalls in Marcello Fois' drittem Bustianu-Roman *l'altro mondo*.

postkolonialen Sardinien, das Mannuzzu entwirft, gleichen der Insel, auf der sie leben, sie scheinen ihres einstigen Inhalts entleerte Hüllen zu sein. Die beiden Eigenschaften, die Sergio in allen Varianten übereinstimmend zugeschrieben werden, sind Hilflosigkeit und Verantwortungslosigkeit. Früh verwaist, repräsentiert er die Unsicherheit und mangelnde Beziehungsfähigkeit, die alle sardischen Figuren dieser beiden Romane kennzeichnet: die Unterwürfigkeit des Barkeepers Scarpa, die Unfähigkeit des ermittelnden *dottore*, eine Beziehung zu seiner Tochter zu finden, die Sprachlosigkeit dieser Tochter, Sergios Unsicherheit in Bezug auf seine sexuelle Orientierung – Figuren der Verwaistheit, der Heimatlosigkeit, der Identitätskrise.

In diesem Ambiente, das den einen eine leere Heimat und den anderen ein beliebiger Ferienort zu sein scheint, tauchen Spuren auf, versuchen Figuren, Spuren zu lesen, und schaltet sich schließlich in der vierten Variante ein professioneller Spurenleser als Ermittler ein. Die Leser werden in eine detektivische Rezeptionshaltung gedrängt (und zwar auch bei *Un morso di formica*, das nicht als Kriminalroman ausgewiesen ist), werden aufgerufen, Rätsel zu lösen und Leerstellen der Texte auszufüllen. Wenn der *dottore*, der Ermittler in *Il terzo suono*, am Ende seiner Tätigkeit vor manchen Rätseln resigniert, so tut er das nicht allein, sondern wiederholt Erfahrungen, die andere Figuren und mit ihnen die Leser bereits gemacht haben.

Die Leser müssen sich am Ende damit abfinden, dass die detektivische Lesearbeit, die ihnen abverlangt wurde, die Rätsel der Texte nicht löst und die Inkongruenzen der vier Varianten nicht kongruent macht. Auch die intertextuellen und intermedialen ‚Verständnishilfen', die der Autor über die Texte verstreut – von Molière bis zu Gramsci, von Charlie Parker bis zum Filmklassiker *Les enfants du paradis* – sind keine Schlüssel, genau so wenig wie die nur vermeintlich aufklärende *nota* am Ende des ersten der beiden Romane. Den zweiten, *Il terzo suono*, kann man freilich als abgeschlossenes, für sich stehendes Buch lesen: dann erfüllt er die Erwartungen, die man an das parodistische Modell des selbstreflexiven Kriminalromans stellt. Für die Leser von *Un morso di formica* ist er unvermeidlich eine weitere Variante, die das Postskriptum („Piero") des ersten Romans dementiert – ist doch Piero zu Beginn des zweiten Romans bereits tot.[21]

Spiegelbildlich können sich die Leser allerdings in den Figuren, vor allem den beiden Ich-Erzählern, die ihrerseits Spurensucher sind, wieder finden. Piero, der Ich-Erzähler von *Un morso di formica*[22], der wiederholt zum

---

[21] Die vier Varianten bilden also kein Text-Puzzle, wie man zunächst annehmen könnte: während ein Puzzle sich bei genügender Ausdauer zu einem ganzen Bild fügt, bringen die detektivischen Lektüreleistungen die Leser die Einsicht, dass nicht eine Geschichte, sondern verschiedene Geschichten in ähnlichen Varianten erzählt werden und dass die Steinchen, die der Autor ihnen anbietet, aus verschiedenen Puzzle-Sätzen stammen.

[22] Zu *Un morso di formica* vgl. Giovanna Cerina, *Deledda e altri narratori. Mito dell'isola e coscienza dell'insularità*, Cagliari: CUEC 1992, S. 17-190.

Ausdruck bringt, ein Fremder auf der Insel zu sein, versucht, die Realität seiner Ferienwelt zu lesen: wer ist Sergio, und vor allem: was bedeutet sein Neffe für ihn? Was bedeuten ihm die anderen Mitglieder dieser zufällig zustande gekommenen temporären Gemeinschaft? In allen drei Varianten wird der Text durchzogen von Beobachtungen Pieros, denen er Zeichencharakter beimisst, ohne allerdings die Zeichen deuten zu können:

> Sono portato ad attribuire significati ulteriori a ogni minuta circostanza di allora: simboli di che cosa?
> A questo punto ogni segno mi pare segno di tutto.
> Ma questa è la vita che guardo: senza capirne, senza capirla. Per over exposure: la sovra-esposizione che cancella gli oggetti e riduce tutto al color bianco.[23]

Piero bewegt sich in einer von Zeichen erfüllten Welt, deren Deutung ihm verschlossen bleibt. Sein Blick hat die Tendenz, Geschehnisse zu allegorisieren, seine Gegenwart wird ihm zu einer Rätselwelt, die er von geheimem Sinn erfüllt glaubt. Der Unlesbarkeit seiner Welt begegnet er, versucht er zu begegnen, durch das Entwerfen eines Sinns, durch das Schreiben eines Textes (in der Variante *romanzo*); die Unlesbarkeit seiner Welt hat aber auch zunehmend lähmende Wirkung auf ihn, produziert Handlungsunfähigkeit, Liebesunfähigkeit, Unschlüssigkeit; was ihn zu Sergio hinzieht – eine väterliche oder eine erotische Neigung – bleibt ihm selbst verborgen.

Piero ist Triestiner, entspricht also der in der sardischen Literatur so häufigen Außenperspektive. Doch auch der berufsmäßige Spurenleser des *Terzo suono*, ein Sarde, scheint von Pieros Krankheit, dem Blick für stumme Spuren, befallen zu sein, auch ihm gerät der Fall, den er zu untersuchen hat, von einem professionellen zu einem existenziellen Rätsel. Sein Blick heftet sich auf „kleinste Indizien", auch er entwickelt wie Piero eine Bereitschaft zu wilder Semiose[24], nimmt Zeichen wahr, nur um ihre Zeichenhaftigkeit zu konstatieren, ohne sie deuten zu können. Bereits zu Beginn des Romans, als er den kleinen Friedhof besucht, auf dem Pieros verkohlte Leiche bestattet wurde, rechnet er mit einem definitiven Missverständnis:

> Resti dedicati dunque a un definitivo fraintendimento; dopo essere stati offesi dal fuoco (e dalla dissezione inevitabile). Ma oscuramente mi sembrava che in quel fuoco risiedesse il mistero – come dire? – più accanito e grave: chiave d'ogni altra vicenda; nella fisicità della combustione.[25]

Das Wort Schlüssel – Schlüssel zum Rätsel – taucht so häufig in metaphorischer Verwendung auf, dass es nicht verwundert, dass dann auch ein ‚echter' Schlüssel eine rätselhafte Rolle spielt, der Schlüssel, mit dem das Mordzimmer abgeschlossen wurde, und der unerwartet wieder auftaucht:

> Il fatto della chiave: vera, questa [...]. Ma noi non fummo in grado, fino alla fine.[26]

---

[23] Salvatore Mannuzzu, *Un morso di formica*, Turin: Einaudi 1998, S. 73, 85 und 112.
[24] Im Sinne von Umberto Eco, *I limiti dell'interpretazione*, Mailand: Bompiani 1990.
[25] Mannuzzu, *Il terzo suono*, S. 16.
[26] Mannuzzu, *Il terzo suono*, S. 100.

„Non fummo in grado", die professionellen Spurenleser versagen, der Fall wird auf Anordnung des Vorgesetzten an den Untersuchungsrichter übergeben, der kein Interesse zeigt, ihn weiter zu verfolgen. Es ist eine ironische Volte des Textes, dass er einige Monate nach seiner Archivierung sich doch noch klärt, und zwar durch einen Zufall, nicht durch ermittelnde Rationalität. So wird am Ende die Mordthese fallengelassen, Pieros Tod als Selbstmord qualifiziert, und Sergio, der zu diesem Zeitpunkt ebenfalls bereits tot ist, als Urheber der rätselhaften Verbrennungen des Körpers seines Onkels identifiziert. Sein Motiv scheint auf der Hand zu liegen, nämlich die Absicht, den Verdacht auf Pieros Ehefrau Miriam zu lenken und so in den alleinigen Genuss des Erbes zu gelangen. Doch die Banalität dieser rationalen Erklärung kann den Ermittler (und die Leser, die längst zu Spurendeutern geworden sind), nicht überzeugen:

> I motivi, tutti i motivi, parevano sempre gli stessi: propri d'una logica che io non riuscivo a comprendere e che tuttavia apparteneva alla realtà.[27]

So hinterlässt selbst der gelöste Fall ungelöste Rätsel. Das ist eine andere Beunruhigung der Leser als jene, von der Ulrich Schulz-Buschhaus in seiner Studie über den Kriminalroman aus dem Jahr 1975 spricht (die exemplarisch auf Sciascias Kriminalromane rekurriert).[28] Beunruhigend ist hier nicht, dass die Ermittler und mit ihnen die Leser eine komplexe und tendenziell mafiose gesellschaftlich-politische Wirklichkeit nicht mehr durchschauen können, beunruhigend ist das Faktum, dass Spuren der Wirklichkeit undeutbar werden, dass selbst Ereignisse, die man komplett rekonstruieren kann, keinen Sinn ergeben, und dass Orte, die einmal identitätsstiftend waren, zu Atopien werden.

Zwei Texte, die so offensichtlich mit allegorischen Strukturen arbeiten, kann man insgesamt einer allegorischen Lektüre unterziehen. Die vier Varianten, die *Un morso di formica* und *Il terzo suono* anbieten, variieren ja keinen Urtext, keinen verlässlichen Text, der die ‚Wahrheit' dieser Geschichten enthielte. Wo man den Urtext vermuten kann, klafft eine Leerstelle. Es ist wohl kein Zufall, dass Mannuzzu in seinem Essay mit dem Titel *Finis Sardiniae* (1998) zu einer Metapher gelangt, die ebenfalls mit einer Leerstelle arbeitet. In diesem Text, der den Sardinien-Band der großen Einaudi-Reihe der *Storia d'Italia. Le Regioni dall'Unità a oggi* beschließt, beklagt der Autor bitter die manchmal leere politische Rhetorik des *sardismo* und konfrontiert sie mit der von ihm beobachteten Realität eines verschwindenden *patrimonio*. Was die sardische Identität ausmachen könnte, scheint Mannuzzu zu diesem Zeitpunkt nur noch als Leerstelle denkbar:

> [...] l'identità, l'identità tout court – della Sardegna e dei sardi – diventa un'assenza, una mutilazione, una ferita: che duole e non si cicatrizza. Qualcosa

---

[27] Mannuzzu, *Il terzo suono*, S. 201.
[28] Ulrich Schulz-Buschhaus, *Formen und Ideologien des Kriminalromans*, Frankfurt a.M.: Athenaion 1975.

che esiste perché sta mancando. Come quando si toglie un mobile da una parete, e ne rimangono i segni indelebili: e mai ci si è vissuto tanto insieme come dal momento che non è più lì.[29]

Etwas, das existiert, weil es nicht (mehr) da ist: das wäre dann wohl auch jene Geschichte, die der fehlende Urtext der vier existenten Varianten erzählen könnte. Die narrative Faktur der beiden Romane ist also eine allegorische Figuration, die auf ein *Finis Sardiniae* hinweisen kann. Ihr Autor ist ein Erzähler, der dennoch von sich emphatisch die Verwurzelung in einem realen Ort behauptet und sich dazu programmatisch auf Salvatore Satta beruft:

> Dunque, anche per chi smette di protestare il ricatto delle radici e dell'identità, vale la lezione di Salvatore Satta (lezione involontariamente politica): assegnarsi un luogo fisico, uno soltanto, piccolo e *vero* – per esempio Nuoro. Per esempio la Sardegna: o quel che ne rimane, il *Finis Sardiniae*. Che sia *il* luogo, non *un* luogo.[30]

Der Ort, eine geo-kulturelle Gegebenheit, ist unvermeidlich in Globalisierungsprozesse eingebunden, die seine Konkretheit und Entzifferbarkeit aushöhlen: „jeder Ort wird tendenziell zu einem Nicht-Ort".[31] So trägt die Feriensiedlung Tamerici zweifellos atopische Züge und lässt die (verlorene) sardische Realität als Leerstelle erscheinen. Tamerici steht als Zeichen für etwas, das es nicht mehr gibt, ohne dass diese Nicht-Existenz durch eine neue, in vergleichbarer Weise pralle Existenz abgelöst worden wäre.

Es ist nicht überraschend, dass ein so pessimistisches Bild eines in die Prozesse der Globalisierung verstrickten Sardiniens auf der Insel selbst nicht unwidersprochen geblieben ist. Eine erste und nicht textidente Fassung von Mannuzzus Essay ist 1997 unter dem Titel „Il lutto delle radici" in der ‚sardistischen' Zeitschrift *La grotta della vipera* erschienen. Begleitet und kommentiert wird er von einem langen Artikel Silvano Tagliagambes, der nicht ganz zu Unrecht die apodiktische Argumentation dieser ersten Fassung kritisiert.[32] Allerdings diskutiert Tagliagambe nicht das poetische und kritische Potential von Mannuzzus Essay, die Fähigkeit, die Identität eines Ortes zugleich zu erinnern, ihre Erosion zu konstatieren und die Fallen der Identitätspolitik zu kritisieren. In der ersten Fassung von Mannuzzus Essay sind vor allem jene Schlusspassagen interessant, die Mannuzzu nicht in die ansonsten wesentlich ausführlichere Version der *Storia d'Italia* übernommen hat. In der älteren Fassung ist eingehender von der literarischen Darstellbarkeit der sardischen Identität die Rede. Zum Beispiel erfährt man, dass Gattungen Formen sind, in denen das schwierig zu Sagende seinen Ausdruck finden kann:

---

[29] Mannuzzu, Finis Sardiniae, in: Berlinguer/Mattone, *La Sardegna*, S. 1234.
[30] Mannuzzu, Finis Sardiniae, in: Berlinguer/Mattone, *La Sardegna*, S. 1238.
[31] Mannuzzu, Finis Sardiniae, in: Berlinguer/Mattone, *La Sardegna*, S. 1237: „ogni luogo tende a diventare un non-luogo e lo scenario è corroso da un morbo mortale: l'atopia."
[32] „l'analisi sembra non lasciare alcuna possibilità di scampo": Silvano Tagliagambe, Finis Sardiniae? in: *La grotta della vipera* 79/80, 1997, S. 12-25.

> Può capitare anche di fingersi delle radici, simulando di star dentro a dei generi letterari: *feuilletons, love stories,* gialli – come li chiamiamo in Italia. [...] lo schema del giallo permette di partire dalle tracce: permette un *récit* fatto di mere tracce e reticenza.[33]

In einem Text Spuren anzulegen, ohne deren Lesbarkeit zu garantieren, heißt also, *reticenza* (Zurückhaltung) zu beweisen: die Zurückhaltung eines Autors, der keine Deutung zu besitzen und kein Identitätsangebot zu liefern vorgibt. Ein wenig zuvor heißt es, ebenfalls an einer Stelle, die in der späteren Fassung gestrichen wurde, über Mannuzzus Gewohnheit, die Orte der Handlung nicht bei ihrem geographischen Namen zu nennen (so wie es auch Maria Giacobbe mehrfach gehandhabt hat):

> [...] meglio evitare i toponimi, o adoperandone non siano mai quelli giusti. [...] Quindi ogni libro può avere come titolo *Luoghi innominabili*. Luoghi perché si sa che ogni storia è figlia della geografia, e luoghi *che non è dato nominare* perché siamo al Finis Sardiniae: e tutto, anche là, adesso tende a diventare non-luogo.[34]

Es ist eine einigermaßen paradoxe Praxis, Namen, zum Beispiel Ortsnamen, nicht zu nennen, um durch Nicht-Nennung die Erinnerung an sie zu bewahren; diese Namen, die Leerstellen sind, verweisen auf andere Leerstellen, von denen bereits die Rede war, nämlich die Leerstelle ‚sardischer Identität' und die Leerstelle des ‚Urtexts'.

Von einem bestimmten Ort aus sprechen, diesen Ort durch Nicht-Nennung schützen und verrätseln, zeigen, welche Spuren er enthält, die auf eine vergangene Fülle von lokalen Realitäten verweisen: so sieht die komplexe und reflexive Schreibpraxis Mannuzzus aus, die einer Reorganisation von Lokalem und Globalem im Zeichen von Globalisierungsprozessen Rechnung trägt. Unter diesem Aspekt repräsentiert der Autor in den diskutierten Romanen das „Modell der Aktion-Reaktion-Beziehung" (Robertson) und scheint bei der Umwandlung des Lokalen wenig auf bodenständige Kreativität zu vertrauen. Der literarische ‚Tonfall', der dadurch zustande kommt, ist der einer luziden Klage; somit stellen beide Texte (auch) eine politische Stellungnahme dar, die die konservativen (‚naiven') Vertreter des *sardismo* heftig kritisiert. Nicht zuletzt setzt Mannuzzu mit seinen Romanen auf die Möglichkeit, die Kategorie Raum unter den gegenwärtigen Bedingungen literarisch überhaupt darstellbar zu machen, und darauf, dass mit literarischer Darstellung etwas gewonnen ist – womit er zugleich einen Schritt über die „Aktion-Reaktion-Beziehung" hinausgeht.

---

[33] Salvatore Mannuzzu, Il lutto delle radici, in: *La grotta della vipera* 79/80, 1997, S. 7-11, hier S. 11.
[34] Mannuzzu, Il lutto delle radici, S. 10.

Mannuzzus Romane der ‚zweiten' Phase – ab *Il catalogo* – setzen sich vermehrt mit medialen Phänomenen der Globalisierung auseinander und gewinnen dadurch ein neues spielerisches Element, das ein weiteres Abrücken vom „Modell der Aktion-Reaktion-Beziehung" impliziert. Bevor jedoch von diesen Texten die Rede ist, soll ein Roman von Giulio Angioni diskutiert werden, der sich auf seine Weise – und in ganz anderer Schreibweise – mit den Phänomenen der Globalisierung und der Glokalisierung beschäftigt.

Sardinien und die Welt – mediale Ausweitung des Rätselspiels: Giulio Angioni und Salvatore Mannuzzu

So elegant Mannuzzus Prosa ist, so sperrig und spröde präsentieren sich viele der Texte Angionis; während Mannuzzus Romane durchgehend urbane Figuren in Szene setzen, spielen Angionis narrative Text zumeist im dörflichen Milieu. Dennoch verbindet die beiden Autoren eine gemeinsame Sorge, nämlich die Reflexion über den als ambivalent eingestuften Modernisierungsschub der zweiten Hälfte des 20. Jahrhunderts und seine Auswirkungen auf Sardinien. Angioni erweist sich in dieser Hinsicht als ein Erbe Pasolinis. Die Metapher der „anthropologischen Mutation" des italienischen Volkes, die Pasolini schon in den siebziger Jahren prägte, wenngleich für andere Regionen Italiens,[35] kann durchaus auch über dem literarischen Werk des sardischen Autors stehen. „Von meiner Kindheit bis heute hat sich diese Welt mit mir mehr verändert als in den tausend Jahren zuvor",[36] lässt Angioni einen seiner Protagonisten stellvertretend für sich formulieren.

Giulio Angioni, geb. 1939 in Guasila (Provinz Cagliari), lehrt Kulturanthropologie an der Universität Cagliari und hat zahlreiche Forschungsarbeiten über seine Heimatinsel verfasst, darunter *Il sapere della mano* (1986) und *I pascoli erranti* (1989). Seinem ersten Kriminalroman *L'oro di Fraus* von 1988 ist eine Reihe von weiteren Romanen gefolgt, die in jüngerer Vergangenheit überwiegend bei Sellerio verlegt werden, zuletzt *Il mare intorno* (2003), *Assandira* (2004) und der historische Roman *Le fiamme di Toledo* (2006) über das Leben und Sterben des sardischen Humanisten Sigismondo Arquer.

In vergleichbarer Weise wie für Mannuzzu ist Angionis Zugang zum literarischen Schreiben von seiner Berufserfahrung geprägt; ethnologisches Wis-

---

[35] Pier Paolo Pasolini, Studio sulla rivoluzione antropologica in Italia, in: ders., *Scritti corsari*, Mailand: Garzanti 1981, S. 46-52 (Artikel vom 10.6.1974).
[36] „Dalla mia infanzia fino ad oggi questo mondo è cambiato con me più che nel millennio che finisce". Giulio Angioni, *L'oro di Fraus*, Nuoro: Il Maestrale 2001 (Erstausgabe Editori Riuniti 1988), S. 37.

sen und ethnologische Interessen lassen sich in allen seinen Texten nachweisen. Neben seinen Forschungsarbeiten im engeren Sinn hat sich der Autor auch in vielen Essays mit den Veränderungen auseinandergesetzt, denen die traditionale Welt Sardiniens seit dem Zweiten Weltkrieg unterworfen war. Er tut das mit dem jeweiligen geistigen Rüstzeug der Epoche, also zum Beispiel in den siebziger Jahren gramscianisch-marxistisch,[37] heute informiert durch das Globalisierungs- und das Postkolonialismusparadigma.

Ein außerordentlich interessanter Essay ist sein Eröffnungsbeitrag „Identità" zu dem jüngst erschienenen Band *Sardegna. Seminario sull'identità*[38], in dem Angioni die Frage der Identität im Licht der Globalisierungsdebatte diskutiert und Sardinien in das Spannungsfeld rückt, das sich zwischen den reichen und ‚entwickelten' und den armen und ‚unterentwickelten' Ländern auftut. Er kann damit einen inneren Widerspruch formulieren, der oft genug verschwiegen oder einfach nicht bedacht wird: dass nämlich eine kollektive Identifikation mit dem politisch und ökonomisch benachteiligten ‚Süden' (Europas) keineswegs eine Abgrenzung vom Dritte-Welt-Typus des Südens ausschließt: die Rhetorik ist mitunter so ‚südlich', wie es für die Argumentationslinie vorteilhaft ist. Angioni stellt hier und an anderen Stellen seines Essays die Frage der sardischen Identität dezidiert nicht in einen nationalen, sondern in einen globalen Rahmen. Das macht es ihm möglich, die Fallen der Identitätsdebatte präzise zu benennen:

> Non è inutile nemmeno in Sardegna e nemmeno per gli studiosi che si occupano di identità sarda considerare che ciò che l'appartenenza etnica suggerisce non è più positivo quando entra in contrasto con appartenenze e solidarietà più vaste, via via fino all'appartenenza di tutti all'umanità, in un pianeta sempre più piccolo, interrelato e minacciato dagli egoismi individuali e collettivi. Anche un nostro eventuale museo dell'identità sarda potrebbe contenere e veicolare in qualche modo l'idea che non sono né un bene né un male di per sé né l'assimilazione né l'omologazione culturale, così come non è sempre e dappertutto un bene la preservazione e la valorizzazione di caratteristiche locali. Non è difficile vedere il fatto che se la diversità culturale è spesso un ‚bene', altrettanto spesso è un ‚male', e quindi si dovrebbe tentare di esplicitarlo e mostrarlo museograficamente.[39]

Was der Autor hier als Frucht jahrzehntelanger Reflexionen präsentiert, artikuliert sich in seinen literarischen Texten auf eine sehr viel bitterere und manchmal eindimensionalere Weise. Der Roman *Assandira* (2004) ist beispielsweise eine böse Satire auf den *agriturismo*; „Urlaub auf dem Bauernhof" wird in diesem Text als Inszenierung und Erfindung von Tradition mit fatalen Folgen dargestellt.

---

[37] Siehe z.B. Giulio Angioni, Candu si tenet su bentu, es prezisu bentulare, in: Giannetta Murru Corriga (Hg.), *Etnia lingua cultura. Un dibattito aperto in Sardegna*, Cagliari: EDES 1977, S. 28-49 [nur der Titel des Beitrags ist in Sardisch: es handelt sich um ein Zitat aus der „sardischen Marseillaise"].

[38] Giulio Angioni, Identità, in: ders./Francesco Bachis /Benedetto Caltagirone/Tatiana Cossu (Hg.), *Sardegna. Seminario sull'identità*, Cagliari: CUEC 2007, S. 11-22.

[39] Angioni, Identità, in: *Sardegna. Seminario sull'identità*, S. 21.

Ich werde hier Angionis ersten national rezipierten Roman, *L'oro di Fraus* (1988), diskutieren.[40] Dieser Roman lässt sich nicht nur deswegen mit Mannuzzus im ersten Teil dieses Kapitels analysierten Romanen vergleichen, weil auch er dem Strukturschema des Detektivromans folgt, sondern weil er ebenfalls einen Schritt über das „Aktion-Reaktion-Modell" der Globalisierungsdebatte hinauszugehen bereit ist.

Fraus ist ein Dorf, das in mehreren Texten Angionis den Handlungsschauplatz abgibt und ähnlich wie Camilleris mittlerweile weltbekanntes Vigàta eine Realitätsdarstellung mit den Mitteln der Fiktion darstellt. Fraus kann man sich als ein Dorf in der engeren Heimat des Autors, der Trexenta, einem hügeligen Bauernland im Norden von Cagliari, vorstellen. Für das fiktive Toponym werden im Text bezeichnenderweise zwei Herleitungsmöglichkeiten angeboten: entweder aus dem lateinischen *fraus* [frode] oder aus dem sardischen Plural *fraus* [fabbri][41]. Beides hat seine Richtigkeit, Fraus besitzt ein aufgelassenes Bergwerk und Fraus ist der Ort böswilliger Täuschungsmanöver, die sowohl von Einheimischen als auch von Fremden in Szene gesetzt werden.

Der 1988 erschienene Roman ist, wie bereits vermerkt, einer der beiden Gründungstexte der „scuola sarda del giallo".[42] Der Ich-Erzähler, Bürgermeister von Fraus und Philosophielehrer am Gymnasium der nächstgelegenen Stadt, findet sich in einen Fall verwickelt, in dem es um eine geheimnisvolle Produktionsstätte von gefährlichen Gütern und drei Mordfälle geht; er wird selbst tätlich angegriffen und das Leben seines kleinen Sohns wird bedroht. In dieser Lage schickt er seine Familie auf den „Kontinent", um sich hartnäckig und querköpfig als Privatdetektiv zu betätigen, während sein gesamtes Umfeld, vor allem aber die staatlichen Autoritäten ihm nahe legen, seine als quijotesk empfundene Form der Wahrheitsfindung aufzugeben. Den Bürgermeister aber treibt dieselbe metaphysisch-politische Wahrheitssuche um, die zumindest seit Sciascia zu einem Markenzeichen des italienischen Kriminalromans mit intellektuellen Ansprüchen geworden ist:

> Un esercizio di ricerca del vero, ecco cos'è questa storia, signor pretore. Mettiamola così: una metafora del conoscere. O del conoscersi. Così è più maneggevole.[43]

Den Lesern wird diese Suche nicht nur nach möglichen Tätern, sondern nach einer umfassenden Erklärung für die opake Realität durch ein erzählerisches Dispositiv vermittelt, das ein (fiktives) Medium zwischenschaltet. Im

---

40 Zu Angionis Prosatext „*Il mare intorno*" vgl. Kapitel „Fälschungen". Zwei frühe literarische Texte (*A fogu aintru / A fuoco dentro* und *Sardonica*) sind noch vor *L'oro di Fraus* auf Sardinien bei EDES erschienen.
41 Vgl. Angioni, *L'oro di Fraus*, S. 36.
42 Der zweite ist Mannuzzus im selben Jahr erschienener Roman *Procedura*. Zur „scuola sarda del giallo" vgl. Kap. „Übersetzungen", S. 69.
43 Angioni, *L'oro di Fraus*, S. 225.

Bewusstsein um die Drohung, die auf seinem Leben lastet, entschließt sich der Ich-Erzähler, die Resultate seiner Ermittlungstätigkeit auf Tonband zu sprechen, quasi als Vermächtnis. Der Text präsentiert sich also als die Transkription von Tonbandaufzeichnungen, was durchgehend eine einheitliche Perspektive und die schriftliche Mimesis von Mündlichkeit zur Folge hat.

Das Tonband ist aber nicht das einzige Medium, das in *L'oro di Fraus* eine Rolle spielt. Wichtig wird auch ein Computerspiel des Sohns des Ich-Erzählers: *Space Invaders* (1988 in einem sardischen Dorf – soviel zur Geschwindigkeit von Globalisierungsprozessen):

> Dal comune a casa mia sono tornato tardi quella sera. Stralunati dai giochi sul computer, abbattendo a comando i velivoli invasori, mio figlio non sapeva nemmeno d'aver fame.[44]

Der Junge und seine Freunde übertragen die virtuelle Welt ihres Spiels in die reale, indem sie ein unbekanntes Flugobjekt, das sich abends über dem alten Bergwerk Casa dell'Orco zeigt, ohne Weiteres mit einer Invasion von Außerirdischen gleichsetzen, wofür sie naturgemäß wenig Glauben ernten.

Doch die Beobachtung des Flugobjekts hat ihre Richtigkeit, nur dass es sich nicht um ein Raumschiff, sondern um einen Kampfhubschrauber vom Typ eines von den Marines verwendeten Geräts handelt. Was dieser bei der Casa dell'Orco zu suchen hat, bleibt bis zuletzt rätselhaft. Das alte Bergwerk wiederum, nunmehr von einer kontinentalitalienischen Firma angeblich für die Züchtung von Champignons genützt, ist vielfach mit Bedeutung aufgeladen, im Freudschen Sinne überdeterminiert. Es handelt sich um ein in der Nähe eines prähistorischen Brunnens gelegenes unterirdisches Labyrinth, in dem alte Legenden sowohl böse als auch freundliche Figuren der sardischen Folklore situieren, den namensspendenden Oger, die todbringende Mosca Macella und die goldspinnenden kleinen Feen:

> La Casa dell'Orco, figurarsi: da millenni ci rifila patacche a noi di Fraus: orchi e diavoli, tesori interrati, ricchezze minerarie, adesso funghi in galleria. Ha pure il fisico del ruolo, come luogo fiabesco. [...] E i misteri dei suoi visceri sempre custoditi da guardiani truci. Con l'oro d'età favolose c'è sepolta in botti di ferro anche la Mosca Macella. Terribile la Mosca Macella. Sono tutte sue le pestilenze del passato. E guai a chi la libera [...]. Dicono pure a Fraus che là dentro sepolti ci sono i giardini di corallo, fiori di sangue, sangue d'innocenti, offerti al Moloch impavido ed eterno. Mia madre invece mi parlava di giardini di cristallo, lacrime fatte fiori, e di telai di fate, che nelle notti di luna silenziose si sentono tessere nei loro telai d'oro.[45]

Dieser symbolische Eingang in die Unterwelt, eine, wie Sandro Maxia schreibt, „Materialisierung der Jahrtausende alten unbewussten Angst vor dem Anderen",[46] führt also sowohl zur sardischen Sagenwelt als auch zur

---

[44] Angioni, *L'oro di Fraus*, S. 21.
[45] Angioni, *L'oro di Fraus*, S. 152f.
[46] Sandro Maxia, Prefazione, in: Angioni, *L'oro di Fraus*, S. 11.

internationalen Industriekriminalität, denn, soviel wird bald klar, die besagte Firma betreibt in diesem Bergwerkssystem illegale Aktivitäten und lässt sich dabei von bewaffneten und mordbereiten Agenten bewachen. Was in der Casa dell'Orco tatsächlich vor sich geht, bleibt ungeklärt, da der Eingang zum Bergwerk am Ende des Romans gesprengt und alle industriellen und/oder kriminellen Tätigkeiten eingestellt werden: das Tor zur Unterwelt wird verschlossen, der Bürgermeister hat in gewisser Hinsicht gesiegt. Freilich ist für diesen Romanschluss auch eine andere Lesart möglich, die auf der Ungreifbarkeit der diffusen Bedrohung von außen und der Unentzifferbarkeit der Welt beharrt.

So wie die Casa dell'Orco das Lokale mit dem Globalen verflicht, ist auch die Welt der Kinder und Jugendlichen durch die Verflechtung von virtueller Realität mit einheimischen Bräuchen gekennzeichnet. Das erste Opfer, der Junge Benvenuto, ist vor seinem, wie sich herausstellt, dem Zufall geschuldeten Tod der Initiand eines recht grausamen Pubertätsrituals (*cumpadamentu* und *incasada*: Folterpraktiken, die an den Geschlechtsorganen ausgeübt werden). Die anderen Jungen, die ihn zu diesem Ritual zwingen, sind dieselben, die an die Landung von Außerirdischen glauben. Und gerade in einem Computerfile seines Sohnes findet der Bürgermeister den entscheidenden Hinweis, der ihn zu einem wichtigen Zeugen führt, einem „pastore con *cussorgia* [pascolo comune] dalle parti della Casa dell'Orco", dessen Aussagen wiederum den Ehrvorstellungen des „codice barbaricino" verpflichtet sind. Der einzige identifizierbare Bösewicht schließlich, ein ehemaliger piemontesischer Schulkamerad des Bürgermeisters, wird gegen Ende des Romans von dessen jungen Helfer in einem Akt der Selbstjustiz zu Tode gebracht:

> - Hai ammazzato un uomo...
> - Sì, ma per difesa. E se non è per difesa è per castigo.[47]

Kurz: der Roman zeigt die vielfache Verflechtung, das Nebeneinander und die gegenseitige Durchdringung von Tradition und Modernität, von hergebrachter Mentalität und Entwurzelung, von neuester Technik und alten Produktionsweisen, und schließlich zeigt er die Ausgeliefertheit, die jedem Ort der Erde heute zueigen ist. Allerdings, er zeigt dies alles nicht nur, Angioni trägt dafür Sorge, dass diese Verflechtung von Globalem und Lokalem auch bewertet wird und ökonomische und politische Interessen beim Namen genannt werden. Er rekurriert dabei auf die Metapher von Sardinien als Flugzeugträger und – so wie Mannuzzu und Marcello Fois – als Abfalldeponie Italiens und ‚der Welt':

> E io vedo l'isola tutta quanta avvolta in gomitoli di rotte, il mare popolato da mille gusci, i campidani ponti di rullaggio d'un immenso portaerei per potenze d'ogni calibro.

---

[47] Angioni, *L'oro di Fraus*, S. 234.

[...] luogo da buttarci le sporcizie, la miniera, e anche tutta l'isola.[48]

Das Ende des Textes lenkt das Interesse der Leser in zweifacher Weise zurück auf die Fiktion der Tonbandaufzeichnung, auf die fiktionale Medialisierung des Schreibakts. Der Bürgermeister führt ein Telefonat mit dem Angestellten, der mit dem Abtippen des Manuskripts beauftragt wurde, in dem dieser als allegorischer Vertreter der Leser seiner naiven Krimikonsumenten-Spannung Ausdruck verleiht; ihm geht es um das *who-done-it* und nicht um einen wie immer auch gearteten Wirklichkeitsbezug – eine kleine postmoderne Volte am Ende eines Romans, der ansonsten durch einen überaus ernsthaften Bezug zur Welt gekennzeichnet ist.

Medien als raumübergreifende Kommunikationsmittel und als Entfaltungsraum für Phantasmen und Selbstinszenierungen prägen in zunehmendem Maß auch die narrative Welt Salvatore Mannuzzus. Bereits die Erzählung *Videogame* aus dem Band *La figlia perduta* (1992) erzählt von einem Computerspiel, das seine beiden Benützer, einen Ich-Erzähler und seine erwachsene Tochter, so sehr in den Bann zieht, dass die Grenze zwischen Videofiktion und (fiktiver) Wirklichkeit in Fluss gerät, virtuelle Gewalt von realer Gewalt oder Gewaltphantasien nicht mehr zu unterscheiden ist. Eine ähnliche Überlappung von medialer und realer Welt prägt den Roman *Il Catalogo* (2000). In diesem Text, der die Handlungsstrukturen von Mozarts/Da Pontes *Don Giovanni* in das Milieu einer „kleinen Provinzstadt" [Sassari] überträgt, spielt ein privater Radiosender eine handlungstreibende und zugleich allegorische Rolle. Die Don-Giovanni-Figur des Textes betreut eine Sendung mit dem Leonard Cohen entlehnten Titel *Cuori infranti*, um über die Anrufe seiner Hörerinnen neue Einträge für seinen Katalog der Verführungen zu rekurrieren:

> Alberto, il mio personaggio, lavora in una piccolissima radio privata, dove conduce un programma di „dediche musicali" (solo di recente ho imparato che si chiamano così). E nel farlo intesse dialoghi con le ascoltatrici (a lui gli ascoltatori non interessano) mandando in onda le canzonette che gli chiedono. Il mondo di queste canzonette – tutte sentimentali e datate, molte francamente infami – mi affascina. Cara degli angeli era il primo titolo del mio romanzo: dal verso di una canzonetta (non infame, di Leonard Cohen). „Cara degli angeli demoni e santi / e della folla dei cuori infranti...": infatti la trasmissione di Alberto prende il nome di un fantomatico „Club dei cuori infranti".[49]

So wie sich in Albertos Sendung Liebesbeziehungen anbahnen und unvermeidlich auch kreuzen, so verflechten sich die „infamen", aber „faszinierenden" Schlagermelodien und -texte der amerikanischen, der italienischen und

---

[48] Angioni, *L'oro di Fraus*, S. 192 und 193.
[49] Intervista a Salvatore Mannuzzu, in: *La grotta della vipera* 90, 2000, S. 26. Bei den zitierten Liedzeilen handelt es sich um eine Übersetzung aus Cohens *The Window*: „[...] Oh chosen love, oh frozen love / Oh tangle of matter and ghost / Oh darling of angels, demons and saints / And the whole broken-heart host / Gentle this soul."

der sardischen Popularkultur mit den intertextuellen und intermedialen Verweisen auf Mozarts und Da Pontes Oper. Auch auf der Handlungsebene kommt es zu solchen Vermengungsvorgängen, denn das Medienformat des interaktiven Radioprogramms greift in das Leben der Figuren ein, deren Gefühlswelt ihrerseits durch regionale *und* internationale Kulturen geprägt ist.

In dem chronologisch auf *Il catalogo* folgenden Roman, *Alice* (2001), spielt wieder die Computerwelt eine handlungsstrukturierende Rolle: durch eine vom Ich-Erzähler halb gelesene, dann aber verschwundene Datei auf der Festplatte eines Computers, die die autobiographischen Fragmente seiner zweiten Frau enthält, die sich durch Freitod weiteren Fragen entzieht, und über die E-Mails, die der Erzähler mit seiner in den USA lebenden, für ihn ungreifbaren und unbegreifbaren Tochter austauscht. Für den Autor Mannuzzu ist der PC im Übrigen jenes Gerät, das ihm zu einem relativ späten Zeitpunkt seines Lebens literarisches Erzählen überhaupt erst ermöglicht hat, wie er in der durch die Verwendung der dritten Person verfremdeten Selbstdarstellung in „La vergogna" schreibt:

> La scrittura del Nostro però diventa sempre più carica di pentimenti. Dunque la scoperta del computer, avvenuta alla metà degli anni Ottanta, è stata una folgorazione; non a caso ha coinciso con il ritorno allo scrivere letterario. M. ritiene che senza quella macchina meravigliosa nessuno dei suoi libri esisterebbe: e prega che il computer non lo abbandoni mai.[50]

So ist es wohl Mannuzzus Vorliebe für literarische Verwirrspiele zuzuschreiben, wenn der Protagonist seines folgenden Romans, *Le fate dell'inverno* (2004) von sich sagt, er habe niemals einen Computer besessen. Dieser bisher letzte Roman thematisiert in einer für den Autor ungewöhnlich expliziten Weise die Verflechtungen zwischen Sardinien und der ‚Welt' und ist daher Gegenstand meiner letzten Romananalyse.

Auch dieser Roman präsentiert sich als Rätseltext, und der „trügerische Regenbogen"[51], den der Erzähler zu Beginn am Himmel wahrnimmt, könnte als Motto über dem gesamten Text und der Lesehaltung, die er den Rezipienten abverlangt, stehen. Die Handlung spielt auf zwei Zeitebenen, der Ebene der Erzählergegenwart und jener der Vergangenheit des Ich-Erzählers Franz Quai, eines pensionierten Gerichtspräsidenten der „kleinen Provinzstadt". Dementsprechend besitzen die einzelnen Kapitel und Unterabschnitte abwechselnd die Gattungseigenschaften des fiktiven Tagebuchs und der fiktiven Autobiographie, wobei die Gegenwartsebene die Vergangenheitsebene kommentiert und der ganze Text als Konfession, auch im Sinn der katholischen Beichte, angelegt ist. Ungewöhnlich für den Erzähler Mannuzzu ist es, dass er in diesem Text die Stimmen und Perspektiven vervielfältigt und die Hauptfigur nicht nur aus der Innensicht, sondern einmal aus

---

[50] Mannuzzu, La vergogna, in: Serafini (Hg.), *Come si scrive un romanzo*, S. 96.
[51] Salvatore Mannuzzu, *Le fate dell'inverno*, Turin: Einaudi 2004, S. 19: „arcobaleno bugiardo".

choraler Außensicht, einmal aus der Sicht des Bruders und zweimal aus dem fiktiven Protokoll der Einvernahme der Hausangestellten Rosaria präsentiert. Alle diese Erzählakte zusammengenommen hinterlassen jedoch auch Leerstellen oder widersprüchliche Darstellungen, mit denen die Leser umzugehen haben. Mit anderen Worten: in diese sardischen *Confessiones* sind Strukturelemente des analytischen Kriminalromans eingebaut, obwohl es nicht um Verbrechen geht, sondern um das, was Menschen im Alltag und in der Liebe einander antun.

Franz (auch: „Franzi") Quai will verstehen, warum seine Schwiegertochter Bia, mit der er nach dem Tod seines Sohnes ein von beiden als inzestuös empfundenes, aber glückliches Verhältnis hatte, ihn mit einem jungen ägyptischen Studenten namens Hani betrogen hat. Und er will verstehen, woher die merkwürdigen Geräusche stammen, die er auf dem Dachboden seiner alten Jugendstil-Villa hört und die ihn an das Ballspiel eines Kindes erinnern.[52] Die am Ende des Romans sich einschaltenden staatlichen Ermittlungsbehörden wollen herausfinden, wer der Attentäter mit dem falschen Namen Hani war und ob er Beziehungen zu sardischen Indipendentisten-Kreisen unterhielt. Die Leser werden dazu eingeladen, die komplexen Zusammenhänge dieser Romanmaschinerie, die das Private mit dem Politischen vermengt, aufzudecken. Alle diese Ermittlungsakte führen nicht ins Leere, aber auch nicht zu einer befriedigenden ‚Wahrheit', bestenfalls zu Halbwahrheiten und Vermutungen:

> Infatti il giallo è un atto di fede nella realtà. Mentre i miei libri, gialli e no, marciano solo a congetture e ipotesi; l'approccio è induttivo, mai deduttivo. È vero, mi piace costruire una storia dalle tracce: da segni confusi e incerti, da quel che ne è rimasto – che ne rimane; e andando a ritroso. È un modo generale di narrare (può darsi un modo di vivere).[53]

In *Le fate dell'inverno* sind sowohl Elemente, die als ‚typisch sardisch' gelten können, als auch ‚außersardische' Realitäten in einem für Mannuzzu ungewöhnlichen Ausmaß verflochten. Die topische „kleine Provinzstadt", die in fast allen Texten des Autors den Rahmen bildet, wird meist als sozialer und urbaner Mikrokosmos neurotischer Bürgerlichkeit dargestellt, aus dem nur wenige Wege hinausführen. In diesem Text aber treten mehrere Figuren der ländlichen Unterschicht – und mit ihnen das Sardische als Umgangssprache – auf: das mit Franz Quai alt gewordene Kindermädchen Toia, ihr Neffe, das Faktotum Totoi (von Toia hartnäckig „Giovanni Antonio" genannt), die Hausangestellte Rosaria und nicht zuletzt der sardistische Aktivist Diodato

---

[52] Diese Geräusche, ein fast schon fantastisches Element, deren Ursache letztlich nicht geklärt wird, geben dem Roman seinen Titel: *Le fate dell'inverno*, kleine Hausgeister, oder, wie Franz Quai annimmt, der Geist von Bias abgetriebenem Kind, verwandt den Erinnyen, wie der Autor selbst preisgibt: vgl. Giorgio Nolis Rezension des Romans in *Portales* 6-7, 2005, S. 226-227.

[53] Intervista a Salvatore Mannuzzu, in: *La grotta della vipera* 90, 2000, S. 27.

("Diadoru") Cambule, über den es im Gespräch Franz Quais mit dem Staatsanwalt heißt:

> "E questo Cambule? – domanda. Cambule Diodato, indipendentista identitario. A parte che adesso in Sardegna siamo tutti identitari e tutti indipendentisti." "Si dice davvero identitario?", domando a mia volta, ostentando preoccupazione. "Sembra. Che vuoi farci? Per chi lo dice, ancora non c'è sanzione penale."[54]

Die Leser lernen Diodato bereits an einer viel früheren Stelle des Romans kennen, als einen Freund Hanis und Olegs (letzterer ist Hanis Liebespartner). Aus dem Appartement der Villa, das der Student gemietet hat und aus dem sonst stundenlang die Stimme der berühmten ägyptischen Sängerin Oum Kalsoum erklingt, ist nunmehr das sardische Revolutionslied *Procurade 'e moderare barones sa tirannia*[55] zu hören:

> [Diodato] e Hani, pure Oleg se c'era, arrostivano più che altro della carne di pecora. Io l'ho sempre trovata detestabile, ma per loro tre era evidentemente una cosa prelibata. E mi divertiva che fosse il punto di incontro fra il rude nazionalista barbaricino dai molti capelli, la gentile checca della borghesia del Cairo e il simpatico steward russo eccessivamente magro.[56]

Doch der Schein (der „trügerische Regenbogen") hält nicht, was er verspricht: Hani entpuppt sich als Islamist, der auf aussichtslose Weise versucht, die US-amerikanische Marinebasis auf der Insel Santo Stefano im Maddalena-Archipel anzugreifen und sich dabei selbst in die Luft sprengt; Hani, der sympathische Homosexuelle, hat hinter dem Rücken des Gerichtspräsidenten ein Verhältnis mit Bia begonnen, ist vielleicht der Vater jenes ungeborenen Kindes, dessen Abtreibung zum Bruch zwischen Franz und Bia geführt hat und dessen Geist der alt gewordene Gerichtspräsident Quai auf dem Dachboden der Villa hört:

> Ma poi lui, Hani, era davvero un terrorista (oltre che un omosessuale)? Nelle intenzioni lo era, certo: seminatore di morte e di rovina, in maniere efferate. E non bastavano le intenzioni? Quale differenza c'è, quale distanza c'è, fra un terrorista autentico e un terroriste risibile, che non va oltre la cilecca (e nemmeno riesce a farsi crescere la barba)? [57]

Doch Hani ist nicht der einzige, der sein ‚anderes' Gesicht verborgen und Schuld auf sich geladen hat; dasselbe gilt für Bia und ganz besonders für Franz Quai selbst, ist doch der Roman als ein umfassendes Schuldgeständnis (versäumter Liebe, psychischer Grausamkeit gegenüber dem Nächsten) des im Alter zum praktizierenden Katholiken gewordenen Gerichtspräsidenten angelegt.

---

[54] Mannuzzu, *Le fate dell'inverno*, S. 209.
[55] Diese sardische Revolutionshymne („die sardische Marseillaise") in 47 Strophen wurde 1795 von Francesco Ignazio Mannu gedichtet; eine italienische Version (*Cercate di frenare, Baroni, la tirannia*) stammt von Sebastiano Satta.
[56] Mannuzzu, *Le fate dell'inverno*, S. 115.
[57] Mannuzzu, *Le fate dell'inverno*, S. 203.

Ist die (auf der Vergangenheitsebene situierte) Beziehung zu seiner Schwiegertochter Bia schuldhaft? Immerhin ist Bia die Mutter von Franz' Enkelin Chichi, und die beiden ungleichen Liebenden halten ihr Verhältnis vor der Familie und der Öffentlichkeit der „kleinen Provinzstadt" sorgfältig geheim. Das knappe glückliche Jahr, das Franz mit Bia vergönnt ist, wird von diesem im Rückblick seiner *Confessiones* in einem Reigen von drei aufeinander folgenden Bildern als verlorenes Paradies geschildert: ein Ausflug ans Meer nach Bosa[58] mit Chichi, Hani und Oleg als Begleiter, ein Urlaub mit Chichi und Bia in den Dolomiten, und schließlich eine Reise mit Bia nach Ägypten.

Die Reise nach Ägypten ist im Kontext der sardischen Literatur italienischer Sprache ein besonders interessanter Erzählabschnitt. Der gängige Reisetopos in diesem Kontext lautet: ein Fremder – Kontinentalitaliener oder Ausländer – kommt nach Sardinien und staunt. Dieser Topos wird hier umgedreht (auch wenn das gar nicht in der Intention des Autors gelegen haben mag) und der ‚symbolische Süden'[59] geographisch verlagert, und es sind die *sardischen* Romanfiguren, die mit dem touristisch fokussierten Blick ausgestattet werden. Franz und Bia buchen eine Gesellschaftsreise nach Ägypten mit den für ein solches Unternehmen üblichen Stationen, Kairo und Nilkreuzfahrt und erleben dort ihren *honeymoon*. ‚Ägypten' dient ihnen dabei in beiderseitiger Übereinkunft als sprachliches und visuelles Spielmaterial für ihre Beziehung: der Kauf der Wasserpfeife für Franz, die Analogie zwischen der Göttin Bastet und einer kleinen Tätowierung, die Bia an verborgener Stelle trägt, die leichtsinnige Besteigung einer Pyramide, der Anblick der Wüste, all das bildet keine Realität, sondern einen Echoraum für ihre Liebe:

> Soprattutto, però, dovrei dire dei giorni e delle notti di navigazione sul Nilo. [...] L'Africa diveniva sempre piú Africa. Se esisteva un'immagine della felicità, era questa che nella sua assoluta calma ci scorreva davanti. „È vero, dissi a Bia, chinandomi su di lei, il cuore per salvarsi dev'essere più leggero di una piuma."[60]

Das Pascal-Zitat, das Franz Bia zuflüstert, deutet an, dass auch diesem Paradies der Sündenfall nicht fremd ist, ja dass die Sünde in die Konzeption des Paradieses eingebaut ist: weil die Beziehung zwischen Franz und Bia nicht frei von Schuld ist und weil der exotistischen Nutzung ‚anderer' Kulturen zum Zweck der Konstruktion privater Freiräume zeitliche und andere Grenzen gesetzt sind. In ihre „kleine Provinzstadt" zurückgekehrt, präsentiert sich ‚Ägypten' wieder in der ambivalenten Figur Hanis: der kinder-

---

[58] Bosa (an der Westküste Sardiniens, Provinz Sassari) ist, ebenso wie Sassari, eine symbolisch überdeterminierte Stadt in Mannuzzus erzählerischem Universum: Stadt der Kindheit, der Selbstmorde, der vergangenen Schuld.
[59] Zum ‚symbolischen Süden' und ‚Norden' vgl. Verf., Europa von Süden her gesehen. Andere Europaängste, andere Europalüste, in: Hubert Christian Ehalt (Hg.) *Schlaraffenland? Europa neu denken*, Weitra: Bibliothek der Provinz 2005, S. 198-216.
[60] Mannuzzu, *Le fate dell'inverno*, S. 152.

freundliche, selbst ein wenig kindliche Hausgenosse, der geheime Liebhaber Bias, der zukünftige islamistische Attentäter.

Der ironische Umgang mit dem Identitätsdiskurs – Diadoru Cambule ist eine durch und durch parodistische Figur – ist also nur vordergründig die Ebene, auf der der Komplex ‚Sardinien' abgehandelt wird. Für die Verflechtung Sardiniens nicht nur mit seiner wechsel- und leidvollen Vergangenheit, sondern mit der ‚Welt', stehen in *Le fate dell'inverno* zwei vielschichtige Symbole: die „Biosphäre", ein kleines Gadget, das Franz für seine Enkelin Chichi gekauft hat, und ein Medienbericht über die „Operation Dark Winter", der den alten Gerichtspräsidenten der Gegenwartsebene der Handlung zutiefst beunruhigt.

Die Biosphäre ist ein Abbild der Welt in nuce:

> Era una boccia di vetro meno alta d'un palmo, oblunga. Piena per tre quarti d'acqua salsa, riproduceva (diceva l'opuscolo allegato) una spiaggia dei mari del Sud. C'era un fondo di sabbia, anzi di sassolini microscopici, su cui giacevano piccole conchiglie, di vari colori e varie forme; ne emergevano piante marine sottili e nude, fittamente ramificate, attorno a un alberello credo di gorgonia; mentre qui e là crescevano alghe simili a muffe, tanto erano minute: d'un verde tenere, luminoso. Però gli abitanti principali dell'ecosfera erano dei gamberetti, lunghi non più d'un paio di millimetri: rossi – d'un rosso smagliante – in condizioni di benessere; grigi sempre più chiari, poi incolori, trasparenti per mimetismo, se venivano spaventati o stavano male. Erano gamberetti provenienti da una qualche remota isola hawaiana [...].[61]

Das allmähliche Verblassen und schließlich der Tod der kleinen Garnelen begleitet die Erosion der Beziehung zwischen Franz und Bia und ist zugleich ein Symbol, das weit über eine private Lebens- und Liebesgeschichte hinausreicht. Als solches ist es dem zweiten ‚globalen' Symbol des Textes, der „Operation Dark Winter", auf unheimliche Weise verschwistert. Es handelt sich um eine Pressenachricht, die der alte Gerichtspräsident einer Zeitung entnimmt und die von einer auf Simulation beruhenden Übung der US Air Force berichtet: nach dem Ausbruch und der raschen Verbreitung einer Epidemie in Oklahoma muss der amerikanische Bundesstaat abgeriegelt, Flüchtende mit Gewalt aufgehalten und das Kriegsrecht ausgerufen werden. Doch die Versuche, den Exodus zu stoppen, erweisen sich als unzureichend, und die Epidemie droht globale Ausmaße anzunehmen... Für Franz Quai gewinnt der Bericht über diese militärische Simulation eine existentielle Bedeutung, die sich über seine Lebensbeichte legt:

> Spesso temo che Dio ci abbia abbandonati. Che non ne voglia più sapere di noi. E dunque ci lasci fare: tutti i disastri che vogliamo. Negli Stati Uniti chiamano *Dark Winter* una loro manovra militare che simula un episodio di vaiolo, d'una sorta

---

[61] Mannuzzu, *Le fate dell'inverno*, S. 43.

di genocidio, chissà. Ecco, mi sembra possano toccarci davvero cose simili; e fingere che stiano già capitando è altrettanto grave.⁶²

Steht die „Operation Dark Winter" für die globale Bedrohung des Planeten, so steht sie auch für die individuelle Gefühlswelt des alt gewordenen Protagonisten. Sein verlorenes Paradies – ein Liebesparadies – ist wiederum mehrfach verortet, zum Beispiel in der Erinnerung an den Ausflug nach Bosa und an die Schiffsreise auf dem Nil. Für das verlorene oder schuldhaft zerstörte *patrimonio* – ein zentrales Thema Mannuzzus – steht hier, wie bereits in einer früheren Erzählung, das mutwillige Fällen einer ehrwürdigen Pinie im Garten der Villa. Und dennoch gilt auch für diesen Roman, was bereits für *Un morso di formica* und *Il terzo suono* gesagt wurde: die Partikularität – und die Schönheit – eines Ortes werden vom literarischen Text bewahrt; dank Mannuzzu ist Sassari – so wie Nuoro – eine vielfach beschriftete Stadt.

Abb. 32: Villa Mimosa in Sassari

---

⁶² Mannuzzu, *Le fate dell'inverno*, S. 95.

Verlage, Filmproduktion und -förderung

> In Sardegna si accorgono di te solo se
> pubblichi per un editore nazionale,
> allora i sardi dicono: „Ah, però esisti."
> *Sergio Atzeni*

Sergio Atzenis hier als Motto gewählte Aussage ist zu polemisch, um zur Gänze wahr zu sein, doch ein Körnchen Wahrheit enthält sie gewiss. Sardiniens Verlage sind einerseits kleine und periphere Unternehmungen (und ökonomische Gratwanderungen ihrer die Literatur liebenden Betreiber), andererseits sind manche von ihnen in letzter Zeit recht erfolgreich und haben entscheidenden Anteil an der Blüte der sardischen Literatur italienischer Sprache. Ihr Handlungsspielraum und ihre Reichweite sind allerdings nur im nationalen Rahmen adäquat zu beurteilen.

Die italienische Verlagslandschaft ist bekanntlich so polizentrisch organisiert, wie es der mehrpoligen städtischen Kultur des Landes entspricht. Sie teilt sich aber dennoch in prestigereiche, national verbreitete und von internationalem Kapital gespeiste und regionale, kapitalschwache, in der Distribution wenig erfolgreiche Verlage. Neben den großen Literaturverlagen, die in Turin, Mailand, Rom und Venedig ansässig sind, hat sich im Süden Italiens nur das palermitanische Verlagshaus Sellerio nachhaltig profilieren können. Für die Rezeption sardischer Literatur italienischer Sprache ist es daher nicht unerheblich, welche Verlage die Autoren und Autorinnen wählen, beziehungsweise für sich gewinnen können. Der ‚Sprung auf den Kontinent' oder der Wechsel zu Sellerio bedeuten für nicht wenige von ihnen den wichtigsten Schritt zur nationalen Wahrnehmbarkeit. Die Verlage Einaudi (Salvatore Mannuzzu, Marcello Fois), Adelphi (Salvatore Niffoi), Sellerio (Sergio Atzeni, Giulio Angioni) haben entscheidend zum Erfolg der jeweiligen Autoren beigetragen. Während Salvatore Mannuzzu, mit Ausnahme seines unter einem Pseudonym erschienenen ersten Romans, von Anfang an bei Einaudi publiziert hat – mit ein Grund für seine Sonderstellung unter den sardischen Gegenwartsautoren – haben andere den nahe liegenden Weg über einen sardischen Verlag genommen und sind diesem, zumindest teilweise, auch treu geblieben.

Es gibt eine Vielzahl kleiner Verlagsunternehmen auf Sardinien, doch jener Verlag, der sich am meisten um die aktuelle sardische Literatur in italienischer Sprache verdient gemacht und eine ganze Reihe von Erstpublikationen unbekannter Autoren gewagt hat, ist Il Maestrale. Dieser

Verlag, 1992 mit Sitz in Nuoro gegründet,[1] lancierte Marcello Fois, Salvatore Niffoi und Flavio Soriga, verlegt die Kriminalromanserie von Giorgio Todde und holte Maria Giacobbe, deren literarische Erstlinge bei Laterza erschienen und die seit Jahrzehnten auf Dänisch in Dänemark publiziert, aus dem ‚Exil' nach Sardinien heim. Daneben bietet er einen mittlerweile schon recht reichhaltigen Katalog mit Titeln älterer, neuerer und neuester Literatur aus Sardinien; in der Reihe „I Menhir" erscheinen erschwingliche Ausgaben von Grundlagenwerken sardischer Kulturwissenschaft (zum Beispiel Salvatore Cambosus *Miele amaro* und Antonio Pigliarus *Il banditismo in Sardegna*). Die erfolgreichen Kriminalromanserien von Marcello Fois[2] und Giorgio Todde[3] werden in Koproduktion mit dem zum Gruppo Mondadori gehörenden Verlag Frassinelli publiziert. „La piccola Sellerio sarda", wie Il Maestrale in einem Artikel in *La Nuova Sardegna* genannt wird,[4] ist ganz zweifellos ein mutiges und mittlerweile auch erfolgreiches Unternehmen, allerdings liegt die Distribution seiner Produkte in den Buchhandlungen außerhalb von Sardinien im Argen. Dazu mag beitragen, dass Il Maestrale auf ein fast ausschließlich sardisches Programm setzt; Ausnahmen – wie Ernst Jüngers *Terra sarda*, D.H. Lawrence' *Mare e Sardegna* und Patrick Chamoiseaus *Texaco* – stehen in engem Zusammenhang mit der Insel.

Der zweite interessante Literaturverlag ist Ilisso, der seinen Sitz ebenfalls in Nuoro hat. Dieses Verlagshaus, das als sein Ziel die Konstitution einer „biblioteca della diversità" definiert,[5] hat neben der Förderung junger und/oder neuer Autoren und Autorinnen sich vor allem die systematische Drucklegung sardischer Literaturzeugnisse quer durch die Geschichte zum Programm gemacht. Diesem Zweck dienen die Reihe „Biblioteca Sarda" sowie die Begleitreihe „Scrittori di Sardegna":

> [...] è un'operazione culturale e un progetto editoriale che intende raccogliere e rendere disponibile l'intero corpus letterario isolano relativo a un arco temporale assai ampio che va dal secolo XII fino al nostro.[6]

Ilisso publiziert auch die von Aldo Maria Morace herausgegebene Reihe „Scrittori di Calabria". Die schön und sorgfältig gemachten Bände all dieser Reihen sind in kontinentalitalienischen Buchhandlungen leider auch selten zu finden.

Bei der Frage, welche Texte der sardischen Literatur italienischer Sprache in andere Sprachen übersetzt werden, spielt hingegen weniger der Verlag

---

[1] Verlagsgründer: Raffaele Casula, Peppe Podda und Gian Luigi Cugusi.
[2] Die ‚historische' Serie mit dem Protagonisten Bustianu erscheint bei Il Maestrale, die in der Gegenwart spielende mit Kommissar Curreli bei Einaudi.
[3] Die Efisio Marini-Serie.
[4] Artikel von Nino Bandinu vom 1.6.2001, zitiert auf der Website des Verlags: http://www.edizionimaestrale.com.
[5] Website des Verlags: http://www.ilisso.it.
[6] Selbstdarstellung auf http://www.ilisso.it. Dem wissenschaftlichen Kuratorium der Biblioteca Sarda gehören Giulio Angioni, Giovanna Cerina, Antonello Mattone, Giuseppe Meloni, Giulio Paulis und Giorgio Pirodda an.

Verlage, Filmproduktion und -förderung 197

als das Genre und die ihm zugeschriebenen Verkaufschancen eine Rolle. So wurden die Kriminalromanserien Fois' und Toddes ins Deutsche übersetzt, während beispielsweise nur zwei der Romane Mannuzzus und kein einziger neuerer Text von Maria Giacobbe auf Deutsch vorliegen. Im Übrigen findet die sardische Gegenwartsliteratur in Übersetzung im französischen Sprachraum sehr viel mehr Anklang als im deutschen.

Die Ausgangslage der Akteure und Akteurinnen der sardischen Filmszene ist ungünstiger als die der Literaten. Generell treffen Filmemacher und Filmemacherinnen mit regionaler Verankerung im nationalen, europäischen und internationalen Kontext auf erhebliche Schwierigkeiten, ihre Filme zu finanzieren und, falls die Finanzierung gelingt, eine adäquate Distribution im nationalen und internationalen Bereich zu erhalten. Das ist auch dann der Fall, wenn die entsprechenden Filme auf renommierten Festivals nominiert oder preisgekrönt wurden. Diese ‚Peripherien' benachteiligenden Rahmenbedingungen gelten auch für die sardische Filmproduktion. Filme von Gianfranco Cabiddu, Piero Sanna, Giovanni Columbu, Salvatore Mereu und Enrico Pau wurden bei verschiedenen internationalen Festivals gezeigt und haben auch einige Preise gewonnen,[7] dennoch ist es für viele der genannten Regisseure ein äußerst dorniger Weg, dem jeweils ersten *lungo metraggio* ein zweites Filmprojekt folgen zu lassen, es zu finanzieren und eine geeignete Distributionsfirma zu gewinnen. Der Kinoerfolg ästhetisch anspruchsvoller Spielfilme regionaler Provenienz, die nicht den Filmgroßmächten H(B)ollywood oder Brasilien zugerechnet werden können, bemisst sich in bescheidenen Zahlen. Nicht unwichtig für die sardische Filmszene ist daher die Distribution über Video und DVD, die zum Teil über die regionalen Tageszeitungen[8] erfolgt – mit dem Nachteil, dass die Filme immer nur sehr kurz auf dem Markt verfügbar bleiben. Das stellt natürlich auch die Filmwissenschaft vor erhebliche Probleme.

Das, was ich in diesem Buch als die Blüte der gegenwärtigen sardischen Filmproduktion beschrieben habe, ist also ein fragiler Erfolg. Ein positives Zeichen, das Hoffnung für seine Verstetigung gibt, ist das Interesse, das die gegenwärtige Regionalregierung unter Renato Soru der heimischen Filmproduktion entgegenbringt.[9]

---

[7] *La destinazione* (Piero Sanna): Preise bei den Filmfestivals von Annecy (2003), Ajaccio (2004), Freistadt (2005), Houston (2006); *Jimmy della colina* (Enrico Pau): ein Preis des Festival von Locarno (2007); *Ballo a tre passi* (Salvatore Mereu): Preis der Settimana della Critica der Biennale von Venedig (2003), Premio David di Donatello (2004).
[8] Zum Beispiel die 25 Videokassetten „Sardegna Cinema", die über die Tageszeitung *Unione Sarda* verkauft wurden.
[9] Die ab hier folgenden Informationen beziehen sich auf den Wissensstand von Oktober 2007.

Ein von Giovanna Cerina[10] eingebrachtes Regionalgesetz[11] aus dem Jahr 2006 soll die Filmförderung in Sardinien regeln. Seine Ziele sind es, die regionale Filmproduktion zu unterstützen, die Diffusion sardischer Filme zu verbessern, die Kinokultur und die Archivierung von Filmmaterial zu fördern (letzteres vor allem im Rahmen einer neu zu gründenden Cineteca Regionale Sarda). Zu diesem Zweck wird eine „Sardegna Film Commission" eingerichtet. Giovanna Cerina hebt folgende Punkte als die wesentlichen Ziele der Gesetzgeber hervor:

- Promotion der sardischen Kultur und Traditionen außerhalb der Insel mit den Mitteln des Films,
- Finanzierung bzw. Bereitstellung von Krediten für Filme, die auf Sardinien gedreht werden,
- Bereitstellung von technischer und logistischer Unterstützung für Filme, die auf Sardinien gedreht werden,
- Einrichtung einer Fondazione Cineteca Sarda,
- Stipendien für junge Sarden und Sardinnen, die nationale und internationale Film(hoch)schulen besuchen,
- Initiativen zur Förderung der Filmkultur auf Sardinien.[12]

Es ist zu früh zu beurteilen, wie weit dieses ambitionierte Gesetz die endemischen Übel, mit denen die lokale Filmproduktion zu kämpfen hat, effektiv und nachhaltig beseitigen kann. Die Fondazione Cineteca Sarda wurde bis jetzt nicht gegründet (die aktuelle Cineteca Sarda in Cagliari ist eine gemeinnützige Einrichtung, die an eine 1882 gegründete Società Umanitaria angebunden ist, die auch außerhalb Sardiniens operiert), und auch die Filmförderung kämpft mit Schwierigkeiten. Zum einen werden die entsprechenden Passagen des Gesetzes erst jetzt operativ (im August 2007 ernannte die Regionalregierung die Mitglieder der Filmkommission), zum anderen hat das Gesetz bereits erhebliche Polemik in der sardischen Filmszene erzeugt. Diese Polemik entzündete sich an der Tatsache, dass noch vor der Ernennung der Filmkommission manche Filmprojekte teilfinanziert wurden, andere hingegen nicht.[13] Es bleibt zu hoffen, dass mit Eintreten der Wirksamkeit des Gesetzes eine transparente und an künstlerische Kriterien geknüpfte Vergabe von öffentlichen Geldern gewährleistet wird.

---

[10] Die Literaturwissenschaftlerin Giovanna Cerina lehrt an der Universität Cagliari und ist zur Zeit ein auf der Liste des „Gruppo Progetto Sardegna" gewähltes Mitglied des Consiglio regionale della Sardegna.
[11] Legge regionale 20 settembre 2006, n. 15.
[12] Giovanna Cerina, La legge sul cinema, http://consiglio.regione.sardegna.it (Zugriff vom 5.9.2007).
[13] Der Filmemacher Giovanni Columbu protestiert in einem offenen Brief an Renato Soru, Präsident der Region Sardinien, gegen die selektive Förderpraxis ‚außerhalb' oder besser im Vorfeld des neuen Regionalgesetzes. Columbus Text ist publiziert auf: http://www.cinemecum.it/ (10.9.2007).

Abbildungsnachweis

Abb. 1, 2, 3 und 32: Fotos der Verf.
Abb. 4, 5, 6, 7, 8, 9 und 10: Filmstills aus *La Destinazione* (mit freundlicher Genehmigung von Piero Sanna)
Abb. 11, 12, 13, 14, 15, 16, 17, 18, 19 und 20: Filmstills aus *Arcipelaghi* (mit freundlicher Genehmigung von Giovanni Columbu)
Abb. 21, 22, 27, 28, 29, 30. 31: Filmstills aus *Pesi leggeri* (mit freundlicher Genehmigung von Enrico Pau)
Abb. 23, 24, 25 und 26: Filmstills aus *Storie brevi* (mit freundlicher Genehmigung von Giovanni Columbu)

Bibliographie

Literarische Texte

Giulio ANGIONI, *L'oro di Fraus*, Rom: Editori Riuniti 1988. Neuausgabe Nuoro: Il Maestrale 2001

Giulio ANGIONI, *Il mare intorno*, Palermo: Sellerio 2003

Giulio ANGIONI, *Assandira*, Palermo: Sellerio 2004

Sergio ATZENI, *Apologo del giudice bandito*, Palermo: Sellerio 1986

Sergio ATZENI, *Il figlio di Bakunìn*, Palermo: Sellerio 1991

Sergio ATZENI, *Il quinto passo è l'addio*, Mailand: Mondadori 1995

Sergio ATZENI, *Passavamo sulla terra leggeri*, Mailand: Mondadori 1996. Neuausgabe hg. von Giovanna Cerina, Nuoro: Ilisso 2000 (= Biblioteca sarda 51)

Sergio ATZENI, *Bellas mariposas*, Palermo: Sellerio 1996

Sergio ATZENI, *I sogni della città bianca*, Nuoro: Il Maestrale 2005

Alberto CAPITTA, *Creaturine*, Nuoro: Il Maestrale 2004

Patrick CHAMOISEAU, *Texaco*, Paris: Gallimard 1992. Übersetzung ins Italienische von Sergio Atzeni, Turin: Einaudi 1992

Rossana COPEZ, *Si chiama Violante*, Nuoro: Il Maestrale 2004

Grazia DELEDDA, *Canne al vento*, Mailand: Mondadori 1990 (Reihe Oscar classici moderni)

Grazia DELEDDA, *Cosima*, Mailand: Mondadori 2000 (Reihe Scrittori del Novecento)

Isabelle EBERHARDT, *Journaliers*, Paris: Joëlle Losfeld 2002

Marcello FOIS, *sempre caro*, Prefazione di Andrea Camilleri, Nuoro/Mailand: Il Maestrale/Frassinelli 1998

Marcello FOIS, *Ferro Recente*, Turin: Einaudi 1999

Marcello FOIS, *sangue del cielo*, Prefazione di Manuel Vázquez Montalbán, Nuoro/Mailand: Il Maestrale/Frassinelli 1999

Marcello FOIS, *Nulla*, Nuoro: Il Maestrale 1999 (Erstausgabe unter dem Titel *Nulla. Una specie di Spoon River*, 1997)

Marcello FOIS, *Meglio morti*, Turin: Einaudi 2000

Marcello FOIS, *Dura madre*, Turin: Einaudi 2001

Marcello FOIS, *l'altro mondo*, Nuoro/Mailand: Il Maestrale/Frassinelli 2002

Marcello FOIS, *Memoria del vuoto*, Turin: Einaudi 2006

Federico GARCÍA LORCA, *Bodas de sangre*, Madrid: Cátedra 1986

Maria GIACOBBE, *Diario di una maestria /Piccole cronache*, Bari: Laterza 1975 (zuerst 1957 bzw. 1961)

Maria GIACOBBE, *Il mare*, Nuoro: Il Maestrale 2001 (zuerst Vallecchi 1967)

Maria GIACOBBE, *Maschere e angeli nudi. Ritratto d'un infanzia*, Nuoro: Il Maestrale 1999

Maria GIACOBBE, *Gli arcipelaghi*, Nuoro: Il Maestrale 2001 (zuerst Il Vascello 1995)

Maria GIACOBBE, *Pòju Luàdu*, Nuoro: Il Maestrale 2005

Antonio GRAMSCI, *Lettere dal carcere*, hg. von Sergio Caprioglio und Elsa Fubini, Turin: Einaudi 1975

Giacomo LEOPARDI, *Canti*, hg. von Fernando Bandini, Mailand: Garzanti 1975

Salvatore MANNUZZU, *Procedura*, Turin: Einaudi 1988

Salvatore MANNUZZU, *Il morso di formica*, Turin: Einaudi 1989

Salvatore MANNUZZU, *La figlia perduta*, Turin: Einaudi 1992

Salvatore MANNUZZU, *Il terzo suono*, Turin: Einaudi 1995. Neuausgabe hg. von Aldo Maria Morace, Nuoro: Ilisso 2004 (= Scittori di Sardegna 29)

Salvatore MANNUZZU, *Corpus*, Turin: Einaudi 1997

Salvatore MANNUZZU, *Il catalogo*, Turin: Einaudi 2000

Salvatore MANNUZZU, *Alice*, Turin: Einaudi 2001

Salvatore MANNUZZU, *Le fate dell'inverno*, Turin: Einaudi 2004

Peppino MAROTTU, In ammentu de Sergio Atzeni, in: *La grotta della vipera* 75, 1996, S. 51-52

Salvatore NIFFOI, *Il viaggio degli inganni*, Nuoro: Il Maestrale 2005 (zuerst 1999)

Salvatore NIFFOI, *La leggenda di Redenta Tiria*, Mailand: Adelphi 2005

Raffaele PUDDU, *Pueblo*, Nuoro: Ilisso 2004 (zuerst Cagliari: AM&D 2000)

Salvatore SATTA, *Il giorno del giudizio*, Mailand: Adelphi 1979. Neuausgabe, mit einem Vorwort von George Steiner, Nuoro: Ilisso 1999 (= Biblioteca sarda 34)

Sebastiano SATTA, *Canti*, hg. von Giovanni Pirodda, Nuoro: Ilisso 1996 (= Biblioteca sarda 1)

Leonardo SCIASCIA, *Il Consiglio d'Egitto*, Turin: Einaudi 1963 (= Nuovi Coralli 43)

Leonardo SCIASCIA, Come si può essere siciliani? in: *Fatti diversi di storia letteraria e civile*, Palermo: Sellerio 1987, S. 9-13

Flavio SORIGA, *Diavoli di Nuraiò*, Nuoro: Il Maestrale 2000

Flavio SORIGA, *Neropioggia*, Mailand: Garzanti 2004 (zuerst 2002)

Aldo TANCHIS, *Pesi leggeri*, Nuoro: Il Maestrale 2001

Giorgio TODDE, *Lo stato delle anime*, Nuoro/Mailand: Il Maestrale/Frassinelli 2002

Giorgio TODDE, *Paura e carne*, Mailand: Frassinelli 2003

Giorgio TODDE, *L'occhiata letale*, Nuoro: Il Maestrale 2006 (zuerst Nuoro/ Mailand: Il Maestrale/Frassinelli 2004)

Giorgio TODDE, *E quale amor non cambia*, Nuoro/Mailand: Il Maestrale/ Frassinelli 2005

Giorgio TODDE, *L'estremo delle cose*, Nuoro/Mailand: Il Maestrale/Frassinelli 2007

Interviews, Selbstzeugnisse und Zeitungsartikel

Sergio ATZENI, Il mestiere dello scrittore, in: ders., *Sì...otto!*, Cagliari: Condaghes 1998, S. 75-91

Patrick CHAMOISEAU, Pour Sergio, in: *La grotta della vipera* 72-73, 1995, S. 22

Giovanna CERINA, La legge sul cinema (http://consiglio.regione.sardegna.it), 5.9.2007

Giovanni COLUMBU, *Visos*, con una prefazione di Cesare Musatti, Nuoro: Ilisso 1991

Vittorio DE SETA, Le ragioni di un film, in: *Ichnusa* 42, 1961, S. 13-18

Marcello FOIS, Il coraggio del presente, in: *La grotta della vipera* 78, 1997, S. 49-51

Dino GIACOBBE, Sardismo e antifascismo, in: Carlino Sole (Hg.), *L'antifascismo sardo. Testimonianze di protagonisti*, Cagliari: STEF 1978, S. 87-130

Dino GIACOBBE, *Tra due guerre*, hg. von Maria und Simonetta Giacobbe, Cagliari: CUEC 1999

Maria GIACOBBE, Paesaggi, personaggi, letteratura e memoria, in: *Quaderni bolotanesi* 23, 1997, S. 21-30

Simonetta GIACOBBE, *Lettere d'amore e di guerra. Sardegna – Spagna (1937-39)*, Cagliari: Editrice Dattena 1992

INTERVISTA a Giovanni Columbu, in: *Close-Up.it* (http://www.close-up.it), 5.3. 2007

INTERVISTA a Giovanni Columbu: La Sardegna della vendetta e dei rimorsi (http://www.tamtamcinema.it), 13.5. 2004

INTERVISTA a Sergio Naitza, in: *Close-Up.it* (http://www.close-up.it), 5.3. 2007

INTERVISTA a Piero Sanna, in: *Close-Up.it* (http://www.close-up.it), 5.3. 2007

Salvatore MANNUZZU, La vergogna, in: Maria Teresa Serafini (Hg.), *Come si scrive un romanzo*, Mailand: Bompiani 1996, S. 89-10

Salvatore MANNUZZU, *Giobbe*. Con due interviste a cura di Maria Paola Masala e Costantino Cossu, Cagliari: Edizioni della Torre 2007

Giuseppe MARCI, Evocare anime (e fatti di minore importanza). Intervista a Salvatore Mannuzzu, in: *La grotta della vipera* 90, 2000, S. 25-30

REGIONE AUTONOMA DELLA SARDEGNA (offizielle Website) http://www.regione.sardegna.it, 6.6. 2007

Salvatore SATTA, Spirito religioso dei sardi, in: *Il Ponte* 9-10, 1951, S. 1332-1335

Salvatore SATTA, *Il mistero del processo*, Mailand: Adelphi 1994

Gigliola SULIS, La scrittura, la lingua e il dubbio sulla verità. Intervista a Sergio Atzeni, in: *La grotta della vipera* 66-67, 1994, S. 34-41

L'UNIONE SARDA, 4.12.2001: „Arcipelaghi" di Giovanni Columbu (Sergio Naitza)
L'UNIONE SARDA, 3.11.2002, Una Sardegna in giallo (Giovanni Mameli)
L'UNIONE SARDA, 6.11.2002, Destinazione Barbagia. Un carabiniere racconta il malessere dell'isola (Sergio Naitza)
L'UNIONE SARDA, 30.4. 2007, Incubo-ruspe sui lottisti di Testimonzos (m.o.)

Anthropologische Dokumente aus dem späten 19. Jahrhundert

Alfredo NICEFORO, *La delinquenza in Sardegna*, Palermo: Remo Sandron 1897

Francesco PAIS SERRA, *Relazione dell'inchiesta sulle condizioni economiche e della sicurezza pubblica in Sardegna*, Roma: Camera dei Diputati 1896

Forschungsliteratur und Essays

Giulio ANGIONI, Candu si tenet su bentu, es prezisu bentulare, in: Giannetta Murru Corriga (Hg.), *Etnia lingua cultura. Un dibattito aperto in Sardegna*, Cagliari: EDES 1977, S. 28-49

Giulio ANGIONI/Francesco Bachis/Benedetto Caltagirone/Tatiana Cossu (Hg.), *Sardegna. Seminario sull'identità*, Cagliari: CUEC/ISRE 2007

Bill ASHCROFT/Gareth GRIFFITHS/Helen TIFFIN, *The Empire Writes Back. Theory and practice in post-colonial literatures*, London/New York: Routledge 1989

Bill ASHCROFT/Gareth GRIFFITH/Helen TIFFIN (Hg.), *The Post-Colonial Studies Reader*, London/New York: Routledge 1995

Marc AUGÉ, *Non-lieux. Introduction à une anthropologie de la surmodernité*, Paris : Seuil 1992

Hugo AUST, *Der historische Roman*, Stuttgart/Weimar: Metzler 1994

Doris BACHMANN-MEDICK, *Cultural turns. Neuorientierungen in den Kulturwissenschaften*, Reinbek bei Hamburg: Rowohlt 2006

Doris BACHMANN-MEDICK (Hg.), *Übersetzung als Repräsentation fremder Kulturen*, Berlin: Erich Schmidt Verlag 1997

Mieke BAL, *Kulturanalyse*, Frankfurt a.M.: Suhrkamp 2006 (aus dem Engl. von Joachim Schulte)

Paul BANDIA, African Europhone Literature and Writing as Translation, in: Theo Hermans (Hg.), *Translating Others*, vol. II, Brooklands/Kinderhook: St. Jerome Publishing 2006, S. 349-361

Ulrich BECK (Hg.), *Perspektiven der Weltgesellschaft*, Frankfurt a.M.: Suhrkamp 1998

Luigi BERLINGUER/Antonello MATTONE (Hg.), *Storia d'Italia. Le Regioni dall'Unità a oggi: La Sardegna*, Turin: Einaudi 1998

Homi K. BHABHA, *The location of culture*, London/New York: Routledge 1994

Vittoria BORSÒ/Christine SCHWARZER (Hg.), *Übersetzung als Paradigma der Geistes- und Sozialwissenschaften*, Oberhausen: Athena 2006

Manlio BRIGAGLIA (Hg.), *La Sardegna*. Vol. 1: *La geografia, la storia, l'arte e la letteratura*, Cagliari: Edizioni della Torre, 1982

Manlio BRIGAGLIA/Salvatore MANNUZZU/Giuseppe MELIS BASSU (Hg.), *Antonio Pigliaru: politica e cultura*, Sassari: Edizioni Gallizzi 1971

Gian Piero BRUNETTA, *Cent'anni di cinema italiano*, Bd. 2: Dal 1945 ai giorni nostri, Rom/Bari: Laterza 2000 (zuerst 1991)

Giovanni CAMPUS, Banditi a Orgosolo, in: *Ichnusa* 42, 1961, S. 19-29

Umberto CARDIA, Antropologia „interna" e narrativa di Giulio Angioni, in: *La grotta della vipera* 52-53, 1990, S. 56-57

Francesco Cesare CASULA, *Breve storia di Sardegna*, Sassari: Delfino 1994

Giovanna CERINA, *Deledda e altri narratori. Mito dell'isola e coscienza dell'insularità*, Cagliari: CUEC 1992

Iain CHAMBERS/Lidia CURTI (Hg.), *The post-colonial question, common skies, divided horizons*, London/New York: Routledge 1996

Francesco CHERATZU (Hg.), ‚La terza Irlanda'. Gli scritti sulla Sardegna di Carlo Cattaneo e Giuseppe Martini, Cagliari: Condaghes 1995

Ugo COLLU (Hg.), *Salvatore Satta e Il giorno del giudizio*, seconda edizione riveduta e ampliata, Cagliari: STEF 1989

Ugo COLLU, La scrittura come riscatto. Introduzione a Salvatore Satta, Cagliari: Edizioni della Torre 2002

Ugo COLLU (Hg.) *Salvatore Satta giuristascrittore*, Cagliari: STEF 1990

Ugo COLLU/Angela M. QUAQUERO (Hg.), *Sebastiano Satta. Dentro l'opera dentro i giorni*, Nuoro: STEF 1988

Karl CORINO (Hg.), Gefälscht! Betrug in Politik, Literatur, Wissenschaft, Kunst und Musik, Frankfurt a.M.: Eichborn 1996

Salvatore CUBEDDU (Hg.), *Il sardo-fascismo fra politica, cultura, economia*, Atti del Convegno di studi a Cagliari 1993, Edizioni Fondazione Sardinia (s.a.)

Neria De Giovanni, Appunti per una letteratura sarda al femminile, in: *LibroSardo* 3, 206, S. 45-55

Umberto ECO, *I limiti dell'interpretazione*, Mailand: Bompiani 1990

Umberto ECO, *Sei passeggiate nei boschi narrativi*, Mailand: Bompiani 1994

Frantz FANON, *Peau noire, masques blancs*, Paris: Seuil 1971 (zuerst 1952)

Ernesto FERRERO, Custode delle memorie, in: *La grotta della vipera* 72-73, 1995, S. 25-27

Antioco FLORIS, *Le storie del figlio di Bakunìn. Dal romanzo di Sergio Atzeni al film di Gianfranco Cabiddu*, Cagliari: aipsa edizioni 2001

Antioco FLORIS (Hg.), *Nuovo cinema in Sardegna*, Cagliari: aipsa edizioni 2001

Antioco FLORIS, Cultura e lingua della Sardegna nel cinema di inizio millennio, in: *Annali della Facoltà di Scienze della Formazione dell'Università di Cagliari*, 2003, S. 149-174

Antioco FLORIS, Tre passi nel cinema, in: *Lo Straniero*, 2006, 74/75, S. 61-79

Goffredo FOFI/Gianni VOLPI, *Vittorio De Seta. Il mondo perduto*, Turin: Lindau 1999 (= Storia orale del cinema italiano)

Sigmund FREUD, *Die Traumdeutung*, Frankfurt a.M.: Fischer 1981

Carlo GINZBURG, Spie. Radici di un paradigma indiziario, in: Aldo Gargani (Hg.), *Crisi della ragione. Nuovi modelli di rapporto tra sapere e attività umane*, Turin: Einaudi 1979, S. 57-106

Lawrence GROSSBERG, Globalization and the ‚Economization' of Cultural Studies, in: *The Contemporary Study of Culture*, Wien: Turia + Kant 1999, S. 23-46

Antonio GRAMSCI, Alcuni temi della quistione meridionale, in: *Scritti politici III*, hg. von Paolo Spriano, Rom: Editori Riuniti 178, S. 243-265

Massimo GUIDETTI (Hg.), *Storia dei sardi e della Sardegna*, Bd. 3, Mailand: Jaca Book 1989

Stuart HALL, Wann war „der Postkolonialismus"? Denken an der Grenze, in: Elisabeth Bronfen/Benjamin Marius/Therese Steffen (Hg.), *Hybride Kulturen. Beiträge zur angloamerikanischen Multikulturalismusdebatte*, Tübingen: Stauffenberg 1997, S. 219-246

Stuart HALL, *Politiche del quotidiano. Culture, identità e senso comune*, hg. von Giovanni Leghissa, Mailand: Il saggiatore 2006

David HARVEY, *Justice, Nature and the Geography of Difference*, Cambridge (Mass.)/Oxford: Blackwell Publishers 1996

Eric J. HOBSBAWM, *Sozialrebellen. Archaische Sozialbewegungen im 19. und 20. Jahrhundert*, Neuwied/Berlin: Luchterhand 1962 (engl. *Primitive Rebels* 1959)

Eric J. HOBSBAWM, *Die Banditen*, Frankfurt a.M.: Suhrkamp 1972 (engl. *Bandits* 1969)

Eric J. HOBSBAWM/Terence RANGER (Hg.), *The Invention of Tradition*, Cambridge: University Press 1983

KAKANIEN REVISITED. Internet-Plattfom für Mittel-Ost- bzw. Zentral- und Südosteuropa-Forschung: http://www.kakanien.ac.at

Michael LACKNER/Michael WERNER, *Der ‚cultural turn' in den Humanwissenschaften. ‚Area Studies' im Auf- oder Abwind des Kulturalismus?* Bad Homburg 1999 (= Werner Rimers Konferenzen. Schriftenreihe Suchprozesse für innovative Fragestellungen in der Wissenschaft, Heft N°2)

Sebastiano LAI, Il sequestro di persona in Sardegna. Dati per un'analisi del fenomeno (1971-1996), Edizioni Solinas (s.a.)

Susan S. LANSER, *Fictions of Authority. Women Writers and Narrative Voice*, Ithaca/London: Cornell University Press 1992

Cristina LAVINIO, Narrare un'isola. Lingua e stile di scrittori sardi, Rom: Bulzoni 1991

Giovanni LEGHISSA, Il gioco dell'identità. Differenza, alterità, rappresentazione, Mailand: Mimesis 2005

Giovanni LILLIU, *Costante resistenziale sarda*, Cagliari: Fossataro 1971

Giovanni LILLIU, L'ambiente nuorese nei tempi della prima Deledda, in: *Studi Sardi* XXII, 1971/72, S. 752-783

Giovanni LILLIU, *L'Archeologo e i falsi bronzetti*, Con la biografia dell'Autore raccontata da R. Copez, Cagliari: AM&D Edizioni 1998

Franco MANNAI, Cosa succede a Fraus? Sardegna e il mondo nel racconto di Giulio Angioni, Cagliari: CUEC 2006

Salvatore MANNUZZU, Neo-banditismo, terrorismi, eccetera. Storia giudiziaria e storia civile, in: *Quaderni bolotanesi* 12, 1986, S. 33-36

Salvatore MANNUZZU, Il codice violato, in: *Società sarda*, 2, 1996, S. 21-26

Salvatore MANNUZZU, Il lutto delle radici, in: *La grotta della vipera* 79/80, 1997, S. 7-11.

Daniele MARCHESCHI, La Storia come mito, in: *La grotta della vipera* 75, 1996, S. 44-45.

Giuseppe MARCI, *Sergio Atzeni, A lonely man*, Cagliari: CUEC 1999

Giuseppe MARCI/Gigliola SULIS (Hg.), *Trovare racconti mai narrati, dirli con gioia*. Convegno di studi su Sergio Atzeni, Cagliari: CUEC 2001

Luciano MARROCCU (Hg.), *Le Carte d'Arborea. Falsi e falsari nella Sardegna del XIX secolo*, Cagliari: AM&D Edizioni 1997

Albert MEMMI, *Portrait du colonisé, précédé de Portrait du colonisateur*, Paris: Gallimard 1985 (zuerst 1957)

Alberto MERLER, Insularità. Declinazioni di un sostantivo, in: *Quaderni Bolotanesi* 16, 1990, S. 155-164

Alberto MERLER, Le isole, oltre i mari. Prospettive dell'insularita plurima nei percorsi migratori, in: *Quaderni Bolotanesi* 18, 1992, S. 153-176

Alberto MERLER, La prospettiva insulare corso-sarda del mediterraneo, in: *Quaderni Bolotanesi* 23, 1997, S. 133-168

Alberto MERLER, L'Europa in cui siamo. La Sardegna nell'Europa delle Europe, in: *Quaderni Bolotanesi* 27, 2001, S. 67-75

Simona MEREU, Il nulla abitato da Marcello Fois, in: *La grotta della vipera* 79-80, 1997, S. 72

Lino MICCICHÉ, *Cinema italiano: gli anni '60 e oltre*, Venedig: Marsilio 1995 (= 5., erweiterte Ausgabe)

Jean-Marc MOURA, *Littératures francophones et théorie postcoloniale*, Paris: PUF 1999

Wolfgang MÜLLER-FUNK/Birgit WAGNER (Hg.), *Eigene und andere Fremde. ,Postkoloniale' Konflikte im europäischen Kontext*, Wien: Turia + Kant 2005 (= Reihe kultur.wissenschaften bd. 8.4)

Mauro MURA, Sequestro di persona, in: *Società sarda*, 2, 1996, S. 114-122

Sigrid NIEBERLE/Elisabeth Strowick (Hg.), *Narration und Geschlecht. Texte – Medien – Episteme*, Köln/Weimar/Wien: Böhlau 2006

Giorgio NOLI, Una macchia bianca nell'inverno [Rezension zu: Salvatore Mannuzzu, *Le fate dell'inverno*], in: *Portales* 6-7, 2005, S. 226-227

Gianni OLLA (Hg.), *Fiorenzo Serra, regista*, Cagliari: CUEC 1996 (= Filmpraxis. Quaderni della cineteca sarda N° 3)

Massimo ONOFRI, La retorica del sublime basso. Salvatore Niffoi, Erri De Luca, Isabella Santacroce, in: Giulio Ferroni et al., *Sul banco dei cattivi: a proposito di Baricco e di altri scrittori alla moda*, Rom: Donzelli 2006, S. 33-54.

Mauro PALA, Lingua e confine: dalla traduzione la riscoperta delle specificità locali, in: *La grotta della vipera*, 91, 2000, S. 3-9

Valeria PALA, La dimensione spazio-temporale nell'Altro mondo di Marcello Fois, in: *Portales* 3-4, 2003/2004, S. 304-308

Pier Paolo PASOLINI, La lingua scritta della realtà, in: *Empirismo eretico. Saggi*, Mailand: Garzanti 1981, S.198 -226.

Pier Paolo PASOLINI, Studio sulla rivoluzione antropologica in Italia, in: *Scritti corsari*, Mailand: Garzanti 1981, S. 46-52

Susanna PAULIS, *La costruzione dell'identità. Per un'analisi antropologica della narrativa in Sardegna fra '800 e '900*, Sassari: EDES 2006

Rogelio PÉREZ BUSTAMANTE, *El gobierno del imperio español. Los Austrias (1517-1700)*, Madrid: Comunidad de Madrid 2000

Antonio PIGLIARU, *Il banditismo in Sardegna. La vendetta barbaricina*, Nuoro: Il Maestrale 2000 [*La vendetta barbaricina come ordinamento giuridico*: zuerst 1959]

Antonio PIGLIARU, Premessa [zu einem Dossier über *Banditi a Orgosolo*], in: *Ichnusa* 42, 1961, S. 10-12

Giuseppe PILLERI (Hg.), *La Sardegna nello schermo. Film, documentari, cine-giornali. Catalogo ragionato*, Cagliari: CUEC 1995.

Gianni PITITU, *Nuoro nella Belle Epoque*, Cagliari: AM&D 1998

Hubert PÖPPEL (Hg.), *Kriminalromania*, Tübingen: Stauffenburg 1998

Adriano PROSPERI, *Tribunali della coscienza. Inquisitori, confessori, missionari*, Turin: Einaudi 1996

RACCONTARE DALLA SARDEGNA. Atti della Giornata di Studio, in: *La grotta della vipera* 54-55, 1991

Gaetano RICCARDO, L'antropologia positivista italiana e il problema del banditismo in Sardegna. Qualche nota di riflessione, in: Alberto Burgio (Hg.), *Nel nome della razza. Il razzismo nella storia d'Italia. 1870-1945*, Bologna: Il Mulino 2000 (zuerst 1999), S. 95-103

Rosita RINDLER SCHJERVE, Codeswitching – oder Sprachstrukturen im Konflikt? in: Wolfgang W. Moelleken/Peter J. Weber (Hg.), *Neue Forschungsarbeiten zur Kontaktlinguistik*, Bonn: Dümmler 1997, S. 437-446

Rosita RINDLER SCHJERVE, Externe Sprachgeschichte des Sardischen, in: Gerhard Ernst/Martin-Dietrich Gleßgen/Christian Schmidt/Wolfgang Schweickard (Hg.)., *Romanische Sprachgeschichte/Histoire linguistique de la Romania*, 1. Teilband, Berlin/New York: de Gruyter 2003, S. 792-801

Edward SAID, *Orientalism*, New York: Vintage Books 1979

Maria SCHLÄFER, *Studien zur (modernen) sardischen Literatur: Die Menschen- und Landschaftsdarstellung bei Grazia Deledda, Salvatore Satta, Giuseppe Dessì und Gavino Ledda*, Saarbrücken: Diss. der Univ. des Saarlandes 1986

Leonie SCHRÖDER, *Sardinienbilder. Kontinuitäten und Innovationen in der sardischen Literatur und Publizistik der Nachkriegszeit*, Bern etc.: Peter Lang 2001

Ulrich SCHULZ-BUSCHHAUS, *Formen und Ideologien des Kriminalromans*, Frankfurt a.M.: Athenaion 1975

Santina SINNI, Sardismo e fascismo a Nuoro dal 1914 al 1924, in Luisa Maria Plaisant (Hg.), *La Sardegna nel regime fascista*, Cagliari : CUEC 2000, S. 149-161

Gigliola SULIS, Nel laboratorio di uno scrittore traduttore. Sergio Atzeni e Texaco di Patrick Chamoiseau, in: *Portales* 2, 2002

Silvano TAGLIAGAMBE, Finis Sardiniae ? in: *La grotta della vipera* 79/80, 1997, S. 12-25.

Birgit WAGNER, Das Meer überschreiten (überschreiben), aus Liebe. Grazia Deledda und Maria Giacobbe, in: Ingrid Bauer/Christa Hämmerle/Gabriella Hauch (Hg.), *Liebe und Widerstand. Ambivalenzen historischer Geschlechterbeziehungen*, Wien: Böhlau 2005, S. 110-124

Birgit WAGNER, Europa von Süden her gesehen. Andere Europaängste, andere Europalüste, in: Hubert Christian Ehalt (Hg.) *Schlaraffenand? Europa neu denken*, Weitra: Bibliothek der Provinz 2005, S. 198-216

Birgit WAGNER, Mirages du récit. La voix plurielle d'Alger dans *Les Oranges* d'Aziz Chouaki, in: Zohra Bouchentouf-Siagh (Hg.), *Dzayer, Alger. Ville portée, rêvée, imaginée*, Alger : Casbah Editions 2006, S. 135-146

Birgit WAGNER, Cainà von Gennaro Righelli (1922). Eine sardische Medea-Variation, in: Yasmin Hoffmann/Walburga Hülk/Volker Roloff (Hg.), *Alte Mythen – neue Medien*, Heidelberg : Winter 2006, S. 109-122

Antonello ZANDA, L'immagine dell'identità nel nuovo cinema sardo, in: *Nuoro oggi*, 58, 2004, S. 24-25

Giuseppe ZURI [Pseudonym für Salvatore Mannuzzu], Banditi a Orgosolo, in: *Ichnusa* 44 (1961), S. 70-75

Filmographie

Fiktionale Filme

Arcipelaghi, Regie: Giovanni Columbu (2001)
Ballo a tre passi, Regie: Salvatore Mereu (2003)
Banditi a Orgosolo, Regie: Vittorio De Seta (1961)
Con amore, Fabia, Regie: Maria Teresa Camoglio (1993)
Un delitto impossibile, Regie: Antonello Grimaldi (2001)
La destinazione, Regie: Piero Sanna (2002)
Disamistade, Regie: Gianfranco Cabiddu (1988)
Il figlio di Bakunìn, Regie: Gianfranco Cabiddu (1997)
Miguel, Regie: Salvatore Mereu (1999) [Kurzfilm, 30 min.]
Pesi leggeri, Regie: Enrico Pau (2001)
Sos Laribiancos (I dimenticati), Regie: Piero Livi (2000)
L'ultima frontiera, Regie: Franco Bernini 2006 [Fernsehfilm in zwei Folgen]
Ybris, Regie: Gavino Ledda (1984)

Dokumentarfilme

Fare cinema in Sardegna, Regie: Giovanni Columbu (2007)
Storie Brevi, Regie: Giovanni Columbu (2005)
Visos, Regie: Giovanni Columbu (1985)

Elisabeth Schulze-Witzenrath

Literaturwissenschaft für Italianisten

Eine Einführung

3., durchges. Auflage

narr studienbücher
2006, 240 Seiten
€ 19,90/SFR 34,90
ISBN 13: 978-3-8233-6273-9
ISBN 10: 3-8233-6273-9

Das Buch bietet eine auf Italianisten zugeschnittene Einführung in Grundfragen und Grundbegriffe der allgemeinen Literaturwissenschaft und -theorie. Die wichtigsten literaturwissenschaftlichen Theorien und Methoden werden erläutert und ein umfangreiches Begriffsinstrumentarium zur Beschreibung erzählender, lyrischer und dramatischer Texte einschließlich der rhetorischen Verfahren und der italienischen metrischen Formen wird zur Verfügung gestellt. Die eingeführten Begriffe werden mit Hilfe von Musterfragen und -antworten an Texten kanonischer italienischer Autoren vom Mittelalter bis zur Gegenwart veranschaulicht. Mit einer ergänzenden Zusammenstellung der Arbeitsmittel von Literaturgeschichten bis zu Bibliographien und nützlichen Internetadressen, einem Abriß der Geschichte der italienischen Literatur und der italienischen Literaturwissenschaft sowie einer Anleitung zur Redaktion schriftlicher Seminararbeiten empfiehlt sich das Buch als hilfreicher Begleiter beim Studium der italienischen Literatur.

Narr Francke Attempto Verlag GmbH + Co. KG
Postfach 25 60 · D-72015 Tübingen · Fax (0 7071) 97 97-11
Internet: www.narr.de · E-Mail: info@narr.de

Martin Haase

Italienische Sprachwissenschaft

Eine Einführung

bachelor-wissen
2007, 192 Seiten,
€[D] 14,90/SFr 26,00
ISBN 978-3-8233-6290-6

Neue Studiengänge erfordern neue Lehrbücher, und so versteht sich auch diese Einführung in die italienische Sprachwissenschaft als ein Lehrbuch für die BA-Generation. Der Autor führt ebenso anschaulich wie sachkundig in die unabdingbaren Grundlagen des Faches ein. Der Band gliedert sich in vier übergeordnete Themenblöcke und 14 Lehrveranstaltungen, die auf alle wesentlichen Facetten der Sprache im Allgemeinen und des Italienischen im Besonderen eingehen. Die zu jeder Einheit gehörenden Übungen dienen zur Sicherung des erworbenen Wissens und gleichzeitig zur Einführung in die Techniken des wissenschaftlichen Arbeitens.

Narr Francke Attempto Verlag GmbH + Co. KG
Postfach 25 60 · D-72015 Tübingen · Fax (0 7071) 97 97-11
Internet: www.narr.de · E-Mail: info@narr.de

Maximilian Gröne / Rotraud von Kulessa / Frank Reiser

Italienische Literaturwissenschaft

Eine Einführung

bachelor-wissen
2007, 262 Seiten,
€[D] 14,90/SFr 26,00
ISBN 978-3-8233-6343-9

Der Band *Italienische Literaturwissenschaft* aus der Reihe bachelor-wissen richtet sich als leserfreundliche Einführung speziell an die Studierenden und Lehrenden in den literaturwissenschaftlichen Modulen der neuen italienzentrierten Bachelor-Studiengänge. Die anschauliche Aufbereitung des fachlichen Grundwissens wird dabei von anwendungsorientierten Übungseinheiten ergänzt, die eine eigenständige Umsetzung des Erlernten ermöglichen und einen nachhaltigen Kompetenzerwerb unterstützen. Darüber hinaus werden im Rahmen des umfassenden Einführungskonzepts die Grundzüge der Reformstudiengänge vorgestellt und Hinweise zur beruflichen Orientierung gegeben.

Narr Francke Attempto Verlag GmbH + Co. KG
Postfach 25 60 · D-72015 Tübingen · Fax (0 7071) 97 97-11
Internet: www.narr.de · E-Mail: info@narr.de